2022
绿色建筑选用产品导向目录

绿色建筑选用产品

2022
Green Building Product Selection
Guide Directory

 首都科技条件平台资助项目

中国国检测试控股集团股份有限公司
国家建筑材料测试中心 编

中国建材工业出版社

图书在版编目（CIP）数据

2022 绿色建筑选用产品导向目录 / 中国国检测试控股集团股份有限公司，国家建筑材料测试中心编 . -- 北京：中国建材工业出版社，2022.11

ISBN 978-7-5160-3596-2

Ⅰ . ① 2… Ⅱ . ①中… ②国… Ⅲ . ①生态建筑—建筑材料—产品目录—中国— 2022 Ⅳ . ① TU5-63

中国版本图书馆 CIP 数据核字（2022）第 191181 号

2022 绿色建筑选用产品导向目录
2022 Lüse Jianzhu Xuanyong Chanpin Daoxiang Mulu

中国国检测试控股集团股份有限公司
国家建筑材料测试中心　　　　编

出版发行：中国建材工业出版社
地　　址：北京市海淀区三里河路 11 号
邮　　编：100831
经　　销：全国各地新华书店
印　　刷：北京天恒嘉业印刷有限公司
开　　本：889mm×1194mm　1/16
印　　张：25.5
字　　数：880 千字
版　　次：2022 年 11 月第 1 版
印　　次：2022 年 11 月第 1 次
定　　价：**300.00 元**

2022
绿色建筑选用产品导向目录

编委会

主编单位

中国国检测试控股集团股份有限公司
国家建筑材料测试中心

主任委员

朱连滨

副主任委员

蒋 荃　闫浩春　刘 翼

主　编

刘 翼

副主编

马丽萍　赵春芝　任世伟

编写人员

王 莹　张艳姣　朱 洁　冯玉启　王 晨　文 刚　黄梦迟
许 欣　刘 佳　董 飞　刘 璐　张启龙　李莉莉　陈素屏
袁秀霞　韩荣荟　董 迪　李云霞　刘 韬　赵金兰　李淑珍

前言
FOREWORD

　　继党的十八大报告提出"大力推进生态文明建设"和"推进城镇化"的要求，党的十九大报告提出"推进绿色发展"的理念，大力发展生态城市建设成为贯彻习近平生态文明思想的重要举措。党的二十大报告提出"推动绿色发展"，促进人与自然和谐共生。"绿色建筑是生态城市的根基，2020年7月15日，《住房和城乡建设部、国家发展改革委、教育部、工业和信息化部、人民银行、国管局、银保监会关于印发绿色建筑创建行动方案的通知》（建标〔2020〕65号）发布，要求到2022年，当年城镇新建建筑中绿色建筑面积占比达到70%。

　　绿色建筑选用绿色建材是业内共识，绿色建材是绿色建筑各项功能实现的重要支撑，承载着节能、节水、节材和保障室内环境等重要作用，对建筑材料的选用很大程度上决定了建筑的绿色程度。绿色建材是绿色建筑发展不可或缺的材料，也是建材工业推进结构调整、技术进步和节能减排的着力点。因此，《绿色建筑创建行动方案》中明确提出"大力发展绿色建材"，并要求"建立绿色建材认证制度，编制绿色建材产品目录，引导规范市场消费"。

　　中国国检测试控股集团股份有限公司（以下简称CTC）从"十五"规划开始，承担多项国家级科研项目，对绿色建材的评价方法以及绿色建筑选用产品的技术标准进行深入研究。在上述工作基础上，CTC分别受住房城乡建设部、工业和信息化部的委托，进行绿色建材评价技术的研究与绿色建材评价技术导则的制订。

　　为促进绿色建材行业发展，引导绿色建筑选用绿色建材，国家建筑材料测试中心经国家工商行政管理总局商标局注册了"绿色建筑选用产品"证明商标。该证明商标是用于证明建材产品的性能符合绿色建筑功能需求的标志，受法律保护。每年获得"绿色建筑选用产品"证明商标的企业产品将入编《绿色建筑选用产品导向目录》。

　　《2022绿色建筑选用产品导向目录》包括绿色建筑与绿色建材相关政策、证明商标管理办法以及2022年度通过认定的一百余项绿色建筑选用产品，分别按照节能、节材、节水和环保分章节予以介绍。《2022绿色建筑选用产品导向目录》将引领国内绿色建筑的建设模式，搭建绿色建筑与绿色建材的桥梁。本书旨在为建筑设计师、开发商、供应商提供绿色建筑选材指导，通过多种渠道向开发商和建筑师介绍建筑材料新产品、新功能、新应用，将优秀的企业和产品提供给绿色建筑开发商、设计师和建筑师，凸显产品高端优势，对于推动行业发展，提高行业、企业的社会知名度，增强优秀企业的市场竞争能力，具有积极的作用。

目录
CONTENTS

4 入选产品技术资料

5 企业索引

政策法规
ZHENGCEFAGU

中华人民共和国商标法（2019修正）（节选）

第三条 经商标局核准注册的商标为注册商标，包括商品商标、服务商标和集体商标、证明商标；商标注册人享有商标专用权，受法律保护。

本法所称集体商标，是指以团体、协会或者其他组织名义注册，供该组织成员在商事活动中使用，以表明使用者在该组织中的成员资格的标志。

本法所称证明商标，是指由对某种商品或者服务具有监督能力的组织所控制，而由该组织以外的单位或者个人使用于其商品或者服务，用以证明该商品或者服务的原产地、原料、制造方法、质量或者其他特定品质的标志。

集体商标、证明商标注册和管理的特殊事项，由国务院工商行政管理部门规定。

中华人民共和国国家工商行政管理总局令

第6号

《集体商标、证明商标注册和管理办法》已经中华人民共和国国家工商行政管理总局局务会议审议通过，现予发布，自2003年6月1日起施行。

局　长　王众孚

二〇〇三年四月十七日

集体商标、证明商标注册和管理办法

第一条 根据《中华人民共和国商标法》（以下简称商标法）第三条的规定，制定本办法。

第二条 集体商标、证明商标的注册和管理，依照商标法、《中华人民共和国商标法实施条例》（以下简称实施条例）和本办法的有关规定进行。

第三条 本办法有关商品的规定，适用于服务。

第四条 申请集体商标注册的，应当附送主体资格证明文件并应当详细说明该集体组织成员的名称和地址；以地理标志作为集体商标申请注册的，应当附送主体资格证明文件并应当详细说明其所具有的或者其委托的机构具有的专业技术人员、专业检测设备等情况，以表明其具有监督使用该地理标志商品的特定品质的能力。

申请以地理标志作为集体商标注册的团体、协会或者其他组织，应当由来自该地理标志标示的地区范围内的成员组成。

第五条 申请证明商标注册的，应当附送主体资格证明文件并应当详细说明其所具有的或者其委托的机构具有的专业技术人员、专业检测设备等情况，以表明其具有监督该证明商标所证明的特定商品品质的能力。

第六条 申请以地理标志作为集体商标、证明商标注册的，还应当附送管辖该地理标志所标示地区的人民政府或者行业主管部门的批准文件。

外国人或者外国企业申请以地理标志作为集体商标、证明商标注册的，申请人应当提供该地理标志以其名义在其原属国受法律保护的证明。

第七条 以地理标志作为集体商标、证明商标注册的，应当在申请书件中说明下列内容：

（一）该地理标志所标示的商品的特定质量、信誉或者其他特征；

（二）该商品的特定质量、信誉或者其他特征与该地理标志所标示的地区的自然因素和人文因素的关系；

（三）该地理标志所标示的地区的范围。

第八条 作为集体商标、证明商标申请注册的地理标志，可以是该地理标志标示地区的名称，也可以是能够标示某商品来源于该地区的其他可视性标志。

前款所称地区无需与该地区的现行行政区划名称、范围完全一致。

第九条 多个葡萄酒地理标志构成同音字或者同形字的，在这些地理标志能够彼此区分且不误导公众的情况下，每个地理标志都可以作为集体商标或者证明商标申请注册。

第十条 集体商标的使用管理规则应当包括：

（一）使用集体商标的宗旨；

（二）使用该集体商标的商品的品质；

（三）使用该集体商标的手续；

（四）使用该集体商标的权利、义务；

（五）成员违反其使用管理规则应当承担的责任；

（六）注册人对使用该集体商标商品的检验监督制度。

第十一条 证明商标的使用管理规则应当包括：

（一）使用证明商标的宗旨；

（二）该证明商标证明的商品的特定品质；

（三）使用该证明商标的条件；

（四）使用该证明商标的手续；

（五）使用该证明商标的权利、义务；

（六）使用人违反该使用管理规则应当承担的责任；

（七）注册人对使用该证明商标商品的检验监督制度。

第十二条 使用他人作为集体商标、证明商标注册的葡萄酒、烈性酒地理标志标示并非来源于该地理标志所标示地区的葡萄酒、烈性酒，即使同时标出了商品的真正来源地，或者使用的是翻译文字，或者伴有诸如某某"种"、某某"型"、某某"式"、某某"类"等表述的，适用商标法第十六条的规定。

第十三条 集体商标、证明商标的初步审定公告的内容，应当包括该商标的使用管理规则的全文或者摘要。

集体商标、证明商标注册人对使用管理规则的任何修改，应报经商标局审查核准，并自公告之日起生效。

第十四条 集体商标注册人的成员发生变化的，注册人应当向商标局申请变更注册事项，由商标局公告。

第十五条 证明商标注册人准许他人使用其商标的，注册人应当在一年内报商标局备案，由商标局公告。

第十六条 申请转让集体商标、证明商标的，受让人应当具备相应的主体资格，并符合商标法、实施条例和本办法的规定。

集体商标、证明商标发生移转的，权利继受人应当具备相应的主体资格，并符合商标法、实施条例和本办法的规定。

第十七条 集体商标注册人的集体成员，在履行该集体商标使用管理规则规定的手续后，可以使用该集体商标。

集体商标不得许可非集体成员使用。

第十八条 凡符合证明商标使用管理规则规定条件的，在履行该证明商标使用管理规则规定的手续后，可以使用该证明商标，注册人不得拒绝办理手续。

实施条例第六条第二款中的正当使用该地理标志是指正当使用该地理标志中的地名。

第十九条 使用集体商标的，注册人应发给使用人《集体商标使用证》；使用证明商标的，注册人应发给使用人《证明商标使用证》。

第二十条 证明商标的注册人不得在自己提供的商品上使用该证明商标。

第二十一条 集体商标、证明商标注册人没有对该商标的使用进行有效管理或者控制，致使该商标使用的商品达不到其使用管理规则的要求，对消费者造成损害的，由工商行政管理部门责令限期改正；拒不改正的，处以违法所得 3 倍以下的罚款，但最高不超过 3 万元；没有违法所得的，处以 1 万元以下的罚款。

第二十二条 违反实施条例第六条、本办法第十四条、第十五条、第十七条、第十八条、第二十条规定的，由工商行政管理部门责令限期改正；拒不改正的，处以违法所得 3 倍以下的罚款，但最高不超过 3 万元；没有违法所得的，处以 1 万元以下的罚款。

第二十三条 本办法自 2003 年 6 月 1 日起施行。国家工商行政管理局 1994 年 12 月 30 日发布的《集体商标、证明商标注册和管理办法》同时废止。

国务院关于印发《中国制造2025》的通知

国发〔2015〕28号

各省、自治区、直辖市人民政府，国务院各部委、各直属机构：

现将《中国制造2025》印发给你们，请认真贯彻执行。

国务院

2015年5月8日

中国制造2025（节选）

二、战略方针和目标

（一）指导思想

全面贯彻党的十八大和十八届二中、三中、四中全会精神，坚持走中国特色新型工业化道路，以促进制造业创新发展为主题，以提质增效为中心，以加快新一代信息技术与制造业深度融合为主线，以推进智能制造为主攻方向，以满足经济社会发展和国防建设对重大技术装备的需求为目标，强化工业基础能力，提高综合集成水平，完善多层次多类型人才培养体系，促进产业转型升级，培育有中国特色的制造文化，实现制造业由大变强的历史跨越。基本方针是：

——创新驱动。坚持把创新摆在制造业发展全局的核心位置，完善有利于创新的制度环境，推动跨领域跨行业协同创新，突破一批重点领域关键共性技术，促进制造业数字化网络化智能化，走创新驱动的发展道路。

——质量为先。坚持把质量作为建设制造强国的生命线，强化企业质量主体责任，加强质量技术攻关、自主品牌培育。建设法规标准体系、质量监管体系、先进质量文化，营造诚信经营的市场环境，走以质取胜的发展道路。

——绿色发展。坚持把可持续发展作为建设制造强国的重要着力点，加强节能环保技术、工艺、装备推广应用，全面推行清洁生产。发展循环经济，提高资源回收利用效率，构建绿色制造体系，走生态文明的发展道路。

——结构优化。坚持把结构调整作为建设制造强国的关键环节，大力发展先进制造业，改造提升传统产业，推动生产型制造向服务型制造转变。优化产业空间布局，培育一批具有核心竞争力的产业集群和企业群体，走提质增效的发展道路。

——人才为本。坚持把人才作为建设制造强国的根本，建立健全科学合理的选人、用人、育人机制，加快培养制造业发展急需的专业技术人才、经营管理人才、技能人才。营造大众创业、万众创新的氛围，建设一支素质优良、结构合理的制造业人才队伍，走人才引领的发展道路。

（二）基本原则

市场主导，政府引导。 全面深化改革，充分发挥市场在资源配置中的决定性作用，强化企业主体地位，激发企业活力和创造力。积极转变政府职能，加强战略研究和规划引导，完善相关支持政策，为企业发展创造良好环境。

立足当前，着眼长远。 针对制约制造业发展的瓶颈和薄弱环节，加快转型升级和提质增效，切实提高制造业的核心竞争力和可持续发展能力。准确把握新一轮科技革命和产业变革趋势，加强战略谋划和前瞻部署，扎扎实实打基础，在未来竞争中占据制高点。

整体推进，重点突破。坚持制造业发展全国一盘棋和分类指导相结合，统筹规划，合理布局，明确创新发展方向，促进军民融合深度发展，加快推动制造业整体水平提升。围绕经济社会发展和国家安全重大需求，整合资源，突出重点，实施若干重大工程，实现率先突破。

自主发展，开放合作。在关系国计民生和产业安全的基础性、战略性、全局性领域，着力掌握关键核心技术，完善产业链条，形成自主发展能力。继续扩大开放，积极利用全球资源和市场，加强产业全球布局和国际交流合作，形成新的比较优势，提升制造业开放发展水平。

（三）战略目标

立足国情，立足现实，力争通过"三步走"实现制造强国的战略目标。

第一步：力争用十年时间，迈入制造强国行列。

到 2020 年，基本实现工业化，制造业大国地位进一步巩固，制造业信息化水平大幅提升。掌握一批重点领域关键核心技术，优势领域竞争力进一步增强，产品质量有较大提高。制造业数字化、网络化、智能化取得明显进展。**重点行业单位工业增加值能耗、物耗及污染物排放明显下降。**

到 2025 年，制造业整体素质大幅提升，创新能力显著增强，全员劳动生产率明显提高，两化（工业化和信息化）融合迈上新台阶。重点行业单位工业增加值能耗、物耗及污染物排放达到世界先进水平。形成一批具有较强国际竞争力的跨国公司和产业集群，在全球产业分工和价值链中的地位明显提升。

第二步：到 2035 年，我国制造业整体达到世界制造强国阵营中等水平。创新能力大幅提升，重点领域发展取得重大突破，整体竞争力明显增强，优势行业形成全球创新引领能力，全面实现工业化。

第三步：新中国成立一百年时，制造业大国地位更加巩固，综合实力进入世界制造强国前列。制造业主要领域具有创新引领能力和明显竞争优势，建成全球领先的技术体系和产业体系。

2020 年和 2025 年制造业主要指标

类别	指标	2013 年	2015 年	2020 年	2025 年
创新能力	规模以上制造业研发经费内部支出占主营业务收入比重（%）	0.88	0.95	1.26	1.68
	规模以上制造业每亿元主营业务收入有效发明专利数（件）	0.36	0.44	0.70	1.10
质量效益	制造业质量竞争力指数	83.1	83.5	84.5	85.5
	制造业增加值率提高	—	—	比 2015 年提高 2 个百分点	比 2015 年提高 4 个百分点
	制造业全员劳动生产率增速（%）	—	—	7.5 左右（"十三五"期间年均增速）	6.5 左右（"十四五"期间年均增速）
两化融合	宽带普及率（%）	37	50	70	82
	数字化研发设计工具普及率（%）	52	58	72	84
	关键工序数控化率（%）	27	33	50	64
绿色发展	规模以上单位工业增加值能耗下降幅度	—	—	比 2015 年下降 18%	比 2015 年下降 34%
	单位工业增加值二氧化碳排放量下降幅度	—	—	比 2015 年下降 22%	比 2015 年下降 40%
	单位工业增加值用水量下降幅度	—	—	比 2015 年下降 23%	比 2015 年下降 41%
	工业固体废物综合利用率（%）	62	65	73	79

三、战略任务和重点

实现制造强国的战略目标，必须坚持问题导向，统筹谋划，突出重点；必须凝聚全社会共识，加快制造业转型升级，全面提高发展质量和核心竞争力。

（五）全面推行绿色制造

加大先进节能环保技术、工艺和装备的研发力度，加快制造业绿色改造升级；积极推行低碳化、循环化和集约化，提高制造业资源利用效率；**强化**

产品全生命周期绿色管理，努力构建高效、清洁、低碳、循环的绿色制造体系。

加快制造业绿色改造升级。全面推进钢铁、有色、化工、**建材**、轻工、印染等传统制造业绿色改造，大力研发推广余热余压回收、水循环利用、重金属污染减量化、有毒有害原料替代、废渣资源化、脱硫脱硝除尘等绿色工艺技术装备，加快应用清洁高效铸造、锻压、焊接、表面处理、切削等加工工艺，实现绿色生产。加强绿色产品研发应用，推广轻量化、低功耗、易回收等技术工艺，持续提升电机、锅炉、内燃机及电器等终端用能产品能效水平，加快淘汰落后机电产品和技术。**积极引领新兴产业高起点绿色发展，大幅降低电子信息产品生产、使用能耗及限用物质含量，建设绿色数据中心和绿色基站，大力促进新材料、新能源、高端装备、生物产业绿色低碳发展。**

推进资源高效循环利用。支持企业强化技术创新和管理，增强绿色精益制造能力，大幅降低能耗、物耗和水耗水平。持续提高绿色低碳能源使用比率，开展工业园区和企业分布式绿色智能微电网建设，控制和削减化石能源消费量。全面推行循环生产方式，促进企业、园区、行业间链接共生、原料互供、资源共享。推进资源再生利用产业规范化、规模化发展，强化技术装备支撑，提高大宗工业固体废弃物、废旧金属、废弃电器电子产品等综合利用水平。大力发展再制造产业，实施高端再制造、智能再制造、在役再制造，推进产品认定，促进再制造产业持续健康发展。

积极构建绿色制造体系。支持企业开发绿色产品，推行生态设计，显著提升产品节能环保低碳水平，引导绿色生产和绿色消费。建设绿色工厂，实现厂房集约化、原料无害化、生产洁净化、废物资源化、能源低碳化。发展绿色园区，推进工业园区产业耦合，实现近零排放。**打造绿色供应链，**加快建立以资源节约、环境友好为导向的采购、生产、营销、回收及物流体系，落实生产者责任延伸制度。壮大绿色企业，支持企业实施绿色战略、**绿色标准、**绿色管理和绿色生产。强化绿色监管，健全节能环保法规、标准体系，加强节能环保监察，**推行企业**社会责任报告制度，开展绿色评价。

专栏4　绿色制造工程

组织实施传统制造业能效提升、清洁生产、节水治污、循环利用等专项技术改造。开展重大节能环保、资源综合利用、再制造、低碳技术产业化示范。实施重点区域、流域、行业清洁生产水平提升计划，扎实推进大气、水、土壤污染源头防治专项。制定绿色产品、绿色工厂、绿色园区、绿色企业标准体系，开展绿色评价。

到2020年，建成千家绿色示范工厂和百家绿色示范园区，部分重化工行业能源资源消耗出现拐点，重点行业主要污染物排放强度下降20%。到2025年，制造业绿色发展和主要产品单耗达到世界先进水平，绿色制造体系基本建立。

四、战略支撑与保障

建设制造强国，必须发挥制度优势，动员各方面力量，进一步深化改革，完善政策措施，建立灵活高效的实施机制，营造良好环境；必须培育创新文化和中国特色制造文化，推动制造业由大变强。

（一）深化体制机制改革

全面推进依法行政，加快转变政府职能，创新政府管理方式，加强制造业发展战略、规划、政策、标准等制定和实施，强化行业自律和公共服务能力建设，提高产业治理水平。简政放权，深化行政审批制度改革，规范审批事项，简化程序，明确时限；适时修订政府核准的投资项目目录，落实企业投资主体地位。完善政产学研用协同创新机制，改革技术创新管理体制机制和项目经费分配、成果评价和转化机制，促进科技成果资本化、产业化，激发制造业创新活力。加快生产要素价格市场化改革，完善主要由市场决定价格的机制，合理配置公共资源；**推行节能量、碳排放权、排污权、水权交易制度改革，加快资源税从价计征，推动环境保护费改税。**深化国有企业改革，完善公司治理结构，有序发展混合所有制经济，进一步破除各种形式的行业垄断，取消对非公有制经济的不合理限制。稳步推进国防科技工业改革，推动军民融合深度发展。健全产业安全审查机制和法规体系，加强关系国民经济命脉和国家安全的制造业重要领域投融资、并购重组、招标采购等方面的安全审查。

河北雄安新区规划纲要
（节选）

第八章　建设绿色智慧新城

按照绿色、智能、创新要求，推广绿色低碳的生产生活方式和城市建设运营模式，使用先进环保节能材料和技术工艺标准进行城市建设，营造优质绿色市政环境，加强综合地下管廊建设，同步规划建设数字城市，筑牢绿色智慧城市基础。

第一节　坚持绿色低碳发展

严格控制碳排放。优化能源结构，推进资源节约和循环利用，推广绿色低碳的生产生活方式和城市建设运营模式，保护碳汇空间、提升碳汇能力。

确定用水总量和效率红线。按照以水定城、以水定人的要求，强化用水总量管理。实行最严格水资源管理制度，实施节约用水制度化管理，对城市生活、农业等各类用水强度指标严格管控，全面推进节水型社会建设。

建设海绵城市。尊重自然本底，构建河湖水系生态缓冲带，提升城市生态空间在雨洪调蓄、雨水径流净化、生物多样性等方面的功能，促进生态良性循环。综合采用"雨水花园、下沉式绿地、生态湿地"等低影响开发设施，实现中小降雨100%自然积存、净化，规划城市建设区雨水年径流总量控制率不低于85%。

推广绿色建筑。全面推动绿色建筑设计、施工和运行，开展节能住宅建设和改造。新建政府投资及大型公共建筑全面执行三星级绿色建筑标准。

使用绿色建材。引导选用绿色建材，开发选用当地特色的自然建材、清洁生产和更高环保认证水准的建材、旧物利用和废弃物再生的建材，积极稳

妥推广装配式、可循环利用的建筑方式。

第二节　构建绿色市政基础设施体系

建设集约高效的供水系统。划分城镇供水分区，各分区间设施集成共享、互为备用，提高供水效率。因地制宜推进雨水和再生水等各类非常规水资源利用，实现用水分类分质供应，采用管网分区计量管理，提高管网精细化、信息化管理水平，有效节约水资源。

完善雨污分流的雨水排除工程系统。加强城市排水河道、排涝渠、雨水调蓄区、雨水管网和泵站等工程建设，实现建成区雨水系统全覆盖。新建雨水系统全部实行雨水、污水分流制，逐步将容城、雄县、安新县城现有合流系统改造为分流制。

建设循环再生的污水处理系统。统筹考虑污水收集处理和再生利用的便捷性、经济性，建设适度分散的设施。在特色小城镇、村庄推广分散式生态化的污水处理技术。

完善保障有力的供电系统。增强区域电力供应，建设区域特高压供电网络。改造提升现有变电站，新建500千伏和220千伏变电站，积极引入风电、光电等可再生能源，作为新区电力供应的重要来源。新区供电可靠率达到99.999%。

建设安全可靠燃气供应系统。根据新区发展需要，以长输管道天然气为主要气源，LNG为调峰应急气源，新建若干门站、LNG储配站，形成多源多向、互联互通的新区燃气输配工程系统。

建设清洁环保的供热系统。科学利用地热资源，统筹天然气、电力、地热、生物质等能源供给方式，

形成多能互补的清洁供热系统。

建设先进专业的垃圾处理系统。按照减量化、资源化、无害化的要求，全面实施垃圾源头分类减量、分类运输、分类中转、分类处置，建设兼具垃圾分类与再生资源回收功能的交投点、中转站、终端处理设施、生态环境园，最终实现原生垃圾零填埋，生活垃圾无害化处理率达到100%，城市生活垃圾回收资源利用率达到45%以上。

第三节　合理开发利用地下空间

有序利用地下空间。按照安全、高效、适度的原则，结合城市功能需求，积极利用浅层、次浅层空间，有条件利用次深层空间，弹性预留深层空间；协调各系统的空间布局，制定相互避让原则，明确各系统平面及竖向层次关系，实施分层管控及引导。

优先布局基础设施。在城市干路、高强度开发和管线密集地区，根据城市发展需要，建设干线、支线和缆线管廊等多级网络衔接的市政综合管廊系统。建设地下综合防灾设施，形成平灾结合、高效利用的地下综合防灾系统。

建立统筹协调机制。坚持统筹规划、整体设计、统一建设、集中管理，健全管理体制和运行机制，完善用地制度和权籍管理，推进地下空间管理信息化建设，保障地下空间有序利用。

第四节　同步建设数字城市

坚持数字城市与现实城市同步规划、同步建设，适度超前布局智能基础设施，推动全域智能化应用服务实时可控，建立健全大数据资产管理体系，打造具有深度学习能力、全球领先的数字城市。

加强智能基础设施建设。与城市基础设施同步建设感知设施系统，形成集约化、多功能监测体系，打造城市全覆盖的数字化标识体系，构建城市物联网统一开放平台，实现感知设备统一接入、集中管理、远程调控和数据共享、发布；打造地上地下全通达、多网协同的泛在无线网络，构建完善的城域骨干网和统一的智能城市专网；搭建云计算、边缘计算等多元普惠计算设施，实现城市数据交换和预警推演的毫秒级响应，打造汇聚城市数据和统筹管理运营的智能城市信息管理中枢，对城市全局实时分析，实现公共资源智能化配置。

构建全域智能化环境。推进数字化、智能化城市规划和建设，建立城市智能运行模式，建设智能能源、交通、物流系统等；构建城市智能治理体系，建设全程在线、高效便捷，精准监测、高效处置，主动发现、智能处置的智能政务、智能环保、数字城管。建立企业与个人数据账户，探索建立全数字化的个人诚信体系。健全城市智能民生服务，搭建普惠精准、定制服务的智能教育医疗系统，打造以人为本、全时空服务的智能社区。

建立数据资产管理体系。构建透明的全量数据资源目录、大数据信用体系和数据资源开放共享管理体系。建设安全可信的网络环境，建立安全态势感知、监测、预警、溯源、处置网络系统，打造全时、全域、全程的网络安全态势感知决策体系，加强网络安全相关制度建设。

国家发展改革委　科技部关于构建市场导向的绿色技术创新体系的指导意见

发改环资〔2019〕689号

教育部、工业和信息化部、财政部、人力资源社会保障部、自然资源部、生态环境部、住房城乡建设部、水利部、农业农村部、商务部、中国人民银行、国务院国资委、税务总局、市场监管总局、中国银保监会、中国证监会、国家能源局、国家林草局、国家知识产权局，各省、自治区、直辖市发展改革委、科技厅（委、局）：

绿色技术是指降低消耗、减少污染、改善生态，促进生态文明建设、实现人与自然和谐共生的新兴技术，包括节能环保、清洁生产、清洁能源、生态保护与修复、城乡绿色基础设施、生态农业等领域，涵盖产品设计、生产、消费、回收利用等环节的技术。绿色技术创新正成为全球新一轮工业革命和科技竞争的重要新兴领域。伴随我国绿色低碳循环发展经济体系的建立健全，绿色技术创新日益成为绿色发展的重要动力，成为打好污染防治攻坚战、推进生态文明建设、推动高质量发展的重要支撑。为强化科技创新引领，加快推进生态文明建设，推动高质量发展，现对构建市场导向的绿色技术创新体系提出以下意见。

一、总体要求

（一）总体思路

以习近平新时代中国特色社会主义思想为指导，全面贯彻党的十九大和十九届二中、三中全会精神，认真落实党中央、国务院决策部署，坚持节约资源和保护环境的基本国策，围绕生态文明建设，以解决资源环境生态突出问题为目标，以激发绿色技术市场需求为突破口，以壮大创新主体、增强创新活力为核心，以优化创新环境为着力点，强化产品全生命周期绿色管理，加快构建企业为主体、产学研深度融合、基础设施和服务体系完备、资源配置高效、成果转化顺畅的绿色技术创新体系，形成研究开发、应用推广、产业发展贯通融合的绿色技术创新新局面。

（二）基本原则

坚持绿色理念。贯彻人与自然和谐共生的理念，通过建立绿色技术标准体系、产品全生命周期管理、绿色金融等措施，塑造绿色技术创新环境，汇聚社会各方力量，着力于降低消耗、减少污染和改善生态技术供给和产业化，为经济社会向绿色发展方式和生活方式转变提供基本动力。

坚持市场导向。尊重和把握绿色技术创新的市场规律，充分发挥市场在绿色技术创新领域、技术路线选择及创新资源配置中的决定性作用。充分发挥企业在绿色技术研发、成果转化、示范应用和产业化中主体作用，培育发展一批绿色技术创新龙头企业。发挥企业的带动作用，推进"产学研金介"深度融合、协同创新。

坚持完善机制。加快生态文明体制改革，推动环境治理从末端应对向全生命周期管理转变。加快科技体制改革，创新政府对绿色技术创新的管理方式，通过进一步强化服务、完善体制机制，提高绿色技术创新的回报率，激发创新活力，促进成果转化应用。

坚持开放合作。以国际视野谋划绿色技术创新，积极参与全球环境治理，加强绿色技术创新国际交流合作。加大绿色技术创新对外开放，积极引进、消化、吸收国际先进绿色技术，促进国内企业"走出去"，全面提升我国绿色技术创新对外开放格局和地位。

（三）主要目标

到2022年，基本建成市场导向的绿色技术创新体系。企业绿色技术创新主体地位得到强化，出现一批龙头骨干企业，"产学研金介"深度融合、协同高效；绿色技术创新引导机制更加完善，绿色技术市场繁荣，人才、资金、知识等各类要素资源向绿色技术创新领域有效集聚，高效利用，要素价值得到充分体现；绿色技术创新综合示范区、绿色技术工程研究中心、创新中心等形成系统布局，高效运行，创新成果不断涌现并充分转化应用；绿色技术创新的法治、政策、融资环境充分优化，国际合作务实深入，创新基础能力显著增强。

二、培育壮大绿色技术创新主体

（四）强化企业的绿色技术创新主体地位

研究制定绿色技术创新企业认定标准规范，开展绿色技术创新企业认定。开展绿色技术创新"十百千"行动，培育10个年产值超过500亿元的绿色技术创新龙头企业，支持100家企业创建国家绿色企业技术中心，认定1000家绿色技术创新企业。积极支持"十百千"企业承担国家和地方部署的重点绿色技术创新项目。研究制定支持经认定的绿色技术创新企业的政策措施。

加大对企业绿色技术创新的支持力度，财政资金支持的非基础性绿色技术研发项目、市场导向明确的绿色技术创新项目都必须要有企业参与，国家重大科技专项、国家重点研发计划支持的绿色技术研发项目由企业牵头承担的比例不少于55%。（科技部、国家发展改革委按职责分工负责）

（五）激发高校、科研院所绿色技术创新活力

健全科研人员评价激励机制，增加绿色技术创新科技成果转化数量、质量、经济效益在绩效考核评优、科研考核加分和职称评定晋级中的比重。允许绿色技术发明人或研发团队以持有股权、分红等形式获得技术转移转化收益，科研人员离岗后仍保持持有股权的权利。以技术转让、许可或作价投资方式转化职务绿色技术创新成果的，发明人或研发团队获净收入的比例不低于50%。科技人员从转化绿色技术创新成果所获现金收入，符合现行税收政策规定条件的，可享受减按50%计入科技人员当月"工资、薪金所得"计征个人所得税优惠政策。高校、科研院所科研人员依法取得的绿色技术创新成果转化奖励收入，不受本单位绩效工资总量限制，不纳入绩效工资总量核定基数。

加强绿色技术创新人才培养，在高校设立一批绿色技术创新人才培养基地，加强绿色技术相关学科专业建设，持续深化绿色领域新工科建设，主动布局绿色技术人才培养。选好用好绿色技术创新领军人物、拔尖人才，选择部分职业教育机构开展绿色技术专业教育试点，引导技术技能劳动者在绿色技术领域就业、服务绿色技术创新。（科技部、教育部、财政部、人力资源社会保障部、税务总局按职责分工负责）

（六）推进"产学研金介"深度融合

支持龙头企业整合高校、科研院所、产业园区等力量建立具有独立法人地位、市场化运行的绿色技术创新联合体，科研人员可以技术入股、优先控股，推动科研人员、企业、高校、科研院所、金融机构等"捆绑"，实现人力资本、技术资本和金融资本相互催化、相互渗透、相互激励。

鼓励和规范绿色技术创新人才流动，高校、科研院所科技人员按国家有关政策到绿色技术创新企业任职兼职、离岗创业、转化科技成果期间，保留人员编制，三年内可在原单位正常申报职称，创新成果作为职称评定依据；高校、科研院所按国家有关政策通过设置流动性岗位，引进企业人员兼职从事科研，不受兼职取酬限制，可以担任绿色技术创新课题或项目牵头人，组建科研团队。

发挥龙头企业、骨干企业带动作用，企业牵头，联合高校、科研院所、中介机构、金融资本等共同参与，依法依规建立一批分领域、分类别的专业绿色技术创新联盟。更大力度实施绿色技术领域产学合作协同育人项目，支持联盟整合产业链上下游资源，联合开展绿色技术创新技术攻关研究。（科技部、教育部、农业农村部、人力资源社会保障部、国家发展改革委、国家能源局按职责分工负责）

（七）加强绿色技术创新基地平台建设

在绿色技术领域培育建设一批国家工程研究中心、国家技术创新中心、国家科技资源共享服务平台等创新基地平台，优先在京津冀、长江经济带、

珠三角等地区布局。在全国建设基础性长期性野外生态观测研究站等科研监测观测网络和一批科学数据中心，并按规定向社会开放数据。高等院校、科研院所、国有企业以及政府支持建设的各类绿色技术创新基地平台均应向社会开放共享，向全社会主动发布绿色技术研发成果并持续动态更新。建立各类创新基地平台的评估考核激励机制，淘汰不达标的创新基地平台，建立动态调整机制。国家科技计划项目向绿色技术创新基地平台倾斜。（科技部、国家发展改革委牵头，自然资源部、水利部、农业农村部、国家林草局等参与）

三、强化绿色技术创新的导向机制

（八）加强绿色技术创新方向引导

制定发布绿色产业指导目录、绿色技术推广目录、绿色技术与装备淘汰目录，引导绿色技术创新方向，推动各行业技术装备升级，鼓励和引导社会资本投向绿色产业。

强化对重点领域绿色技术创新的支持，围绕节能环保、清洁生产、清洁能源、生态保护与修复、城乡绿色基础设施、城市绿色发展、生态农业等领域关键共性技术、前沿引领技术、现代工程技术、颠覆性技术创新，对标国际先进水平，通过国家科技计划，前瞻性、系统性、战略性布局一批研发项目，突破关键材料、仪器设备、核心工艺、工业控制装置的技术瓶颈，推动研制一批具有自主知识产权、达到国际先进水平的关键核心绿色技术，切实提升原始创新能力。

健全政府支持的绿色技术科研项目立项、验收、评价机制。树立"项目从需求中来，成果到应用中去"的理念，建立常态化绿色技术需求征集机制，紧紧围绕重大关键绿色技术需求部署科研项目。改革科研绩效评价机制，建立科学分类、合理多元的评价体系，强化目标任务考核和现场验收，重点考核技术的实际效果、成熟度与示范推广价值。（国家发展改革委、科技部、住房城乡建设部、生态环境部、工业和信息化部、自然资源部、水利部、农业农村部、国家能源局、国家林草局按职责分工负责）

（九）强化绿色技术标准引领

实施绿色技术标准制修订专项计划，明确重点领域标准制修订任务。强化绿色技术通用标准研究，在生态环境污染防治、资源节约和循环利用、城市绿色发展、新能源、能耗和污染物协同控制技术等重点领域制定一批绿色技术标准，明确绿色技术关键性能和技术指标，开展绿色技术效果评估和验证。

依法完善产品能效、水效、能耗限额、碳排放、污染物排放等强制性标准，定期对强制性标准进行评估，及时更新修订。强化标准贯彻实施，倒逼企业进行绿色技术创新、采用绿色技术进行升级改造。（市场监管总局、科技部、国家发展改革委、生态环境部、住房和城乡建设部牵头，工业和信息化部、自然资源部、水利部、农业农村部、国家能源局等参与）

（十）建立健全政府绿色采购制度

扩大政府绿色采购范围，在现有节能环保产品的基础上增加循环、低碳、再生、有机等产品政府采购。鼓励国有企业、其他企业自主开展绿色采购。

遴选市场急需、具有实用价值、开发基础较好的共性关键绿色技术，政府以招标采购等方式购买技术，通过发布公告等形式向社会免费推广应用。（财政部、国家发展改革委、科技部、生态环境部牵头，国务院国资委等参与）

（十一）推进绿色技术创新评价和认证

推行产品绿色（生态）设计，发布绿色（生态）设计产品名单，编制相关评价技术规范。大力推动绿色生产，健全绿色工厂评价体系，开展绿色工厂建设示范。推动企业运用互联网信息化技术，建立覆盖原材料采购、生产、物流、销售、回收等环节的绿色供应链管理体系。

继续推进建立统一的绿色产品认证制度，对家用电器、汽车、建材等主要产品，基于绿色技术标准，从设计、材料、制造、消费、物流和回收、再利用环节开展产品全生命周期和全产业链绿色认证。积极开展第三方认证，加强认证结果采信，推动认证机构对认证结果承担连带责任。（工业和信息化部、市场监管总局、国家发展改革委、住房城乡建设部按职责分工负责）

四、推进绿色技术创新成果转化示范应用

（十二）建立健全绿色技术转移转化市场交易体系

建立综合性国家级绿色技术交易市场，通过市

场手段促进绿色技术创新成果转化。鼓励各地区、有关单位依托或整合现有交易场所，建设区域性、专业性特色鲜明的绿色技术交易市场。建立健全市场管理制度，规范市场秩序。对通过绿色技术交易市场对接成交的技术，国家和项目所在地地方政府应积极支持项目落地。推广科技成果转移转化与金融资本结合的综合性服务平台与服务模式，提高绿色技术转移转化效率。

加强绿色技术交易中介机构能力建设，制定绿色技术创新中介机构评价规范和管理制度，培育一批绿色技术创新第三方检测、评价、认证等中介服务机构，培育一批专业化的绿色技术创新"经纪人"。（科技部、国家发展改革委牵头，财政部、中国银保监会、中国证监会等参与）

（十三）完善绿色技术创新成果转化机制

落实首台（套）重大技术装备保险补偿政策措施，支持首台（套）绿色技术创新装备示范应用。继续实施重点新材料首批次应用保险补偿机制，运用市场化手段促进重点新材料推广应用。

支持企业、高校、科研机构等建立绿色技术创新项目孵化器、创新创业基地。建设绿色技术中试公共设施，研究制定相关制度，为绿色技术中试设施建设创造宽松条件。采取政府购买服务等方式，健全绿色技术创新公共服务体系，扶持初创企业和成果转化。

积极发挥国家科技成果转化引导基金的作用，每年遴选一批重点绿色技术创新成果支持转化应用。引导各类天使投资、创业投资基金、地方创投基金等支持绿色技术创新成果转化。（科技部、国家发展改革委、工业和信息化部、住房城乡建设部牵头，生态环境部、中国银保监会、中国证监会等参与）

（十四）强化绿色技术创新转移转化综合示范

选择绿色技术创新基础较好的城市，建设绿色技术创新综合示范区。鼓励绿色技术创新综合示范区创新"科学＋技术＋工程"的组织实施模式，组织优势创新力量，实施城市黑臭水体治理、渤海综合治理、长江保护修复、农业农村污染治理、煤炭清洁高效利用、固体废弃物综合利用、工业节能节水、绿色建筑、建筑节能、清洁取暖、海绵城市、

高效节能电器、清洁能源替代、海洋生物资源开发利用、海水淡化与综合利用等技术研发重大项目和示范工程，探索绿色技术创新与政策管理创新协同发力，实现绿色科技进步和技术创新驱动绿色发展。建立绿色技术创新示范区考核评价机制，淘汰不达标的示范区。

采用"园中园"模式，在国家级高新技术开发区、经济技术开发区等开展绿色技术创新转移转化示范，推动有条件的产业集聚区向绿色技术创新集聚区转变。推进绿色生态城市建设，鼓励绿色生态城市建设过程中积极采用绿色新技术。（科技部、国家发展改革委、住房城乡建设部牵头，工业和信息化部、自然资源部、生态环境部、商务部、水利部、农业农村部、国家林草局、国家能源局等参与）

五、优化绿色技术创新环境

（十五）强化绿色技术知识产权保护与服务

健全绿色技术知识产权保护制度，强化绿色技术研发、示范、推广、应用、产业化各环节知识产权保护。知识产权部门会同有关方面共同建立绿色技术知识产权保护联系机制、公益服务机制、工作联动机制，开展打击侵犯绿色技术知识产权行为的专项行动。建立绿色技术侵权行为信息记录，将有关信息纳入全国公共信用共享平台。强化绿色技术创新知识产权服务，推进建立绿色技术知识产权审查"快速通道"，为绿色技术知识产权提供快速审查、快速确权、快速维权一体化的综合服务，完善绿色技术知识产权统计监测。（国家知识产权局牵头，科技部、国家发展改革委等参与）

（十六）加强绿色技术创新金融支持

引导银行业金融机构合理确定绿色技术贷款的融资门槛，积极开展金融创新，支持绿色技术创新企业和项目融资。研究制定公募和私募基金绿色投资标准和行为指引，把绿色技术创新作为优先支持领域。发展多层次资本市场和并购市场，健全绿色技术创新企业投资者退出机制。鼓励绿色技术创新企业充分利用国内外市场上市融资。鼓励保险公司开发支持绿色技术创新和绿色产品应用的保险产品。鼓励地方政府通过担保基金或委托专业担保公司等方式，对绿色技术创新成果转化和示范应用提

供担保或其他类型的风险补偿。涉及绿色金融对绿色技术创新的相关试点，在国务院批复的绿色金融改革创新试验区先行先试。（中国人民银行、国家发展改革委、中国银保监会、中国证监会按职责分工负责）

（十七）推进全社会绿色技术创新

组织开展绿色技术创新创业大赛，对大赛获奖企业、机构和个人予以奖励。鼓励相关单位开展绿色技术创新比赛、投资大会、创业路演、创新论坛和创新成果推介会、拍卖会、交易会等服务活动，推动绿色技术创新创业者与投融资机构对接。国家按照科学技术奖励的有关规定对攻克绿色重大关键技术、创造显著经济社会效益或生态环境效益的个人或组织给予奖励。

推进绿色技术众创，在创新资源集中的科技园区、创业基地建立绿色技术众创空间，引导高校科研人员创办绿色技术创新企业。鼓励企业、科研机构开展绿色技术创新活动、建立激励机制，提高员工的绿色创新意识。

通过全国"双创"周、全国节能宣传周、六五环境日、全国低碳日等平台加强绿色技术创新宣传，引导各类媒体加大宣传力度，发掘典型案例，推广成功经验。在全社会营造绿色技术创新文化氛围，促进绿色技术创新信息和知识传播，积极引导绿色发展方式和生活方式。（科技部、国家发展改革委、生态环境部、住房城乡建设部牵头，中国银保监会、中国证监会等参与）

六、加强绿色技术创新对外开放与国际合作

（十八）深化绿色技术创新国际合作

深度参与全球环境治理，促进绿色技术创新领域的国际交流合作。以二十国集团（G20）、一带一路、金砖国家等合作机制为依托，推进建立"一带一路"绿色技术创新联盟等合作机构，强化绿色技术创新国际交流。

通过举办博览会、论坛等形式积极传播绿色技术创新理念和成果，促进绿色技术国际交易和转移转化，推动龙头企业在部分国际绿色技术研发领域发挥引领作用。开展国际十大最佳节能技术和十大最佳节能实践（"双十佳"）评选和推广，促进优秀绿色技术成果推广应用。（科技部、国家发展改革委、生态环境部按职责分工负责）

（十九）加大绿色技术创新对外开放

积极引进国际先进绿色技术，鼓励国际绿色技术持有方通过技术入股、合作设立企业等方式，推动绿色技术创新成果在国内转化落地，强化对国际绿色技术的产权保护。支持国家级经济技术开发区等建设国际合作生态园区，国外绿色技术创新企业独资或合资在国内设立绿色技术创新园区或建设"园中园"，按规定享有与国内企业同等优惠的政策。

积极创造便利条件，鼓励有条件的企业、本科高校、职业院校和科研院所"走出去"，按照国际规则开展互利合作，促进成熟绿色技术在其他国家转化和应用。（科技部、国家发展改革委、教育部、商务部、工业和信息化部、生态环境部、住房城乡建设部按职责分工负责）

七、组织实施

（二十）加强统筹协调

国家发展改革委、科技部牵头建立绿色技术创新部际协调机制。各地区、各部门要结合各自实际，加强政策衔接，制定落实方案或强化对相关领域的创新支持，加强组织领导，明确责任，加大投入力度，切实落实各项任务措施。（国家发展改革委、科技部牵头）

（二十一）强化评价考核

加强绿色技术创新政策评估与绩效评价，建立绿色技术创新评价体系，将绿色技术创新成果、推广应用情况等纳入创新驱动发展、高质量发展、生态文明建设评价考核内容。（科技部、国家发展改革委牵头）

（二十二）加强示范引领

发挥绿色技术创新综合示范区、绿色技术工程研究中心、绿色技术创新中心、绿色企业技术中心等作用，探索绿色技术创新与绿色管理制度协同发力的有效模式，及时总结可复制推广的做法和成功经验，发挥示范带动作用。（科技部、国家发展改革委牵头）

国家发展改革委等七部门联合印发的
《绿色产业指导目录（2019年版）》

（发改环资〔2019〕293号）

加强生态文明建设、推进绿色发展，需要强有力的技术支撑和产业基础。发展绿色产业，既是推进生态文明建设、打赢污染防治攻坚战的有力支撑，也是培育绿色发展新动能、实现高质量发展的重要内容。近年来，各地区、各部门对发展绿色产业高度重视，出台了一系列政策措施，有力促进了绿色产业的发展壮大。但同时也面临概念泛化、标准不一、监管不力等问题。为进一步厘清产业边界，将有限的政策和资金引导到对推动绿色发展最重要、最关键、最紧迫的产业上，有效服务于重大战略、重大工程、重大政策，为打赢污染防治攻坚战、建设美丽中国奠定坚实的产业基础，国家发展改革委会同有关部门研究制定了《绿色产业指导目录（2019年版）》（以下简称《目录》）。现印发你们，并就有关事项通知如下。

一、各地方、各部门要以《目录》为基础，根据各自领域、区域发展重点，出台投资、价格、金融、税收等方面政策措施，着力壮大节能环保、清洁生产、清洁能源等绿色产业。

二、国家发展改革委将联合相关部门，根据投资、价格、金融等不同支持政策的实际需要，逐步制定以《目录》为基础的细化目录或子目录，指导各机关、团体、企业、社会组织更好支持绿色产业发展，着力提高《目录》的可操作性。

三、国家发展改革委将会同相关部门，依托社会力量，设立绿色产业专家委员会，为《目录》在各领域的落实、细化目录和子目录的制定、绿色产业标准制定等工作提供相关专业意见。逐步建立绿色产业认定机制，有序引入社会中介组织开展相关服务。

四、各地方、各部门要进一步加强国际国内经验交流，推广壮大绿色产业的经验做法，推动建立《目录》同相关国际绿色标准之间的互认机制。国家发展改革委将联合各部门，在权限范围内对各地区和从事相关工作的协会、委员会、认证机构、企业等进行指导或检查。各地方在贯彻执行《目录》的过程中，如遇新情况、新问题，请及时向相关部门报告。

五、各地方、各部门要加强《目录》与既有绿色产业支持政策的衔接，妥善处理存量资金和项目，逐步根据《目录》调整政策支持范围。既有政策的数据统计可按《目录》公布前、《目录》公布后分别进行统计。

六、国家发展改革委将会同有关部门，根据国家生态文明建设重大任务、资源环境状况、污染防治攻坚重点、科学技术进步、产业市场发展等因素，适时对《目录》进行调整和修订。

附件：1. 绿色产业指导目录（2019年版）

2.《绿色产业指导目录（2019年版）》的解释说明

国家发展改革委
工业和信息化部
自然资源部
生态环境部
住房和城乡建设部
人民银行
国家能源局
2019年2月14日

市场监管总局关于发布《绿色产品标识使用管理办法》的公告

为贯彻落实中共中央、国务院印发的《生态文明体制改革总体方案》（中发〔2015〕25 号）和《国务院办公厅关于建立统一的绿色产品标准、认证、标识体系的意见》（国办发〔2016〕86 号）相关任务要求，推动绿色产品标识整合，配合绿色产品认证工作开展，市场监管总局制定了《绿色产品标识使用管理办法》，现予以公告。

市场监管总局
2019 年 5 月 5 日

绿色产品标识使用管理办法

第一章　总则

第一条　为加快推进生态文明体制建设，规范绿色产品标识使用，依据国家有关法律、行政法规以及《生态文明体制改革总体方案》（中发〔2015〕25 号）、《国务院办公厅关于建立统一的绿色产品标准、认证、标识体系的意见》（国办发〔2016〕86 号）的相关要求，按照"市场导向、开放共享、社会共治"的原则，制定本办法。

第二条　市场监管总局统一发布绿色产品标识，建设和管理绿色产品标识信息平台（以下简称信息平台），并对绿色产品标识使用实施监督管理。

结合绿色产品认证制度建立实际情况，相关认证机构、获证企业根据需要自愿使用绿色产品标识。使用绿色产品标识时，应遵守本办法所规定相关要求。

第三条　绿色产品标识适用范围。

（一）认证活动一：认证机构对列入国家统一的绿色产品认证目录的产品，依据绿色产品评价标准清单中的标准，按照市场监管总局统一制定发布的绿色产品认证规则开展的认证活动；

（二）认证活动二：市场监管总局联合国务院有关部门共同推行统一的涉及资源、能源、环境、品质等绿色属性（如环保、节能、节水、循环、低碳、

再生、有机、有害物质限制使用等，以下简称绿色属性）的认证制度，认证机构按照相关制度明确的认证规则及评价依据开展的认证活动；

（三）市场监管总局联合国务院有关部门共同推行的涉及绿色属性的自我声明等合格评定活动（以下简称其他绿色属性合格评定活动）。

第二章　绿色产品标识的样式

第四条　绿色产品标识的基本图案如下所示。

获得认证的产品或其随附文件使用本标识时，应同时在绿色产品标识右侧标注发证机构标志；同一产品获得两家及以上认证机构颁发的绿色属性认证证书时，标注相应全部发证机构标志。

认证活动一的绿色产品标识样式为：

认证活动二的绿色产品标识样式为：

对认证活动二，若需要在基本图案上标注其他识别信息的，须在相应制度方案中予以明确。

其他绿色属性合格评定活动如使用绿色产品标识的，样式在相应制度方案中予以明确。

第五条 绿色产品标识基本图案的矢量图可在信息平台自行下载。绿色产品标识可按比例放大或缩小，标注后应清晰可识。

第三章 绿色产品标识的使用

第六条 除相关制度方案或认证机构另行要求外，企业可自主选择任意制作工艺（如印制、模压等）在产品本体、铭牌、包装、随附文件（如说明书、合格证等）、操作系统、电子销售平台等位置使用或展示绿色产品标识。

绿色产品标识的颜色应选用白色底版、绿色图案。

第七条 从事本办法所述认证活动一、认证活动二的认证机构应经市场监管总局批准，并在批准范围内从事认证活动、使用绿色产品标识。

获得批准的认证机构应结合本办法要求，制定并公布本机构绿色产品标识使用管理要求。认证机构授权获证企业使用绿色产品标识时，应在信息平台（www.chinagreenproduct.cn）上完成认证信息报送，所报送内容包括产品及企业信息、认证模式、认证/检验检测机构信息、获证证书信息及产品绿色属性的评价依据、评价项目、限值指标等。

第八条 对同一产品获得两家及以上认证机构颁发的绿色属性认证证书的，信息平台通过企业数据及产品型号对该产品所涉及全部绿色属性认证信息予以整合发布。

第九条 完成认证信息报送后，信息平台将生成含有对应产品全部绿色属性信息的二维码并提供下载链接，企业可自愿将二维码标注在所对应产品的适当位置（如：产品本体、铭牌、包装、随附文件、操作系统、电子销售平台等），以供政策采信或消费识别选择。

第十条 其他绿色属性合格评定活动如使用绿色产品标识的，具体使用方式及符合性信息报送要求须在相应制度方案中予以明确。

第四章 绿色产品标识的监督管理

第十一条 绿色产品标识使用方（认证机构、获证企业等）应建立具体管理措施，确保绿色产品标识依据本办法正确使用和标注。

第十二条 认证及自我声明等合格评定活动中存在的绿色产品标识违规使用相关情况，依据有关法律法规进行处罚。对涉企行政处罚信息，将通过国家企业信用信息公示系统依法向社会公示。

第五章 附则

第十三条 本办法由市场监管总局负责解释。

第十四条 本办法自 2019 年 6 月 1 日起实施。

市场监管总局办公厅　住房和城乡建设部办公厅　工业和信息化部办公厅关于印发绿色建材产品认证实施方案的通知

市监认证〔2019〕61号

各省、自治区、直辖市及新疆生产建设兵团市场监管局（厅、委）、住房和城乡建设厅（委、局）、工业和信息化主管部门：

为贯彻落实《质检总局 住房和城乡建设部 工业和信息化部 国家认监委 国家标准委关于推动绿色建材产品标准、认证、标识工作的指导意见》（国质检认联〔2017〕544号），推进绿色建材产品认证工作，市场监管总局、住房和城乡建设部、工业和信息化部制定了《绿色建材产品认证实施方案》，现印发给你们，请结合实际认真组织实施。

市场监管总局办公厅
住房和城乡建设部办公厅
工业和信息化部办公厅
2019年10月25日
（此件公开发布）

绿色建材产品认证实施方案

为推进实施绿色建材产品认证制度，健全绿色建材市场体系，增加绿色建材产品供给，提升绿色建材产品质量，促进建材工业和建筑业转型升级，根据《质检总局　住房和城乡建设部　工业和信息化部　国家认监委　国家标准委关于推动绿色建材产品标准、认证、标识工作的指导意见》（国质检认联〔2017〕544号，以下简称《指导意见》），制定本方案。

一、组织领导与保障

成立绿色建材产品标准、认证、标识推进工作组（以下简称推进工作组），由市场监管总局、住房和城乡建设部、工业和信息化部有关司局负责同志组成，负责协调指导全国绿色建材产品标准、认证、标识工作，审议绿色建材产品认证实施规则和认证机构技术能力要求，指导绿色建材产品认证采信工作。组建技术委员会，为绿色建材认证工作提供决策咨询和技术支持。

各省、自治区、直辖市及新疆生产建设兵团市场监管局（厅、委）、住房和城乡建设厅（委、局）、工业和信息化主管部门成立本地绿色建材产品工作组，接受推进工作组指导，负责协调本地绿色建材产品认证推广应用工作。

二、认证组织实施

（一）从事绿色建材产品认证的认证机构应当依法设立，符合《认证机构管理办法》基本要求，满足GB/T 27065《合格评定产品、过程和服务认证机构要求》、RB/T 242《绿色产品认证机构要求》相关要求，具备从事绿色建材产品认证活动的相关技术能力。

（二）申请从事绿色建材认证的认证机构，可由省级住房和城乡建设主管部门、工业和信息化主管部门推荐，由市场监管总局商住房和城乡建设部、工业和信息化部后作出审批决定。

（三）绿色建材产品认证机构可委托取得相应资质的检测机构开展与绿色建材产品认证相关的检测活动，并对依据有关检测数据作出的认证结论负责。

（四）绿色建材产品认证目录由市场监管总局、住房和城乡建设部、工业和信息化部根据行业发展和认证工作需要，共同确定并发布。认证实施规则由市场监管总局商住房和城乡建设部、工业和信息化部后发布。

（五）绿色建材产品认证按照《指导意见》、本实施方案及《绿色建材评价标识管理办法》（建科〔2014〕75 号）进行实施，实行分级评价认证，由低至高分为一、二、三星级，在认证目录内依据绿色产品评价国家标准认证的建材产品等同于三星级绿色建材。

三、认证标识

按照《绿色产品标识使用管理办法》（市场监管总局 2019 年第 20 号公告）要求，对认证目录内依据绿色产品评价国家标准认证的建材产品，适用"认证活动一"的绿色产品标识样式；对按照《绿色建材评价标识管理办法》（建科〔2014〕75 号）认证的建材产品，适用"认证活动二"的绿色产品

标识样式，并标注分级结果。

四、推广应用

（一）住房和城乡建设主管部门建立绿色建材采信应用数据库，并向社会公开。通过绿色建材评价认证的建材产品经审核后入库。对出现违规行为的企业或认证机构，要及时将相应的建材产品从数据库中清除。

（二）工业和信息化主管部门建立绿色建材产品名录，根据不同地域特点和市场需求，加强与下游用户的衔接，促进绿色建材推广应用，培育绿色建材示范产品和示范企业，推动绿色建材行业加快发展。

（三）各地住房和城乡建设主管部门、工业和信息化主管部门要结合实际制定本地绿色建材认证推广应用方案，鼓励工程建设项目使用绿色建材采信应用数据库中的产品，在政府投资工程、重点工程、市政公用工程、绿色建筑和生态城区、装配式建筑等项目中率先采用绿色建材。

五、监督管理

（一）各级市场监管、住房和城乡建设、工业和信息化部门充分发挥各自职能，对绿色建材产品生产、认证、采信应用等进行监督管理。

（二）对认证活动中出现的违法违规行为，应依法进行处罚，并将涉企行政处罚信息通过国家企业信用信息公示系统及全国绿色建材评价标识管理信息平台公布。

认监委关于发布绿色产品认证机构资质条件及第一批认证实施规则的公告

根据《国务院办公厅关于建立统一的绿色产品标准、认证、标识体系的意见》（国办发〔2016〕86号）及《市场监管总局关于发布绿色产品评价标准清单及认证目录（第一批）的公告》（市场监管总局公告2018年第2号）、《市场监管总局办公厅 住房和城乡建设部办公厅 工业和信息化部办公厅关于印发绿色建材产品认证实施方案的通知》（市监认证〔2019〕61号）要求，申请从事绿色产品认证的认证机构应当依法设立，符合《中华人民共和国认证认可条例》《认证机构管理办法》规定的基本条件，并具备与从事绿色产品认证相适应的技术能力。

具备上述资质条件的认证机构，可按照绿色产品认证第一批目录范围向认监委提出申请，经批准后方可依据相关认证实施规则（见附件）开展绿色产品认证。

附件：
1. 绿色产品认证实施规则 人造板和木制地板
2. 绿色产品认证实施规则 涂料
3. 绿色产品认证实施规则 卫生陶瓷
4. 绿色产品认证实施规则 建筑玻璃
5. 绿色产品认证实施规则 太阳能热水系统
6. 绿色产品认证实施规则 家具
7. 绿色产品认证实施规则 绝热材料
8. 绿色产品认证实施规则 防水密封材料
9. 绿色产品认证实施规则 陶瓷砖（板）
10. 绿色产品认证实施规则 纺织产品
11. 绿色产品认证实施规则 木塑制品
12. 绿色产品认证实施规则 纸和纸制品

认监委
2020年3月26日

住房和城乡建设部　国家发展改革委　教育部　工业和信息化部　人民银行　国管局　银保监会关于印发绿色建筑创建行动方案的通知

建标〔2020〕65号

各省、自治区、直辖市住房和城乡建设厅（委、管委）、发展改革委、教育厅（委）、工业和信息化主管部门、机关事务主管部门，人民银行上海总部、各分行、营业管理部、省会（首府）城市中心支行、副省级城市中心支行，各银保监局，新疆生产建设兵团住房和城乡建设局、发展改革委、教育局、工业和信息化局、机关事务管理局：

为贯彻落实习近平生态文明思想和党的十九大精神，依据《国家发展改革委关于印发〈绿色生活创建行动总体方案〉的通知》（发改环资〔2019〕1696号）要求，决定开展绿色建筑创建行动。现将《绿色建筑创建行动方案》印发给你们，请结合本地区实际，认真贯彻执行。

中华人民共和国住房和城乡建设部
中华人民共和国国家发展和改革委员会
中华人民共和国教育部
中华人民共和国工业和信息化部
中国人民银行
国家机关事务管理局
中国银行保险监督管理委员会
2020年7月15日
（此件公开发布）

绿色建筑创建行动方案

为全面贯彻党的十九大和十九届二中、三中、四中全会精神，深入贯彻习近平生态文明思想，按照《国家发展改革委关于印发〈绿色生活创建行动总体方案〉的通知》（发改环资〔2019〕1696号）要求，推动绿色建筑高质量发展，制定本方案。

一、创建对象

绿色建筑创建行动以城镇建筑作为创建对象。

绿色建筑指在全寿命期内节约资源、保护环境、减少污染，为人们提供健康、适用、高效的使用空间，最大限度实现人与自然和谐共生的高质量建筑。

二、创建目标

到2022年，当年城镇新建建筑中绿色建筑面积占比达到70%，星级绿色建筑持续增加，既有建筑能效水平不断提高，住宅健康性能不断完善，装配化建造方式占比稳步提升，绿色建材应用进一步扩大，绿色住宅使用者监督全面推广，人民群众积极参与绿色建筑创建活动，形成崇尚绿色生活的社会氛围。

三、重点任务

（一）推动新建建筑全面实施绿色设计。制修订相关标准，将绿色建筑基本要求纳入工程建设强制规范，提高建筑建设底线控制水平。推动绿色建筑标准实施，加强设计、施工和运行管理。推动各地绿色建筑立法，明确各方主体责任，鼓励各地制定更高要求的绿色建筑强制性规范。

（二）完善星级绿色建筑标识制度。根据国民经济和社会发展第十三个五年规划纲要、国务院办公厅《绿色建筑行动方案》（国办发〔2013〕1号）等相关规定，规范绿色建筑标识管理，由住房城乡建设部、省级政府住房和城乡建设部门、地市级政府住房和城乡建设部门分别授予三星、二星、一星绿色建筑标识。完善绿色建筑标识申报、审查、公示制度，统一全国认定标准和标识式样。建立标识撤销机制，对弄虚作假行为给予限期整改或直接撤销标识处理。建立全国绿色建筑标识管理平台，提高绿色建筑标识工作效率和水平。

（三）提升建筑能效水效水平。结合北方地区清洁取暖、城镇老旧小区改造、海绵城市建设等工作，推动既有居住建筑节能节水改造。开展公共建筑能效提升重点城市建设，建立完善运行管理制度，推广合同能源管理与合同节水管理，推进公共建筑能耗统计、能源审计及能效公示。鼓励各地因地制宜提高政府投资公益性建筑和大型公共建筑绿色等级，推动超低能耗建筑、近零能耗建筑发展，推广可再生能源应用和再生水利用。

（四）提高住宅健康性能。结合疫情防控和各地实际，完善实施住宅相关标准，提高建筑室内空气、水质、隔声等健康性能指标，提升建筑视觉和心理舒适性。推动一批住宅健康性能示范项目，强化住宅健康性能设计要求，严格竣工验收管理，推动绿色健康技术应用。

（五）推广装配化建造方式。大力发展钢结构等装配式建筑，新建公共建筑原则上采用钢结构。编制钢结构装配式住宅常用构件尺寸指南，强化设计要求，规范构件选型，提高装配式建筑构配件标准化水平。推动装配式装修。打造装配式建筑产业基地，提升建造水平。

（六）推动绿色建材应用。加快推进绿色建材评价认证和推广应用，建立绿色建材采信机制，推动建材产品质量提升。指导各地制定绿色建材推广应用政策措施，推动政府投资工程率先采用绿色建材，逐步提高城镇新建建筑中绿色建材应用比例。打造一批绿色建材应用示范工程，大力发展新型绿色建材。

（七）加强技术研发推广。加强绿色建筑科技研发，建立部省科技成果库，促进科技成果转化。积极探索5G、物联网、人工智能、建筑机器人等新技术在工程建设领域的应用，推动绿色建造与新技术融合发展。结合住房城乡建设部科学技术计划和绿色建筑创新奖，推动绿色建筑新技术应用。

（八）建立绿色住宅使用者监督机制。制定《绿色住宅购房人验房指南》，向购房人提供房屋绿色性能和全装修质量验收方法，引导绿色住宅开发建设单位配合购房人做好验房工作。鼓励各地将住宅绿色性能和全装修质量相关指标纳入商品房买卖合同、住宅质量保证书和住宅使用说明书，明确质量保修责任和纠纷处理方式。

四、组织实施

（一）加强组织领导。省级政府住房和城乡建设、发展改革、教育、工业和信息化、机关事务管理等部门，要在各省（区、市）党委和政府直接指导下，认真落实绿色建筑创建行动方案，制定本地区创建实施方案，细化目标任务，落实支持政策，指导市、县编制绿色建筑创建行动实施计划，确保创建工作落实到位。各省（区、市）和新疆生产建设兵团住房和城乡建设部门应于2020年8月底前将本地区绿色建筑创建行动实施方案报住房城乡建设部。

（二）加强财政金融支持。各地住房和城乡建设部门要加强与财政部门沟通，争取资金支持。各地要积极完善绿色金融支持绿色建筑的政策环境，推动绿色金融支持绿色建筑发展，用好国家绿色发展基金，鼓励采用政府和社会资本合作（PPP）等方式推进创建工作。

（三）强化绩效评价。住房和城乡建设部会同相关部门按照本方案，对各省（区、市）和新疆生产建设兵团绿色建筑创建行动工作落实情况和取得的成效开展年度总结评估，及时推广先进经验和典型做法。省级政府住房和城乡建设等部门负责组织本地区绿色建筑创建成效评价，及时总结当年进展情况和成效，形成年度报告，并于每年11月底前报住房城乡建设部。

（四）加大宣传推广力度。各地要组织多渠道、多种形式的宣传活动，普及绿色建筑知识，宣传先进经验和典型做法，引导群众用好各类绿色设施，合理控制室内采暖空调温度，推动形成绿色生活方式。发挥街道、社区等基层组织作用，积极组织群众参与，通过共谋共建共管共评共享，营造有利于绿色建筑创建的社会氛围。

财政部　住房和城乡建设部关于政府采购支持绿色建材促进建筑品质提升试点工作的通知

财库〔2020〕31号

各省、自治区、直辖市、计划单列市财政厅（局）、住房和城乡建设主管部门，新疆生产建设兵团财政局、住房和城乡建设局：

为发挥政府采购政策功能，加快推广绿色建筑和绿色建材应用，促进建筑品质提升和新型建筑工业化发展，根据《中华人民共和国政府采购法》和《中华人民共和国政府采购法实施条例》，现就政府采购支持绿色建材促进建筑品质提升试点工作通知如下：

一、总体要求

（一）指导思想。

以习近平新时代中国特色社会主义思想为指导，牢固树立新发展理念，发挥政府采购的示范引领作用，在政府采购工程中积极推广绿色建筑和绿色建材应用，推进建筑业供给侧结构性改革，促进绿色生产和绿色消费，推动经济社会绿色发展。

（二）基本原则。

坚持先行先试。选择一批绿色发展基础较好的城市，在政府采购工程中探索支持绿色建筑和绿色建材推广应用的有效模式，形成可复制、可推广的经验。

强化主体责任。压实采购人落实政策的主体责任，通过加强采购需求管理等措施，切实提高绿色建筑和绿色建材在政府采购工程中的比重。

加强统筹协调。加强部门间的沟通协调，明确相关部门职责，强化对政府工程采购、实施和履约验收中的监督管理，引导采购人、工程承包单位、建材企业、相关行业协会及第三方机构积极参与试点工作，形成推进试点的合力。

（三）工作目标。

在政府采购工程中推广可循环可利用建材、高强度高耐久建材、绿色部品部件、绿色装饰装修材料、节水节能建材等绿色建材产品，积极应用装配式、智能化等新型建筑工业化建造方式，鼓励建成二星级及以上绿色建筑。到2022年，基本形成绿色建筑和绿色建材政府采购需求标准，政策措施体系和工作机制逐步完善，政府采购工程建筑品质得到提升，绿色消费和绿色发展的理念进一步增强。

二、试点对象和时间

（一）试点城市。试点城市为南京市、杭州市、绍兴市、湖州市、青岛市、佛山市。鼓励其他地区按照本通知要求，积极推广绿色建筑和绿色建材应用。

（二）试点项目。医院、学校、办公楼、综合体、展览馆、会展中心、体育馆、保障性住房等新建政府采购工程。鼓励试点地区将使用财政性资金实施的其他新建工程项目纳入试点范围。

（三）试点期限。试点时间为2年，相关工程项目原则上应于2022年12月底前竣工。对于较大规模的工程项目，可适当延长试点时间。

三、试点内容

（一）形成绿色建筑和绿色建材政府采购需求标准。财政部、住房城乡建设部会同相关部门根据建材产品在政府采购工程中的应用情况、市场供给情况和相关产业升级发展方向等，结合有关国家标准、行业标准等绿色建材产品标准，制定发布绿色建筑和绿色建材政府采购基本要求（试行，以下简称《基本要求》）。财政部、住房城乡建设部将根据试点推进情况，动态更新《基本要求》，并在中华人民共和国财政部网站（www.mof.gov.cn）、住房城乡建设部网站（www.mohurd.gov.cn）和中国政府采购网（www.ccgp.gov.cn）发布。试点地区可根据地方实际情况，对《基本要求》中的相关设计要求、建材种类和具体指标进行微调。试点地区要通过试点，在《基本要求》的基础上，细化和完善绿色建筑政府采购相关设计规范、施工规范和产品标准，形成客观、量化、可验证，适应本地区实际和不同建筑类型的绿色建筑和绿色建材政府采购需求标准，报财政部、住房城乡建设部。

（二）加强工程设计管理。采购人应当要求设计单位根据《基本要求》编制设计文件，严格审查或者委托第三方机构审查设计文件中执行《基本要求》的情况。试点地区住房和城乡建设部门要加强政府采购工程中落实《基本要求》情况的事中事后监管。同时，要积极推动工程造价改革，完善工程概预算编制办法，充分发挥市场定价作用，将政府采购绿色建筑和绿色建材增量成本纳入工程造价。

（三）落实绿色建材采购要求。采购人要在编制采购文件和拟定合同文本时将满足《基本要求》的有关规定作为实质性条件，直接采购或要求承包单位使用符合规定的绿色建材产品。绿色建材供应商在供货时应当提供包含相关指标的第三方检测或认证机构出具的检测报告、认证证书等证明性文件。对于尚未纳入《基本要求》的建材产品，鼓励采购人采购获得绿色建材评价标识、认证或者获得环境标志产品认证的绿色建材产品。

（四）探索开展绿色建材批量集中采购。试点地区财政部门可以选择部分通用类绿色建材探索实施批量集中采购。由政府集中采购机构或部门集中采购机构定期归集采购人绿色建材采购计划，开展集中带量采购。鼓励通过电子化政府采购平台采购绿色建材，强化采购全流程监管。

（五）严格工程施工和验收管理。试点地区要积极探索创新施工现场监管模式，督促施工单位使用符合要求的绿色建材产品，严格按照《基本要求》的规定和工程建设相关标准施工。工程竣工后，采购人要按照合同约定开展履约验收。

（六）加强对绿色采购政策执行的监督检查。试点地区财政部门要会同住房和城乡建设部门通过大数据、区块链等技术手段密切跟踪试点情况，加强有关政策执行情况的监督检查。对于采购人、采购代理机构和供应商在采购活动中的违法违规行为，依照政府采购法律制度有关规定处理。

四、保障措施

（一）加强组织领导。试点地区要高度重视政府采购支持绿色建筑和绿色建材推广试点工作，大胆创新，研究建立有利于推进试点的制度机制。试点地区财政部门、住房和城乡建设部门要共同牵头做好试点工作，及时制定出台本地区试点实施方案，报财政部、住房城乡建设部备案。试点实施方案印发后，有关部门要按照职责分工加强协调配合，确保试点工作顺利推进。

（二）做好试点跟踪和评估。试点地区财政部门、住房和城乡建设部门要加强对试点工作的动态跟踪和工作督导，及时协调解决试点中的难点堵点，对试点过程中遇到的关于《基本要求》具体内容、操作执行等方面问题和相关意见建议，要及时向财政部、住房城乡建设部报告。财政部、住房城乡建设部将定期组织试点情况评估，试点结束后系统总结各地试点经验和成效，形成政府采购支持绿色建筑和绿色建材推广的全国实施方案。

（三）加强宣传引导。加强政府采购支持绿色建筑和绿色建材推广政策解读和舆论引导，统一各方思想认识，及时回应社会关切，稳定市场主体预期。通过新闻媒体宣传推广各地的好经验好做法，充分发挥试点示范效应。

附件：绿色建筑和绿色建材政府采购基本要求（试行）

中华人民共和国财政部
中华人民共和国住房和城乡建设部
2020 年 10 月 13 日

国家发展改革委　司法部印发《关于加快建立绿色生产和消费法规政策体系的意见》的通知

发改环资〔2020〕379号

各省、自治区、直辖市人民政府，新疆生产建设兵团，中央和国家机关有关部门：

《关于加快建立绿色生产和消费法规政策体系的意见》已经中央全面深化改革委员会审议通过，现印发给你们，请结合实际认真贯彻落实。

国家发展改革委
司法部
2020 年 3 月 11 日
（此件公开发布）

关于加快建立绿色生产和消费法规政策体系的意见

推行绿色生产和消费是建设生态文明、实现高质量发展的重要内容，党中央、国务院对此高度重视。改革开放特别是党的十八大以来，我国在绿色生产、消费领域出台了一系列法规和政策措施，大力推动绿色、循环、低碳发展，加快形成节约资源、保护环境的生产生活方式，取得了积极成效。但也要看到，绿色生产和消费领域法规政策仍不健全，还存在激励约束不足、操作性不强等问题。为加快建立绿色生产和消费法规政策体系，提出以下意见。

一、总体要求

（一）指导思想。以习近平新时代中国特色社会主义思想为指导，全面贯彻党的十九大和十九届二中、三中、四中全会精神，深入践行习近平生态文明思想，坚持以人民为中心，落实新发展理念，按照问题导向、突出重点、系统协同、适用可行、循序渐进的原则，加快建立绿色生产和消费相关的法规、标准、政策体系，促进源头减量、清洁生产、资源循环、末端治理，扩大绿色产品消费，在全社会推动形成绿色生产和消费方式。

（二）主要目标。到 2025 年，绿色生产和消费相关的法规、标准、政策进一步健全，激励约束到位的制度框架基本建立，绿色生产和消费方式在重点领域、重点行业、重点环节全面推行，我国绿色发展水平实现总体提升。

二、主要任务

（三）推行绿色设计。健全推行绿色设计的政策机制。建立再生资源分级质控和标识制度，推广资源再生产品和原料。完善优先控制化学品名录，引导企业在生产过程中使用无毒无害、低毒低害和环境友好型原料。强化标准制定统筹规划，加强绿色标准体系建设，扩大标准覆盖范围，加快重点领域相关标准制修订工作，根据实际提高标准和设计

规范。（国家发展改革委、工业和信息化部、生态环境部、市场监管总局等按职责分工负责）

（四）强化工业清洁生产。严格实施清洁生产审核办法、清洁生产审核评估与验收指南，进一步规范清洁生产审核行为，保障清洁生产审核质量。出台在重点行业深入推进强制性清洁生产审核的政策措施。完善重点行业清洁生产评价指标体系，实行动态调整机制。完善基于能耗、污染物排放水平的差别化电价政策，支持重点行业企业实施清洁生产技术改造。制定支持重点行业清洁生产装备研发、制造的鼓励政策。（国家发展改革委、生态环境部、工业和信息化部等按职责分工负责）

（五）发展工业循环经济。健全相关支持政策，推动现有产业园区循环化改造和新建园区循环化建设。完善共伴生矿、尾矿、工业"三废"、余热余压综合利用的支持政策。以电器电子产品、汽车产品、动力蓄电池、铅酸蓄电池、饮料纸基复合包装物为重点，加快落实生产者责任延伸制度，适时将实施范围拓展至轮胎等品种，强化生产者废弃产品回收处理责任。支持建立发动机、变速箱等汽车旧件回收、再制造加工体系，完善机动车报废更新政策。建立完善绿色勘查、绿色矿山标准和政策支持体系。建立健全高耗水行业节水增效政策机制。（国家发展改革委、工业和信息化部、自然资源部、生态环境部、水利部、商务部、市场监管总局等按职责分工负责）

（六）加强工业污染治理。全面推行污染物排放许可制度，强化工业企业污染防治法定责任。加快制定污染防治可行技术指南，按照稳定连贯、可控可达的原则制修订污染物排放标准，严格环境保护执法监督，实现工业污染源全面达标排放，鼓励达标企业实施深度治理。完善危险废物集中处置设施、场所作为环境保护公共设施的配套政策。建立健全责任清晰、程序合理、科学规范的生态环境突发事件预警和应急机制，建立生态环境突发事件后评估机制。健全工业污染环境损害司法鉴定工作制度，建立完善行政管理机关、行政执法机关与监察机关、司法机关的衔接配合机制，促进工业污染治

理领域处罚信息和监测信息共享，充分发挥检察机关公益职能作用，形成工业污染治理多元化格局。（最高人民法院、最高人民检察院、公安部、司法部、生态环境部、工业和信息化部、国家发展改革委、财政部等按职责分工负责）

（七）促进能源清洁发展。建立完善与可再生能源规模化发展相适应的法规、政策，按照简化、普惠、稳定、渐变的原则，在规划统筹、并网消纳、价格机制等方面作出相应规定和政策调整，建立健全可再生能源电力消纳保障机制。加大对分布式能源、智能电网、储能技术、多能互补的政策支持力度，研究制定氢能、海洋能等新能源发展的标准规范和支持政策。建立健全煤炭清洁开发利用政策机制，从全生命周期、全产业链条加快推进煤炭清洁开发利用。建立对能源开发生产、贸易运输、设备制造、转化利用等环节能耗、排放、成本全生命周期评价机制。（能源局、国家发展改革委、科技部、工业和信息化部、司法部、财政部、自然资源部、生态环境部、交通运输部、市场监管总局等按职责分工负责）

（八）推进农业绿色发展。以绿色生态为导向，创新农业绿色发展体制机制，开展农业绿色发展支撑体系建设，创新技术体系、健全标准体系、延伸产业体系、强化经营体系、完善政策体系，为农业绿色发展提供保障。大力推进科学施肥，建立有机肥替代化肥推广政策机制。实施化学农药减量替代计划，建立生物防治替代化学防治推广政策机制，支持研发推广农作物病虫害绿色防控技术产品。制定农用薄膜管理办法，建立全程监管体系，支持推广使用生物可降解农膜。加快制定农药包装废弃物回收处理管理办法。完善农作物秸秆综合利用制度，以县为单位整体推进秸秆全量化综合利用。以肥料化和能源化为主要利用方向，落实畜禽粪污资源化利用制度。完善落实水产养殖业绿色发展政策，依法加强养殖水域滩涂统一规划。建立饲料添加剂和兽药使用规范，健全病死畜禽无害化处理机制。稳步推进耕地轮作休耕制度试点。健全农业循环经济推广制度，建立农业绿色生产技术推广机制。落实

农业绿色发展税收支持政策。建立健全农业绿色发展相关标准，加快清理、废止与农业绿色发展不适应的标准和行业规范。（农业农村部、国家发展改革委、工业和信息化部、财政部、自然资源部、生态环境部、水利部、税务总局、市场监管总局等按职责分工负责）

（九）促进服务业绿色发展。在市政公用工程设施和城乡公共生活服务设施的规划、建设、运营、管理有关标准和规范制修订中，全面贯彻绿色发展理念，提升绿色化水平。完善绿色物流建设支持政策。加快建立健全快递、电子商务、外卖等领域绿色包装的法律、标准、政策体系，减少过度包装和一次性用品使用，鼓励使用可降解、可循环利用的包装材料、物流器具。健全再生资源分类回收利用等环节管理和技术规范。（住房城乡建设部、自然资源部、国家发展改革委、工业和信息化部、司法部、生态环境部、交通运输部、商务部、市场监管总局、铁路局、民航局、邮政局等按职责分工负责）

（十）扩大绿色产品消费。完善绿色产品认证与标识制度。建立健全固体废物综合利用产品质量标准体系。落实好支持节能、节水、环保、资源综合利用产业的税收优惠政策。积极推行绿色产品政府采购制度，结合实施产品品目清单管理，加大绿色产品相关标准在政府采购中的运用。国有企业率先执行企业绿色采购指南，建立健全绿色采购管理制度。建立完善节能家电、高效照明产品、节水器具、绿色建材等绿色产品和新能源汽车推广机制，有条件的地方对消费者购置节能型家电产品、节能新能源汽车、节水器具等给予适当支持。鼓励公交、环卫、出租、通勤、城市邮政快递作业、城市物流等领域新增和更新车辆采用新能源和清洁能源汽车。（国家发展改革委、工业和信息化部、财政部、生态环境部、住房城乡建设部、交通运输部、商务部、国资委、税务总局、市场监管总局、铁路局、民航局、邮政局等按职责分工负责）

（十一）推行绿色生活方式。完善居民用电、用水、用气阶梯价格政策。落实污水处理收费制度，将污水处理费标准调整至补偿污水处理和污泥处置设施运营成本并合理盈利水平。加快推行城乡居民生活垃圾分类和资源化利用制度。制定进一步加强塑料污染治理的政策措施。研究制定餐厨废弃物管理与资源化利用法规。推广绿色农房建设方法和技术，逐步建立健全使用绿色建材、建设绿色农房的农村住房建设机制。（国家发展改革委、生态环境部、住房城乡建设部、财政部等按职责分工负责）

三、组织实施

根据党中央、国务院决策部署和改革需要，统筹推动绿色生产和消费领域法律法规的立改废释工作。各有关部门要按照职责分工，加快推进相关法律法规、标准、政策的制修订工作。各地区要根据本意见的要求，结合实际出台促进本地区绿色生产和消费的法规、标准、政策，鼓励先行先试，做好经验总结和推广。各级财政、税收、金融等部门要持续完善绿色生产和消费领域的支持政策。各级宣传部门要组织媒体通过多种渠道和方式，大力宣传推广绿色生产和消费理念，加大相关法律法规、政策措施宣传力度，凝聚社会共识，营造良好氛围。

附件：重点任务清单

住房和城乡建设部等部门关于推动智能建造与建筑工业化协同发展的指导意见

建市〔2020〕60号

各省、自治区、直辖市及计划单列市、新疆生产建设兵团住房和城乡建设厅（委、管委、局）、发展改革委、科技厅（局）、工业和信息化厅（局）、人力资源社会保障厅（局）、生态环境厅（局）、交通运输厅（局、委）、水利厅（局）、市场监管局，北京市规划和自然资源委，国家税务总局各省、自治区、直辖市和计划单列市税务局，各银保监局，各地区铁路监督管理局，民航各地区管理局：

建筑业是国民经济的支柱产业，为我国经济持续健康发展提供了有力支撑。但建筑业生产方式仍然比较粗放，与高质量发展要求相比还有很大差距。为推进建筑工业化、数字化、智能化升级，加快建造方式转变，推动建筑业高质量发展，制定本指导意见。

一、指导思想

以习近平新时代中国特色社会主义思想为指导，全面贯彻党的十九大和十九届二中、三中、四中全会精神，增强"四个意识"，坚定"四个自信"，做到"两个维护"，坚持稳中求进工作总基调，坚持新发展理念，坚持以供给侧结构性改革为主线，围绕建筑业高质量发展总体目标，以大力发展建筑工业化为载体，以数字化、智能化升级为动力，创新突破相关核心技术，加大智能建造在工程建设各环节应用，形成涵盖科研、设计、生产加工、施工装配、运营等全产业链融合一体的智能建造产业体系，提升工程质量安全、效益和品质，有效拉动内需，培育国民经济新的增长点，实现建筑业转型升级和持续健康发展。

二、基本原则

市场主导，政府引导。充分发挥市场在资源配置中的决定性作用，强化企业市场主体地位，积极探索智能建造与建筑工业化协同发展路径和模式，更好发挥政府在顶层设计、规划布局、政策制定等方面的引导作用，营造良好发展环境。

立足当前，着眼长远。准确把握新一轮科技革命和产业变革趋势，加强战略谋划和前瞻部署，引导各类要素有效聚集，加快推进建筑业转型升级和提质增效，全面提升智能建造水平。

跨界融合，协同创新。建立健全跨领域跨行业协同创新体系，推动智能建造核心技术联合攻关与示范应用，促进科技成果转化应用。激发企业创新创业活力，支持龙头企业与上下游中小企业加强协作，构建良好的产业创新生态。

节能环保，绿色发展。在建筑工业化、数字化、智能化升级过程中，注重能源资源节约和生态环境保护，严格标准规范，提高能源资源利用效率。

自主研发，开放合作。大力提升企业自主研发能力，掌握智能建造关键核心技术，完善产业链条，强化网络和信息安全管理，加强信息基础设施安全保障，促进国际交流合作，形成新的比较优势，提升建筑业开放发展水平。

三、发展目标

到2025年，我国智能建造与建筑工业化协同发展的政策体系和产业体系基本建立，建筑工业化、数字化、智能化水平显著提高，建筑产业互联网平台初步建立，产业基础、技术装备、科技创新能力以及建筑安全质量水平全面提升，劳动生产率明显提高，能源资源消耗及污染排放大幅下降，环境保护效应显著。推动形成一批智能建造龙头企业，引领并带动广大中小企业向智能建造转型升级，打造"中国建造"升级版。

到2035年，我国智能建造与建筑工业化协同发展取得显著进展，企业创新能力大幅提升，产业整体优势明显增强，"中国建造"核心竞争力世界领先，建筑工业化全面实现，迈入智能建造世界强国行列。

四、重点任务

（一）加快建筑工业化升级。

大力发展装配式建筑，推动建立以标准部品为基础的专业化、规模化、信息化生产体系。加快推动新一代信息技术与建筑工业化技术协同发展，在建造全过程加大建筑信息模型（BIM）、互联网、物联网、大数据、云计算、移动通信、人工智能、区块链等新技术的集成与创新应用。大力推进先进制造设备、智能设备及智慧工地相关装备的研发、制造和推广应用，提升各类施工机具的性能和效率，提高机械化施工程度。加快传感器、高速移动通信、无线射频、近场通讯及二维码识别等建筑物联网技术应用，提升数据资源利用水平和信息服务能力。加快打造建筑产业互联网平台，推广应用钢结构构件智能制造生产线和预制混凝土构件智能生产线。

（二）加强技术创新。

加强技术攻关，推动智能建造和建筑工业化基础共性技术和关键核心技术研发、转移扩散和商业化应用，加快突破部品部件现代工艺制造、智能控制和优化、新型传感感知、工程质量检测监测、数据采集与分析、故障诊断与维护、专用软件等一批核心技术。探索具备人机协调、自然交互、自主学习功能的建筑机器人批量应用。研发自主知识产权的系统性软件与数据平台、集成建造平台。推进工业互联网平台在建筑领域的融合应用，建设建筑产业互联网平台，开发面向建筑领域的应用程序。加快智能建造科技成果转化应用，培育一批技术创新

中心、重点实验室等科技创新基地。围绕数字设计、智能生产、智能施工，构建先进适用的智能建造及建筑工业化标准体系，开展基础共性标准、关键技术标准、行业应用标准研究。

（三）提升信息化水平。

推进数字化设计体系建设，统筹建筑结构、机电设备、部品部件、装配施工、装饰装修，推行一体化集成设计。积极应用自主可控的BIM技术，加快构建数字设计基础平台和集成系统，实现设计、工艺、制造协同。加快部品部件生产数字化、智能化升级，推广应用数字化技术、系统集成技术、智能化装备和建筑机器人，实现少人甚至无人工厂。加快人机智能交互、智能物流管理、增材制造等技术和智能装备的应用。以钢筋制作安装、模具安拆、混凝土浇筑、钢构件下料焊接、隔墙板和集成厨卫加工等工厂生产关键工艺环节为重点，推进工艺流程数字化和建筑机器人应用。以企业资源计划（ERP）平台为基础，进一步推动向生产管理子系统的延伸，实现工厂生产的信息化管理。推动在材料配送、钢筋加工、喷涂、铺贴地砖、安装隔墙板、高空焊接等现场施工环节，加强建筑机器人和智能控制造楼机等一体化施工设备的应用。

（四）培育产业体系。

探索适用于智能建造与建筑工业化协同发展的新型组织方式、流程和管理模式。加快培育具有智能建造系统解决方案能力的工程总承包企业，统筹建造活动全产业链，推动企业以多种形式紧密合作、协同创新，逐步形成以工程总承包企业为核心、相关领先企业深度参与的开放型产业体系。鼓励企业建立工程总承包项目多方协同智能建造工作平台，强化智能建造上下游协同工作，形成涵盖设计、生产、施工、技术服务的产业链。

（五）积极推行绿色建造。

实行工程建设项目全生命周期内的绿色建造，以节约资源、保护环境为核心，通过智能建造与建筑工业化协同发展，提高资源利用效率，减少建筑垃圾的产生，大幅降低能耗、物耗和水耗水平。推动建立建筑业绿色供应链，推行循环生产方式，提

高建筑垃圾的综合利用水平。加大先进节能环保技术、工艺和装备的研发力度,提高能效水平,加快淘汰落后装备设备和技术,促进建筑业绿色改造升级。

（六）开放拓展应用场景。

加强智能建造及建筑工业化应用场景建设,推动科技成果转化、重大产品集成创新和示范应用。发挥重点项目以及大型项目示范引领作用,加大应用推广力度,拓宽各类技术的应用范围,初步形成集研发设计、数据训练、中试应用、科技金融于一体的综合应用模式。发挥龙头企业示范引领作用,在装配式建筑工厂打造"机器代人"应用场景,推动建立智能建造基地。梳理已经成熟应用的智能建造相关技术,定期发布成熟技术目录,并在基础条件较好、需求迫切的地区,率先推广应用。

（七）创新行业监管与服务模式。

推动各地加快研发适用于政府服务和决策的信息系统,探索建立大数据辅助科学决策和市场监管的机制,完善数字化成果交付、审查和存档管理体系。通过融合遥感信息、城市多维地理信息、建筑及地上地下设施的BIM、城市感知信息等多源信息,探索建立表达和管理城市三维空间全要素的城市信息模型（CIM）基础平台。建立健全与智能建造相适应的工程质量、安全监管模式与机制。引导大型总承包企业采购平台向行业电子商务平台转型,实现与供应链上下游企业间的互联互通,提高供应链协同水平。

五、保障措施

（一）加强组织实施。各地要建立智能建造和建筑工业化协同发展的体系框架,因地制宜制定具体实施方案,明确时间表、路线图及实施路径,强化部门联动,建立协同推进机制,落实属地管理责任,确保目标完成和任务落地。

（二）加大政策支持。各地要将现有各类产业支持政策进一步向智能建造领域倾斜,加大对智能建造关键技术研究、基础软硬件开发、智能系统和设备研制、项目应用示范等的支持力度。对经认定并取得高新技术企业资格的智能建造企业可按规定

享受相关优惠政策。企业购置使用智能建造重大技术装备可按规定享受企业所得税、进口税收优惠等政策。推动建立和完善企业投入为主体的智能建造多元化投融资体系,鼓励创业投资和产业投资投向智能建造领域。各相关部门要加强跨部门、跨层级统筹协调,推动解决智能建造发展遇到的瓶颈问题。

（三）加大人才培育力度。各地要制定智能建造人才培育相关政策措施,明确目标任务,建立智能建造人才培养和发展的长效机制,打造多种形式的高层次人才培养平台。鼓励骨干企业和科研单位依托重大科研项目和示范应用工程,培养一批领军人才、专业技术人员、经营管理人员和产业工人队伍。加强后备人才培养,鼓励企业和高等院校深化合作,为智能建造发展提供人才后备保障。

（四）建立评估机制。各地要适时对智能建造与建筑工业化协同发展相关政策的实施情况进行评估,重点评估智能建造发展目标落实与完成情况、产业发展情况、政策出台情况、标准规范编制情况等,并通报结果。

（五）营造良好环境。要加强宣传推广,充分发挥相关企事业单位、行业学协会的作用,开展智能建造的政策宣传贯彻、技术指导、交流合作、成果推广。构建国际化创新合作机制,加强国际交流,推进开放合作,营造智能建造健康发展的良好环境。

中华人民共和国住房和城乡建设部
中华人民共和国国家发展和改革委员会
中华人民共和国科学技术部
中华人民共和国工业和信息化部
中华人民共和国人力资源和社会保障部
中华人民共和国生态环境部
中华人民共和国交通运输部
中华人民共和国水利部
国家税务总局
国家市场监督管理总局
中国银行保险监督管理委员会
国家铁路局
中国民用航空局
2020 年 7 月 3 日

住房和城乡建设部等部门关于加快新型建筑工业化发展的若干意见

建标规〔2020〕8号

各省、自治区、直辖市住房和城乡建设厅（委、管委）、教育厅（委）、科技厅（委、局）、工业和信息化主管部门、自然资源主管部门、生态环境厅（局），人民银行上海总部、各分行、营业管理部、省会（首府）城市中心支行、副省级城市中心支行、市场监管局（厅、委），各银保监局，新疆生产建设兵团住房和城乡建设局、教育局、科技局、工业和信息化局、自然资源主管部门、生态环境局、市场监管局：

新型建筑工业化是通过新一代信息技术驱动，以工程全寿命期系统化集成设计、精益化生产施工为主要手段，整合工程全产业链、价值链和创新链，实现工程建设高效益、高质量、低消耗、低排放的建筑工业化。《国务院办公厅关于大力发展装配式建筑的指导意见》（国办发〔2016〕71号）印发实施以来，以装配式建筑为代表的新型建筑工业化快速推进，建造水平和建筑品质明显提高。为全面贯彻新发展理念，推动城乡建设绿色发展和高质量发展，以新型建筑工业化带动建筑业全面转型升级，打造具有国际竞争力的"中国建造"品牌，提出以下意见。

一、加强系统化集成设计

（一）推动全产业链协同。推行新型建筑工业化项目建筑师负责制，鼓励设计单位提供全过程咨询服务。优化项目前期技术策划方案，统筹规划设计、构件和部品部件生产运输、施工安装和运营维护管理。引导建设单位和工程总承包单位以建筑最终产品和综合效益为目标，推进产业链上下游资源共享、系统集成和联动发展。

（二）促进多专业协同。通过数字化设计手段推进建筑、结构、设备管线、装修等多专业一体化集成设计，提高建筑整体性，避免二次拆分设计，确保设计深度符合生产和施工要求，发挥新型建筑工业化系统集成综合优势。

（三）推进标准化设计。完善设计选型标准，实施建筑平面、立面、构件和部品部件、接口标准化设计，推广少规格、多组合设计方法，以学校、医院、办公楼、酒店、住宅等为重点，强化设计引领，推广装配式建筑体系。

（四）强化设计方案技术论证。落实新型建筑工业化项目标准化设计、工业化建造与建筑风貌有机统一的建筑设计要求，塑造城市特色风貌。在建筑设计方案审查阶段，加强对新型建筑工业化项目设计要求落实情况的论证，避免建筑风貌千篇一律。

二、优化构件和部品部件生产

（五）推动构件和部件标准化。编制主要构件尺寸指南，推进型钢和混凝土构件以及预制混凝土墙板、叠合楼板、楼梯等通用部件的工厂化生产，满足标准化设计选型要求，扩大标准化构件和部品部件使用规模，逐步降低构件和部件生产成本。

（六）完善集成化建筑部品。编制集成化、模块化建筑部品相关标准图集，提高整体卫浴、集成厨房、整体门窗等建筑部品的产业配套能力，逐步形成标准化、系列化的建筑部品供应体系。

（七）促进产能供需平衡。综合考虑构件、部品部件运输和服务半径，引导产能合理布局，加强市场信息监测，定期发布构件和部品部件产能供需情况，提高产能利用率。

（八）推进构件和部品部件认证工作。编制新型建筑工业化构件和部品部件相关技术要求，推行质量认证制度，健全配套保险制度，提高产品配套能力和质量水平。

（九）推广应用绿色建材。发展安全健康、环境友好、性能优良的新型建材，推进绿色建材认证和推广应用，推动装配式建筑等新型建筑工业化项目率先采用绿色建材，逐步提高城镇新建建筑中绿色建材应用比例。

三、推广精益化施工

（十）大力发展钢结构建筑。鼓励医院、学校等公共建筑优先采用钢结构，积极推进钢结构住宅和农房建设。完善钢结构建筑防火、防腐等性能与技术措施，加大热轧H型钢、耐候钢和耐火钢应用，推动钢结构建筑关键技术和相关产业全面发展。

（十一）推广装配式混凝土建筑。完善适用于不同建筑类型的装配式混凝土建筑结构体系，加大高性能混凝土、高强钢筋和消能减震、预应力技术的集成应用。在保障性住房和商品住宅中积极应用装配式混凝土结构，鼓励有条件的地区全面推广应用预制内隔墙、预制楼梯板和预制楼板。

（十二）推进建筑全装修。装配式建筑、星级绿色建筑工程项目应推广全装修，积极发展成品住宅，倡导菜单式全装修，满足消费者个性化需求。推进装配化装修方式在商品住房项目中的应用，推广管线分离、一体化装修技术，推广集成化模块化建筑部品，提高装修品质，降低运行维护成本。

（十三）优化施工工艺工法。推行装配化绿色施工方式，引导施工企业研发与精益化施工相适应的部品部件吊装、运输与堆放、部品部件连接等施工工艺工法，推广应用钢筋定位钢板等配套装备和机具，在材料搬运、钢筋加工、高空焊接等环节提升现场施工工业化水平。

（十四）创新施工组织方式。完善与新型建筑工业化相适应的精益化施工组织方式，推广设计、采购、生产、施工一体化模式，实行装配式建筑装饰装修与主体结构、机电设备协同施工，发挥结构与装修穿插施工优势，提高施工现场精细化管理水平。

（十五）提高施工质量和效益。加强构件和部品部件进场、施工安装、节点连接灌浆、密封防水等关键部位和工序质量安全管控，强化对施工管理人员和一线作业人员的质量安全技术交底，通过全过程组织管理和技术优化集成，全面提升施工质量和效益。

四、加快信息技术融合发展

（十六）大力推广建筑信息模型（BIM）技术。加快推进BIM技术在新型建筑工业化全寿命期的一体化集成应用。充分利用社会资源，共同建立、维护基于BIM技术的标准化部品部件库，实现设计、采购、生产、建造、交付、运行维护等阶段的信息互联互通和交互共享。试点推进BIM报建审批和施工图BIM审图模式，推进与城市信息模型（CIM）平台的融通联动，提高信息化监管能力，提高建筑行业全产业链资源配置效率。

（十七）加快应用大数据技术。推动大数据技术在工程项目管理、招标投标环节和信用体系建设中的应用，依托全国建筑市场监管公共服务平台，汇聚整合和分析相关企业、项目、从业人员和信用信息等相关大数据，支撑市场监测和数据分析，提高建筑行业公共服务能力和监管效率。

（十八）推广应用物联网技术。推动传感器网络、低功耗广域网、5G、边缘计算、射频识别（RFID）及二维码识别等物联网技术在智慧工地的集成应用，发展可穿戴设备，提高建筑工人健康及安全监测能力，推动物联网技术在监控管理、节能减排和智能建筑中的应用。

（十九）推进发展智能建造技术。加快新型建筑工业化与高端制造业深度融合，搭建建筑产业互联网平台。推动智能光伏应用示范，促进与建筑相结合的光伏发电系统应用。开展生产装备、施工设备的智能化升级行动，鼓励应用建筑机器人、工业机器人、智能移动终端等智能设备。推广智能家居、智能办公、楼宇自动化系统，提升建筑的便捷性和舒适度。

五、创新组织管理模式

（二十）大力推行工程总承包。新型建筑工业化项目积极推行工程总承包模式，促进设计、生产、施工深度融合。引导骨干企业提高项目管理、技术创新和资源配置能力，培育具有综合管理能力的工程总承包企业，落实工程总承包单位的主体责任，保障工程总承包单位的合法权益。

（二十一）发展全过程工程咨询。大力发展以市场需求为导向、满足委托方多样化需求的全过程工程咨询服务，培育具备勘察、设计、监理、招标代理、造价等业务能力的全过程工程咨询企业。

（二十二）完善预制构件监管。加强预制构件质量管理，积极采用驻厂监造制度，实行全过程质量责任追溯，鼓励采用构件生产企业备案管理、构件质量飞行检查等手段，建立长效机制。

（二十三）探索工程保险制度。建立完善工程质量保险和担保制度，通过保险的风险事故预防和费率调节机制帮助企业加强风险管控，保障建筑工程质量。

（二十四）建立使用者监督机制。编制绿色住宅购房人验房指南，鼓励将住宅绿色性能和全装修质量相关指标纳入商品房买卖合同、住宅质量保证书和住宅使用说明书，明确质量保修责任和纠纷处理方式，保障购房人权益。

六、强化科技支撑

（二十五）培育科技创新基地。组建一批新型建筑工业化技术创新中心、重点实验室等创新基地，鼓励骨干企业、高等院校、科研院所等联合建立新型建筑工业化产业技术创新联盟。

（二十六）加大科技研发力度。大力支持BIM底层平台软件的研发，加大钢结构住宅在围护体系、材料性能、连接工艺等方面的联合攻关，加快装配式混凝土结构灌浆质量检测和高效连接技术研发，

加强建筑机器人等智能建造技术产品研发。

（二十七）推动科技成果转化。建立新型建筑工业化重大科技成果库，加大科技成果公开，促进科技成果转化应用，推动建筑领域新技术、新材料、新产品、新工艺创新发展。

七、加快专业人才培育

（二十八）培育专业技术管理人才。大力培养新型建筑工业化专业人才，壮大设计、生产、施工、管理等方面人才队伍，加强新型建筑工业化专业技术人员继续教育，鼓励企业建立首席信息官（CIO）制度。

（二十九）培育技能型产业工人。深化建筑用工制度改革，完善建筑业从业人员技能水平评价体系，促进学历证书与职业技能等级证书融通衔接。打通建筑工人职业化发展道路，弘扬工匠精神，加强职业技能培训，大力培育产业工人队伍。

（三十）加大后备人才培养。推动新型建筑工业化相关企业开展校企合作，支持校企共建一批现代产业学院，支持院校对接建筑行业发展新需求、新业态、新技术，开设装配式建筑相关课程，创新人才培养模式，提供专业人才保障。

八、开展新型建筑工业化项目评价

（三十一）制定评价标准。建立新型建筑工业化项目评价技术指标体系，重点突出信息化技术应用情况，引领建筑工程项目不断提高劳动生产率和建筑品质。

（三十二）建立评价结果应用机制。鼓励新型建筑工业化项目单位在项目竣工后，按照评价标准开展自评价或委托第三方评价，积极探索区域性新型建筑工业化系统评价，评价结果可作为奖励政策重要参考。

九、加大政策扶持力度

（三十三）强化项目落地。各地住房和城乡建设部门要会同有关部门组织编制新型建筑工业化专项规划和年度发展计划，明确发展目标、重点任务

和具体实施范围。要加大推进力度，在项目立项、项目审批、项目管理各环节明确新型建筑工业化的鼓励性措施。政府投资工程要带头按照新型建筑工业化方式建设，鼓励支持社会投资项目采用新型建筑工业化方式。

（三十四）加大金融扶持。支持新型建筑工业化企业通过发行企业债券、公司债券等方式开展融资。完善绿色金融支持新型建筑工业化的政策环境，积极探索多元化绿色金融支持方式，对达到绿色建筑星级标准的新型建筑工业化项目给予绿色金融支持。用好国家绿色发展基金，在不新增隐性债务的前提下鼓励各地设立专项基金。

（三十五）加大环保政策支持。支持施工企业做好环境影响评价和监测，在重污染天气期间，装配式等新型建筑工业化项目在非土石方作业的施工环节可以不停工。建立建筑垃圾排放限额标准，开展施工现场建筑垃圾排放公示，鼓励各地对施工现场达到建筑垃圾减量化要求的施工企业给予奖励。

（三十六）加强科技推广支持。推动国家重点研发计划和科研项目支持新型建筑工业化技术研发，鼓励各地优先将新型建筑工业化相关技术纳入住房和城乡建设领域推广应用技术公告和科技成果推广目录。

（三十七）加大评奖评优政策支持。将城市新型建筑工业化发展水平纳入中国人居环境奖评选、国家生态园林城市评估指标体系。大力支持新型建筑工业化项目参与绿色建筑创新奖评选。

中华人民共和国住房和城乡建设部
中华人民共和国教育部
中华人民共和国科学技术部
中华人民共和国工业和信息化部
中华人民共和国自然资源部
中华人民共和国生态环境部
中国人民银行
国家市场监督管理总局
中国银行保险监督管理委员会
2020 年 8 月 28 日

市场监管总局办公厅　住房和城乡建设部办公厅　工业和信息化部办公厅关于加快推进绿色建材产品认证及生产应用的通知

市监认证〔2020〕89号

各省、自治区、直辖市及新疆生产建设兵团市场监管局（厅、委）、住房和城乡建设厅（委、局）、工业和信息化主管部门：

根据《市场监管总局办公厅 住房和城乡建设部办公厅 工业和信息化部办公厅关于印发绿色建材产品认证实施方案的通知》（市监认证〔2019〕61号，以下简称《实施方案》）要求，三部门联合开展加快推进绿色建材产品认证及生产应用工作，现将有关事项通知如下：

一、扩大绿色建材产品认证实施范围

在前期绿色建材评价工作基础上，加快推进绿色建材产品认证工作，将建筑门窗及配件等51种产品（见附件1）纳入绿色建材产品认证实施范围，按照《实施方案》要求实施分级认证。根据行业发展和认证工作需要，三部门还将适时把其他建材产品纳入实施范围。

二、绿色建材产品分级认证及业务转换要求

获得批准的认证机构应依据《绿色建材产品分级认证实施通则》（见附件2）制定对应产品认证实施细则，并向认监委备案。获证产品应按照《绿色产品标识使用管理办法》（市场监管总局公告2019年第20号）和《绿色建材评价标识管理办法》（建科〔2014〕75号）要求加施"认证活动二"绿色产品标识，并标注分级结果。

现有绿色建材评价机构自获得绿色建材产品认证资质之日起，应停止受理认证范围内相应产品的绿色建材评价申请。自2021年5月1日起，绿色建材评价机构停止开展全部绿色建材评价业务。

三、组建绿色建材产品认证技术委员会

组建绿色建材产品认证技术委员会，为绿色建材产品认证工作提供决策咨询和技术支持。第一届技术委员会委员名单附后（见附件3），秘书处设在中国建筑材料工业规划研究院，负责技术委员会日常工作。

四、培育绿色建材示范企业和示范基地

工业和信息化主管部门建立绿色建材产品名

录，培育绿色建材生产示范企业和示范基地。由省级工业和信息化主管部门根据不同地域特点和市场需求，加强与下游用户的衔接，组织项目上报。工业和信息化部组织专家对申报材料进行评审、公示，具体申报时间和要求另行通知。

五、加快绿色建材推广应用

　　住房和城乡建设主管部门依托建筑节能与绿色建筑综合信息管理平台搭建绿色建材采信应用数据库，获证企业或认证机构提出入库申请。省级住房和城乡建设主管部门应发挥职能，做好入库建材产品监督管理。省级住房和城乡建设主管部门要结合实际制定绿色建材认证推广应用方案，鼓励在绿色建筑、装配式建筑等工程建设项目中优先采用绿色建材采信应用数据库中的产品。

六、加强对绿色建材产品认证及生产应用监督管理

　　各级市场监管、住房和城乡建设、工业和信息化部门在各自职能范围内，加强对绿色建材产品认证及生产应用监管，发现违法违规行为的，依法严肃查处。

　　附件：1.绿色建材产品分级认证目录（第一批）
　　　　　2.绿色建材产品分级认证实施通则
　　　　　3.第一届绿色建材产品认证技术委员会委员名单
　　　　市场监管总局办公厅　住房和城乡建设部办公厅
　　　　工业和信息化部办公厅
　　　　2020年8月3日

工业和信息化部办公厅
住房和城乡建设部办公厅
农业农村部办公厅
商务部办公厅
国家市场监督管理总局办公厅
国家乡村振兴局综合司

文件

工信厅联原〔2022〕7号

关于开展 2022 年绿色建材下乡活动的通知

各省、自治区、直辖市及计划单列市、新疆生产建设兵团工业和信息化主管部门、住房和城乡建设厅（委、局）、农业农村（农牧）厅（局、委）、商务主管部门、市场监管局（厅、委）、乡村振兴局，各有关单位：

为加快绿色建材生产、认证和推广应用，促进绿色消费，助力美丽乡村建设，工业和信息化部、住房和城乡建设部、农业农村部、商务部、国家市场监督管理总局、国家乡村振兴局将联合开展绿色建材下乡活动。有关事项通知如下：

一、活动主题

绿色建材进万家 美好生活共创建

二、活动时间

2022 年 3 月—2022 年 12 月

三、试点地区

按照部门指导、市场主导、试点先行原则，2022 年选择 5 个左右试点地区开展活动，有意愿的地区可依据本通知要求形成工作方案，向指导部门提出申请。

四、组织形式

（一）活动委托中国建筑材料联合会、绿色建材产品认证技术委员会牵头，会同中国建筑材料流通协会、中国建材工业经济研究会、中国木材保护工业协会组织实施，试点地区与上述单位做好对接。

（二）参与活动的产品原则上应为按照《关于加快推进绿色建材产品认证及生产应用的通知》（市监认证〔2020〕89 号）和《绿色产品评价标准清单及认证目录（第一批）》（市场监管总局公告 2018 年第 2 号）要求，获得绿色建材认证的产品，具体获证产品清单和企业名录由绿色建材产品认证技术委员会另行发布，供试点地区参考。试点地区可结合实际制定本地清单名录，对于未获得绿色建材产品认证的产品，试点地区应明确产品技术要求，确保产品符合要求。对于符合认证条件的产品，各地区应加快开展认证活动。

（三）试点地区召开活动启动会后，下沉市、区（县）、乡（镇）、村，通过举办公益宣讲、专场、巡展等不同形式的线上线下活动，加快节能低碳、安全性好、性价比高的绿色建材推广应用。

（四）试点地区应引导绿色建材生产企业、电商平台、卖场商场等积极参与活动。鼓励有条件的地区对绿色建材消费予以适当补贴或贷款贴息。鼓励企业、电商、卖场等让利于民，助推绿色消费。

（五）活动做好消费维权工作，明确消费维权投诉方式，为消费者提供咨询投诉维权服务。

（六）试点地区做好活动总结，11月底前将总结分别报送工业和信息化部、住房和城乡建设部、农业农村部、商务部、国家市场监督管理总局、国家乡村振兴局。试点地区商务主管部门每个季度末向商务部（消费促进司）报送有关促进消费的举措和成效。

五、活动要求

（一）加强组织领导。强化部门协同，加大对活动相关单位的指导和监督，加强人财物保障，动员企业积极参与活动，确保各项活动顺利开展取得实效。坚决贯彻执行中央八项规定及其实施细则精神，坚持节俭办活动。

（二）做好安全保障。严格遵守当地疫情防控要求，制定活动方案、安全方案和疫情防控工作应急预案，细化措施、责任到人、落实到位，严防事故发生。

（三）注重舆论引导。运用新闻媒体、微博微信、广播电视等渠道，加大绿色建材科普宣传力度，加强活动全过程全覆盖宣传引导，为绿色建材推广应用营造良好舆论环境。

六、联系方式

工业和信息化部（原材料工业司）：010—68205576/5596

商务部（消费促进司）：010—85093858/3329

中国建筑材料联合会：010—57811075

绿色建材产品认证技术委员会：010—62252317

工业和信息化部办公厅

住房和城乡建设部办公厅

农业农村部办公厅

商务部办公厅

国家市场监督管理总局办公厅　　国家乡村振兴局综合司

2022 年 3 月 3 日

信息公开属性：依申请公开

抄送：中国建筑材料联合会、绿色建材产品认证技术委员会、中国
　　　建筑材料流通协会、中国建材工业经济研究会、中国木材保
　　　护工业协会。

工业和信息化部办公厅　　　　　　2022 年 3 月 4 日印发

"十四五"建筑节能与绿色建筑发展规划

为进一步提高"十四五"时期建筑节能水平，推动绿色建筑高质量发展，依据《中华人民共和国国民经济和社会发展第十四个五年规划和2035年远景目标纲要》《中共中央 国务院关于完整准确全面贯彻新发展理念做好碳达峰碳中和工作的意见》《中共中央办公厅 国务院办公厅关于推动城乡建设绿色发展的意见》等文件，制定本规划。

一、发展环境

（一）发展基础。

"十三五"期间，我国建筑节能与绿色建筑发展取得重大进展。绿色建筑实现跨越式发展，法规标准不断完善，标识认定管理逐步规范，建设规模增长迅速。城镇新建建筑节能标准进一步提高，超低能耗建筑建设规模持续增长，近零能耗建筑实现零的突破。公共建筑能效提升持续推进，重点城市建设取得新进展，合同能源管理等市场化机制建设取得初步成效。既有居住建筑节能改造稳步实施，农房节能改造研究不断深入。可再生能源应用规模持续扩大，太阳能光伏装机容量不断提升，可再生能源替代率逐步提高。装配式建筑快速发展，政策不断完善，示范城市和产业基地带动作用明显。绿色建材评价认证和推广应用稳步推进，政府采购支持绿色建筑和绿色建材应用试点持续深化。

"十三五"期间，严寒寒冷地区城镇新建居住建筑节能达到75%，累计建设完成超低、近零能耗建筑面积近0.1亿平方米，完成既有居住建筑节能改造面积5.14亿平方米、公共建筑节能改造面积1.85亿平方米，城镇建筑可再生能源替代率达到6%。截至2020年底，全国城镇新建绿色建筑占当年新建建筑面积比例达到77%，累计建成绿色建筑面积超过66亿平方米，累计建成节能建筑面积超过238亿平方米，节能建筑占城镇民用建筑面积比例超过63%，全国新开工装配式建筑占城镇当年新建建筑面积比例为20.5%。国务院确定的各项工作任务和"十三五"建筑节能与绿色建筑发展规划目标圆满完成。

（二）发展形势。

"十四五"时期是开启全面建设社会主义现代化国家新征程的第一个五年，是落实2030年前碳达峰、2060年前碳中和目标的关键时期，建筑节能与绿色建筑发展面临更大挑战，同时也迎来重要发展机遇。

碳达峰碳中和目标愿景提出新要求。习近平总书记提出我国二氧化碳排放力争于2030年前达到峰值，努力争取2060年前实现碳中和。《中共中央 国务院关于完整准确全面贯彻新发展理念做好碳达峰碳中和工作的意见》和国务院《2030年前碳达峰行动方案》，明确了减少城乡建设领域降低碳排放的任务要求。建筑碳排放是城乡建设领域碳排放的重点，通过提高建筑节能标准，实施既有建筑节能改造，优化建筑用能结构，推动建筑碳排放尽早达峰，将为实现我国碳达峰碳中和做出积极贡献。

城乡建设绿色发展带来新机遇。《中共中央办公厅 国务院办公厅关于推动城乡建设绿色发展的意见》明确了城乡建设绿色发展蓝图。通过加快绿色建筑建设，转变建造方式，积极推广绿色建材，推动建筑运行管理高效低碳，实现建筑全寿命期的绿色低碳发展，将极大促进城乡建设绿色发展。

人民对美好生活的向往注入新动力。随着经济社会发展水平的提高，人民群众对美好居住环境的需求也越来越高。通过推进建筑节能与绿色建筑发展，以更少的能源资源消耗，为人民群众提供更加优良的公共服务、更加优美的工作生活空间、更加完善的建筑使用功能，将在减少碳排放的同时，不断增强人民群众的获得感、幸福感和安全感。

二、总体要求

（一）指导思想。

以习近平新时代中国特色社会主义思想为指导，深入贯彻党的十九大和十九届历次全会精神，立足新发展阶段，完整、准确、全面贯彻新发展理念，构建新发展格局，坚持以人民为中心，坚持高质量发展，围绕落实我国2030年前碳达峰与2060年前碳中和目标，立足城乡建设绿色发展，提高建筑绿色低碳发展质量，降低建筑能源资源消耗，转变城乡建设发展方式，为2030年实现城乡建设领域碳达峰奠定坚实基础。

（二）基本原则。

——绿色发展，和谐共生。坚持人与自然和谐共生的理念，建设高品质绿色建筑，提高建筑安全、健康、宜居、便利、节约性能，增进民生福祉。

——聚焦达峰，降低排放。聚焦2030年前城乡建设领域碳达峰目标，提高建筑能效水平，优化建筑用能结构，合理控制建筑领域能源消费总量和碳排放总量。

——因地制宜，统筹兼顾。根据区域发展战略和各地发展目标，确定建筑节能与绿色建筑发展总体要求和任务，以城市和乡村为单元，兼顾新建建筑和既有建筑，形成具有地区特色的发展格局。

——双轮驱动，两手发力。完善政府引导、市场参与机制，加大规划、标准、金融等政策引导，激励市场主体参与，规范市场主体行为，让市场成为推动建筑绿色低碳发展的重要力量，进一步

提升建筑节能与绿色建筑发展质量和效益。

——科技引领，创新驱动。聚焦绿色低碳发展需求，构建市场为导向、企业为主体、产学研深度融合的技术创新体系，加强技术攻关，补齐技术短板，注重国际技术合作，促进我国建筑节能与绿色建筑创新发展。

（三）发展目标。

1. 总体目标。到2025年，城镇新建建筑全面建成绿色建筑，建筑能源利用效率稳步提升，建筑用能结构逐步优化，建筑能耗和碳排放增长趋势得到有效控制，基本形成绿色、低碳、循环的建设发展方式，为城乡建设领域2030年前碳达峰奠定坚实基础。

专栏1 "十四五"时期建筑节能和绿色建筑发展总体指标

主要指标	2025年
建筑运行一次二次能源消费总量（亿吨标准煤）	11.5
城镇新建居住建筑能效水平提升	30%
城镇新建公共建筑能效水平提升	20%

（注：表中指标均为预期性指标）

2. 具体目标。到2025年，完成既有建筑节能改造面积3.5亿平方米以上，建设超低能耗、近零能耗建筑0.5亿平方米以上，装配式建筑占当年城镇新建建筑的比例达到30%，全国新增建筑太阳能光伏装机容量0.5亿千瓦以上，地热能建筑应用面积1亿平方米以上，城镇建筑可再生能源替代率达到8%，建筑能耗中电力消费比例超过55%。

专栏2 "十四五"时期建筑节能和绿色建筑发展具体指标

主要指标	2025年
既有建筑节能改造面积（亿平方米）	3.5
建设超低能耗、近零能耗建筑面积（亿平方米）	0.5
城镇新建建筑中装配式建筑比例	30%
新增建筑太阳能光伏装机容量（亿千瓦）	0.5
新增地热能建筑应用面积（亿平方米）	1.0
城镇建筑可再生能源替代率	8%
建筑能耗中电力消费比例	55%

（注：表中指标均为预期性指标）

三、重点任务

（一）提升绿色建筑发展质量。

1.加强高品质绿色建筑建设。推进绿色建筑标准实施，加强规划、设计、施工和运行管理。倡导建筑绿色低碳设计理念，充分利用自然通风、天然采光等，降低住宅用能强度，提高住宅健康性能。推动有条件地区政府投资公益性建筑、大型公共建筑等新建建筑全部建成星级绿色建筑。引导地方制定支持政策，推动绿色建筑规模化发展，鼓励建设高星级绿色建筑。降低工程质量通病发生率，提高绿色建筑工程质量。开展绿色农房建设试点。

2.完善绿色建筑运行管理制度。加强绿色建筑运行管理，提高绿色建筑设施、设备运行效率，将绿色建筑日常运行要求纳入物业管理内容。建立绿色建筑用户评价和反馈机制，定期开展绿色建筑运营评估和用户满意度调查，不断优化提升绿色建筑运营水平。鼓励建设绿色建筑智能化运行管理平台，充分利用现代信息技术，实现建筑能耗和资源消耗、室内空气品质等指标的实时监测与统计分析。

专栏3　高品质绿色建筑发展重点工程

> 绿色建筑创建行动。以城镇民用建筑作为创建对象，引导新建建筑、改扩建建筑、既有建筑按照绿色建筑标准设计、施工、运行及改造。到2025年，城镇新建建筑全面执行绿色建筑标准，建成一批高质量绿色建筑项目，人民群众体验感、获得感明显增强。
>
> 星级绿色建筑推广计划。采取"强制＋自愿"推广模式，适当提高政府投资公益性建筑、大型公共建筑以及重点功能区内新建建筑中星级绿色建筑建设比例。引导地方制定绿色金融、容积率奖励、优先评奖等政策，支持星级绿色建筑发展。

（二）提高新建建筑节能水平。

以《建筑节能与可再生能源利用通用规范》确定的节能指标要求为基线，启动实施我国新建民用建筑能效"小步快跑"提升计划，分阶段、分类型、分气候区提高城镇新建民用建筑节能强制性标准，重点提高建筑门窗等关键部件节能性能要求，推广地区适应性强、防火等级高、保温隔热性能好的建筑保温隔热系统。推动政府投资公益性建筑和大型公共建筑提高节能标准，严格管控高耗能公共建筑建设。引导京津冀、长三角等重点区域制定更高水平节能标准，开展超低能耗建筑规模化建设，推动零碳建筑、零碳社区建设试点。在其他地区开展超低能耗建筑、近零能耗建筑、零碳建筑建设示范。推动农房和农村公共建筑执行有关标准，推广适宜节能技术，建成一批超低能耗农房试点示范项目，提升农村建筑能源利用效率，改善室内热舒适环境。

专栏4　新建建筑节能标准提升重点工程

> 超低能耗建筑推广工程。在京津冀及周边地区、长三角等有条件地区全面推广超低能耗建筑，鼓励政府投资公益性建筑、大型公共建筑、重点功能区内新建建筑执行超低能耗建筑、近零能耗建筑标准。到2025年，建设超低能耗、近零能耗建筑示范项目0.5亿平方米以上。
>
> 高性能门窗推广工程。根据我国门窗技术现状、技术发展方向，提出不同气候地区门窗节能性能提升目标，推动高性能门窗应用。因地制宜增设遮阳设施，提升遮阳设施安全性、适用性、耐久性。

（三）加强既有建筑节能绿色改造。

1.提高既有居住建筑节能水平。除违法建筑和经鉴定为危房且无修缮保留价值的建筑外，不大规模、成片集中拆除现状建筑。在严寒及寒冷地区，结合北方地区冬季清洁取暖工作，持续推进建筑用户侧能效提升改造、供热管网保温及智能调控改造。在夏热冬冷地区，适应居民采暖、空调、通风等需求，积极开展既有居住建筑节能改造，提高建筑用能效率和室内舒适度。在城镇老旧小区改造中，鼓励加强建筑节能改造，形成与小区公共环境整治、适老设施改造、基础设施和建筑使用功能提升改造统筹推进的节能、低碳、宜居综合改造模式。引导居民在更换门窗、空调、壁挂炉等部品及设备时，采购高能效产品。

2.推动既有公共建筑节能绿色化改造。强化公共建筑运行监管体系建设，统筹分析应用能耗统计、能源审计、能耗监测等数据信息，开展能耗信息公示及披露试点，普遍提升公共建筑节能运行水平。引导各地分类制定公共建筑用能（用电）限额指标，开展建筑能耗比对和能效评价，逐步实施公共建筑用能管理。持续推进公共建筑能效提升重点城市建设，加强用能系统和围护结构改造。推广应用建筑设施设备优化控制策略，提高采暖空调系统和电气系统效率，加快 LED 照明灯具普及，采用电梯智能群控等技术提升电梯能效。建立公共建筑运行调适制度，推动公共建筑定期开展用能设备运行调适，提高能效水平。

专栏 5　既有建筑节能改造重点工程

既有居住建筑节能改造。落实北方地区清洁采暖要求，适应夏热冬冷地区新增采暖需求，持续推动建筑能效提升改造，积极推动农房节能改造，推广适用、经济改造技术；结合老旧小区改造，开展建筑节能低碳改造，与小区公共环境整治、多层加装电梯、小区市政基础设施改造等统筹推进。力争到2025年，全国完成既有居住建筑节能改造面积超过 1 亿平方米。

公共建筑能效提升重点城市建设。做好第一批公共建筑能效提升重点城市建设绩效评价及经验总结，启动实施第二批公共建筑能效提升重点城市建设，建立节能低碳技术体系，探索多元化融资支持政策及融资模式，推广合同能源管理、用电需求侧管理等市场机制。"十四五"期间，累计完成既有公共建筑节能改造 2.5 亿平方米以上。

（四）推动可再生能源应用。

1. 推动太阳能建筑应用。根据太阳能资源条件、建筑利用条件和用能需求，统筹太阳能光伏和太阳能光热系统建筑应用，宜电则电，宜热则热。推进新建建筑太阳能光伏一体化设计、施工、安装，鼓励政府投资公益性建筑加强太阳能光伏应用。加装建筑光伏的，应保证建筑或设施结构安全、防火安全，并应事先评估建筑屋顶、墙体、附属设施及市政公用设施上安装太阳能光伏系统的潜力。建筑太阳能光伏系统应具备即时断电并进入无危险状态的能力，且应与建筑本体牢固连接，保证不漏水不渗水。不符合安全要求的光伏系统应立即停用，弃用的建筑太阳能光伏系统必须及时拆除。开展以智能光伏系统为核心，以储能、建筑电力需求响应等新技术为载体的区域级光伏分布式应用示范。在城市酒店、学校和医院等有稳定热水需求的公共建筑中积极推广太阳能光热技术。在农村地区积极推广被动式太阳能房等适宜技术。

2. 加强地热能等可再生能源利用。推广应用地热能、空气热能、生物质能等解决建筑采暖、生活热水、炊事等用能需求。鼓励各地根据地热能资源及建筑需求，因地制宜推广使用地源热泵

技术。对地表水资源丰富的长江流域等地区，积极发展地表水源热泵，在确保100%回灌的前提下稳妥推广地下水源热泵。在满足土壤冷热平衡及不影响地下空间开发利用的情况下，推广浅层土壤源热泵技术。在进行资源评估、环境影响评价基础上，采用梯级利用方式开展中深层地热能开发利用。在寒冷地区、夏热冬冷地区积极推广空气热能热泵技术应用，在严寒地区开展超低温空气源热泵技术及产品应用。合理发展生物质能供暖。

3. 加强可再生能源项目建设管理。鼓励各地开展可再生能源资源条件勘察和建筑利用条件调查，编制可再生能源建筑应用实施方案，确定本地区可再生能源应用目标、项目布局、适宜推广技术和实施计划。建立对可再生能源建筑应用项目的常态化监督检查机制和后评估制度，根据评估结果不断调整优化可再生能源建筑应用项目运行策略，实现可再生能源高效应用。对较大规模可再生能源应用项目持续进行环境影响监测，保障可再生能源的可持续开发和利用。

专栏 6　可再生能源应用重点工程

建筑光伏行动。积极推广太阳能光伏在城乡建筑及市政公用设施中分布式、一体化应用，鼓励太阳能光伏系统与建筑同步设计、施工；鼓励光伏制造企业、投资运营企业、发电企业、建筑产权人加强合作，探索屋顶租赁、分布式发电市场化交易等光伏应用商业模式。"十四五"期间，累计新增建筑太阳能光伏装机容量 0.5 亿千瓦，逐步完善太阳能光伏建筑应用政策体系、标准体系、技术体系。

（五）实施建筑电气化工程。

充分发挥电力在建筑终端消费清洁性、可获得性、便利性等优势，建立以电力消费为核心的建筑能源消费体系。夏热冬冷地区积极采用热泵等电采暖方式解决新增采暖需求。开展新建公共建筑全电气化设计试点示范。在城市大型商场、办公楼、酒店、机场航站楼等建筑中推广应用热泵、电蓄冷空调、蓄热电锅炉。引导生活热水、炊事用能向电气化发展，促进高效电气化技术与设备研发应用。鼓励建设以"光储直柔"为特征的新型建筑电力系统，发展柔性用电建筑。

专栏7　建筑电气化重点工程

建筑用能电力替代行动。以减少建筑温室气体直接排放为目标,扩大建筑终端用能清洁电力替代,积极推动以电代气、以电代油,推进炊事、生活热水与采暖等建筑用能电气化,推广高能效建筑用电设备、产品。到2025年,建筑用能中电力消费比例超过55%。

新型建筑电力系统建设。新型建筑电力系统以"光储直柔"为主要特征,"光"是在建筑场地内建设分布式、一体化太阳能光伏系统,"储"是在供配电系统中配置储电装置,"直"是低压直流配电系统,"柔"是建筑用电具有可调节、可中断特性。新型建筑电力系统可以实现用电需求灵活可调,适应光伏发电大比例接入,使建筑供配电系统简单化、高效化。"十四五"期间积极开展新型建筑电力系统建设试点,逐步完善相关政策、技术、标准,以及产业生态。

(六)推广新型绿色建造方式。

大力发展钢结构建筑,鼓励医院、学校等公共建筑优先采用钢结构建筑,积极推进钢结构住宅和农房建设,完善钢结构建筑防火、防腐等性能与技术措施。在商品住宅和保障性住房中积极推广装配式混凝土建筑,完善适用于不同建筑类型的装配式混凝土建筑结构体系,加大高性能混凝土、高强钢筋和消能减震、预应力技术的集成应用。因地制宜发展木结构建筑。推广成熟可靠的新型绿色建造技术。完善装配式建筑标准化设计和生产体系,推行设计选型和一体化集成设计,推广少规格、多组合设计方法,推动构件和部品部件标准化,扩大标准化构件和部品部件使用规模,满足标准化设计选型要求。积极发展装配化装修,推广管线分离、一体化装修技术,提高装修品质。

专栏8　标准化设计和生产体系重点工程

"1+3"标准化设计和生产体系。实施《装配式住宅设计选型标准》和《钢结构住宅主要构件尺寸指南》《装配式混凝土结构住宅主要构件尺寸指南》《住宅装配化装修主要部品部件尺寸指南》,引领设计单位实施标准化正向设计,重点解决如何采用标准化部品部件进行集成设计,指导生产单位开展标准化批量生产,逐步降低生产成本,推进新型建筑工业化可持续发展。

(七)促进绿色建材推广应用。

加大绿色建材产品和关键技术研发投入,推广高强钢筋、高性能混凝土、高性能砌体材料、结构保温一体化墙板等,鼓励发展性能优良的预制构件和部品部件。在政府投资工程率先采用绿色建材,

显著提高城镇新建建筑中绿色建材应用比例。优化选材提升建筑健康性能,开展面向提升建筑使用功能的绿色建材产品集成选材技术研究,推广新型功能环保建材产品与配套应用技术。

(八)推进区域建筑能源协同。

推动建筑用能与能源供应、输配响应互动,提升建筑用能链条整体效率。开展城市低品位余热综合利用试点示范,统筹调配热电联产余热、工业余热、核电余热、城市中垃圾焚烧与再生水余热及数据中心余热等资源,满足城市及周边地区建筑新增供热需求。在城市新区、功能区开发建设中,充分考虑区域周边能源供应条件、可再生能源资源情况、建筑能源需求,开展区域建筑能源系统规划、设计和建设,以需定供,提高能源综合利用效率和能源基础设施投资效益。开展建筑群整体参与的电力需求响应试点,积极参与调峰填谷,培育智慧用能新模式,实现建筑用能与电力供给的智慧响应。推进源-网-荷-储-用协同运行,增强系统调峰能力。加快电动汽车充换电基础设施建设。

专栏9　区域建筑能源协同重点工程

区域建筑虚拟电厂建设试点。以城市新区、功能园区、校园园区等各类园区及公共建筑群为对象,对其建筑用能数据进行精准统计、监测、分析,利用建筑用电设备智能群控等技术,在满足用户用电需求的前提下,打包可调、可控用电负荷,形成区域建筑虚拟电厂,整体参与电力需求响应及电力市场化交易,提高建筑用电效率,降低用电成本。

(九)推动绿色城市建设。

开展绿色低碳城市建设,树立建筑绿色低碳发展标杆。在对城市建筑能源资源消耗、碳排放现状充分摸底评估基础上,结合建筑节能与绿色建筑工作情况,制定绿色低碳城市建设实施方案和绿色建筑专项规划,明确绿色低碳城市发展目标和主要任务,确定新建民用建筑的绿色建筑等级及布局要求。推动开展绿色低碳城区建设,实现高星级绿色建筑规模化发展,推动超低能耗建筑、零碳建筑、既有建筑节能及绿色化改造、可再生能源建筑应用、装配式建筑、区域建筑能效提升等项目落地实施,全面提升建筑节能与绿色建筑发展水平。

四、保障措施

（一）健全法规标准体系。

以城乡建设绿色发展和碳达峰碳中和为目标，推动完善建筑节能与绿色建筑法律法规，落实各方主体责任，规范引导建筑节能与绿色建筑健康发展。引导地方结合本地实际制（修）订相关地方性法规、地方政府规章。完善建筑节能与绿色建筑标准体系，制（修）订零碳建筑标准、绿色建筑设计标准、绿色建筑工程施工质量验收规范、建筑碳排放核算等标准，将《绿色建筑评价标准》基本级要求纳入住房和城乡建设领域全文强制性工程建设规范，做好《建筑节能与可再生能源利用通用规范》等标准的贯彻实施。鼓励各地制定更高水平的建筑节能与绿色建筑地方标准。

（二）落实激励政策保障。

各级住房和城乡建设部门要加强与发展改革、财政、税务等部门沟通，争取落实财政资金、价格、税收等方面支持政策，对高星级绿色建筑、超低能耗建筑、零碳建筑、既有建筑节能改造项目、建筑可再生能源应用项目、绿色农房等给予政策扶持。会同有关部门推动绿色金融与绿色建筑协同发展，创新信贷等绿色金融产品，强化绿色保险支持。完善绿色建筑和绿色建材政府采购需求标准，在政府采购领域推广绿色建筑和绿色建材应用。探索大型建筑碳排放交易路径。

（三）加强制度建设。

按照《绿色建筑标识管理办法》，由住房和城乡建设部授予三星绿色建筑标识，由省级住房和城乡建设部门确定二星、一星绿色建筑标识认定和授予方式。完善全国绿色建筑标识认定管理系统，提高绿色建筑标识认定和备案效率。开展建筑能效测评标识试点，逐步建立能效测评标识制度。定期修订民用建筑能源资源消耗统计报表制度，增强统计数据的准确性、适用性和可靠性。加强与供水、供电、供气、供热等相关行业数据共享，鼓励利用城市信息模型（CIM）基础平台，建立城市智慧能源管理服务系统。逐步建立完善合同能源管理市场机制，提供节能咨询、诊断、设计、融资、改造、托管等"一站式"综合服务。加快开展绿色建材产品

认证，建立健全绿色建材采信机制，推动建材产品质量提升。

（四）突出科技创新驱动。

构建市场导向的建筑节能与绿色建筑技术创新体系，组织重点领域关键环节的科研攻关和项目研发，推动互联网、大数据、人工智能、先进制造与建筑节能和绿色建筑的深度融合。充分发挥住房和城乡建设部科技计划项目平台的作用，不断优化项目布局，引领绿色建筑创新发展方向。加速建筑节能与绿色建筑科技创新成果转化，推进产学研用相结合，打造协同创新平台，大幅提高技术创新对产业发展的贡献率。支持引导企业开发建筑节能与绿色建筑设备和产品，培育建筑节能、绿色建筑、装配式建筑产业链，推动可靠技术工艺及产品设备的集成应用。

（五）创新工程质量监管模式。

在规划、设计、施工、竣工验收阶段，加强新建建筑执行建筑节能与绿色建筑标准的监管，鼓励采用"互联网＋监管"方式，提高监管效能。推行可视化技术交底，通过在施工现场设立实体样板方式，统一工艺标准，规范施工行为。开展建筑节能及绿色建筑性能责任保险试点，运用保险手段防控外墙外保温、室内空气品质等重要节点质量风险。

五、组织实施

（一）加强组织领导。

地方各级住房和城乡建设部门要高度重视建筑节能与绿色建筑发展工作，在地方党委、政府领导下，健全工作协调机制，制定政策措施，加强与发展改革、财政、金融等部门沟通协调，形成合力，共同推进。各省（区、市）住房和城乡建设部门要编制本地区建筑节能与绿色建筑发展专项规划，制定重点项目计划，并于2022年9月底前将专项规划报住房和城乡建设部。

（二）严格绩效考核。

将各地建筑节能与绿色建筑目标任务落实情况，纳入住房和城乡建设部年度督查检查考核，将部分规划目标任务完成情况纳入城乡建设领域碳达峰碳中和、"能耗"双控、城乡建设绿色发展等考

核评价。住房和城乡建设部适时组织规划实施情况评估。各省（区、市）住房和城乡建设部门应在每年11月底前上报本地区建筑节能与绿色建筑发展情况报告。

（三）强化宣传培训。

各地要动员社会各方力量，开展形式多样的建筑节能与绿色建筑宣传活动，面向社会公众广泛开展建筑节能与绿色建筑发展新闻宣传、政策解读和教育普及，逐步形成全社会的普遍共识。结合节能宣传周等活动，积极倡导简约适度、绿色低碳的生活方式。实施建筑节能与绿色建筑培训计划，将相关知识纳入专业技术人员继续教育重点内容，鼓励高等学校增设建筑节能与绿色建筑相关课程，培养专业化人才队伍。

城乡建设领域碳达峰实施方案

城乡建设是碳排放的主要领域之一。随着城镇化快速推进和产业结构深度调整，城乡建设领域碳排放量及其占全社会碳排放总量比例均将进一步提高。为深入贯彻落实党中央、国务院关于碳达峰碳中和决策部署，控制城乡建设领域碳排放量增长，切实做好城乡建设领域碳达峰工作，根据《中共中央 国务院关于完整 准确全面贯彻新发展理念做好碳达峰碳中和工作的意见》、《2030 年前碳达峰行动方案》，制定本实施方案。

一、总体要求

（一）指导思想。以习近平新时代中国特色社会主义思想为指导，全面贯彻党的十九大和十九届历次全会精神，深入贯彻习近平生态文明思想，按照党中央、国务院决策部署，坚持稳中求进工作总基调，立足新发展阶段，完整、准确、全面贯彻新发展理念，构建新发展格局，坚持生态优先、节约优先、保护优先，坚持人与自然和谐共生，坚持系统观念，统筹发展和安全，以绿色低碳发展为引领，推进城市更新行动和乡村建设行动，加快转变城乡建设方式，提升绿色低碳发展质量，不断满足人民群众对美好生活的需要。

（二）工作原则。坚持系统谋划、分步实施，加强顶层设计，强化结果控制，合理确定工作节奏，统筹推进实现碳达峰。坚持因地制宜，区分城市、乡村、不同气候区，科学确定节能降碳要求。坚持创新引领、转型发展，加强核心技术攻坚，完善技术体系，强化机制创新，完善城乡建设碳减排管理制度。坚持双轮驱动、共同发力，充分发挥政府主导和市场机制作用，形成有效的激励约束机制，实施共建共享，协同推进各项工作。

（三）主要目标。2030 年前，城乡建设领域碳排放达到峰值。城乡建设绿色低碳发展政策体系和体制机制基本建立；建筑节能、垃圾资源化利用等水平大幅提高，能源资源利用效率达到国际先进水平；用能结构和方式更加优化，可再生能源应用更加充分；城乡建设方式绿色低碳转型取得积极进展，"大量建设、大量消耗、大量排放"基本扭转；城市整体性、系统性、生长性增强，"城市病"问题初步解决；建筑品质和工程质量进一步提高，人居环境质量大幅改善；绿色生活方式普遍形成，绿色低碳运行初步实现。

力争到 2060 年前，城乡建设方式全面实现绿色低碳转型，系统性变革全面实现，美好人居环境全面建成，城乡建设领域碳排放治理现代化全面实现，人民生活更加幸福。

二、建设绿色低碳城市

（四）优化城市结构和布局。城市形态、密度、功能布局和建设方式对碳减排具有基础性重要影响。积极开展绿色低碳城市建设，推动组团式发展。每个组团面积不超过 50 平方公里，组团内平均人口密度原则上不超过 1 万人 / 平方公里，个别地段最高不超过 1.5 万人 / 平方公里。加强生态廊道、景观视廊、通风廊道、滨水空间和城市绿道统筹布局，留足城市河湖生态空间和防洪排涝空间，组团间的生态廊道应贯通连续，净宽度不少于 100 米。

推动城市生态修复，完善城市生态系统。严格控制新建超高层建筑，一般不得新建超高层住宅。新城新区合理控制职住比例，促进就业岗位和居住空间均衡融合布局。合理布局城市快速干线交通、生活性集散交通和绿色慢行交通设施，主城区道路网密度应大于8公里/平方公里。严格既有建筑拆除管理，坚持从"拆改留"到"留改拆"推动城市更新，除违法建筑和经专业机构鉴定为危房且无修缮保留价值的建筑外，不大规模、成片集中拆除现状建筑，城市更新单元（片区）或项目内拆除建筑面积原则上不应大于现状总建筑面积的20%。盘活存量房屋，减少各类空置房。

（五）开展绿色低碳社区建设。社区是形成简约适度、绿色低碳、文明健康生活方式的重要场所。推广功能复合的混合街区，倡导居住、商业、无污染产业等混合布局。按照《完整居住社区建设标准（试行）》配建基本公共服务设施、便民商业服务设施、市政配套基础设施和公共活动空间，到2030年地级及以上城市的完整居住社区覆盖率提高到60%以上。通过步行和骑行网络串联若干个居住社区，构建十五分钟生活圈。推进绿色社区创建行动，将绿色发展理念贯彻社区规划建设管理全过程，60%的城市社区先行达到创建要求。探索零碳社区建设。鼓励物业服务企业向业主提供居家养老、家政、托幼、健身、购物等生活服务，在步行范围内满足业主基本生活需求。鼓励选用绿色家电产品，减少使用一次性消费品。鼓励"部分空间、部分时间"等绿色低碳用能方式，倡导随手关灯，电视机、空调、电脑等电器不用时关闭插座电源。鼓励选用新能源汽车，推进社区充换电设施建设。

（六）全面提高绿色低碳建筑水平。持续开展绿色建筑创建

行动，到2025年，城镇新建建筑全面执行绿色建筑标准，星级绿色建筑占比达到30%以上，新建政府投资公益性公共建筑和大型公共建筑全部达到一星级以上。2030年前严寒、寒冷地区新建居住建筑本体达到83%节能要求，夏热冬冷、夏热冬暖、温和地区新建居住建筑本体达到75%节能要求，新建公共建筑本体达到78%节能要求。推动低碳建筑规模化发展，鼓励建设零碳建筑和近零

能耗建筑。加强节能改造鉴定评估，编制改造专项规划，对具备改造价值和条件的居住建筑要应改尽改，改造部分节能水平应达到现行标准规定。持续推进公共建筑能效提升重点城市建设，到2030年地级以上重点城市全部完成改造任务，改造后实现整体能效提升20%以上。推进公共建筑能耗监测和统计分析，逐步实施能耗限额管理。加强空调、照明、电梯等重点用能设备运行调适，提升设备能效，到2030年实现公共建筑机电系统的总体能效在现有水平上提升10%。

（七）建设绿色低碳住宅。提升住宅品质，积极发展中小户型普通住宅，限制发展超大户型住宅。依据当地气候条件，合理确定住宅朝向、窗墙比和体形系数，降低住宅能耗。合理布局居住生活空间，鼓励大开间、小进深，充分利用日照和自然通风。推行灵活可变的居住空间设计，减少改造或拆除造成的资源浪费。推动新建住宅全装修交付使用，减少资源消耗和环境污染。积极推广装配化装修，推行整体卫浴和厨房等模块化部品应用技术，实现部品部件可拆改、可循环使用。提高共用设施设备维修养护水平，提升智能化程度。加强住宅共用部位维护管理，延长住宅

使用寿命。

（八）提高基础设施运行效率。基础设施体系化、智能化、生态绿色化建设和稳定运行，可以有效减少能源消耗和碳排放。实施30年以上老旧供热管网更新改造工程，加强供热管网保温材料更换，推进供热场站、管网智能化改造，到2030年城市供热管网热损失比2020年下降5个百分点。开展人行道净化和自行车专用道建设专项行动，完善城市轨道交通站点与周边建筑连廊或地下通道等配套接驳设施，加大城市公交专用道建设力度，提升城市公共交通运行效率和服务水平，城市绿色交通出行比例稳步提升。全面推行垃圾分类和减量化、资源化，完善生活垃圾分类投放、分类收集、分类运输、分类处理系统，到2030年城市生活垃圾资源化利用率达到65%。结合城市特点，充分尊重自然，加强城市设施与原有河流、湖泊等生态本底的有效衔

接，因地制宜，系统化全域推进海绵城市建设，综合采用"渗、滞、蓄、净、用、排"方式，加大雨水蓄滞与利用，到 2030 年全国城市建成区平均可渗透面积占比达到 45%。推进节水型城市建设，实施城市老旧供水管网更新改造，推进管网分区计量，提升供水管网智能化管理水平，力争到 2030 年城市公共供水管网漏损率控制在 8% 以内。实施污水收集处理设施改造和城镇污水资源化利用行动，到 2030 年全国城市平均再生水利用率达到 30%。加快推进城市供气管道和设施更新改造。推进城市绿色照明，加强城市照明规划、设计、建设运营全过程管理，控制过度亮化和光污染，到 2030 年 LED 等高效节能灯具使用占比超过 80%，30% 以上城市建成照明数字化系统。

开展城市园林绿化提升行动，完善城市公园体系，推进中心城区、老城区绿道网络建设，加强立体绿化，提高乡土和本地适生植物应用比例，到 2030 年城市建成区绿地率达到 38.9%，城市建成区拥有绿道长度超过 1 公里 / 万人。

（九）优化城市建设用能结构。推进建筑太阳能光伏一体化建设，到 2025 年新建公共机构建筑、新建厂房屋顶光伏覆盖率力争达到 50%。推动既有公共建筑屋顶加装太阳能光伏系统。加快智能光伏应用推广。在太阳能资源较丰富地区及有稳定热水需求的建筑中，积极推广太阳能光热建筑应用。因地制宜推进地热能、生物质能应用，推广空气源等各类电动热泵技术。到 2025 年城镇建筑可再生能源替代率达到 8%。引导建筑供暖、生活热水、炊事等向电气化发展，到 2030 年建筑用电占建筑能耗比例超过 65%。推动开展新建公共建筑全面电气化，到 2030 年电气化比例达到

20%。推广热泵热水器、高效电炉灶等替代燃气产品，推动高效直流电器与设备应用。推动智能微电网、"光储直柔"、蓄冷蓄热、负荷灵活调节、虚拟电厂等技术应用，优先消纳可再生能源电力，主动参与电力需求侧响应。探索建筑用电设备智能群控技术，在满足用电需求前提下，合理调配用电负荷，实现电力少增容、不增容。根据既有能源基

础设施和经济承受能力，因地制宜探索氢燃料电池分布式热电联供。推动建筑热源端低碳化，综合利用热电联产余热、工业余热、核电余热，根据各地实际情况应用尽用。充分发挥城市热电供热能力，提高城市热电生物质耦合能力。引导寒冷地区达到超低能耗的建筑不再采用市政集中供暖。

（十）推进绿色低碳建造。大力发展装配式建筑，推广钢结构住宅，到 2030 年装配式建筑占当年城镇新建建筑的比例达到

40%。推广智能建造，到 2030 年培育 100 个智能建造产业基地，打造一批建筑产业互联网平台，形成一系列建筑机器人标志性产品。推广建筑材料工厂化精准加工、精细化管理，到 2030 年施工现场建筑材料损耗率比 2020 年下降 20%。加强施工现场建筑垃圾管控，到 2030 年新建建筑施工现场建筑垃圾排放量不高于 300 吨 / 万平方米。积极推广节能型施工设备，监控重点设备耗能，对多台同类设备实施群控管理。优先选用获得绿色建材认证标识的建材产品，建立政府工程采购绿色建材机制，到 2030 年星级绿色建筑全面推广绿色建材。鼓励有条件的地区使用木竹建材。提高预制构件和部品部件通用性，推广标准化、少规格、多组合设计。推进建筑垃圾集中处理、分级利用，到 2030 年建筑垃圾资源化利用率达到 55%。

三、打造绿色低碳县城和乡村

（十一）提升县城绿色低碳水平。开展绿色低碳县城建设，构建集约节约、尺度宜人的县城格局。充分借助自然条件、顺应原有地形地貌，实现县城与自然环境融合协调。结合实际推行大分散与小区域集中相结合的基础设施分布式布局，建设绿色节约型基础设施。要因地制宜强化县城建设密度与强度管控，位于生态功能区、农产品主产区的县城建成区人口密度控制在 0.6—1 万人 / 平方公里，建筑总面积与建设用地比值控制在 0.6—0.8；建筑高度要与消防救援能力相匹配，新建住宅以 6 层为主，最高不超过 18 层，6 层及以下住宅建筑面积占比应不

低于70%；确需建设

18层以上居住建筑的，应严格充分论证，并确保消防应急、市政配套设施等建设到位；推行"窄马路、密路网、小街区"，县城内部道路红线宽度不超过40米，广场集中硬地面积不超过2公顷，步行道网络应连续通畅。

（十二）营造自然紧凑乡村格局。合理布局乡村建设，保护乡村生态环境，减少资源能源消耗。开展绿色低碳村庄建设，提升乡村生态和环境质量。农房和村庄建设选址要安全可靠，顺应地形地貌，保护山水林田湖草沙生态脉络。鼓励新建农房向基础设施完善、自然条件优越、公共服务设施齐全、景观环境优美的村庄聚集，农房群落自然、紧凑、有序。

（十三）推进绿色低碳农房建设。提升农房绿色低碳设计建造水平，提高农房能效水平，到2030年建成一批绿色农房，鼓励建设星级绿色农房和零碳农房。按照结构安全、功能完善、节能降碳等要求，制定和完善农房建设相关标准。引导新建农房执行《农村居住建筑节能设计标准》等相关标准，完善农房节能措施，因地制宜推广太阳能暖房等可再生能源利用方式。推广使用高能效照明、灶具等设施设备。鼓励就地取材和利用乡土材料，推广使用绿色建材，鼓励选用装配式钢结构、木结构等建造方式。大力推进北方地区农村清洁取暖。在北方地区冬季清洁取暖项目中积极推进农房节能改造，提高常住房间舒适性，改造后实现整体能效提升30%以上。

（十四）推进生活垃圾污水治理低碳化。推进农村污水处理，

合理确定排放标准，推动农村生活污水就近就地资源化利用。因地制宜，推广小型化、生态化、分散化的污水处理工艺，推行微动力、低能耗、低成本的运行方式。推动农村生活垃圾分类处理，倡导农村生活垃圾资源化利用，从源头减少农村生活垃圾产生量。

（十五）推广应用可再生能源。推进太阳能、地热能、空气热能、生物质能等可再生能源在乡村供气、供暖、供电等方面的应用。大力推动农房屋顶、院落空地、农业设施加装太阳能光伏系统。推动乡村进一步提高电气化水平，鼓励炊事、供暖、照明、交通、热水等用能电气化。充分利用太阳能光热系统提供生活热水，鼓励使用太阳能灶等设备。

四、强化保障措施

（十六）建立完善法律法规和标准计量体系。推动完善城乡建设领域碳达峰相关法律法规，建立健全碳排放管理制度，明确责任主体。建立完善节能降碳标准计量体系，制定完善绿色建筑、零碳建筑、绿色建造等标准。鼓励具备条件的地区制定高于国家标准的地方工程建设强制性标准和推荐性标准。各地根据碳排放控制目标要求和产业结构情况，合理确定城乡建设领域碳排放控制目标。建立城市、县城、社区、行政村、住宅开发项目绿色低碳指标体系。完善省市公共建筑节能监管平台，推动能源消费数据共享，加强建筑领域计量器具配备和管理。加强城市、县城、乡村等常住人口调查与分析。

（十七）构建绿色低碳转型发展模式。以绿色低碳为目标，

构建纵向到底、横向到边、共建共治共享发展模式，健全政府主导、群团带动、社会参与机制。建立健全"一年一体检、五年一评估"的城市体检评估制度。建立乡村建设评价机制。利用建筑信息模型（BIM）技术和城市信息模型（CIM）平台等，推动数字建筑、数字孪生城市建设，加快城乡建设数字化转型。大力发展节能服务产业，推广合同能源管理，探索节能咨询、诊断、设计、融资、改造、托管等"一站式"综合服务模式。

（十八）建立产学研一体化机制。组织开展基础研究、关键核心技术攻关、工程示范和产业化应用，推动科技研发、成果转化、产业培育协同发展。整合优化行业产学研科技资源，推动高水平创新团队和创新平台建设，加强创新型领军企业培育。鼓励支持领军企业联合高校、科研院所、产业园区、金融机构等力量，组建产业技术创新联盟等多种形式的创新联合体。鼓励高校增设碳达峰碳中和相关课程，加强人才队伍建设。

（十九）完善金融财政支持政策。完善支持城乡建设领域碳达峰的相关财政政策，落实税收优惠政策。完善绿色建筑和绿色建材政府采购需求标准，

在政府采购领域推广绿色建筑和绿色建材应用。强化绿色金融支持，鼓励银行业金融机构在风险可控和商业自主原则下，创新信贷产品和服务支持城乡建设领域节能降碳。鼓励开发商投保全装修住宅质量保险，强化保险支持，发挥绿色保险产品的风险保障作用。合理开放城镇基础设施投资、建设和运营市场，应用特许经营、政府购买服务等手段吸引社会资本投入。完善差别电价、分时电价和居民阶梯电价政策，加快推进供热计量和按供热量收费。

五、加强组织实施

（二十）加强组织领导。在碳达峰碳中和工作领导小组领导下，住房和城乡建设部、国家发展改革委等部门加强协作，形成合力。各地区各有关部门要加强协调，科学制定城乡建设领域碳达峰实施细化方案，明确任务目标，制定责任清单。

（二十一）强化任务落实。各地区各有关部门要明确责任，将各项任务落实落细，及时总结好经验好做法，扎实推进相关工作。各省（区、市）住房和城乡建设、发展改革部门于每年 11 月底前将当年贯彻落实情况报住房和城乡建设部、国家发展改革委。

（二十二）加大培训宣传。将碳达峰碳中和作为城乡建设领域干部培训重要内容，提高绿色低碳发展能力。通过业务培训、比赛竞赛、经验交流等多种方式，提高规划、设计、施工、运行相关单位和企业人才业务水平。加大对优秀项目、典型案例的宣传力度，配合开展好"全民节能行动"、"节能宣传周"等活动。编写绿色生活宣传手册，积极倡导绿色低碳生活方式，动员社会各方力量参与降碳行动，形成社会各界支持、群众积极参与的浓厚氛围。开展减排自愿承诺，引导公众自觉履行节能减排责任。

关于扩大政府采购支持绿色建材促进建筑品质提升政策实施范围的通知

财库〔2022〕35号

各省、自治区、直辖市、计划单列市财政厅（局）、住房和城乡建设厅（委、管委、局）、工业和信息化主管部门，新疆生产建设兵团财政局、住房和城乡建设局、工业和信息化局：

为落实《中共中央 国务院关于完整准确全面贯彻新发展理念做好碳达峰碳中和工作的意见》，加大绿色低碳产品采购力度，全面推广绿色建筑和绿色建材，在南京、杭州、绍兴、湖州、青岛、佛山等6个城市试点的基础上，财政部、住房城乡建设部、工业和信息化部决定进一步扩大政府采购支持绿色建材促进建筑品质提升政策实施范围。现将有关事项通知如下：

一、实施范围

自2022年11月起，在北京市朝阳区等48个市（市辖区）实施政府采购支持绿色建材促进建筑品质提升政策（含此前6个试点城市，具体城市名单见附件1）。纳入政策实施范围的项目包括医院、学校、办公楼、综合体、展览馆、会展中心、体育馆、保障房等政府采购工程项目，含适用招标投标法的政府采购工程项目。各有关城市可选择部分项目先行实施，在总结经验的基础上逐步扩大范围，到2025年实现政府采购工程项目政策实施的全覆盖。鼓励将其他政府投资项目纳入实施范围。

二、主要任务

各有关城市要深入贯彻习近平生态文明思想，运用政府采购政策积极推广应用绿色建筑和绿色建材，大力发展装配式、智能化等新型建筑工业化建造方式，全面建设二星级以上绿色建筑，形成支持建筑领域绿色低碳转型的长效机制，引领建材和建筑产业高质量发展，着力打造宜居、绿色、低碳城市。

（一）落实政府采购政策要求。各有关城市要严格执行财政部、住房城乡建设部、工业和信息化部制定的《绿色建筑和绿色建材政府采购需求标准》（以下简称《需求标准》，见附件2）。项目立项阶段，要将《需求标准》有关要求嵌入项目建议书和可行性研究报告中；招标采购阶段，要将《需求标准》有关要求作为工程招标文件或采购文件以及合同文本的实质性要求，要求承包单位按合同约定进行设计、施工，并采购或使用符合要求的绿色建材；施工阶段，要强化施工现场监管，确保施工单位落实绿色建筑要求，使用符合《需求标准》的绿色建材；履约验收阶段，要根据《需求标准》制定相应的履约验收标准，并与现行验收程序有效融合。鼓励通过验收的项目申报绿色建筑标识，充分发挥政府采购工程项目的示范作用。

（二）加强绿色建材采购管理。纳入政策实施范围的政府采购工程涉及使用《需求标准》中的绿色建材的，应当全部采购和使用符合相关标准的建材。各有关城市要探索实施对通用类绿色建材的批量集中采购，由政府集中采购机构或部门集中采购机构定期归集采购人的绿色建材采购计划，开展集中带量采购。要积极推进绿色建材电子化采购交易，所有符合条件的绿色建材产品均可进入电子平台交易，提高绿色建材采购效率和透明度。绿色建材供应商在供货时应当出具所提供建材产品符合需求标准的证明性文件，包括国家统一推行的绿色建材产品认证证书，或符合需求标准的有效检测报告等。

（三）完善绿色建筑和绿色建材政府采购需求标准。各有关城市可结合本地区特点和实际需求，提出优化完善《需求标准》有关内容的建议，包括调整《需求标准》中已包含的建材产品指标要求，增加未包含的建材产品需求标准，或者细化不同建筑类型如学校、医院等的需求标准等，报财政部、住房城乡建设部、工业和信息化部。财政部、住房城乡建设部、工业和信息化部将根据有关城市建议和政策执行情况，动态调整《需求标准》。

（四）优先开展工程价款结算。纳入政策实施范围的工程，要提高工程价款结算比例，工程进度款支付比例不低于已完工程价款的80%。推行施工过程结算，发承包双方通过合同约定，将施工过程按时间或进度节点划分施工周期，对周期内已完成且无争议的工程进行价款计算、确认和支付。经双方确认的过程结算文件作为竣工结算文件的组成部分，竣工后原则上不再重复审核。

三、工作要求

（一）明确部门职责。有关城市财政、住房和城乡建设、工业和信息化部门要各司其职，加强协调配合，形成政策合力。财政部门要组织采购人落实《需求标准》，指导集中采购机构开展绿色建材批量集中采购工作，加强对采购活动的监督管理。住房和城乡建设部门要加强对纳入政策实施范围的工程项目的监管，培育绿色建材应用示范工程和高品质绿色建筑项目。工业和信息化部门要结合区域特点，因地制宜发展绿色建材产业，培育绿色建材骨干企业和重点产品。

（二）精心组织实施。有关城市所在省级财政、住房和城乡建设、工业和信息化部门收到本通知后要及时转发至纳入政策实施范围城市的财政、住房和城乡建设、工业和信息化部门，切实加强对有关城市工作开展的指导。有关城市要根据政策要求，研究制定本地区实施方案，明确各有关部门的责任分工，完善组织协调机制，对实践中出现的问题要及时研究和妥善处理，确保扩大实施范围工作顺利推进，取得扎实成效。要积极总结工作经验，提炼可复制、可推广的先进经验和典型做法。

（三）加强宣传培训。各有关地方和部门要依据各自职责加强政策解读和宣传，及时回应社会关切，营造良好的工作氛围。要加强对建设单位、设计单位、建材企业、施工单位的政策解读和培训，调动相关各方的积极性。

附件：1. 政府采购支持绿色建材促进建筑品质提升政策实施范围城市名单

2. 绿色建筑和绿色建材政府采购需求标准

财政部 住房城乡建设部 工业和信息化部
2022 年 10 月 12 日

中共中央办公厅　国务院办公厅印发《关于推动城乡建设绿色发展的意见》

新华社北京 10 月 21 日电 近日，中共中央办公厅、国务院办公厅印发了《关于推动城乡建设绿色发展的意见》，并发出通知，要求各地区各部门结合实际认真贯彻落实。

《关于推动城乡建设绿色发展的意见》主要内容如下。

城乡建设是推动绿色发展、建设美丽中国的重要载体。党的十八大以来，我国人居环境持续改善，住房水平显著提高，同时仍存在整体性缺乏、系统性不足、宜居性不高、包容性不够等问题，大量建设、大量消耗、大量排放的建设方式尚未根本扭转。为推动城乡建设绿色发展，现提出如下意见。

一、总体要求

（一）指导思想。以习近平新时代中国特色社会主义思想为指导，深入贯彻党的十九大和十九届二中、三中、四中、五中全会精神，践行习近平生态文明思想，按照党中央、国务院决策部署，立足新发展阶段、贯彻新发展理念、构建新发展格局，坚持以人民为中心，坚持生态优先、节约优先、保护优先，坚持系统观念，统筹发展和安全，同步推进物质文明建设与生态文明建设，落实碳达峰、碳中和目标任务，推进城市更新行动、乡村建设行动，加快转变城乡建设方式，促进经济社会发展全面绿色转型，为全面建设社会主义现代化国家奠定坚实基础。

（二）工作原则。坚持人与自然和谐共生，尊重自然、顺应自然、保护自然，推动构建人与自然生命共同体。坚持整体与局部相协调，统筹规划、建设、管理三大环节，统筹城镇和乡村建设。坚持

效率与均衡并重，促进城乡资源能源节约集约利用，实现人口、经济发展与生态资源协调。坚持公平与包容相融合，完善城乡基础设施，推进基本公共服务均等化。坚持保护与发展相统一，传承中华优秀传统文化，推动创造性转化、创新性发展。坚持党建引领与群众共建共治共享相结合，完善群众参与机制，共同创造美好环境。

（三）总体目标

到 2025 年，城乡建设绿色发展体制机制和政策体系基本建立，建设方式绿色转型成效显著，碳减排扎实推进，城市整体性、系统性、生长性增强，"城市病"问题缓解，城乡生态环境质量整体改善，城乡发展质量和资源环境承载能力明显提升，综合治理能力显著提高，绿色生活方式普遍推广。

到 2035 年，城乡建设全面实现绿色发展，碳减排水平快速提升，城市和乡村品质全面提升，人居环境更加美好，城乡建设领域治理体系和治理能力基本实现现代化，美丽中国建设目标基本实现。

二、推进城乡建设一体化发展

（一）促进区域和城市群绿色发展。建立健全区域和城市群绿色发展协调机制，充分发挥各城市比较优势，促进资源有效配置。在国土空间规划中统筹划定生态保护红线、永久基本农田、城镇开发边界等管控边界，统筹生产、生活、生态空间，实施最严格的耕地保护制度，建立水资源刚性约束制度，建设与资源环境承载能力相匹配、重大风险防控相结合的空间格局。统筹区域、城市群和都市圈内大中小城市住房建设，与人口构成、产业结构相适应。协同建设区域生态网络和绿道体系，衔接生

态保护红线、环境质量底线、资源利用上线和生态环境准入清单，改善区域生态环境。推进区域重大基础设施和公共服务设施共建共享，建立功能完善、衔接紧密、保障有力的城市群综合立体交通等现代化设施网络体系。

（二）建设人与自然和谐共生的美丽城市。建立分层次、分区域协调管控机制，以自然资源承载能力和生态环境容量为基础，合理确定城市人口、用水、用地规模，合理确定开发建设密度和强度。提高中心城市综合承载能力，建设一批产城融合、职住平衡、生态宜居、交通便利的郊区新城，推动多中心、组团式发展。落实规划环评要求和防噪声距离。大力推进城市节水，提高水资源集约节约利用水平。实施海绵城市建设，完善城市防洪排涝体系，提高城市防灾减灾能力，增强城市韧性。实施城市生态修复工程，保护城市山体自然风貌，修复江河、湖泊、湿地，加强城市公园和绿地建设，推进立体绿化，构建连续完整的生态基础设施体系。实施城市功能完善工程，加强婴幼儿照护机构、幼儿园、中小学校、医疗卫生机构、养老服务机构、儿童福利机构、未成年人救助保护机构、社区足球场地等设施建设，增加公共活动空间，建设体育公园，完善文化和旅游消费场所设施，推动发展城市新业态、新功能。建立健全推进城市生态修复、功能完善工程标准规范和工作体系。推动绿色城市、森林城市、"无废城市"建设，深入开展绿色社区创建行动。推进以县城为重要载体的城镇化建设，加强县城绿色低碳建设，大力提升县城公共设施和服务水平。

（三）打造绿色生态宜居的美丽乡村。按照产业兴旺、生态宜居、乡风文明、治理有效、生活富裕的总要求，以持续改善农村人居环境为目标，建立乡村建设评价机制，探索县域乡村发展路径。提高农房设计和建造水平，建设满足乡村生产生活实际需要的新型农房，完善水、电、气、厕配套附属设施，加强既有农房节能改造。保护塑造乡村风貌，延续乡村历史文脉，严格落实有关规定，不破坏地形地貌、不拆传统民居、不砍老树、不盖高楼。统

筹布局县城、中心镇、行政村基础设施和公共服务设施，促进城乡设施联动发展。提高镇村设施建设水平，持续推进农村生活垃圾、污水、厕所粪污、畜禽养殖粪污治理，实施农村水系综合整治，推进生态清洁流域建设，加强水土流失综合治理，加强农村防灾减灾能力建设。立足资源优势打造各具特色的农业全产业链，发展多种形式适度规模经营，支持以"公司＋农户"等模式对接市场，培育乡村文化、旅游、休闲、民宿、健康养老、传统手工艺等新业态，强化农产品及其加工副产物综合利用，拓宽农民增收渠道，促进产镇融合、产村融合，推动农村一二三产业融合发展。

三、转变城乡建设发展方式

（一）建设高品质绿色建筑。实施建筑领域碳达峰、碳中和行动。规范绿色建筑设计、施工、运行、管理，鼓励建设绿色农房。推进既有建筑绿色化改造，鼓励与城镇老旧小区改造、农村危房改造、抗震加固等同步实施。开展绿色建筑、节约型机关、绿色学校、绿色医院创建行动。加强财政、金融、规划、建设等政策支持，推动高质量绿色建筑规模化发展，大力推广超低能耗、近零能耗建筑，发展零碳建筑。实施绿色建筑统一标识制度。建立城市建筑用水、用电、用气、用热等数据共享机制，提升建筑能耗监测能力。推动区域建筑能效提升，推广合同能源管理、合同节水管理服务模式，降低建筑运行能耗、水耗，大力推动可再生能源应用，鼓励智能光伏与绿色建筑融合创新发展。

（二）提高城乡基础设施体系化水平。建立健全基础设施建档制度，普查现有基础设施，统筹地下空间综合利用。推进城乡基础设施补短板和更新改造专项行动以及体系化建设，提高基础设施绿色、智能、协同、安全水平。加强公交优先、绿色出行的城市街区建设，合理布局和建设城市公交专用道、公交场站、车船用加气加注站、电动汽车充换电站，加快发展智能网联汽车、新能源汽车、智慧停车及无障碍基础设施，强化城市轨道交通与其他交通方式衔接。加强交通噪声管控，落实城市交通设计、

规划、建设和运行噪声技术要求。加强城市高层建筑、大型商业综合体等重点场所消防安全管理，打通消防生命通道，推进城乡应急避难场所建设。持续推动城镇污水处理提质增效，完善再生水、集蓄雨水等非常规水源利用系统，推进城镇污水管网全覆盖，建立污水处理系统运营管理长效机制。因地制宜加快连接港区管网建设，做好船舶生活污水收集处理。统筹推进煤改电、煤改气及集中供热替代等，加快农村电网、天然气管网、热力管网等建设改造。

（三）加强城乡历史文化保护传承。建立完善城乡历史文化保护传承体系，健全管理监督机制，完善保护标准和政策法规，严格落实责任，依法问责处罚。开展历史文化资源普查，做好测绘、建档、挂牌工作。建立历史文化名城、名镇、名村及传统村落保护制度，加大保护力度，不拆除历史建筑，不拆真遗存，不建假古董，做到按级施保、应保尽保。完善项目审批、财政支持、社会参与等制度机制，推动历史建筑绿色化更新改造、合理利用。建立保护项目维护修缮机制，保护和培养传统工匠队伍，传承传统建筑绿色营造方式。

（四）实现工程建设全过程绿色建造。开展绿色建造示范工程创建行动，推广绿色化、工业化、信息化、集约化、产业化建造方式，加强技术创新和集成，利用新技术实现精细化设计和施工。大力发展装配式建筑，重点推动钢结构装配式住宅建设，不断提升构件标准化水平，推动形成完整产业链，推动智能建造和建筑工业化协同发展。完善绿色建材产品认证制度，开展绿色建材应用示范工程建设，鼓励使用综合利用产品。加强建筑材料循环利用，促进建筑垃圾减量化，严格施工扬尘管控，采取综合降噪措施管控施工噪声。推动传统建筑业转型升级，完善工程建设组织模式，加快推行工程总承包，推广全过程工程咨询，推进民用建筑工程建筑师负责制。加快推进工程造价改革。改革建筑劳动用工制度，大力发展专业作业企业，培育职业化、专业化、技能化建筑产业工人队伍。

（五）推动形成绿色生活方式。推广节能低碳节水用品，推动太阳能、再生水等应用，鼓励使用环保再生产品和绿色设计产品，减少一次性消费品和包装用材消耗。倡导绿色装修，鼓励选用绿色建材、家具、家电。持续推进垃圾分类和减量化、资源化，推动生活垃圾源头减量，建立健全生活垃圾分类投放、分类收集、分类转运、分类处理系统。加强危险废物、医疗废物收集处理，建立完善应急处置机制。科学制定城市慢行系统规划，因地制宜建设自行车专用道和绿道，全面开展人行道净化行动，改造提升重点城市步行街。深入开展绿色出行创建行动，优化交通出行结构，鼓励公众选择公共交通、自行车和步行等出行方式。

四、创新工作方法

（一）统筹城乡规划建设管理。坚持总体国家安全观，以城乡建设绿色发展为目标，加强顶层设计，编制相关规划，建立规划、建设、管理三大环节统筹机制，统筹城市布局的经济需要、生活需要、生态需要、安全需要，统筹地上地下空间综合利用，统筹各类基础设施建设，系统推进重大工程项目。创新城乡建设管控和引导机制，完善城市形态，提升建筑品质，塑造时代特色风貌。完善城乡规划、建设、管理制度，动态管控建设进程，确保一张蓝图实施不走样、不变形。

（二）建立城市体检评估制度。建立健全"一年一体检、五年一评估"的城市体检评估制度，强化对相关规划实施情况和历史文化保护传承、基础设施效率、生态建设、污染防治等的评估。制定城市体检评估标准，将绿色发展纳入评估指标体系。城市政府作为城市体检评估工作主体，要定期开展体检评估，制定年度建设和整治行动计划，依法依规向社会公开体检评估结果。加强对相关规划实施的监督，维护规划的严肃性权威性。

（三）加大科技创新力度。完善以市场为导向的城乡建设绿色技术创新体系，培育壮大一批绿色低碳技术创新企业，充分发挥国家工程研究中心、国家技术创新中心、国家企业技术中心、国家重点实验室等创新平台对绿色低碳技术的支撑作用。加强国家科技计划研究，系统布局一批支撑城乡建设绿色发展的研发项目，组织开展重大科技攻关，加大科技成果集成创新力度。建立科技项目成果库和公开制度，鼓励科研院所、企业等主体融通创新、利益共享，促进科技成果转化。建设国际化工程建设标准体系，完善相关标准。

（四）推动城市智慧化建设。建立完善智慧城市建设标准和政策法规，加快推进信息技术与城市建设技术、业务、数据融合。开展城市信息模型平台建设，推动建筑信息模型深化应用，推进工程建设项目智能化管理，促进城市建设及运营模式变革。搭建城市运行管理服务平台，加强对市政基础设施、城市环境、城市交通、城市防灾的智慧化管理，推动城市地下空间信息化、智能化管控，提升城市安全风险监测预警水平。完善工程建设项目审批管理系统，逐步实现智能化全程网上办理，推进与投资项目在线审批监管平台等互联互通。搭建智慧物业管理服务平台，加强社区智慧化建设管理，为群众提供便捷服务。

（五）推动美好环境共建共治共享。建立党组织统一领导、政府依法履责、各类组织积极协同、群众广泛参与，自治、法治、德治相结合的基层治理体系，推动形成建设美好人居环境的合力，实现决策共谋、发展共建、建设共管、效果共评、成果共享。下沉公共服务和社会管理资源，按照有关规定探索适宜城乡社区治理的项目招投标、奖励等机制，解决群众身边、房前屋后的实事小事。以城镇老旧小区改造、历史文化街区保护与利用、美丽乡村建设、生活垃圾分类等为抓手和载体，构建社区生活圈，广泛发动组织群众参与城乡社区治理，共同建设美好家园。

五、加强组织实施

（一）加强党的全面领导。把党的全面领导贯穿城乡建设绿色发展各方面各环节，不折不扣贯彻落实中央决策部署。建立省负总责、市县具体负责

的工作机制，地方各级党委和政府要充分认识推动城乡建设绿色发展的重要意义，加快形成党委统一领导、党政齐抓共管的工作格局。各省（自治区、直辖市）要根据本意见确定本地区推动城乡建设绿色发展的工作目标和重点任务，加强统筹协调，推进解决重点难点问题。市、县作为工作责任主体，要制定具体措施，切实抓好组织落实。

（二）完善工作机制。加强部门统筹协调，住房城乡建设、发展改革、工业和信息化、民政、财政、自然资源、生态环境、交通运输、水利、农业农村、文化和旅游、金融、市场监管等部门要按照各自职责完善有关支持政策，推动落实重点任务。加大财政、金融支持力度，完善绿色金融体系，支持城乡建设绿色发展重大项目和重点任务。各地要结合实际建立相关工作机制，确保各项任务落实落地。

（三）健全支撑体系。建立完善推动城乡建设绿色发展的体制机制和制度，推进城乡建设领域治理体系和治理能力现代化。制定修订城乡建设和历史文化保护传承等法律法规，为城乡建设绿色发展提供法治保障。深化城市管理和执法体制改革，加强队伍建设，推进严格规范公正文明执法，提高城市管理和执法能力水平。健全社会公众满意度评价和第三方考评机制，由群众评判城乡建设绿色发展成效。加快管理、技术和机制创新，培育绿色发展新动能，实现动力变革。

（四）加强培训宣传。中央组织部、住房城乡建设部要会同国家发展改革委、自然资源部、生态环境部加强培训，不断提高党政主要负责同志推动城乡建设绿色发展的能力和水平。在各级党校（行政学院）、干部学院增加相关培训课程，编辑出版系列教材，教育引导各级领导干部和广大专业技术人员尊重城乡发展规律，尊重自然生态环境，尊重历史文化传承，重视和回应群众诉求。加强国际交流合作，广泛吸收借鉴先进经验。采取多种形式加强教育宣传和舆论引导，普及城乡建设绿色发展法律法规和科学知识。

2 标准化工作

BIAOZHUNHUAGONGZUO

中国建材检验认证集团股份有限公司

国检集团函〔2018〕143号

关于征集认证认可行业标准《室内装饰装修服务认证要求》参编单位的函

各有关单位：

根据国家认监委"关于下达 2018 年第一批认证认可行业标准制（修）订计划项目的通知"（国认科〔2018〕39 号），由中国建材检验认证集团股份有限公司负责认证认可行业标准《室内装饰装修服务认证要求》的编制工作，完成时间为 2020 年 4 月 30 日。

《质量发展纲要（2011~2020 年）》提出，认证认可工作重点之一是"加快实施服务认证"，提出至 2020 年全国实现服务质量的标准化、规范化和品牌化，服务业质量水平显著提升，达到或接近国际先进水平，服务业品牌价值和效益大幅提升，推动实现服务业大发展的总体安排。

当前，我国室内装饰装修服务行业发展正在"从小规模到产业化"，"从无序竞争到品牌较量"的转变阶段，形成集成化、工厂化生产，选择联合、加盟、合作等各种形式的发展模式，企业制度、经营模式、增长方式正面临重大改变。如何在新的发展阶段，规范室内装饰装修服务行业，创造标准化的服务模式和监督体制，已成为关系到室内装饰装修行业做大做强和 "二次发展创业" 成败的关键所在。通过采取国际通行的服务认证和分级认证的模式，将服务质量评价的结果明示给服务购买者，可促进室内装饰装修服务行业的规范性和一致性，打造透明、可信和可靠的消费环境，提高顾客满意度水平，对促进品牌培育，引领转型升级具有重要的现实意义。

《室内装饰装修服务认证要求》旨在为认证机构提供室内装饰装修服务认证要求及其评价准则和方法。为保证该标准的科学性、合理性和可操作性，现面向行业征集参编单位，共同完成标准的编制工作。有意愿参编的单位，请填写申请表（附件）并加盖公章，将扫描件发送至 xuxin@ctc.ac.cn。

联系人：许欣、赵春芝、马丽萍、张启龙、文刚、刘翼

电　话：010-51167148，51167578，51167005

邮　箱：xuxin@ctc.ac.cn

附件：参编申请表

中国建材检验认证集团股份有限公司

2018 年 8 月 2 日

中国建材检验认证集团股份有限公司

关于征集《健康建材评价标准》参编单位的函

各有关单位:

中共中央、国务院发布的《"健康中国2030"规划纲要》明确提出,到2030年要实现主要健康危险因素得到有效控制,全民健康素养大幅提高,健康生活方式得到全面普及。2020年突如其来的"新冠疫情"让我们充分意识到,要实现"健康中国"的目标还任重道远,需要各行各业更多的创新和行动。其中与居民衣、食、住、用、行中的"住"密切相关的健康建筑是"健康中国"战略的重要组成部分和载体。健康建筑及其配套的健康建材产业链将会是一个规模巨大、潜力无限的行业。

在此情形下,当前市场上出现了众多以"健康"冠名的建材产品,不过相应的权威评价标准和第三方认证却出现了空白和缺位。这直接导致了部分企业将名不符实、借题炒作的产品流入市场,误导消费者购买,造成消费市场混乱。

鉴于此,为健全健康建材市场体系,增加健康建材产品供给,提升健康建材产品质量,支撑健康建筑选材需求,推进绿色建材向健康建材深层次发展,中国建材检验认证集团股份有限公司(国检集团)会同中国建材市场协会人居健康分会、中国健康管理协会标准化与评价分会和红星美凯龙家居集团股份有限公司北京人居健筑工程技术研究院、中国大家居教育平台等单位,组织相关科研院所和骨干企业、行业专家在绿色建材的基础上,共同制定"以人为本"、满足健康建筑需求和行业发展要求的《健康建材评价标准》，该团体标准已在中国建材市场协会立项（附件一）。后续，国检集团将依托该标准，打造具有行业认可度和市场认知度的"中国健康建材"认证项目。

为保证标准编制的科学性、权威性和可操作性，现面向健康建材行业征集有意参与该项工作的企事业单位。本标准拟在各类建材和制品符合严苛的有害物质和污染源控制的基础上，突出"主动健康"的功能性，包括以下方面：

1. 具有空气净化功能，可改善居室空气质量的；

2. 具有防霉抗菌功能，可改善居室水质或微生物环境的；

3. 具有调节功能，可改善居室声、光、热、湿等建筑物理环境舒适度的；

4. 产品符合人体工程学设计，使用中具有舒适、安全或健康等功能的；

5. 其他可提升人居环境健康水平的。

有意参与该项标准的单位，请填写标准参编申请表（附件二），盖章扫描发送至：

联系人：刘翼、马丽萍、蒋荟

电　话：010-51167005、51167148

邮　箱：liuyi@ctc.ac.cn

中国建材检验认证集团股份有限公司

二〇二〇年四月十五日

中国建筑材料联合会金属复合材料分会文件

中建材联金属分会秘发[2019]012号

关于邀请参加建材行业标准《金属复合装饰材料行业绿色工厂评价要求》和《金属复合装饰材料行业绿色供应链管理 导则》编制工作的函

各有关单位：

为贯彻落实《中国制造 2025》和《工业绿色发展规划（2016-2020 年）》，工业和信息化部等多部门联合印发了《绿色制造工程实施指南（2016-2020 年）》，其明确了到 2020 年要在我国工业企业中初步建立包含绿色工厂、绿色供应链、绿色产品、绿色园区在内的绿色制造体系，各省市也依此陆续出台了创建省市级绿色工厂、绿色供应链的政策文件。2019 年，国家发展和改革委、科技部联合印发的《关于创建市场导向的绿色技术创新体系的指导意见》中，进一步明确提出"要健全绿色工厂评价体系，开展绿色工厂建设示范"、"推动企业运用互联网信息化技术，建立覆盖原材料采购、生产、物流、销售、回收等环节的绿色供应链管理体系"。

为支撑金属复合装饰材料行业的绿色制造体系规范化创建、管理与评估等工作，根据《工业和信息化部办公厅关于印发2019年第二批行业标准制修订项目计划的通知》（工信厅科函【2019】195号）的要求，由中国建材检验认证集团股份有限公司和中国建材联合会金属复合材料分会牵头负责两项建材行业标准《金属复合装饰材料行业绿色工厂评价要求》和《金属复合装饰材料行业绿色供应链管理 导则》的编制工作，计划编号分别为：2019-0667T-JC 和 2019-0668T-JC。

为使标准内容更加科学、合理、协调、可操作，现征集业内有代表性的骨干企业、机构、专家学者参与标准制定工作。如有意愿参加，请填写参编申请（附件一）并加盖公章后，将扫描件发送至 1113011048@qq.com。

联系人：汪一强、马丽萍

电　话：010-51167662

邮　箱：1113011048@qq.com

附件一：标准参编申请

中国建筑材料联合会金属复合材料分会

2019 年 10 月 15 日

中国建材检验认证集团股份有限公司

关于邀请参加《建材产品水足迹核算、评价与报告通则》认证认可行业标准编制工作的函

各有关单位：

根据国家认证认可监督管理委员会"认监委关于下达 2019 年认证认可行业标准制修订计划项目的通知"（国认监[2019]13 号）要求，由中国建材检验认证集团股份有限公司牵头负责认证认可行业标准《建材产品水足迹核算、评价与报告通则》的编制工作，计划编号：2019RB009。

水是事关国计民生的基础性自然资源和战略性经济资源，是生态环境的控制性要素。习近平总书记在党的十九大报告中提出要"实施国家节水行动"。2019 年，发改委、水利部联合印发了《国家节水行动方案》，提高水资源利用效益、建设节水型社会上升为国家战略。在此情形下，基于全生命周期理念，着眼统筹兼顾源头控制、过程用水效率提升和末端污染防控的水资源综合管控体系，同时充分利用评价、认证等国际通行的技术手段和市场化机制，构建以水足迹理念为基础的水资源观，对于落实国家"节水优先"方针具有重要意义，也将为"以水定城、以水定地、以水定人、以水定产"等制度的落实提供切实可行的技术方案。

　　本标准将立足于建材行业，运用基于生命周期的水足迹思维，通过实现对建材行业产品生命周期内水资源利用及水污染管控的可核查、可评价、可报告，一方面为建材行业节水型标杆产品的评价认证工作提供科学、合理、可操作的技术支撑，同时也有助于为建材工业企业加强水资源取用、产排污管控，为行业和政府部门制定节水减排管控政策提供参考，具有较好的行业示范意义。

　　为保证该标准的科学、合理和可操作性，现征集业内有代表性的骨干企业、机构、专家学者参与标准制定工作。如有意愿参加，请填写申请表（附件）并加盖公章后，将扫描件发送至 mlp@ctc.ac.cn。

联系人：马丽萍、张艳姣、刘翼、蒋荃

电　话：010-51167148、51167005

E-mail：mlp@ctc.ac.cn

中国建材检验认证集团股份有限公司

二〇二〇年六月八日

中国国检测试控股集团股份有限公司

关于邀请参加新一批《绿色建材评价标准》
编制工作的函

各有关单位：

为大力发展绿色建材，加快推进绿色建材标准工作，受住房和城乡建设部科技与产业化发展中心委托，由国检集团牵头负责新一批《绿色建材评价标准》的编制任务（附件一）。

为使标准更加科学、先进和可操作，现征集业内科研院所和骨干企业参与共同编制。如贵单位有意愿参加，请填好参编申请（附件二）并加盖公章后，将扫描件发送至Lsjc@ctc.ac.cn。

联系人：任世伟、马丽萍、刘翼

电　话：010-51167148

邮　箱：Lsjc@ctc.ac.cn

附件一：住建部科技与产业化发展中心委托函

附件三：标准参编申请表

中国国检测试控股集团股份有限公司

2022年02月18日

住房和城乡建设部科技与产业化发展中心 (住房和城乡建设部住宅产业化促进中心) 文件

关于邀请参与编制《绿色建材评价系列标准》的函

中国建材检验认证集团股份有限公司：

根据《2021年第一批协会标准制订、修订计划》（建标协字〔2021〕11号）文件要求，为加快推进绿色建材评价工作，顺利完成编制任务，经研究，现邀请贵单位牵头参与我中心主编的绿色建材评价系列标准的编制工作（详见附件）。

请你单位精心组织，抓紧落实，并于2023年6月完成标准编制工作。

请回函确认。

附件：标准编制任务清单

住房和城乡建设部科技与产业化发展中心

2021年6月18日

附件

标准编制任务清单

一、绿色建材评价 石墨烯电热制品

二、绿色建材评价 建筑垃圾再生骨料

三、绿色建材评价 气凝胶复合材料

四、绿色建材评价 光伏并网逆变器

五、绿色建材评价 装配式内装部品

六、绿色建材评价 辐射制冷材料

七、绿色建材评价 无机地坪材料

八、绿色建材评价 纤维增强热固性塑料管及管件

九、绿色建材评价 建筑隔震橡胶支座

十、绿色建材评价 预制混凝土管片和管桩

十一、 绿色建材评价 建筑柔性饰面材料

中国建材检验认证集团股份有限公司

关于邀请参加《建材产品碳足迹-产品种类规则（CF-PCR）》中国工程建设标准化协会标准编制的函

各有关单位：

根据中国工程建设标准化协会"关于印发《中国工程建设标准化协会 2017 年第二批产品标准试点项目计划》的通知"（建标协字[2017]032 号）要求，由中国建材检验认证集团股份有限公司会同有关单位负责组织制定中国工程建设标准化协会标准《建材产品碳足迹-产品种类规则（CF-PCR）》。

为保证该标准的科学性、合理性和可操作性，现面向行业征集参编单位，共同完成标准的编制工作。有意愿参编单位，请将申请表（附件）填好并加盖公章，邮寄给联系人。

建设低碳社会、实现绿色低碳发展，已成为我国转变经济发展方式、实现可持续发展的必然选择，我国把应对气候变化纳入国民经济和社会发展规划，培育以低碳排放为特征的新的经济增长点，加快建设以低碳排放为特征的工业体系，开展低碳经济试点示范，推动形成资源节约、环境友好的生产、生活和消费方式。2014 年，国家发展和改革委印发《国家应对气候变化规划（2014-2020 年）》，明确了 2020 年前中国应对气候变化工作的主要目标，2016 年我国作为缔约方签署了《巴黎气候变化协定》，未来 15 年投入 30 万亿减排,进一步凸显了我国实施节能减排和低碳转型的坚定决心。发展低碳经济,离不开政策制度的创新和发展,其中制定碳足迹计算方法被认为是构建气候变化政策体系的一项重要内容。

碳足迹是指依据生命周期评价(LCA)的方法,定量化计算产品全寿命周期过程中相关的温室气体排放量。建材产品碳足迹-产品种类规则(CF-PCR)是计算建材产品生命周期碳排放的通用计算标准。针对我国建材产品制定碳足迹计算标准,一方面可以全面、客观的审视建材产品全生命周期过程中的能源与环境问题,为建材企业持续改善工艺、改进产品提供内在支撑;另一方面,碳足迹声明及认证作为一种有效的市场促进机制,可以为推动企业开展节能减排提供积极有效的外部动力,同时对于克服日益严峻的国际贸易壁垒也具有重要作用。

联 系 人:马丽萍、黄梦迟、张艳姣

电　　话:010-51167148

地　　址:北京市朝阳区管庄东里 1 号国检大楼 4 层(100024)

中国建材检验认证集团股份有限公司

2019 年 06 月 29 日

中国建材检验认证集团股份有限公司

关于邀请参加《产品生命周期评价技术规范 门窗幕墙用型材》等四项 CSTM 标准编制工作的函

各有关单位：

当前，"碳达峰、碳中和"在全球范围内掀起了绿色可持续发展领域的新浪潮，"绿色"与"双碳"作为新时代发展下的双生两翼，被公认为各个国家、行业、企业赢取未来制高点的关键支撑。在此背景下，着眼系统性、全局性、全过程性的全生命周期理念成为国际上制定各项绿色低碳环保政策的基础依据。如欧盟基于生命周期理论发布了 ErP 指令、产品环境足迹（PEF）制度体系；《中国制造 2025》提出要强化产品全生命周期绿色管理；工信部、国标委发布的《绿色制造标准体系建设指南》提出针对绿色产品要考虑全生命周期过程中的资源与环境影响。由此，生命周期评价（LCA），以及基于 LCA 的环境产品声明、碳足迹等迅速发展为支撑各国政府基于产品维度开展绿色设计、实施绿色采购、应对气候变化、构建贸易壁垒的有效工具。此外，就建材产品而言，其生命周期评价、环境产品声明及碳足迹等亦是国际市场上建筑工程可持续性评估的基础环节，是国际绿色建材评价认证体系以及绿色建筑评价体系中的核心要素。

鉴于上述情形，为保障生命周期评价（LCA）以及基于 LCA 的环境产品声明、碳足迹评价实施的科学性、规范性与一致性，支撑国家绿色建材产品认证，同时对接下游绿色建筑全生命周期环境负荷评估，助力从建材到建筑生命周期全产业链绿色化升级，中国建材检验认证集团股份有限公司（国检集团）联合北京工业大学，会同中国材料与试验团体标准委员会，组织相关科研院所和骨干企业、行业专家，共同制定建材产品生命周期评价技术规范及碳中和评价技术标准。目前已成功立项以下四项标准：

1.《产品生命周期评价技术规范　门窗幕墙用型材》

2.《产品生命周期评价技术规范　保温系统材料》

3.《产品生命周期评价技术规范　建筑卫生陶瓷》

4.《木质林产品碳中和评价通则》

为保证标准编制的科学性、权威性和可操作性，现征集业内有代表性的骨干企业、机构、专家学者参与标准制定工作。有意参与者，请填写标准参编申请表（见附件），并盖章扫描发送至以下联系方式：

联　系　人：刘翼、马丽萍、张艳姣、刘佳、王晨

电　　　话：010-51167148、51167005

E-mail：mlp @ctc.ac.cn

地　　　址：北京市朝阳区管庄东里 1 号国检大楼 4 层（100024）

中国建材检验认证集团股份有限公司

2021 年 09 月 13 日

3 绿色评价·认证服务
LÜSEPINGJIA·RENZHENGFUWU

中国绿色产品认证／绿色建材产品认证

中国绿色产品认证

中国绿色产品认证是依据中共中央、国务院《生态文明体制改革总体方案》（中发〔2015〕25号）和国务院办公厅《关于建立统一的绿色产品标准、标识和认证的指导意见》（国办发〔2016〕86号）建立的，由国家推行的高端认证制度。

中国绿色产品是指在全生命周期过程中，符合环境保护要求，对生态环境和人体健康无害或危害小、资源能源消耗少、品质高的产品。

首批认证目录

人造板和木质地板、涂料、卫生陶瓷、建筑玻璃、太阳能热水系统、家具、绝热材料、防水与密封材料、陶瓷砖（板）、纺织产品、木塑制品、纸和纸制品

中国绿色建材产品认证

绿色建材产品认证是市场监管总局、住房和城乡建设部、工信部在原绿色建材评价标识工作基础上，依据三部门《绿色建材产品认证实施方案》（市监认证〔2019〕61号）和《关于加快推进绿色建材产品认证及生产应用的通知》（市监认证〔2020〕89号）建立的，由国家推行的分级认证制度，是按照中共中央、国务院要求推动绿色产品认证在建材领域率先落地的重要举措。

绿色建材是指在全生命周期内，可减少对天然资源消耗和减轻对生态环境影响，具有"节能、减排、安全、便利、可循环"特征的建材产品。绿色建材认证由低到高分为一星级、二星级和三星级。通过前述中国绿色产品认证的建材产品等同于三星级绿色建材。

首批认证目录（6大类51种）

围护结构及混凝土类：预制构件、钢结构房屋

用钢构件、现代木结构用材、砌体材料、保温系统材料、预拌混凝土、预拌砂浆、混凝土外加剂（减水剂）

门窗幕墙及装饰装修类：建筑门窗及配件、建筑幕墙、建筑节能玻璃、建筑遮阳产品、门窗幕墙用型材、钢质户门、金属复合装饰材料、建筑陶瓷、卫生洁具、无机装饰板材、石膏装饰材料、石材、镁质装饰材料、吊顶系统、集成墙面、纸面石膏板

防水密封及建筑涂料类：建筑密封胶、防水卷材、防水涂料、墙面涂料、反射隔热涂料、空气净化材料、树脂地坪材料

给排水及水处理设备类：水嘴、建筑用阀门、塑料管材管件、游泳池循环水处理设备、净水设备、软化设备、油脂分离器、中水处理设备、雨水处理设备

暖通空调及太阳能利用与照明类：空气源热泵、地源热泵系统、新风净化系统、建筑用蓄能装置、光伏组件、LED照明产品、采光系统、太阳能光伏发电系统

其他设备类：设备隔振降噪装置、控制与计量设备、机械式停车设备

关于我们

二十年来长期致力于绿色建材产品评价认证工作，积极为我国绿色发展事业贡献力量：

▶ 首批中国绿色产品认证机构、三星级绿色建材评价机构、工信部工业节能与绿色发展评价中心

▶ 中国绿色产品认证建材组组长单位、国家绿色产品标准化总体组成员

▶ 牵头编制近100余项绿色产品和绿色建材评价标准、中国绿色产品认证实施规则（建材领域）

▶ 二十年来承担数十项绿色建材评价认证国家科研项目，多次获得省部级科技进步奖

重要意义

▶ 实施国推认证，是践行国家绿色发展理念的重要举措；

▶《财政部住建部关于政府采购支持绿色建材促进建筑品质提升试点工作的通知》（财库〔2020〕31号）提出，绿色建材将作为政府采购实质性条件；

▶ 获得绿色建材（产品）认证证书，方可进入绿色建材下乡活动产品清单及企业名录；

▶ 获证产品准许使用中国绿色产品或绿色建材产品认证标识，彰显产品绿色高端优势及企业品牌实力；

▶ 为成功入选国家级或地方省市绿色工厂、绿色供应链示范提供强有力助力；

▶ 招投标过程获益：国推认证产品市场认可度高，增强企业差异化竞标能力；

▶ 工程应用获益：住建部搭建绿色建材采信应用数据库，获证产品将被绿色建筑、装配式建筑等工程建设项目优先采用；

▶ 行业推广获益：工信部将建立绿色建材产品名录，培育绿色建材生产示范企业和示范基地；

▶ 各地方省市已陆续推出财税金融、政府优先采购等激励政策。国家层面还将继续出台完善相关支持政策。

绿色产品认证／绿色建材星级认证 010-51167148

儿童安全级产品认证

儿童是家庭的希望，国家民族的未来。给所有儿童创造安全舒适的家庭、社会和学习环境，让他们健康成长，一直是国检集团努力的目标。

儿童安全级产品认证由国检集团一群年轻的爸爸妈妈开发。他们本着"幼吾幼以及人之幼"的初心，在多年绿色建材认证评价技术研究的基础上，以更严苛的环保标准、更严谨的认证规则控制拟通过认证的建材产品的有害物质指标，保障儿童活动场所空气质量及环境安全健康，践行国检集团"让生活更美好"的使命。

受理范围

墙面涂覆材料、壁纸（布）、木质地板、人造板、弹性地板、塑胶跑道材料、家具、集成墙面、木塑制品、木器涂料等

儿童安全级认证 010-51167148

墙面涂覆材料

壁纸（布）

木质地板

人造板

弹性地板

塑胶跑道材料

儿童家具

集成墙面

木塑制品

木器涂料

健康建材认证

中共中央、国务院发布《"健康中国 2030"规划纲要》，健康建材产业链将会是一个规模巨大、潜力无限的行业。"新冠"疫情直接催生了家装消费升级，健康建材将成为刚需。关于健康建材相应的权威评价标准和第三方认证出

现了空白和缺位，市场混乱。疫情催生出的巨大消费市场导致这一矛盾空前突出。

国检集团旗帜鲜明地提出：健康建材是在符合严苛的有害物质和污染源控制指标的基础上，具有"主动健康"功能性的建材产品。包括但不限于：

▶ 具有空气净化功能，可改善居室空气质量的

▶ 具有抗菌功能，可改善居室水质或微生物环境的

▶ 具有调节功能，可改善居室声、光、热、湿等建筑物理环境舒适度的

▶ 产品符合人体工程学设计，使用中具有舒适、安全或健康等功能的

▶ 其他可提升人居环境健康水平的

健康建材认证 010- 51167148

近零能耗建筑用产品认证

当前，在全国积极构建应对气候变化机制，追逐高质量可持续发展的浪潮中，以"超低能耗建筑、近零能耗建筑、（净）零能耗建筑"等为代表的新型建筑业态成为建筑领域落实双碳目标战略的重要内容，获得了社会各界的广泛关注。《住房和城乡建设部"十四五"建筑节能与绿色建筑发展规划》（建标 [2022]24 号）、《中共中央 国务院关于完整准确全面贯彻新发展理念做好碳达峰碳中和工作的意见》、《国务院关于印发 2030 年前碳达峰行动方案的通知》（国发〔2021〕23 号）、《城乡建设领域碳达峰实施方案》（建标【2022】53 号）等中央及各部委政策文件相继提出要"推动超低能耗、近零能耗建筑规模化发展"、"实施超低能耗建筑推广工程，在京津冀、长三角等有条件地区全面推广超低能耗建筑，鼓励政府投资公益性建筑、大型公共建筑、重点功能区内新建建筑执行超低能耗建筑、近零能耗建筑标准"、"重点提高建筑门窗等关键部品节能性能要求，推广地区适应性强、防火等级高、保温隔热性能好的建筑保温隔热系统"。在此背景下，超低能耗建筑、近零能耗建筑等无疑将迈向前所未有的发展高度，而高性能外窗、保温系统材料、防水透汽隔汽材料、遮阳等作为承载近零能耗建筑"被动优先"功能策略的关键支撑材料，其优异的节能性能、可靠的质量性能对于保障近零能耗建筑功能目标实现有着至关重要的作用。

国检集团作为国内建筑建材领域规模最大，且最早开展绿色低碳建材相关科研、标准化及应用实践的权威第三方检验认证机构，于 2021 年负责起草了 T/NAIC 003 ～ 006-2021《近零能耗建筑用产品评价》系列标准，现拟基于前期标准化工作基础上发起近零能耗建筑产品认证，以期借力认证手段，

有效促进高性能建材产品在近零能耗建筑中应用、助力近零能耗建筑健康良性发展，支撑城乡建设领域绿色低碳发展需求，服务国家双碳战略目标早日实现。

首批受理产品包括：保温材料、防水透汽材料、防水隔汽材料、外窗、遮阳产品。有意申请的企业，欢迎通过以下方式联系：

近零能耗建筑用产品认证 010-51167148

优质建材产品认证

CTC 推出的"优质建材产品"旨在为优秀的建材生产企业提供一个高端品质产品认证平台，为广大消费者提供一个选购优质建材产品的可信渠道，为我国建材产业转型升级、提升产品质量的国家战略作出应有的贡献。优质建材产品认证的适用范围：优秀的建材生产企业（陶瓷、水泥、玻璃、涂料、板材、型材等）的高端建材产品，获证企业数量控制在行业企业总数的 5 ～ 10%。

认证的基本模式：型式试验 + 初始工厂检查 + 获证后监督。

优质建材产品认证实行综合评价打分制，满分100 分，综合评价总得分不低于 85 分为通过。其中：工厂检查满分 50 分，包括工厂质量保证能力检查和产品一致性检查，根据现场检查结果予以评分；产品质量检查满分 35，依据各产品认证实施规则所附技术要求和型式试验报告实测性能数据予以评分，技术要求依托相关产品现行国家标准或行业标准，在主要质量指标予以拔高；其他综合评价满分 15 分，依据企业科研能力、管理体系获证情况、生产规模、售后服务等进行评分。

优质建材产品认证 010-51167735

Ⅲ型环境声明 / 碳足迹 / 水足迹

EPD（亦称Ⅲ型环境声明、环境产品声明）是以生命周期评价 LCA 为方法论基础，提供基于生命周期全过程的量化环境信息报告。碳足迹、水足迹同样以 LCA 为基础，量化评价产品在整个生命周期内的温室气体排放或水资源消耗。因其可向消费者、经销商等提供与产品相关的科学、可验证、可比的环境信息，被认为是对政府绿色采购及产品生态设计等最有力的支持工具。

▶ 作为当前绿色产品认证、绿色制造体系评价、绿色建材产品认证的重要指标

▶ 服务 LEED 等国内外绿色建筑评价

▶ 通过量化表达产品的绿色低碳环保特征，增强企业及其产品的品牌影响和市场竞争力

▶ 彰显企业实施节能减排和改善环境质量的决心和责任，提升企业社会形象

▶ 有效应对国际绿色贸易壁垒，促进出口

EPD ／ 碳足迹 ／ 水足迹 010-51167148

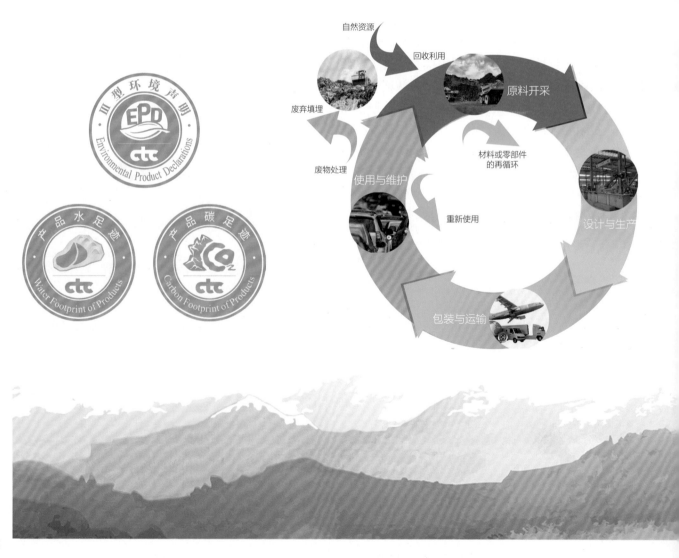

绿色建筑选用产品证明商标

证明商标，是指由对某种商品或者服务具有监督能力的组织所控制，而由该组织以外的单位或个人使用于其商品或者服务，用以证明该商品或者服务的原产地、原料、制造方法、质量或者其他特定品质的标志。

绿色建筑选用产品证明商标是国家建筑材料测试中心经国家商标局合法注册，用于证明建材产品符合绿色建筑设计选材需求的特定标志，受法律保护。国家建筑材料测试中心拥有证明商标的管理权和专用权。绿色建筑选用产品证明商标将助力和引导开发商、建筑师绿色选材，提升企业市场竞争力，凸显产品高端价值。

绿色建筑选用产品证明商标 010-51167148

绿色建筑选用产品

入选产品技术资料

RUXUANCHANPINJISHUZILIAO

保温材料
遮阳产品
建筑玻璃及配套材料
墙体材料

证书编号：LB2021BW001

九龙水泥发泡保温板、憎水玄武岩岩棉板

产品简介

　　水泥发泡保温板是一种高性能无机保温材料，它是一种多孔轻质高性能保温板材，是由多种无机胶凝材料与改性剂、发泡剂等添加剂经搅拌系统、养护系统、切割系统等设备生产制成的一种导热系数低、保温隔热性能好、耐高温、耐老化、A1级不燃的无机保温材料。水泥发泡保温板可广泛应用于建筑外墙保温系统。

　　憎水玄武岩岩棉板以玄武岩为主要原材料，经过高温溶解，再经过四轮离心机喷成纤维，适当加入粘结剂制作而成，具有较好的拉拔强度，是保温隔热必不可少的一种材料。优质岩棉板能耐1250～1400 ℃高温。用于单晶炉、冶金铸造、石油裂化及空间技术耐烧蚀、耐高温隔热材料；建筑和设备的吸声材料、隔热材料。

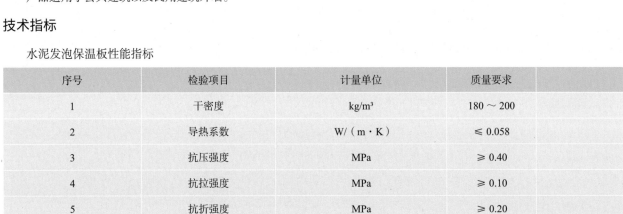

适用范围

　　产品适用于公共建筑以及民用建筑外墙。

技术指标

水泥发泡保温板性能指标

序号	检验项目	计量单位	质量要求
1	干密度	kg/m³	180～200
2	导热系数	W/（m·K）	≤ 0.058
3	抗压强度	MPa	≥ 0.40
4	抗拉强度	MPa	≥ 0.10
5	抗折强度	MPa	≥ 0.20
6	碳化系数	/	≥ 0.7

憎水玄武岩岩棉板性能指标

序号	检验项目	计量单位	质量要求
1	短期吸水量	kg/m³	≤ 0.4
2	导热系数（平均温度25℃）	W/（m·K）	≤ 0.040
3	密度允许偏差	%	标称密度 ±10%
4	憎水率	%	≥ 98.0
5	渣球含量	%	≤ 7.0

陕西九龙保温工程有限公司

地址：陕西省西安市未央区东元路天丰东环广场7层702室
电话：029-84288000
官方网站：http://www.jlbw.com

工程案例

项目名称	开发单位	数量 m²	地址
杨凌恒大城	恒大地产	50000	杨凌区邰城路
恒大都市广场首期工程	恒大地产	82000	西安沣东新城三桥新街以南
韩城恒大御景半岛	韩城恒大置业有限公司	98000	韩城市新城区二环南路环岛东南角
恒大翡翠龙庭	恒大地产	40000	西安市丰禾路
恒大国际城	恒大地产	80000	西安市草滩一路
恒大文化旅游城	西安恒大童世界旅游开发有限公司	70000	西咸新区泾渭大道与沣泾大道交汇处
咸阳恒大帝景	恒大地产	5000	咸阳市珠泉路
绿之圣大厦	绿地地产	19000	蓝田县
绿地城	绿地地产	25000	长安区长宁新区子午大道中段
绿地—骊山花城	绿地地产	18000	临潼区凤凰大道与芷阳四路十字
绿地中心	绿地地产	30000	安高新区锦业路与丈八二路十字
金科世界城	金科地产	60000	咸阳高速出口
金科天籁城	金科地产	100000	太华北路与凤城二路十字东

生产企业

陕西九龙保温工程有限公司成立于2008年，注册资金6000万元，地址位于陕西省西安市未央区，具备自有的专业研发、生产设备、场地及销售团队，获得安全生产许可证，陕西省建筑节能产品诚信承诺登记，建筑幕墙工程专业承包二级、建筑装修装饰工程专业承包二级、防水防腐保温工程专业承包二级、聚氨酯和水泥发泡板两项专利等资质，是一家专业从事玄武岩岩棉板、水泥发泡保温板、EPS/XPS聚苯乙烯保温板、聚合物砂浆、内外墙腻子粉等保温材料生产及销售的企业集团。

九龙保温板材广泛应用于建筑外墙及屋面保温、冷库、地热、地辐热隔热层、建筑外墙地下防护防潮隔离等领域。其中A级玄武岩保温板、A级水泥发泡保温板、装饰保温一体板等系列产品备受业界的青睐和好评，在市场上树立了良好的信誉度和较高的产品知名度，成为众多客户的选择。

企业秉承晋商诚信至上、品质优良、用心服务的优良传统，以市场为导向、不断研发新产品，在满足客户个性化需求的同时，建立起牢固的友谊。

陕西九龙保温工程有限公司

地址：陕西省西安市未央区东元路天丰东环广场7层702室
电话：029-84288000
官方网站：http://www.jlbw.com

证书编号：LB2021BW002

鲁瑞 EPS 聚苯板、绝热用挤塑聚苯乙烯泡沫塑料（XPS）、绝热用模塑聚苯乙烯泡沫塑料（石墨）

产品简介

EPS 聚苯板

EPS 保温板是由聚苯乙烯颗粒（EPS）为原料，经加热预发泡后在模具中加热成型的板材。其主要特点是隔热保温性能好，防水抗裂性能显著。该保温板既可减少结构的温度应力，又对主体结构起保护作用，从而有效地提高了主体结构的耐久性；而且能够对建筑物的外观设计提供多种造型，延长建筑物的寿命；施工工艺简单便捷。

绝热用挤塑聚苯乙烯泡沫塑料（XPS）

XPS 挤塑板是以聚苯乙烯树脂为原料加上其他的原辅料与聚合物，通过特殊工艺加热混合同时注入催化剂，然后连续挤塑压出成型而制造而成的硬质泡沫塑料板。XPS 板有极低的吸水性（几乎不吸水）、防潮、不透气、轻质、耐腐蚀、导热、高抗压性、抗老化性等特性，是一种使用寿命长、保温性能优异的节能环保型保温材料。

绝热用模塑聚苯乙烯泡沫塑料（石墨）

石墨聚苯板是经典隔热材料发泡聚苯乙烯通过化学法进一步精炼的产品，绝热性能明显改善。它含有特殊的石墨颗粒，可以像镜子一般反射热辐射，并且其中含有能够大幅度提升保温隔热性能的红外线吸收物，从而减少房屋的热损失。它的绝热能力比普通 EPS 至少高出 30%，保温能力较强。

适用范围

产品应用领域：公共建筑、办公室、住宅楼、别墅、既有建筑改造等。

使用范围：多层、小高层、高层建筑。

技术指标

绝热用挤塑聚苯乙烯泡沫塑料（XPS）

项目	
导热系数 W/（m·K）	≤ 0.030
压缩强度 MPa	≥ 200
尺寸稳定性 %	≤ 1.5
水蒸气渗透系数 ng/（Pa·m·s）	≤ 3.5
吸水率 %	≤ 1.5
热阻（m²·K）/W	≥ 0.83
氧指数 %	≥ 30

绝热用模塑聚苯乙烯泡沫塑料（石墨）

项目	
导热系数 W/（m·K）	≤ 0.041
压缩强度 MPa	≥ 60
尺寸稳定性 %	≤ 4

临沂鲁瑞新型建材有限公司

地址：临沂经济开发区沃尔沃路北段
电话：0539-8800100 13905496306
官方网站：http://www.lylurui.com/

水蒸气渗透系数 ng/（Pa·m·s）	≤ 6
吸水率 %	≤ 6
表面密度 kg/m³	≥ 15
氧指数 %	≥ 30

EPS 聚苯板

项目	
表观密度 kg/m³	18 ～ 22
压缩强度 MPa	≥ 100
导热系数 W/（m·K）	≤ 0.039
尺寸稳定性 %	≤ 0.3
水蒸气渗透系数 ng/（Pa·m·s）	≤ 4.5
吸水率 %	≤ 3
断裂弯曲负荷 N	≥ 20
氧指数 %	≥ 30

工程案例

项目名称	地点	保温样式
白鹭金岸	罗庄区	石墨聚苯板
开元上郡	兰山区	EPS 聚苯板
万城花开	南坊	EPS 聚苯板
德馨园	经开区	挤塑板
阜丰澜岸	莒南县	EPS 聚苯板
依云小镇	开发区	石墨聚苯板

生产企业

临沂鲁瑞新型建材有限公司成立于 2017 年，注册资金 1000 万元。公司集生产、销售、研发于一体，坚持实施科技领先战略，拥有专业的技术人才、先进的管理经验、严谨完善的质量保证体系。公司坐落于临沂经济技术开发区沃尔沃路北段。

公司主导产品为：保温装饰一体板、GEPS A级保温板、石墨板、聚苯板、挤塑板、构建造型、保温砂浆、胶粉聚苯颗粒、柔（弹）性腻子、玻化微珠、界面剂（单、双组分）、瓷砖粘结剂、填缝剂、屋面保温板、地暖保温板等保温材料。同时公司代理全国知名品牌龙王牌 EPS 原料。

公司目前拥有专业的人才团队，凭借先进的管理经验及精湛的生产技术、精益求精的工作态度、严谨完善的质量体系、优质高效的售后服务赢得了市场的认可及客户的信赖。

临沂鲁瑞新型建材有限公司

地址：临沂经济开发区沃尔沃路北段
电话：0539-8800100 13905496306
官方网站：http：//www.lylurui.com/

证书编号：LB2021BW004

兰桥传奇 EPS 复合无机面板保温
装饰一体板、岩棉复合无机面板保温装饰一体板、聚氨酯岩棉复合板

产品简介

EPS 复合无机面板保温装饰一体板是可发性聚苯乙烯板的简称，是由原料经过预发、熟化、成型、烘干和切割等制成。它既可制成不同密度、不同形状的泡沫制品，又可以生产出各种不同厚度的泡沫板材，广泛用于建筑、保温、包装、冷冻、日用品、工业铸造等领域，也可用于展示会场、商品橱、广告招牌及玩具之制造。

聚氨酯岩棉复合板是以竖丝岩棉板为芯材，通过连续化发泡技术将硬泡聚氨酯与岩棉混合为一体，两面复合有界面增强卷材一次成型的新型保温装饰墙体材料，具有防火性能好、力学性能优异等特点，导热系数超低，在一定程度上弥补了单一岩棉板导热系数高、保温隔热性能差的缺陷，其优异防水性能保证了岩棉保温效果的稳定性。

岩棉复合无机面板保温装饰一体板是由岩棉保温层和无机面板等组成集保温装饰于一体，强度高、不易开裂、抗冲击、耐候性好。岩棉复合无机面板保温装饰一体板保温效果好，隔声效果好，吸水率低，耐老化，耐高低温，机械强度高，易生产，易施工，自重轻，不会给墙体带来沉重的负担，属于节能环保产品。岩棉保温层属于 A1 级不燃型，保温装饰一体板将原有的传统保温、饰面喷涂等繁琐施工系统改为工厂自动化流水线生产，施工采用粘贴＋锚固的安装方法，安全便捷、高效美观。

适用范围

EPS 复合无机面板保温装饰一体板适用于新建筑的外墙保温与装饰、旧建筑的节能和装饰改造、各类公共建筑、住宅建筑的外墙外保温、北方寒冷地区的建筑、南方炎热地区建筑。

聚氨酯岩棉复合板适用于新建筑的外墙保温与装饰、旧建筑的节能和装饰改造、各类公共建筑、住宅建筑的外墙外保温、北方寒冷地区的建筑、南方炎热地区建筑。

岩棉复合无机面板保温装饰一体板适用于新建筑的外墙保温与装饰、旧建筑的节能和装饰改造、各类公共建筑、住宅建筑的外墙外保温、北方寒冷地区的建筑、南方炎热地区建筑。

技术指标

EPS 复合无机面板保温装饰一体板性能指标如下：

项目	性能指标	实际指数
导热系数 W/（m·K）	≤ 0.041	0.035
熔结性	≥ 20	17.6
尺寸稳定性 %	≤ 4.0	长度：0.19 宽度：0.23 厚度：0.35
水蒸气透过系数 ng（Pa·m·s）	≤ 6	5.1
吸水率 %	≤ 6.0	4.8
燃烧性能分级	不低于 B 级	B_1（C）级
压缩强度 MPa	≥ 60.0	103

山东兰桥环保建材科技有限公司

地址：山东省临沂市兰陵县神山镇和庄东村
（兰亭石环保建材科技有限公司院内）
电话：15048756394

聚氨酯岩棉复合板性能指标如下：

项目	性能指标	实际指数
导热系数	≤ 0.040	0.039
尺寸稳定性	≤ 0.2	长度：0.08 宽度：0.07 厚度：0.06
压缩强度	≥ 60	68
拉伸粘结强度	≥ 0.1	原强度：0.12 耐水：0.11 耐冻融：0.10
垂直于板面方向的抗拉强度	≥ 7.5	10.1

岩棉复合无机面板保温装饰一体板性能指标如下：

项目	性能指标	实际指数
导热系数	≤ 0.041	0.035
熔结性	≥ 20	17.6
尺寸稳定性	≤ 4.0	长度：0.19 宽度：0.23 厚度：0.35
水蒸气透过系数	≤ 6	5.1
吸水率	≤ 6.0	4.8
燃烧性能分级	不低于 B 级	B_1（C）级
压缩强度	≥ 60.0	103

工程案例

致远翡翠传奇、临沂中科肿瘤医院、北大锦城、金地富力城、邹城万德广场、和泓大城府等项目。

生产企业

山东兰桥环保建材科技有限公司为中国绝热节能协会会员单位，山东一体板联盟协会会长单位。公司在青岛、唐山、滨州等地均有生产基地，年产保温装饰一体板150万～200万平方米。主要产品有：保温装饰一体化板、改性复合岩棉板、模塑聚苯乙烯料保温板（EPS）、挤塑聚苯乙烯料保温板（XPS）、内外墙涂料、砂浆、石膏腻子等。

兰桥建材集研发、生产、销售于一体，拥有专业的技术人才、先进的管理经验、严谨完善的质量保证体系。公司通过了 ISO 9001 质量管理体系认证。公司自成立以来，凭借完美的产品质量、良好的售后服务、精益求精的工作态度赢得了市场的认可、客户的信赖。

山东兰桥环保建材科技有限公司

地址：山东省临沂市兰陵县神山镇和庄东村
（兰亭石环保建材科技有限公司院内）
电话：15048756394

保温材料 · 遮阳产品 · 建筑玻璃及配套材料 · 墙体材料

证书编号：LB2021BW005

双能石墨聚苯板、模塑板

产品简介

绝热用模塑聚苯板、绝热用模塑聚苯板（石墨）简称聚苯板，是建筑行业的公认的优质保温材料之一，具有优良的保温隔热性，优越的高强度抗压性，优质的憎水、防潮性，质地轻、使用方便，稳定性、防腐性好等特点；是建筑绿色选用产品。

适用范围

本产品适用于外墙外保温系统，外墙内保温系统（房顶保温、外墙保温、地暖保温、一体复合板基板）。

临沂十三中

技术指标

石墨苯板主要性能要求

序号	检测项目		性能指标	检测结果	单项结论
1	外观要求		表面平，整无污渍，无破损	表面平，整无污渍，无破损	合格
2	导热系数 W/（m·K）		≤ 0.041	0.032	合格
3	表面密度 kg/m³		≥ 20	20.4	合格
4	压缩强度 kPa		≥ 100	111	合格
5	尺寸稳定性 %	长度	≤ 3	0.17	合格
		宽度		0.19	
		厚度		0.09	
6	吸水率（v/v）%		≤ 4	2.8	合格
7	水蒸气透过系数 ng/（Pa·m·s）		≤ 4.5	4.1	合格
8	燃烧等级		不等于 B₂ 级	B₁（B）级	合格
9	氧指数		≥ 30	31.2	合格
10	熔结性	断裂弯曲负荷 N	≥ 25	27	合格
		弯曲变形 mm	≥ 20	20	合格
11	尺寸偏差 mm	厚度	± 3	+0.5	合格
		长度	± 8	+3	合格
		宽度	± 5	-1	合格
		对角线差	7	2	合格

模塑聚苯板主要性能要求

序号	检测项目	性能指标	检测结果	单项结论
1	外观要求	表面平整，无污渍，无破损	表面平整，无污渍，无破损	合格
2	导热系数 W/（m·K）	≤ 0.039	0.037	合格
3	表面密度 kg/m³	18-22	20.8	合格

山东双能建材有限公司

地址：山东省临沂市兰山区枣园镇永安路西
电话：0539-8167297
传真：0539-8167297
官方网站：www.sdsnjcw.com

4	垂直于表面方向的抗拉强度 MPa		≥ 0.10	0.13	合格
5	尺寸稳定性 %	长度		0.14	
		宽度	≤ 0.3	0.14	合格
		厚度		0.11	
6	吸水率（v/v）%		≤ 3	2.4	合格
7	水蒸气透过系数 ng/（Pa·m·s）		≤ 4.5	4.0	合格
8	燃烧等级		不等于 B$_2$ 级	B$_1$（B）级	合格
9	氧指数		≥ 30	36.2	合格
10	弯曲变形 mm		≥ 20	25	合格
11	尺寸偏差 mm	厚度	± 3	+0.5	合格
		长度	± 8	+3	合格
		宽度	± 5	-1	合格
		对角线差	7	2	合格

工程案例

临沂市民活动中心、第十中学、临沂汇通天下、临沂金泰华府、红星国际广场等。

生产企业

山东双能建材有限公司位于临沂市兰山区永安路西段，是一家集科研开发，节能保温材料、系列干粉腻子、涂料等产品生产、销售、施工于一体的综合性保温涂装专业公司。

公司主要产品有：FS 外模板现浇混凝土复合保温系统、GPES 外墙粘贴复合防火保温体系、膨胀聚苯板（EPS）外墙外保温系统、胶粉聚苯颗粒外墙外保温系统、挤塑聚苯板（XPS）外墙保温系统、岩棉板外墙保温系统、硬质聚氨酯泡沫塑料外墙保温系统材料，隔热防晒保温涂料、弹性涂料、内外墙乳胶漆、生态净味漆、竹炭净味漆、真石漆、质感漆、瓷砖漆、多彩涂料、道路划线漆、粉刷石膏、内外墙腻子粉、腻子膏、柔性腻子、弹性腻子、瓷砖腻子、瓷砖粘结剂、勾缝剂等三大系列一百多个品种。

多年来，公司先后获得："亚洲财富论坛委员会单位""全国建筑节能推荐产品""全国优质放心品牌""全国水性工业涂料涂装行业委员会委员单位""中国建材工程建设推荐产品""山东省保温节能 50 强""山东省建材行业''十一五''百强品牌企业""山东省建筑保温结构一体化产业联盟副理事长单位""用户满意跟踪先进企业""临沂市新型墙材行业协会副会长单位"等荣誉，赢得了社会各界一致好评和广大用户的高度赞誉。

山东双能建材有限公司

地址：山东省临沂市兰山区枣园镇永安路西
电话：0539-8167297
传真：0539-8167297
官方网站：www.sdsnjcw.com

保温材料
遮阳产品 建筑玻璃及配套材料 墙体材料

证书编号：LB2021BW006

万兴鼎旺挤塑板、石墨挤塑板

产品简介

我公司生产的挤塑板、石墨挤塑板是以聚苯乙烯树脂为主要原料，经特殊工艺连续挤出发泡成型的硬质板材。挤塑板具有独特的闭孔蜂窝结构，有抗高压、防潮、不透气、不吸水、耐腐蚀、导热系数低、轻质、使用寿命长等优良性能。公司生产的挤塑板采用二氧化碳发泡，尺寸范围大，是建筑节能保温领域应用甚广的保温材料。

适用范围

产品主要应用于建筑节能等领域，广泛应用于多层或高层建筑的外墙外保温、地下室防潮保温、冷库建筑保温、钢结构屋顶保温、高铁地基防冻、河道河床防冻防渗、玻璃行业垫条等。

技术指标

产品性能指标如下：

项 目	指标要求	
	024 级	030 级
表观密度，kg/m³	22 ~ 35	22 ~ 35
压缩强度，kPa	200 ~ 900	200 ~ 900
垂直于板面方向的抗拉强度，MPa	≥ 0.20	≥ 0.20
导热系数，25℃，W/（m·K）	≤ 0.024	≤ 0.030
尺寸稳定性，%	≤ 1.0	≤ 1.0
吸水率（体积分数），%	≤ 1.5	≤ 1.5
水蒸气透湿系数，ng/（Pa·m·s）	≤ 3.5	≤ 3.5
燃烧性能等级	不低于 B_1（C）级	不低于 B_1（C）级
氧指数，%	≥ 30	≥ 30

唐山万兴建材有限公司

地址：河北省唐山市开平区北湖工业园区联众道 7 号
电话：15503376001
官方网站：www.tswxjc.com.cn

工程案例

唐山万科新里程、金隅乐府、唐山金融中心、金隅地产金岸红堡、唐山万达广场、唐山南湖生态城等。

生产企业

唐山万兴建材有限公司成立于 2004 年，是唐山地区较早开始建筑节能保温材料研发、生产的企业。经过十几年的发展壮大，公司已从最初的作坊式生产发展成为集自动化、专业化、标准化、国际化、创新化生产为一体的新型企业集团，目前在承德、秦皇岛、滨州、青岛等地都设有生产基地。

公司主要产品环保型挤塑板（XPS）、石墨挤塑板（SXPS）年生产能力 40 万立方米，模塑聚苯板（EPS）、石墨聚苯板（SEPS）年生产能力 20 万立方米，干混砂浆、耐水腻子年生产能力 30 万吨，WX 保温结构一体化复合板年生产能力 300 平方米，热固复合聚苯板年生产能力 20 万立方米。

2013 年公司成为获得联合国蒙特利尔多边基金支持的企业，在国家环保部的支持下，公司的挤塑板生产采用二氧化碳代替氟利昂发泡，开启了保护大气臭氧层的新篇章。2017 年，《关于消耗臭氧层物质的蒙特利尔议定书》缔结 30 周年大会在北京举行，公司获得联合国环保组织、国家环保部等五家机构联合颁发的荣誉证书，旨在表扬公司为保护臭氧层做出宝贵贡献和努力。

公司大力投入研发，深入推进墙体材料革新，借鉴先进的技术，提高自主创新能力，形成了具有自主知识产权的 WX 保温结构一体化复合保温板墙体保温体系和标准体系，并通过国家住房城乡建设部的科技成果鉴定，经河北省住建厅批准为地方标准。

保温材料

遮阳产品 建筑玻璃及配套材料 墙体材料

99

唐山万兴建材有限公司

地址：河北省唐山市开平区北湖工业园区联众道 7 号
电话：15503376001
官方网站：www.tswxjc.com.cn

证书编号：LB2021BW007

舜康石线石新型防火保温材料

产品简介

石线石防火保温材料是为了满足市场要求、迎合节能减排政策而研发的产品，是以无机矿物质为基础骨料，以石线石等二十余种原材料加工混合而成，成品为粉末颗料状。在绝对增强和保证建筑物消防安全性的同时，保温性达到 75% 节能要求。

本产品具有以下优点：

（1）兼具保温、隔热性能，用于内外墙体、屋顶保温时，冬季保温，夏季隔热，楼房顶层不存在冬冷夏热现象；楼房没有顶层概念；

（2）防火性能达到 A1 级：无机材料，没有燃点，排除安全隐患；

（3）产品达到国家相应环保标准：不含石棉等有害物质，使用安全；

（4）抗压强度高于国家标准：如果不能排除撞击力的情况下，损坏点小，不会辐射周围，不用大面积维修；

（5）粘结强度是其他保温材料的两倍。不会脱落，建筑终生无后顾之忧；可在墙体上直接粘贴瓷砖及粉刷涂料，替代水泥砂浆，省去抹水泥找平层的工序，省工省料，节约成本；

（6）本产品无论抹在混凝土或砌体墙上，在界面处均不收缩、不开裂。材质与建筑墙体一致，与墙体同寿命，无后续维修；

（7）产品应用简约、方便，做建筑防火保温砂浆时，可用喷浆机直接对墙体喷射材料或直接进行基体墙体抹面，操作容易、凝固迅速、节约工时、使用便利，可有效缩短施工周期（不用网格布、抗裂砂浆、抹面砂浆等）。

（8）隔声好：因有多孔的气泡形成，吸声效果比一般的混凝土高出几倍，隔声效果好。

适用范围

产品适用于严寒、寒冷、夏热冬冷、夏热冬暖等地区的工业和民用建筑，各种形状复杂墙体及屋顶、地暖、彩钢材夹芯防火门、防火隔离带等。

涿州舜康科技开发有限公司

地址：河北省保定市涿州市长城桥南 1000 米路西
电话：13933265652
官方网站：www.shunkangkj.com

技术指标

序号	项目	产品指标值	标准或技术导则要求
1	干密度	288kg/m³	GB/T 26000—2010 6.2 GB/T 10294—2008
2	导热系数 （平均温度25℃）	0.044W/（m·K）	GB/T 26000—2010 6.3 GB/T 10294—2008
3	蓄热系数	1.0W/（m²·K）	GB/T 26000—2010 6.4
4	导热系数 （平均温度25℃）	0.049W/（m·K）	GB/T 10294—2008
5	热阻 （平均温度25℃）	0.49W/（m²·K）	GB/T 10295—2008

工程案例

北京大兴机场、双塔办事处、花溪渡等项目。

生产企业

涿州舜康科技开发有限公司成立于2011年5月，坐落在历史悠久的文化古城——河北省涿州市，公司秉承"低碳节能从舜康做起"的经营理念，致力于研发、生产、销售绿色环保、低碳节能的新科技产品。

舜康公司与中国科学院、中国建筑材料科学研究总院、中国建筑材料联合会等科研单位合作，自2009年就开始立项，重点针对无机保温材料产品防火、保温效果性能进行科学研究开发，成功研发出——"舜康、石线石新型防火保温隔热材料"。本产品自2012年投入市场使用，经过不断完善，其性能优越，质量稳定，2012年7月获得国家发明和实用新型专利；2013年入选《外墙外保温建筑构造》（国家建筑标准设计图集10J121）；2014年4月经河北省工业和信息化厅鉴定为工业新产品新技术，并领发证书。

"舜康、石线石新型防火保温隔热材料"目前已经被广泛推广，在工程中应用，效果良好。系列产品的市场不断扩充，不仅在京津冀有应用，产品还销往北京、内蒙古、天津、河北、河南、浙江、陕西、山东、宁夏等地。

涿州舜康科技开发有限公司

地址：河北省保定市涿州市长城桥南1000米路西

电话：13933265652

官方网站：www.shunkangkj.com

证书编号：LB2021BW008

盈元水泥基泡沫板、热固复合聚苯乙烯泡沫保温板、增强型水泥基泡沫保温隔声板

产品简介

水泥基泡沫板以水泥、发泡剂、掺合料、增强纤维及外加剂等原料经化学发泡方式制成的轻质多孔水泥板材，又称发泡水泥保温板、泡沫水泥保温板、泡沫混凝土保温板等。

热固复合聚苯乙烯泡沫保温板以聚苯乙烯泡沫颗粒或板材为保温基体，使用处理剂复合制成的匀质板状制品，其复合工艺主要有颗粒包覆、混合成型或基板渗透等，在受火状态下具有一定的形状保持能力且不产生熔融滴落物的特点。本公司产品以改性聚苯颗粒为主要成分，与粘结材料、改性剂和水搅拌，通过模具成型或设备成型而制得，符合国家标准《建筑材料及制品燃烧性能分级》燃烧性能等级为A级的板材类保温材料。

增强型水泥基泡沫保温隔声板是工厂预制生产的，在水泥基泡沫板的上下表面进行增强处理制成的一种具有保温、隔声功能的板材。增强型水泥基泡沫保温隔声板分为普通类和辐射地暖类两种类型。

适用范围

水泥基泡沫板用于建筑墙体保温系统（外保温、内保温）。

热固复合聚苯乙烯泡沫保温板用于建筑外墙保温、屋面保温。

增强型水泥基泡沫保温隔声板应用于建筑楼地面保温隔声。

技术指标

水泥基泡沫保温板性能指标

项目	单位	技术要求	实验方法
		I 型	II 型
表观密度	kg/㎡	≤ 180	≤ 250
抗压强度	MPa	≥ 0.30	≥ 0.40
垂直于板面的抗拉强度	kPa	≥ 80	≥ 100
干燥收缩值（快速法）	mm/m	≤ 3.5	≤ 3.0

热固复合聚苯乙烯泡沫保温板性能指标

项目	单位	技术要求	
		050 级	060 级
密度	kg/㎡	140～200	
导热系数	W/（m·K）	≤ 0.05	＞ 0.05，且 ≤ 0.06
抗压强度	MPa	≥ 0.15	≥ 0.20
抗折强度	MPa	≥ 0.20	
垂直于板面的抗拉强度	MPa	≥ 0.10	≥ 0.12
干燥收缩值（快速法）	mm/m	≤ 0.6	
体积吸水率（V/V）	%	≤ 10	
软化系数	—	≥ 0.70	
燃烧性能	—	A 级	

重庆盈元展宜建材有限公司

地址：重庆市涪陵区龙桥工业园区新石组团
（新妙镇白鹤村二组）
电话：17723181621

增强型水泥基泡沫保温隔声板性能指标

项目		单位	技术要求		试验方法
			普通类	辐射地暖类	
水泥基泡沫板干表观密度		kg/m³	≤ 250		GB/T 5486
水泥基泡沫板导热系数［平均温度（25±2）℃］		W/（m·K）	≤ 0.070		GB/T 10294
上、下表面纤维增强层厚度		Mm	1.5 ± 0.2		游标卡尺
抗冲击性能		—	无破碎或脱落	—	附录 A
放射性	I_{Ra}	—	≤ 1.0		GB 6566
	I_γ	—	≤ 1.0		
水泥基泡沫板燃烧性能		—	A 级		GB 8624
抗折强度		MPa	≥ 0.50		GB/T 5486
体积吸水率（V/V）		%	≤ 20		GB/T 5486

工程案例

万科彩云湖项目、中建瑜和城项目、荣盛荣盛城项目、荣盛鹿山府项目

生产企业

重庆盈元展宜建材有限公司成立于 2018 年 5 月，是一家专业从事建筑节能材料开发、生产、销售于一体的综合性民营企业。公司成立以来我们秉承"诚实守信、质量第一"的经营方针，踏踏实实地经营企业。经过全体员工 3 年努力的拼搏，公司经历了从无到有、从小到大的发展历程，在重庆建筑节能材料市场上占据了一席之地。

公司主营产品：改性发泡水泥保温板、增强型改性发泡水泥保温板、增强型水泥基泡沫保温隔声板、纤维增强改性发泡水泥保温装饰板等。

重庆盈元展宜建材有限公司

地址：重庆市涪陵区龙桥工业园区新石组团
（新妙镇白鹤村二组）
电话：17723181621

证书编号：LB2021BW009

普莱斯德挤塑聚苯乙烯泡沫板、橡塑绝热保温材料、岩棉板

产品简介

普莱斯德挤塑聚苯乙烯泡沫板（简称挤塑聚苯板，又名 XPS 板），以聚苯乙烯树脂配以聚合物辅料，加热混合同时注入催化剂，然后挤压出连续性闭孔发泡的硬质泡沫塑料板。其内部为独立的密闭气孔结构，是一种具有高抗压性、吸水率低、不透气、轻质、耐腐蚀、超抗老化、导热系数低等优异性能的环保型保温材料。

普莱斯德橡塑绝热保温材料的生产引进了国外技术和全自动连续生产线，并经过自己研发改进，是采用性能优异的丁腈橡胶、聚氯乙烯（NBR/PVC）为主要原料，配以各种优质辅助材料，经特殊工艺发泡而成的软质绝热保温节能材料。产品为闭孔弹性材料，具有柔软、耐曲绕、耐寒、耐热、阻燃、防水、导热系数低、减震、吸声等优良性能。

普莱斯德岩棉板以优质的天然玄武岩、白云石等为主要原料，加入适量的粘合剂，经高温熔炼，并由四辊离心机高速离心成纤维固化加工而成，再经铺集带收集、摆锤铺棉、固化，最后切割形成不同规格的产品。

适用范围

挤塑聚苯板：用于墙体保温、屋面保温、悬浮式地板的填充、地暖的隔热、地面冻熔控制、冷藏、加工制造等领域。

橡塑绝热保温材料：广泛用于中央空调、建筑、化工、医药、轻纺、冶金、船舶、车辆、电器等行业或部门的各类冷热介质管道、容器。

岩棉板：用于岩棉屋面系统、岩棉外墙保温系统、岩棉幕墙及复合墙体系统、岩棉防火隔离带、岩棉夹心板材系统。

技术指标

挤塑聚苯板：吸水率1.2%，透湿系数：2.6，导热系数（平均温度10℃）0.026W/（m·K），稳定性：0.6%。

橡塑绝热保温材料：表观密度51.2kg/m³，导热系数（平均温度40℃）0.037W/（m·K），湿阻因子：1.0×10^4，燃烧性能：具有阻燃性，烟密度等级：50，氧指数：34.5。

岩棉板：导热系数（平均温度25℃）0.039W/（m·K），憎水率99.9%，渣球含量：2.5%，燃烧性能：A级不燃。

工程案例

国贸三期、首都机场、北京南站、诺基亚中国总部、郑州奥体中心、国家大剧院、长春吉隆坡大酒店、深圳平安金融

普莱斯德集团股份有限公司

地址：河北省廊坊市大城县权村工业区
电话：0316-5810777
传真：0316-5709328
官方网站：www.zgplsd.com

中心大厦、江苏扬子江药业、银川国贸中心假日酒店等项目。

生产企业

普莱斯德集团股份有限公司（以下简称"集团"）成立于 2001 年，是一家专注研发、生产、销售、设计、施工（壹级资质），为客户提供节能环保新型绝热保温材料的高新技术企业（33+ 项发明专利、115+ 项专利技术）。保护生态环境、创新发展，为客户提供优质的产品、优质的服务，一直是我们的奋斗目标。

集团运营总部位于北京，生产总部位于具有"中国绿色保温建材之都"之称的河北省大城县。全国现有运营生产基地 16 个，分别位于河北廊坊（6 个）、甘肃兰州、新疆乌鲁木齐、四川广安、陕西延安、河南驻马店、河南禹州、辽宁沈阳、湖北襄阳、安徽滁州、广东佛山；待建工厂 5 个：分别位于江西、广西、山东、贵州、湖南。

2019 年，普莱斯德集团化 CRM、OA、工程管理系统、新媒体运营平台正式启动。依靠品控、产能布局与技术创新，得到了众多合作伙伴的青睐与认可，陆续进入了万科、恒大、融创、华润、富力、保利、龙湖、中海、首创等 TOP 地产公司的集采平台。

未来，普莱斯德将坚持以"与环境和谐共生、构筑美好生活"为使命，"以用户为中心、与合作者共赢、和奋斗者共享"为企业核心价值观，通过专业的生产技术、严谨的管理、先进的设备，着力打造质优环保节能精品，为追求成为百年企业、世界品牌的绿色环保企业而不懈努力。

保温材料
遮阳产品 建筑玻璃及配套材料 墙体材料

普莱斯德集团股份有限公司

地址：河北省廊坊市大城县权村工业区
电话：0316-5810777
传真：0316-5709328
官方网站：www.zgplsd.com

105

证书编号：LB2021BW010

保温材料

遮阳产品　建筑玻璃及配套材料　墙体材料

嘉辐达玻璃棉卷毡、玻璃棉板、玻璃棉条

产品简介

　　玻璃棉卷毡内部纤维细长，导热系数低，能很好地禁锢空气，使之无法流动，杜绝了空气的对流传热，同时快速衰减声音的传输，从而起到保温和吸声的功效。

　　玻璃棉板是将玻璃棉施加热固性粘结剂，通过加压、加温固化成型的板材。

　　玻璃棉条具有阻燃、无毒、耐腐蚀、容重小、导热系数低、化学稳定性强、吸拾率低、憎水性好等诸多优点，是目前公认的性能比较优越的保温隔热、吸音材料，玻璃棉条质地柔软、纤维微细，施工中不会刺激皮肤，因而深受施工单位的欢迎。

适用范围

　　玻璃棉卷毡是结构建筑中保温隔热，吸声降噪的优质材料，运用于工业厂房、库房、公共设施、展览中心、商场、冷冻仓库以及各类室内游乐场、运动场等建筑中。

　　玻璃棉板被广泛应用于商业、住宅建筑的供热、通风、空调调节等领域，有节能保温、噪声控制、改善室内空气质量的作用。

　　玻璃棉条广泛应用于工业设备、建筑、船舶的绝热、隔声等领域，同时也用于彩钢厂房、防火门、防爆防火车间吊顶隔断等，具有优良的耐压强度。

技术指标

　　玻璃棉卷毡：密度测试值高于标准 1～2kg/m³，含水率在 0.6% 以下，渣球含量在 0.2% 以下，纤维平均直径在 7.0μm 以下，热荷重收缩温度测试值高于标准 90～120℃，燃烧性能为不燃；

　　玻璃棉板：密度测试值高于送检值 1～2kg/m³，含水率在 0.6% 以下，渣球含量在 0.3% 以下，纤维平均直径在 7.0μm 以下，热荷重收缩温度测试值高于标准 40～120℃，燃烧性能为不燃。

工程案例

湖南联塑科技实业有限公司二期建设项目（湖南长沙宁乡）

海口圆通区域总部及航空物流枢纽基项目

安徽芜湖航空小镇配套建设项目

黄冈优造建筑科技有限公司一期 1 号厂房

黄冈 TCL 循环经济产业基地项目

湖北嘉辐达节能科技股份有限公司

地址：襄阳市高新区深圳工业园富康东路 6 号
电话：400-800-0712
传真：0710-2176666
官方网址：http://www.hbjfd.com

生产企业

湖北嘉辐达节能科技股份有限公司成立于 2014 年，是一家集研发、生产和销售于一体的大型高新节能环保企业。其主导产品离心玻璃棉是一种优良的保温、绝热、吸声材料，具有密度小、阻燃、耐腐蚀等特点，广泛应用于建筑、机械、运输、电子、化工、船舶、航空等领域。在全球倡导节能环保的今天，嘉辐达公司以专业的生产技术和产业优势，在绿色保温建材行业独树一帜。优越的品质，完善的服务，便捷的交通，快速及时的物流系统，使"嘉辐达"牌产品覆盖全国各省、市、自治区，并出口欧美、东南亚等国家和地区。

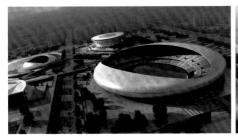

湖北嘉辐达节能科技股份有限公司

地址：襄阳市高新区深圳工业园富康东路 6 号
电话：400-800-0712
传真：0710-2176666
官方网站：http://www.hbjfd.com

证书编号：LB2021ZY001

SOFRO 索弗仑窗帘

产品简介

　　SOFRO 索弗仑窗帘从材质上可分为棉质、麻质、绸缎、人造纤维、纱质等。融合印花、提花、绣花、烂花、剪花、烫金、植绒、割绒等工艺，将色彩完美调和，天然环保、设计考究、绝佳质感，体现了 SOFRO 索弗仑国际软装设计师团队"人是一切装饰中心"的理念，完美诠释"原创、精致、纯真"的设计灵感。独特的拼缝滚绳工艺，品牌标准化滚经工艺，恰到好处的装饰性更加富有立体感，细节处更体现精致奢华。意式高端定制礼服的烫衬工艺，在窗帘侧边高温环保粘衬烫边，使得窗帘整体的形态更加平整挺括。意大利高定礼服锁边工艺使窗帘拼接的隐藏也不容疏忽，锁包一体，

360 度无死角呈现，让窗帘更有品质。高科技的熨烫工艺，多达 6 道独特熨烫工艺改变面料分子结构达到特殊的记忆功能，使得窗帘更具垂感，更加挺括板正。真空 360° 循环杀菌记忆定型让帘身 90° 完美垂直于地，充分符合空间视觉美学，让窗帘更有型，更健康，让使用者更放心。窗帘品质达到了国际行业标准。

适用范围

　　产品适用于洋房、别墅、五星级酒店、大型工厂等。

技术指标

序号	技术参数项目	单位	标准要求
1	钡	mg/kg	≤ 5.0
2	镉	mg/kg	≤ 0.1
3	铬	mg/kg	≤ 1.0
4	铅	mg/kg	≤ 0.2
5	砷	mg/kg	≤ 0.2
6	汞	mg/kg	≤ 0.02
7	硒	mg/kg	≤ 1.0
8	锑	mg/kg	≤ 1.0
9	甲醛	mg/kg	≤ 75

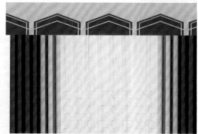
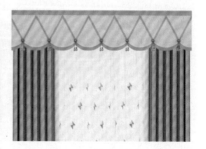

108

北京丰德美信建材贸易有限公司

地址：北京市朝阳区望京西路 48 号院 7 号楼 17 层 1705 室
电话：010-84775771
传真：010-84775771
官方网站：www.sofro.com.cn

工程案例

　　秦皇岛北戴河新区人才公寓、伊宁新世界、中国兵器大厦、天津万达广场、首都机场二号航站楼贵宾室、海南中铁子悦薹楼盘、北京香格里拉大酒店、北京嘉隆国际大厦、北京奥林匹克会议中心、包头神华国际大酒店。

生产企业

　　SOFRO 索弗仑是北京丰德美信建材贸易有限公司旗下，涵盖壁布、布艺、壁纸、墙板、装饰画、床上用品等全方位产品于一体的软装品牌。

　　公司成立于 2006 年，是全球高品质壁布、布艺、壁纸等产品的集成商，集原创设计、制造、软装服务于一体，与全球 60 余位优秀软装设计师签约合作。门店专卖直营与经销加盟相结合，在全国 34 个省份及直辖市、近 500 个重点城市和地区建立了 15 家直营店、近 800 家品牌专卖店，拥有 1500 多位合作经销商。

　　到 2020 年，SOFRO 索弗仑软装已拥有 5000 平方米布艺生产基地，10000 平方米现代化仓储物流基地，2000 平方米概念化软装展示基地，以及 2000 平方米布艺精加工车间。

　　2021 年，SOFRO 索弗仑进一步将服务＋设计理念推广落地，呈现国际软装一体化品牌。

北京丰德美信建材贸易有限公司

地址：北京市朝阳区望京西路 48 号院 7 号楼 17 层 1705 室
电话：010-84775771
传真：010-84775771
官方网站：www.sofro.com.cn

证书编号：LB2021BL001

千立方通体微晶石

产品简介

　　微晶新材料是通过特定成分及温度的控制而获得的多晶固体材料，同传统材料相比，产品的性能得到了极大的提升，如板面更加平整，光泽度更高，抗压、抗折强度更好，耐酸、耐碱、耐磨、耐候性能更优，可加工性能更好。同时，传统技术无法生产超大规格、超薄厚度的技术难题也得到彻底解决，使得产品的规格、品种更加丰富。微晶新材料还可以进行热弯、喷绘、镂空、浮雕、车刻等加工处理，在建筑装饰领域可作为高档天然石材、铸石、陶瓷等材料的替代品。微晶新材料的薄板还可同墙体保温材料直接复合，通过组合固件可以实现外墙装饰保温节能一体化；此外其优异的耐腐性及耐磨性使得该材料还可以广泛用于矿业、仓储及化工等领域。

适用范围

　　共用空间：机场、地铁、隧道、市政工程、医院、图书馆等。
　　商业空间：办公楼、酒店、商业综合体、会所、餐厅等。
　　住宅空间：客厅、卧室、厨房、卫生间等。

江西鼎盛新材料科技有限公司

地址：江西省宜春市宜丰县工业园工信大道 16 号
电话：0795-2926788
传真：0795-2926788
官方网站：http://www.jxdsxcl.com/

技术指标

通体微晶石产品性能优异，各项指标均优于国家标准，如：

光泽度：国标规定 ≥ 85，实测结果为 122；

弯曲强度：国标规定 ≥ 30MPa，实测结果为 78.3MPa；

硬度：国标规定 5 ~ 6，实测结果为 6；

耐酸性：国标规定 ≤ 0.2%，实测结果为 0.03%；

耐碱性：国标规定 ≤ 0.2%，实测结果为 0.04%；；

内照射指数：国标规定 ≤ 1.0，实测结果为 0.09；

外照射指数：国标规定 ≤ 1.3，实测结果为 0.29；

厚度公差：国标规定 ±2.0mm，实测结果为 0.2mm。

工程案例

南昌地铁 3 号线、南昌汉代海昏侯遗址公园博物馆工程、玉茗集团国家锂电检验中心、国家锂电产品质量监督检测中心工程、重庆合川区轻纺工业园紫晶半导体项目、湖南益阳信维声学研发大楼、贵州盘州市人民医院、萍乡城市大厦、阜阳西站、成都地铁 5 号线和 6 号线、郴州第一人民医院、宜春矿业公司大楼、宜春商务中心大厅、江西永新盛源酒店、江苏金坛信维办公楼和研发楼、深圳宝能第一空间商场、北京丽贝亚南昌展览中心等。

生产企业

江西鼎盛新材料科技有限公司位于江西省宜丰县工业园，占地面积近 1000 亩，实缴资本 3.5 亿元。公司定位为打造绿色环保防菌新材料的国家高新技术企业，目前有 3 个微晶新材料系列产品。一、公司与武汉理工大学合作的浮法微晶新材料技术在我公司实现了产业化，该生产线填补了国内外在该项技术的空白，主要用于室内墙体装修；二、压延新工艺熔岩玉微晶新材料，产品与天然汉白玉媲美，主要用于家居台面，厨卫加工；三、公司自主研发拥有自主知识产权的微晶发泡保温隔声装饰一体板，主要用于外墙装饰。

公司先后通过 ISO 质量体系认证、环境管理体系认证、职业健康安全管理体系认证、两化融合体系认证和中国绿色建筑选用产品证书，入选《江西省造价信息》目录，获得了江西省建设科技成果推广证书，公司还是建材行业标准《建筑装饰用微晶玻璃》主编单位，拥有专利技术 15 项。2018 年 10 月 14 日，公司"建筑浮法微晶玻璃"项目参加第三届"中国创翼"创新创业大赛获得一等奖。

江西鼎盛新材料科技有限公司

地址：江西省宜春市宜丰县工业园工信大道 16 号
电话：0795-2926788
传真：0795-2926788
官方网站：http://www.jxdsxcl.com/

证书编号：LB2021BL002

深圳科素科素板（微晶石）

产品简介

科素板主要原料为石英砂，是模拟火山熔岩千年沉积，1600℃高温熔炼，分子链重组并充分结晶而形成的新一代科技环保装饰材。其外形透如玉，明如镜，纹理自然斑斓，硬度比花岗岩和大理石更胜一筹，故取名"科素花岗玉"。

科素板既保留了原有的天然纹理，又完美解决了传统饰面建材易渗水、有色差、暗裂纹、成本高、难维护、易褪色、不防滑、有辐射等众多不足，成为同类产品中更坚硬耐磨、防水性更好的高端环保饰面建材。科素为晶体结构，密度超高，极耐高温，吸水率几乎为零，不渗污，抵抗强酸碱，防滑，几乎零辐射，不含任何有害化学物质，完美应用到各类建筑、家居、首饰、工艺品等设计中。

适用范围

工程领域：大型公建、写字楼、住宅精装修、幕墙、商业综合体、星级酒店背景墙、曲面墙、地面、橱柜台面、家具台面等。

技术指标

科素板技术指标：

深圳市科素花岗玉有限公司

地址：深圳市福田区梅林街道中康路卓越梅林中心广场北区
1栋2楼201
电话：13826581701
官方网站：www.kartso.com

莫氏硬度 5 ～ 6 级

光泽度 ≥ 85

弯曲强度 ≥ 30MPa

耐急冷急热性：无裂痕

化学稳定性：耐酸性 ≤ 0.2%，且外观无变化；耐碱性 ≤ 0.2%，且外观无变化

内照射指数 ≤ 1.0（A 类）

外照射指数 ≤ 1.3（A 类）

导热系数（0.1 ～ 0.5）W/（m·K）

吸水率 ≤ 0.01%

表观相对密度（2.3 ～ 2.7）g/cm^3

线性热膨胀系数 ≤ 10^{-5}℃$^{-1}$

耐磨性 ≥ 100mm^3

压缩强度 ≥ 600MPa

冲击韧性 ≥ 6kJ/m^2

平面度 ≤ 0.5 mm

静摩擦系数：干态 0.5 ～ 0.8；湿态 0.3 ～ 0.7

工程案例

1. 惠州科素馆（建筑外墙、背景墙、异形圆柱、橱柜台面、家具台面、墙面、地面）；
2. 京华地产办公大楼（墙面、地面、异性台面）；
3. 大梅沙中兴大酒店（墙面、地面、异性台面、橱柜台面）；
4. 台湾科技公司（建筑外墙）；
5. 美克、美家（墙面、地面、楼梯台阶）；
6. 光大控股办公楼（墙面、地面、台面）；
7. 深圳宝能第一空间（墙面）；
8. 东莞名盛会所（墙面、地面、家居台面）；
9. 蓝郡公馆（墙面、地面、柜台台面、墙体画）；
10. 深圳龙华图书馆（墙面、柜台、书架、楼梯扶手）；
11. 侨城北科素生活馆（全屋应用）；
12. 厦门水头科素展厅（全屋应用）；
13. 深圳国际会展中心（台面、柜台）。

生产企业

深圳市科素花岗玉有限公司成立于 2015 年，是新力达集团实际控制人投资创办。新力达集团成立于 1989 年，旗下有三十余家公司，其控股公司之一新亚制程（股票代码：002388）于 2010 年 4 月 13 日登陆 A 股主板。得益于新力达集团 30 余年在蓝宝石、石材等领域内的深厚技术沉淀和积累，公司在传统蓝宝石技术基础上，通过改良特有的长晶技术，模拟天然石材在自然界的形成过程，独创出一种新型、高端、科技、环保于一体的的建筑饰面材料——科素板。

科素板既保留了原有的天然纹理，又完美解决了传统饰面建材易渗水、有色差、暗裂纹、成本高、难维护、易褪色、不防滑、有辐射等众多不足，成为同类产品中更坚硬耐磨、防水性更好的高端环保饰面建材，并完美应用到各类建筑、室内、家居、工艺品等设计中。

科素公司斥资 50 亿元，在广东惠州建成占地总面积为 60 万平方米的大型国际生产研发基地，目前 4 条生产线已全面投产，年总产量达 230 万平方米以上。未来三年将配备 30 条具有国际先进水平的大型生产线，年产量达到 1200 万平方米以上，将倾力打造出国际知名品牌——科素 KARTSO。

深圳市科素花岗玉有限公司

地址：深圳市福田区梅林街道中康路卓越梅林中心广场北区 1 栋 2 楼 201
电话：13826581701
官方网站：www.kartso.com

113

证书编号：LB2021QC001

杰熙轻质隔墙板、杰熙绿材防火轻质外墙板

产品简介

　　本公司自主研发的创新产品具有轻质、节能、环保、高效、实心、抗震能力强、防火（高温燃烧时间长达3小时）、保温、隔声、隔热、防水、防潮、寿命长（耐老化，与建筑的寿命保持同步）等优越性能。吊挂力达到60千克，完工后墙面无需批荡抹灰，节省大量施工时间及成本，抗冲击力强。凹凸槽设计，使建筑物更坚牢，安装更便捷。本工艺可现场制作，用轻钢龙骨框架和扩张钢网模灌浆完成，无需安装，筑墙一气呵成。在绿色环保方面，本产品无建筑垃圾，无扬尘污染，无需污水处理，可循环利用，基本做到对环境零污染。

适用范围

　　本产品主要用于国家装配式建筑，广泛适用于各类建筑装饰工程，诸如住宅楼、酒店、宾馆、写字楼、厂房及公共建筑物，也适用于高层建筑和房屋改造工程的分室、分户、卫生间、厨房等内外隔墙，是国家重点推广的新型墙体建筑材料。

技术指标

项目		标准要求	检验结果
抗冲击性能 / 次		≥ 5	5
抗弯承载 / 板自重倍数		≥ 1.5	1.5
吊挂力 /N		≥ 1000	1000
抗压强度 /MPa		≥ 3.5	4.6
软化系数		≥ 0.8	0.94
面密度 /（kg/m²）		≤ 90	87.7
含水率 /%		≤ 10	6.6
干燥收缩值 /（mm/m）		≤ 0.5	0.39
空气声计权隔声量 /dB		≥ 35	37
传热系数 /［W/（m²·K）］		≤ 2.0	1.5
放射性核素限量	内照射指数	≤ 1.0	0.1
	外照射指数	≤ 1.0	0.4
甲醛释放量（mg/m³）		≤ 0.124	低于检出限

生产企业

　　广东省杰熙科技有限公司从2012年开始专注于环保轻质隔墙板、轻质展力钢网外墙的研究、开发，经过6年多的努力与发展，不断地进行试验测试，现已具有一定的专业技术能力，并于2018年正式成立公司，进行生产及销售。目前广东省杰熙科技有限公司已经拥有多项发明专利和实用新型专利。

广东省杰熙科技有限公司

地址：广东省云浮市新兴县六祖镇公平圩沙整梁国洪房屋（办公住所）
电话：13826713533

广东省杰熙科技有限公司

地址：广东省云浮市新兴县六祖镇公平圩沙整梁国洪房屋
　　　（办公住所）
电话：13826713533

证书编号：LB2021QC002

宁波国骅建筑隔墙用轻质条板（复合墙板）

产品简介

　　轻质复合节能墙材是以薄型纤维水泥或硅酸钙板作为面板，中间填充轻质芯材一次复合形成的一种非承重的轻质复合板材。该产品具有实心、轻质、薄体、强度高、抗冲击、吊挂力强、隔热、隔声、防火、防水、易切割、可任意开槽、无须批档、干作业等其他墙体材料无法比拟的综合优势，节能环保。这将带动建筑业从落后的湿法施工向先进的干法施工迈进，从而实现住宅部件生产工业化、技术装备现代化、规模生产集约化的目标。

适用范围

（一）应用领域及优势

1. 高效保温，尤其适合寒冷地区使用。

2. 轻质材料，减低结构自重，地震作用减少，尤其适合高层建筑及高烈度区。

3. 铝塑板幕墙和玻璃幕墙内衬保温材料。

4. 适合各种环境条件，耐腐蚀、耐风化能力强。

5. 钢结构厂房彩钢板围护墙体的升级换代。

6. 摇摆式安装，变形能力强，尤其是高层钢结构组合结构的墙体围护分隔材料。

7. 适合既有建筑的空间重新分割，尤其适合既有房屋的增层改造。

8. 内墙均可使用，可直接黏贴面砖。

（二）使用范围

1. 医院、学校、商场、住宅、办公室、酒店、写字楼、高层建筑。

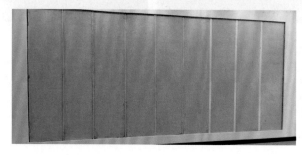

宁波国骅新型建材有限公司

地址：浙江省宁波市海曙区洞桥镇上水矸村水荷路 2 号
电话：0574-87078272
官方网站：https://www.nbghxc.cn/

技术指标

项目		国骅标准		
		100mm	120mm	200mm
1	抗冲击性能 / 次	≥ 10	≥ 10	≥ 10
2	抗弯破坏荷载 / 自重倍数	≥ 3	≥ 3	≥ 3
3	抗压强度（MPa）	≥ 6	≥ 6	≥ 6
4	软化系数	≥ 0.9	≥ 0.9	≥ 0.9
5	面密度（kg / ㎡ ≤）	≤ 80	≤ 95	≤ 150
6	含水率（%）		≤ 12/10/8	
7	干燥收缩值（mm/m）	≤ 0.3	≤ 0.3	≤ 0.3
8	吊挂力（N）	≥ 1800	≥ 1800	≥ 1800
9	空气声隔声量（dB）	≥ 40	≥ 48	≥ 55
10	耐火极限（h）	≥ 3	≥ 3.5	≥ 4.0
11	传热系数 [W/（㎡ · K）]	—	≤ 1.5	≤ 1.5
12	内照射指数	≤ 1	≤ 1	≤ 1
13	外照射指数	≤ 1	≤ 1	≤ 1
14	抗冻性（不应出现可见裂纹）		不应出现可见裂纹	
15	燃烧性能（A1 或 A2）	A1	A1	A1

工程案例

1. 宁波市海曙区龙观新农村建设投资发展有限公司；
2. 宁波永峰包装用品有限公司；
3. 宁波迈尔新能源科技有限公司。

生产企业

1992 年，乘着改革开放的东风，国骅集团创立于改革开放前沿城市宁波，总注册资本 25.8 亿元，主业为建筑与房地产开发，多年来一直处于宁波百强企业行列，发展至今已近 30 年，产业涉及房产建筑、金融贸易、环保科创、职业教育等多个领域。为了集团未来持续稳健的长远发展，集团调整战略规划，2015 年开始转型升级，努力成为一家以绿色新型建筑材料为牵引，以军民融合和城乡建设服务为两翼的集团型企业。从 2016 年下半年开始投入建筑装配式产业，2018 年成功研发出独有的轻质建筑内隔墙板新材料，并开始筹划建立新材料产品制造公司。

宁波国骅新型建材有限公司筹建于 2019 年 11 月，厂址位于宁波海曙洞桥喇叭口，占地 14692 平方米，由国骅集团总投资 5000 万元建成。

公司主要产品为复合轻质保温墙板，是以硅酸钙板作为面板，中间填充轻质芯材，一次性复合形成的一种非承重的轻质复合板材。公司已于 2020 年 7 月正式投产，共有两条生产线，年产量可达 44.6 万立方米。

公司以成为绿色建筑材料佼佼者为战略定位，以"绿色建材 + 军民融合"为产业模式，计划 5 年内主板上市，达到 15% ～ 20% 的全国市场占有率。公司将以洞桥为起点，逐步向全国其他省市发展。

宁波国骅新型建材有限公司

地址：浙江省宁波市海曙区洞桥镇上水矸村水荷路 2 号
电话：0574-87078272
官方网站：https://www.nbghxc.cn/

证书编号：LB2021QC003

壁德堡复合夹芯墙板

产品简介

　　复合夹芯墙板是由两张高强度纤维水泥压力板为面板，水泥、水渣、聚苯颗粒、粉煤灰等轻集料为主要材料，配以一定比例的添加剂，经过装模加压脱模养护而成。产品具有环保、节能、抗震、防火、隔声、防水防潮的优点，并且安装工艺简单、工期缩短，工程效率提高。

　　复合夹芯墙板功能性好，施工简略，干法作业，装置便利，能锯、刨、钉，便于装置各种管线；质量轻、强度高、刚度大、耐性好，吊挂性能高，墙体薄，可增加使用面积；和易性好，墙板外表平坦润滑，无须作第二次墙面介面处理，与黏结剂水泥砂浆亲和力好，可直接铺贴瓷砖、壁纸、涂刷各种涂料；防火、防水、耐腐，遇水不变形，强度不下降。

适用范围

　　复合夹芯墙板适用于高层、超高层框架结构建筑的内隔墙，还适用于一般框架住宅内隔墙、旧建筑的返修与装修，特别适用于厨房、浴室、卫生间的隔墙和电梯井、通风道、管道井、垃圾道等隔护结构。目前轻质隔墙板产品广泛应用于工业、民用住宅、宾馆、写字楼、商场、学校、医院等框架建筑中，尤其适用于框架结构非承重内、外墙。

技术指标

　　复合夹芯墙板性能指标如下：

序号	检验项目		单位	标准要求	检验结果
1	外观质量		/	GB/T 23451—2009 第 5.2 条 n=8 Ac=0 Re=2	未见脱落、裂缝气孔、掉角、飞边毛刺等缺陷，不合格数：0
2	尺寸偏差	长度	mm	± 5 n=8 Ac=0 Re=2	0 ～ +1 不合格数：0
3		宽度	mm	± 2 n=8 Ac=0 Re=2	-1 ～ +1 不合格数：0
4		厚度	mm	± 1.5 n=8 Ac=0 Re=2	-1.2 ～ -1 不合格数：0
5		板面平整度	mm	≤ 2 n=8 Ac=0 Re=2	0 ～ +2 不合格数：0
6		对角线差	mm	≤ 6 n=8 Ac=0 Re=2	0.3 ～ 0.7 不合格数：0
7		侧向弯曲	mm	≤ L/1000 n=8 Ac=0 Re=2	0.5 ～ 1.5 不合格数：0
8	面密度		kg/㎡	≤ 110	65
9	含水率		%	≤ 12	3
10	干燥收缩值		mm/m	≤ 0.6	0.4
11	抗压强度		MPa	≥ 3.5	4.3

河南中太实创新型建材有限公司

地址：河南省焦作市温县产业集聚区纬二路东段南侧
电话：0371-6019-6701
官方网站：www.ztscgq.com

续表

12	抗压强度软化系数	/	≥ 0.80	0.90
13	抗弯承载（板自重倍数）	/	≥ 1.5	4.4
14	抗冲击性	/	承受 30kg 砂袋落差 500mm 的摆动冲击 5 次，板面无裂纹	经 5 次冲击试验，板面未见裂纹
15	吊挂力	/	荷载 1000N 静置 24h，板面无宽度超过 5mm 的裂缝	板面未见裂缝
16	抗冻性	/	不应出现可见的裂纹且表面无变化	未见裂纹及其他表面变化
17	放射性　内照射指数	/	≤ 1.0	0.3
18	外照射指数	/	≤ 1.0	0.4

工程案例

　　郑州市报业大厦、郑州市纪委、国家烟草质量监督检验中心、河南省人民医院、平顶山市中医院、周口市郸城中医院、河南省安阳市汽车产业园、河南省焦作迎宾馆、郑州市全季酒店兴龙湾店、西安市 141 医院、河南省统战部民主党派办公楼、郑州市香山农贸市场、商丘市小龙人学校、河南省旅游学院、武汉国家储存器基地。

生产企业

　　河南中太实创新型建材有限公司运营中心位于河南郑州市金水区，生产基地位于河南焦作温县产业集聚区，年产量 350 多万㎡，是国内大型专业环保新型墙体建筑材料研发生产厂家之一，专注轻质隔墙板、装配式隔墙板、重钢别墅、水泥烟道等产品，集新型墙材生产工艺、机械设备研制、生产与施工技术配套及产品应用与推广的专业化高新技术于一体，在消化吸收国内外技术和生产工艺的基础上，结合我国建筑材料标准体系和质量体系，研发生产出一系列满足住房城乡建设部认可的绿色环保、节能利废的新型墙体建筑材料——壁德堡墙板，是一种理想的新型墙体建筑材料。

　　公司拥有专业雄厚的产品技术研发团队和贴心的售后服务团队，在非承重轻质内隔墙体、防火墙体、隔声墙体、超高异型墙体、装配式建筑墙体等领域不仅为用户提供节能环保产品，并为客户提供合理完善的建设技术和施工方案，解决应用技术难题。

　　公司树立质量为先、信誉至上的经营理念，用技术创新驱动产业升级，弘扬精益求精的工匠精神，精雕细琢，勇攀质量高峰，打造出让消费者满意的壁德堡墙板。

地址：河南省焦作市温县产业集聚区纬二路东段南侧
电话：0371-6019-6701
官方网站：www.ztscgq.com

河南中太实创新型建材有限公司

证书编号：LB2021QC004

华能非黏土烧结页岩多孔砖、烧结普通砖（页岩）

产品简介

　　产品以非黏土、页岩、煤矸石、粉煤灰、淤泥（江河湖淤泥）及其他固体废弃物建筑垃圾等为主要原料，通过原料配料、粉碎、筛选搅拌、制砖、烘干、窑烧等工序焙烧而成，主要用于建筑物承重部位。产品施工简便，可降低工程造价30% 以上，满足建筑设计节能标准。

适用范围

　　随着国民经济的持续快速发展、资源节约型社会的构建，新型节能烧结保温砖、保温砌块等建材产品在生产和使用过程中能节约大量能源，市场前景非常好。产品广泛运用于农村建筑、城市建筑和工程施工。

技术指标

序号	项目	指标	单位
1	长 × 宽 × 高	240 × 115 × 90	mm × mm × mm
		240 × 115 × 53	mm × mm × mm
		190 × 190 × 90	mm × mm × mm
		190 × 90 × 90	mm × mm × mm
2	密度等级	940	kg/m³
3	孔洞率	≥ 45%，交错排列、有序	—
4	传热系数	≤ 1.2	W/（m² · K）
5	抗压强度平均值	≥ 5.5 ～ 7.5	MPa
6	石灰爆裂	爆裂尺寸大于 15mm ≥ φ ≥ 2mm 每组砖 ≤ 10 处；≥ 15mm 的砖为废品	
7	冻融试验	无裂纹、分层、掉皮、缺棱掉角等冻坏现象	

工程案例

　　东阳市海天建设的城市雅苑项目、东阳市广宏建设的上卢集聚房项目。

东阳市华能新型建材有限公司

地址：浙江省东阳市六石街道新建村严畎
电话：0579-86362561
官方网站：

保温材料 遮阳产品 建筑玻璃及配套材料 **墙体材料**

生产企业

　　东阳市华能新型建材有限公司成立于1980年，公司总部位于浙江省东阳市六石街道新建村严畎，是一家以生产、销售烧结页岩砖和商品混凝土为主的企业，获得了浙江省新型建材产品认证，也是一家致力于绿色无害化利用和处置污泥的新型企业。

　　经过四十余年的发展，公司从最初的一个年产仅1200万标准砖的小轮窑厂，发展成为目前规模较大的专业新型建材生产企业。2020年公司产值超3.4亿元，上缴国家税收超1700万元。公司一直非常重视产品的技术研发、技术升级，对公司内部管理进行改革、完善，在节能环保方面一直走在同行前列。

　　企业目前总资产2.2亿元，其中固定资产9200万元，占地面积100亩，现有员工176人，其中大中专以上文化程度专业技术人员50人。公司2013年获得发展改革委的中央预算内投资循环经济和资源节约重大示范项目，2017年获得了国家建筑材料测试绿色建筑选用产品证明商标认定，2018年被评为"浙江省高新技术企业"和"浙江省高成长科技型中小企业"，2019年获得东阳市"市长创新奖"。

　　时代在进步，华能公司专注于绿色新型建筑材料的应用和开发，近几年先后与浙江物产经贸集团有限公司合作投资了浙江长三角建材项目、龙游恒久建材项目，与东阳市海天建设集团在金义东新区合作投资了海天绿建项目，在湖南省桃江县投资了惠强新型建材有限公司。公司将迎着时代的潮流，致力于创建综合性的绿色建筑材料研发生产集团。

东阳市华能新型建材有限公司

地址：浙江省东阳市六石街道新建村严畎
电话：0579-86362561
官方网站：

证书编号：LB2021QC005

德耐姆 A 级不燃无机纤维装饰板

产品简介

A 级不燃无机纤维装饰板板（石英纤维（医疗）板）是以高硅石英砂、矿物纤维水泥和进口原生木浆纤维为增强材料，经制浆、混配、高温蒸压成型，表面通过特殊装饰纸浸渍三聚氰胺胶浆，经高温高压制成的板材。100% 不含石棉，具有优良耐候性，防水、防潮、防火、耐冲压，是 A 级不燃的新型绿色环保饰面材料。

九大品质保障：A 级不燃、防腐防蛀、抗污抗菌、绿色环保、隔声隔热、防水耐候、施工便捷、抗撞耐用、坚固耐磨。

适用范围

适用于医院、学校、酒店等商业场所以及家装、办公场所等。

技术指标

产品技术参数				
序号	项目	要求	检测结果		检测依据
1	防霉菌性能	0 级：不长	0 级	符合	JC/T 2039—2010
2	甲醛释放限量	mg /m² ≤ 0.124	0.008	符合	GB 18580—2017
3	抗细菌性能	大肠杆菌 <20	>99.99	符合	JC/T 2039—2010
4		金黄色葡萄球菌 20	99.99		
5	燃烧性能 A（A2）性	总热值：MJ/ kg ≤ 3.0	0.14	符合	GB 8624—2012
6	湿胀率	≤ 0.25	0.07	符合	GB/T 7019—2014
7	抗折强度	R5 级 ≥ 31.3	33.6	符合	GB/T 7019—2014
		单块最低强度 ≥ 15.4	24.9		
8	抗冲击强度	kJ/ m² ≥ 2.6	2.8	符合	GB/T 7019—2014
9	吸水率		14.4	符合	GB/T 7019—2014

工程案例

常山中医院、杭州亚运场馆、丽水中心医院大门、浙江省人民医院、浙江大学附属儿童医院。

生产企业

浙江德耐姆新材料科技有限公司是专业从事 A 级不燃饰面材料生产及装配式挂墙隔墙系统设计、生产和销售的高新企业。

浙江德耐姆新材料科技有限公司

地址：浙江省衢州市绿色产业集聚区东港一路 6 号
电话：0570-2819333
官方网站：http://www.zjdnm.cn/about.asp？id=23

公司拥有德耐姆装配式墙体、墙面研发中心，德耐姆装配式墙体、墙面加工集成中心，德耐姆 A 级不燃无机纤维板生产基地，并设有上海、杭州、广州，重庆运营中心。

德耐姆装配式墙体、墙面研发中心致力于装配式墙体技术研发，集内装工业化装配式墙体技术、特色五金等的研发、设计、应用、制造于一体，致力于以技术支持为主导，装配技术为核心，产业协同为驱动，精益制造为工具，为客户提供室内整体空间的工业化装配系统解决方案。

德耐姆装配式墙体、墙面加工集成中心具备完善、先进的智能化板材、五金加工生产线，为工业化装配提供有力的保障。

德耐姆 A 级不燃无机纤维板生产基地主要研发生产 A 级不燃无机纤维生态板、无机纤维抗菌板等几大系列产品。系列产品均通过国家权威部门鉴定，被认定

为"绿色建材选用产品"，被医院、学校、酒店等公共场所广泛应用。

德耐姆以创造环保、安全、健康的人居环境为己任，致力低碳生产，研制绿色环保 A 级不燃的优质饰面板材；德耐姆装配式墙体、墙面系统的开发节能环保，生命周期长，可回收利用，满足人、建筑和自然环境的协调、可持续发展，为人类创造绿色、环保、舒适的生活空间贡献力量。

浙江德耐姆新材料科技有限公司

地址：浙江省衢州市绿色产业集聚区东港一路 6 号
电话：0570-2819333
官方网站：http://www.zjdnm.cn/about.asp？id=23

型
材
密封胶
外加剂
预拌砂浆
人造板、木质地板及木质家具、木质门
水泥
金属复合材料
陶瓷砖
地坪材料
建筑涂料
胶粘剂
道路材料
防水卷材与防水涂料
其他材料

证书编号：LB2021XC001

君诚热镀锌方矩形钢管

产品简介

君诚低压流体输送用热镀锌方矩形钢管，是在焊接钢管的基础上进行内外热镀锌，使钢管内外壁同时镀有锌层。其具有以下性能特点：

（1）因其双面镀有锌层，大大提高了钢管的防腐性能，达到普通钢管的 20 倍左右。

（2）热镀锌后的钢管表面光亮美观。

（3）锌 - 铁因结合牢固而发生互溶作用，因而耐磨性良好。

适用范围

热镀锌方矩形钢管广泛应用于机械制造、建筑业、冶金工业、农用车辆、农业大棚、汽车工业、铁路、公路护栏、集装箱骨架、家具、装饰以及钢结构领域等。

技术指标

热镀锌方矩形钢管技术指标如下：

检验项目		单位	标准要求	实测结果	结论
力学性能	抗拉强度	MPa	370～560	412	合格
	下屈服强度	MPa	≥ 235	293	合格
	断后伸长率	%	≥ 24	29	合格
焊缝质量		—	焊缝无外毛刺，剩余高度不大于0.5mm，无开焊、搭焊、烧穿，及超过厚度偏差之半的错位与弧坑	符合标准	合格
表面质量		—	表面无裂纹、结疤、折叠、夹渣和端面分层	符合标准	合格

工程案例

序号	工程名称	地址	用途	使用量（t）
1	四川天府机场	成都	建筑	1150
2	杭州地铁	杭州	建筑	880
3	迪士尼游乐园	上海	建筑	1220
4	天津滨海生态城	天津	建筑	3600
5	青岛地铁	青岛	建筑	760

天津君诚管道实业集团有限公司

地址：天津市静海区蔡公庄镇朱家房子村西 1000 米
电话：18722190203
传真：022-68117388
官方网站：www.jccopipe.com

生产企业

天津市君诚管道实业集团有限公司始建于 2008 年，是由北京君诚实业投资集团有限公司控股投资的大型企业，位于天津市静海区蔡公庄工业园区内，占地近 200 亩，注册资本 2.05 亿元人民币。

公司现有员工近 800 人，高中级技术人员 180 余人，是集直缝钢管、热镀锌钢管、钢塑复合管（包括衬塑复合管和涂塑复合管）等产品生产经营于一体的综合性企业，公司拥有 8 条热镀锌钢管生产线，11 条直缝焊接钢管生产线，12 条方矩形钢管生产线，5 条钢塑复合管及管接件等其他各类生产线若干条，年各种产品制造能力 180 万吨，是中国中部地区全面质量控制精准的热镀锌钢管与钢塑复合管专业制造企业。

君诚管道是中国工程建设标准化协会、中国质量检验协会、中国燃气协会、中国消防协会和中国给水排水设备分会推荐产品企业。集团公司先后获得"中国十佳钢管制造企业""中国 3A 诚信企业""全国鲁班奖重点工程供货商""全国质量诚信承诺示范企业"等荣誉。

天津君诚管道实业集团有限公司

地址：天津市静海区蔡公庄镇朱家房子村西 1000 米
电话：18722190203
传真：022-68117388
官方网站：www.jccopipe.com

证书编号：LB2021MF001

友之友工程石材耐候胶、高级硅酮结构胶、阻燃防火硅酮耐候胶

产品简介

工程石材耐候胶具有以下产品特性：

单组分、中性固化，对金属、镀膜玻璃无腐蚀性；

高粘结性、高强度、高伸长率、高模量；

优异的耐候性，通常的气候条件下使用寿命达50年；

耐高低温性能卓越，固化后在 -40℃～100℃的范围内始终保持良好的强度和弹性；

对大部分建筑材料具有优良的粘结性，一般不需要底涂；

与其它中性硅酮胶具有良好的相容性。

高级硅酮结构胶具有以下产品特性：

单组分、中性固化，对金属、镀膜玻璃无腐蚀性；

高粘结性、高强度、高伸长率、高模量；

优异的耐候性，通常的气候条件下使用寿命达50年；

耐高低温性能卓越，固化后在 -40℃～100℃的范围内始终保持良好的强度和弹性；

对大部分建筑材料具有优良的粘结性，一般不需要底涂；

与其他中性硅酮胶具有良好的相容性。

阻燃防火硅酮耐候胶具有以下产品特性：

单组份、中性固化，对金属、镀膜玻璃无腐蚀性；

高粘结性、高强度、高伸长率、高模量；

优异的耐候性，通常的气候条件下使用寿命达50年；

耐高低温性能卓越，固化后在 -40℃～100℃的范围内始终保持良好的强度和弹性；

对大部分建筑材料具有优良的粘结性，一般不需要底涂；

与其他中性硅酮胶具有良好的相容性。

适用范围

工程石材耐候胶、高级硅酮结构胶、阻燃防火硅酮耐候胶用于玻璃、石材、铝板幕墙和玻璃采光顶及金属结构工程的结构粘结密封、中空玻璃二道粘结密封及其他建筑及工业用途。

技术指标

石材耐候胶技术指标如下：

序号	检测项目		指标要求	实测值
1	拉伸模量	23℃	＞0.4MP 或 0.6MPa	0.9MPa
		-20℃		1.0MPa
2	定伸粘结性		无破坏	无破坏
3	浸水后定伸粘结性		无破坏	无破坏
4	弹性恢复率		≥80%	≥84%
5	下垂度		≤3mm	0mm

廊坊市云硅硅胶有限公司

地址：廊坊市广阳区北旺乡小海子村
电话：0316-5120029
官方网站：www.lfyungui.com

硅酮结构胶技术指标如下：

序号	检测项目		指标要求	实测值
1	表干时间		≤ 3h	40min
2	挤出性		≤ 10s	3s
3	热老化	热失重	≤ 10%	5%
		龟裂	无	无
		粉化	无	无

石材耐候胶技术指标如下：

序号	检测项目		指标要求	实测值
1	拉伸模量	23℃	> 0.4MP 或 0.6MPa	0.5MPa
		-20℃		0.7MPa
2	定伸粘结性		无破坏	无破坏
3	浸水后定伸粘结性		无破坏	无破坏
4	冷拉热压后粘结性		无破坏	无破坏
5	质量损失率		≤ 10%	4%

工程案例

2019 年北京大兴机场外墙石材铝板玻璃幕墙，航站楼门窗填缝。

2020 雄安高铁站外墙石材干挂填缝。

2020 天津团泊体育馆外墙玻璃石材填缝。

生产企业

廊坊市云硅硅胶有限公司是一家专业生产硅酮系列胶的厂家，毗邻北京、天津两个直辖市。云硅公司以首都北京为经营中心，立足华北，辐射全国，专业开发、生产硅酮产品。产品包括双组分硅酮结构胶、双组分中空玻璃密封胶、单组分结构胶、幕墙耐候胶、石材无污染专用胶、防火阻燃耐候胶、透明大板胶、各种调色胶、工业用电子密封胶、发动机用高温密封胶等。

公司设有产品研发实验室，有严谨的质量监控和完善的产品检测设施，技术力量雄厚，产品质量稳定。我们致力于为硅胶新材料的应用提供更多的可能，在硅胶行业上不断探索，集研发、生产、销售等为一体，本产品广泛运用于建筑、装饰、汽车密封、道路桥梁等行业，备受用户好评。

公司奉行"与人为本"的核心理念，以"创造价值，回报社会"为企业使命，把客户、信誉、效率、质量放在第一位，努力创建成一家富有前途活力和有持续竞争力的国际化企业，努力把优质的产品贡献给客户。

廊坊市云硅硅胶有限公司

地址：廊坊市广阳区北旺乡小海子村
电话：0316-5120029
官方网站：www.lfyungui.com

证书编号：LB2021MF002

硅宝中空玻璃硅酮密封胶、硅酮耐候密封胶、防火密封胶

产品简介

公司以生产硅酮密封胶为主，其中主要的建筑产品有硅酮结构密封胶（硅宝999单组分、硅宝992双组分、硅宝1099单组分、硅宝1092双组分等）、门窗用建筑硅酮密封胶（硅宝556、硅宝557、硅宝563.硅宝996等）、中空玻璃密封胶（硅宝882、硅宝886等）、防火密封胶（DJ-A3-119等）以及耐候密封胶（硅宝998、硅宝1098、硅宝993等）、中性硅酮石材密封胶（硅宝997）。

上述产品均属于环境友好型材料，产品从原料采购、研发设计、生产过程到质量控制中均有严格的标准进行规范管理，在原材料和加工工艺方面比较类似，只是在用途上细分成了多个型号系列。

产品特性：中性固化，对金属、镀膜玻璃、Low-E玻璃等多种建材无腐蚀性；优异的耐气候老化性能；耐高低温性能优越，在-50℃～150℃的范围内性能变化不大；对大部分建筑材料具有优良的粘结性，一般不需要使用底漆；与其他中性硅酮胶具有良好的相容性。

适用范围

硅宝产品广泛应用于建筑幕墙、中空玻璃、节能门窗、电力环保等众多领域，以硅宝999和992为例，产品广泛应用于玻璃幕墙、铝板幕墙陶土板幕墙及金属结构工程的结构粘结密封、中空玻璃二道结构性粘结密封、其他许多建筑结构性用途等方面。

技术指标

硅宝886技术指标：

序号	检测项目		技术指标	实测值
1	下垂度	垂直放置，mm	≤3	0
		水平放置	不变形	不变形
2	适用期，20min时，s		≤10	4
3	表干时间，h		≤3	1
4	硬度，Shore A		30～60	43
5	拉伸粘结性	拉伸粘结强度，MPa 23℃	3 0.6	1.26
		23℃伸长率10%时的拉伸模量/MPa	3 0.15	0.19
		90℃	3 0.45	0.73
		-30℃	3 0.45	1.68
		浸水后	3 0.45	1.07
		水-紫外线光照后	3 0.45	1.05
		粘结破坏面积，%	≤5	0
6	定伸粘结性（定伸25%）		无破坏	无破坏
7	热老化	热失重，%	≤10	4
		龟裂	无	无

硅宝DJ-A3-119技术指标：

序号	检测项目	技术指标	实测值
1	下垂度 垂直放置 mm	≤3	0
	水平放置	无变形	无变形
2	挤出性，mL/min	≥80	482
3	表干时间，h	≤3	0.7
4	弹性恢复率，%	≥40	87
5	拉压幅度，%	±12.5	±12.5
6	位移能力，%	12.5	12.5
7	质量损失，%	≤25	5.4
8	阻燃性（垂直法）	FV-0	FV-0

成都硅宝科技股份有限公司

地址：成都高新区新园大道16号
电话：028-86039720
传真：028-85318066
官方网站：www.cnguibao.com

序号	项	目	技术指标	1098	998
9	耐火性能	耐火完整性	A2级≥2.00h，试件背火面无连续10s的火焰穿出，棉垫未着火	3.00h，试件背火面未出现火焰，未点棉垫	
		耐火隔热性	A2级≥2.00h，被检试样背火面任何一点温升＜180℃，背火面框架表面任何一点温升＜180℃	3.00h，被检试样背火面最高温升63℃，背火面框架表面最高温升＜60℃	

硅宝1098.993 技术指标：

序号	项　　目		技术指标	1098	998
1	挤出性，mL/min		≥80	867	928
2	表干时间，h		≤3	1.6	1.7
3	标准条件拉伸模量，MPa		＞0.4	0.5	0.7
4	弹性恢复率，%		≥70	88	93
5	定伸粘结性		无破坏	定伸100%，无破坏	定伸100%，无破坏
6	流动性（50℃），mm	垂直	≤3	0	0
		水平	≤3	0	0
	流动性（5℃），mm	垂直	≤3	0	0
		水平	≤3	0	0

工程案例

硅宝科技作为中国西部经原国家经贸委认定的硅酮结构胶生产企业，其产品已在鸟巢（北京奥运会主场馆）等奥运工程、上海世博会工程、新世纪环球中心、三亚凤凰岛（东方"迪拜"）、苏州东方之门等知名工程中应用。

生产企业

成都硅宝科技股份有限公司（以下简称"硅宝科技"），是中国新材料行业创业板上市公司；主要从事有机硅室温胶，硅烷及专用设备的研究开发、生产销售。作为国家高新技术企业、国家火炬计划重点高新技术企业，硅宝科技承担并完成了多项国家和省市重点科技攻关及技术创新计划项目，取得一批产业化成果，技术经济实力处于国内同行业前列，硅宝科技企业技术中心被国家发展和改革委员会、科学技术部、财政部、海关总署、国家税务总局联合认定为"国家企业中心"，荣获国家工业和信息化部、财政部认定的"国家技术创新示范企业""中国石油和化学工业联合会省部级科技进步一等奖"、中国工业论坛"中国制造2025典范·硅行业创新标杆"、"国家高新技术产业标准化创新实践基地"，以及四川省"创新型试点企业""四川省优秀民营企业"等称号。2017年，公司牵头承担的"十三五"国家重点研发计划项目"新型功能性复合弹性体制备技术"正式立项。

公司目前拥有3位国家标准化技术委员会专家委员，参与起草制定的国际标准、国家标准和行业标准达122项。公司已获得124项国家专利，其中发明专利85项，且均实现市场化、产业化，成果转化率100%。公司拥有先进的立式自动化生产线和智能化控制系统，同时拥有同行业试验设备先进、检测手段完善的国家企业技术中心。公司通过了ISO 9001：2015.ISO 14001：2015.ISO 45001：2018质量环境安全三体系认证，IATF16949质量管理体系认证，以及CNAS、UL、TUV、SGS、CECC等国内外众多权威机构认证。

公司所处的有机硅新材料行业属于国家"十三五"规划重点发展的新材料行业之一，有机硅因无毒、无害、环境友好、耐高低温、生物相容性等优异性能，被广泛运用于大众生活的方方面面，并且有望实现对其他材料的替代。硅宝产品广泛应用于建筑幕墙、中空玻璃、节能门窗、电力环保、电子电器、汽车制造、机场道桥、轨道交通、新能源、设备制造及工程服务等众多领域，拥有良好的口碑和市场，产品远销海外，在国际市场上享有较高的知名度和美誉度。

成都硅宝科技股份有限公司

地址：成都高新区新园大道16号
电话：028-86039720
传真：028-85318066
官方网站：www.cnguibao.com

型材 密封胶 **外加剂** 预拌砂浆 人造板、木质地板及木质家具、木质门 水泥 金属复合材料 陶瓷砖 地坪材料 建筑涂料 胶粘剂 道路材料 防水卷材与防水涂料 其他材料

证书编号：LB2021WJ001

基业长青千分级液体水泥助磨剂、万分级液体水泥助磨剂、长青牌混凝土强效剂

产品简介

助磨剂由一种或多种具有表面活性的物质和其他化学助剂构成，在水泥物料粉磨过程中可以显著降低磨粉的表面能，克服磨粉间的吸引力，减小粉碎阻力，防止糊球糊磨，提高磨粉的流动性，从而降低磨机功耗、提高粉磨效率。本品执行标准 GB/T 26748—2011《水泥助磨剂》。

强效剂采用"分子链的延长暨分子链嫁接官能基团"的合成技术，针对混凝土各类材料和减水剂的某些特性，特别开发出这一"改善混凝土施工性能、增加混凝土强度和提高混凝土耐久性"为主导目的的新型混凝土外加剂。本品执行标准 JC/T 2469—2018《混凝土减胶剂》。

适用范围

助磨剂应用领域与适用范围：

1. 本品适用于各类水泥厂。

2. 物料在细磨过程中，颗粒逐步细化，比表面积增大，其表面因断键而荷电，粒子相互吸附并出现团聚，使粉碎效率下降。加入少量助磨剂，可以防止粒子团聚、改善物料流动性，从而提高球磨效率，缩短研磨时间。

3. 助磨剂能消除或大大减少钢球和磨机内壁上粘附细粉所产生的衬垫，增强钢球对物料的撞击力，破坏磨机内部的吸引热力、化学力和机械力。

4. 水泥助磨剂每个品种都有其最佳掺量，液体产品掺量一般在 0.03%～0.15%。

强效剂应用领域与适用范围：

1. 本品适用于各类搅拌站。

2. 增加水泥的分散性，混凝土中有 20%～30% 的水泥是不能正常发挥功效的。这部分只能起到填充料作用的水泥，使用基业长青牌混凝土强效剂，可以让水泥颗粒充分地分散，防止团聚在一起，进而加速水泥的水化过程，使水泥在单位混凝土中的使用量可以大幅降低。

3. 增加减水剂的吸附能力，基业长青牌混凝土强效剂能使减水剂对水泥颗粒的有效吸附能力增强，从而进一步扩大水泥颗粒的分散性，增强减水剂的使用效果。

4. 强效剂液体产品掺量一般在 0.6%。

技术指标

助磨剂应用性能指标

广东基业长青节能环保实业有限公司

地址：广东省广州市从化太平镇高埔村上大埔第一经济合作社 2 号
官方网站：www.btl-cn.com

项目	性能指标
比表面积	$\geq 10m^2/kg$
筛余细度	$\geq 2\%$
初凝时间 \ 终凝时间	$\leq 30min$
3 天强度 \28 天强度	$\geq 95MPa$
氯离子含量	$\leq 0.1\%$

强效剂应用性能指标

项目	性能指标
减水率	$\leq 5.0\%$
含气量增加值	$\leq 2.0\%$
7 天强度	$\geq 90MPa$
28 天强度	$\geq 100MPa$
氯离子含量	$\leq 0.1\%$

工程案例

助磨剂

广州市越堡水泥有限公司	华润水泥（弥渡）有限公司	乐昌市中建材水泥有限公司	中材亨达水泥有限公司
华润水泥（封开）有限公司	湖北亚东水泥有限公司	翁源县中源发展有限公司	中材郁南水泥有限公司
华润水泥（贵港）有限公司	黄冈亚东水泥有限公司	湖南祁东南方水泥有限公司	西南水泥贵州科特林有限公司
华润水泥（平南）有限公司	四川亚东水泥有限公司	湖南耒阳南方水泥有限公司	西南水泥贵州黔贵有限公司

强效剂

惠州创盛	汕头灿林	信宜恒基	信宜宏泰
信宜恒基	广州广丰	广州凯辉	广东粤皖
广东汤始建华	中铁十二局集团		

生产企业

广东基业长青节能环保实业有限公司投入 200 万元组建研发中心，建造实验室及购买试验设备，配置数十名水泥及混凝土技术人员，并与武汉理工大学、华南理工大学等科研院校展开广泛的产学研合作。研发中心成员具有相关材料研究方面的理论知识和试验技能，且研究人员组成较合理，主要成员多年来一直从事水泥基建筑材料的研究，有着丰富的经验；吸收了具有工程实际经验的人员参与研制和材料实际应用的指导工作。此外，公司实验室拥有的试验场地及仪器设备和大型分析仪器基本上都能满足本试验的需要，为研究工作奠定了基础。

基业长青拥有一支精干、稳定的技术团队，由理论教授、实战专家、大型混凝土公司总工和各类水泥混凝土外加剂研究及应用工程师所组建，长年与高校（华南理工大学、武汉理工大学）开展新技术、新材料的合作；深入钻研水泥及混凝土外加剂的技术，并不断创新。基业长青凭借过硬的技术和行业口碑，参与了水泥助磨剂国家标准的起草，成为一家通过了中国建筑材料检验认证中心审核并通过"产品质量体系认证"的助磨剂企业。

广东基业长青节能环保实业有限公司

地址：广东省广州市从化太平镇高埔村上大埔第一经济
合作社 2 号
官方网站：www.btl-cn.com

证书编号：LB2021WJ002

吉龙萘系高效减水剂、脂肪族高效减水剂、聚羧酸高性能减水剂

产品简介

萘系高效减水剂是萘磺酸盐甲醛缩合物，经化工合成的非引气型高效减水剂。该类减水剂减水率较高（15%～25%），不引气，对凝结时间影响小，与水泥适应性相对较好，能与其他各种外加剂复合使用，价格也相对便宜。

脂肪族高效减水剂是羟基磺酸盐缩合物，一端亲水一端憎水的具有表面活性剂分子特征的减水剂。该类减水剂掺量低，但有一定的坍落度损失，属早强非引气型减水剂，一般不单独使用而用来与萘系减水剂、氨基减水剂、聚羧酸减水剂复合使用。

聚羧酸高性能减水剂是一类以丙烯酸、甲基丙烯酸或马来酸酐为主链，接枝不同侧链长度的聚醚，并以此为基础，衍生的一系列不同特性的高性能减水剂产品。新一代聚羧酸系高性能减水剂具有掺量低、保坍性能好、混凝土收缩率低、分子结构上可调性强、高性能化的潜力大、生产过程中不使用甲醛等突出优点。

适用范围

萘系高效减水剂应用领域与适用范围：

萘系高效减水剂常被用于配制大流动性、高强、高性能混凝土，特别适用于在以下混凝土工程中使用：流态混凝土、塑化混凝土、蒸养混凝土、抗渗混凝土、防水混凝土、自然养护预制构件混凝土、钢筋及预应力钢筋混凝土、高强度超高强度混凝土。

单纯掺加萘系高效减水剂的混凝土坍落度损失较快。另外，萘系高效减水剂与某些水泥适应性还需改善。

脂肪族高效减水剂应用领域与适用范围：

脂肪族高效减水剂是一种发展前景看好的环保型高效减水剂，它具有无毒无害，对水泥的适应性好，减水率高，能显著提高各龄期的抗压强度，特别是早期强度，不含氯盐，对钢筋无腐蚀等优点。但由于用它拌制后的水泥浆泛黄，其应用受到一定的限制，有待于进一步改良；对于其坍落度损失大问题，需要开发出更多的复配的产品，与萘系减水剂、氨基减水剂、聚羧酸减水剂复合使用，以满足不同工程的需要。

聚羧酸高性能减水剂应用领域与适用范围：

聚羧酸高性能减水剂由于具有超分散型，能防止混凝土坍落度损失而不引起明显缓凝，低掺量下发挥较高的塑化效果，流动性保持性好、水泥适应广分子构造上自由度大、合成技术多、高性能化的余地很大，具有掺量低、保坍性能好、混凝土收缩率低、分子结构上可调性强、高性能化的潜力大、生产过程中不使用甲醛等突出优点。但聚羧酸系减水剂温度敏感性强，高温环境下保坍性不足；对砂石集料的含泥量敏感性强，不利于施工；功能性产品较少，很难满足超高、超长距离混凝土泵送、负温施工、超早强混凝土的制备以及混凝土高耐久等要求。

技术指标

萘系高效减水剂

项目	指标
固含量 /%	40%±2%
pH	7～9
Cl⁻ 含量 /%	≤ 0.3
Na_2SO_4 含量 /%	≤ 20
泌水率比 /%	≤ 90
水泥净浆流动度 /mm	≥ 210
砂浆减水率 /%	≥ 17
抗压强度比（1d/3d/7d）	≥ 175 ≥ 165 ≥ 150

脂肪族高效减水剂

项目	指标
固含量 /%	32%±2%
pH	7～9
Cl⁻ 含量 /%	≤ 0.3
Na_2SO_4 含量 /%	≤ 20
泌水率比 /%	≤ 90
水泥净浆流动度 /mm	≥ 180
砂浆减水率 /%	≥ 17

浙江吉盛化学建材有限公司

地址：浙江省杭州湾上虞经济技术开发区纬三路13号
电话：0575-82517372

| 抗压强度比
（1d/3d/7d） | ≥170 ≥160 ≥150 |

聚羧酸高性能减水剂

项目	指标
固含量 /%	40%±2%
pH	5～7
Cl⁻ 含量 /%	≤0.6
Na$_2$SO$_4$ 含量 /%	≤20
泌水率比 /%	≤60
水泥净浆流动度 /mm	≥180
砂浆减水率 /%	≥25
抗压强度比 （1d/3d/7d）	≥170 ≥160 ≥150

生产企业

浙江龙盛集团创始于 1970 年 6 月 13 日，2003 年 8 月"浙江龙盛"股票在上海证券交易所成功上市（股票代码：600352）。龙盛集团于 2005 年成立浙江吉盛化学建材有限公司，注册资本 2937 万美元，是由浙江龙盛集团股份有限公司、龙盛集团控股（上海）有限公司、安诺化学有限公司（香港）和宝利佳有限公司（香港）共同出资组建的一家中外合资企业，是中国建筑材料联合会混凝土外加剂分会常务理事单位。

公司专业研发和生产各类混凝土外加剂系列产品，具有年产高效减水剂 15 万吨、聚羧酸减水剂 1.2 万吨、扩散剂 2 万吨的生产能力，广泛应用于建筑、水利水电、公路、桥梁、隧道等行业中，在国内同行业中位居前列。公司产品销往全国 20 多个省、市、自治区，应用于三峡大坝、杭州湾跨海大桥、成都地铁、重庆轻轨等多项重点工程。同时公司凭借着沿海优势，积极开拓国际市场，产品出口至世界各地，客户遍布亚太、欧洲、中东、拉美等地区 40 多个国家，在全球拥有长期稳定的客户群体。

公司立足现有产品，结合自身技术优势，不断开发新产品，应用新技术，致力于混凝土外加剂及染料中间体的新产品、技术革新等创新、引进、消化、绿色化工技术开发、新技术成果产业化、工程化应用方面探索，集成创新，不断扩大生产规模，提高产品档次，使企业在激烈的市场竞争中始终保持快速、稳健的发展。公司现有员工 300 余人，技术人员 40 余人，销售人员 10 余人，专业检测人员 10 余人，其中具有高级职称 3 人，中级职称 6 人，初级职称 18 人。公司共建成生产线共计 20 条，拥有 10 米压力干燥塔 2 支，实验室 10 余间，分析室 3 间，拥有科研仪器设备 100 余台，包括当今国际先进的气相色谱仪、液质、高压液相等精密仪器。

公司自成立以来坚持"以人为本、科技创新"的观念，依托母公司浙江龙盛控股有限公司强大的技术力量和雄厚的资金支持，坚持学习并采用 ISO 9001、ISO 14001、ISO 45001 管理体系并于 2015 年通过认证，2014 年通过安全标准化认证，2015 和 2016 年度分别被杭州湾上虞经济技术开发区管委会评为自营出口先进企业和纳税先进企业，2016 年被认定为浙江省科技中小型企业、2017 年获绍兴市级专利示范企业和绍兴市级企业研究开发中心荣誉称号，2018 年被认定为绍兴市级"高新技术企业"，2020 年获"上虞区区长质量奖"荣誉称号，拥有发明专利 10 项，实用新型专利 10 项。

浙江吉盛化学建材有限公司

地址：浙江省杭州湾上虞经济技术开发区纬三路 13 号
电话：0575-82517372

证书编号：LB2021WJ003

ASHFORD FORMULA 安斯福妙乐® 混凝土密封固化剂、RETROPLATESYSTEM 力石伯乐® 混凝土致密钢化剂

产品简介

安斯福妙乐®是"二战"后发明的一种无色透明的液体材料，它渗透到混凝土和石造建筑材料内（5～8 mm），起到保护和加强的作用，并使混凝土中的各成分固化成一个坚硬的实体，能增加混凝土的密实度，并在混凝土的生命周期内养护、强化和硬化它们，永久封堵水汽。

力石伯乐®是一种透明的淡黄色液体材料，是建立在安斯福妙乐技术基础上的混凝土密封钢化剂，通过9年时间的99个配方，于1995年正式发明。其独特的配方解决了混凝土面层磨损或研磨后的混凝土毛细孔致密问题，使整体面层耐磨、硬化、抗渗、不起尘，并结合研磨工艺实现美观效果，于1998年获得美国抛光混凝土发明专利。

适用范围

产品适用于新旧混凝土、水磨石、装饰砂浆、水泥基磨石、石膏、所有裸露混凝土及建筑材料的表面，广泛适用于工业地坪、商业地坪、电子医药车间、大型超市停车场、体育中心、清水混凝土内外墙防护、码头等场所。

技术指标

材料类型	液体硬化剂行业标准	安斯福妙乐	力石伯乐
莫氏硬度	—	24小时内莫氏硬度由3增加为6；1个月增加为7；随时间增加而逐步增强	24小时内莫氏硬度由3增加为7；在混凝土上可达到8以上；随时间增加而逐步增强
回弹数据（抗冲击性）	—	回弹数据28天后对比增加13.3%	回弹数据28天后对比增加21%
耐磨度比	≥ 140%	28天耐磨度比对比增强为300%	28天耐磨度比对比增强为400%
渗透性	≤ 5mm	24小时会渗透0.2mm，9～12个月以后渗透为0mm	24小时渗透为0mm
防滑性	—	参照石材防滑性能等级为安全级别	参照石材防滑性能等级为安全级别
抗紫外线	—	经处理过的地面不会因暴露在电磁或水雾中受到影响	经处理过的地面不会因暴露在电磁或水雾中受到影响
VOC含量	≤ 30g/L	不含VOC	不含VOC
防火性	—	防火等级达到A1级	防火等级达到A1级
毒性	—	无毒	无毒

江苏华灿新绿材料科技有限公司

地址：无锡市隐秀路901号联创大厦东16楼
电话：4009011099.0510-85124382
官方网站：www.afrpjhn.cn

工程案例

公司名称	处理场所	面积
广州新白云机场	维修车间	35000m²
北京大兴机场	维修库	38000m²
北京环球影城度假区	停车场	80000m²
百威（武汉）国际啤酒有限公司	灌装车间、货仓	25000m²
中粮米业	生产车间	120000m²
上海同济大学设计院	大厅、办公楼、车库	30000m²
融创中国地产项目	停车场	100000m²
上海金塔医用器材有限公司	净化车间	10500m²
华为工业园	办公楼、车库	250000m²
东风汽车	生产车间	550000m²
麦德龙	全国各超市、卖场、仓库	600000m²

生产企业

　　CURECRETE 公司是一家专业从事密封混凝土的技术研发、销售的企业。在 1947 年，CURECRETE 公司提出了密封的概念，由此掀起了密封混凝土行业的技术革新，从而取代混凝土表面简单的覆盖物处理方式，并于 1995 年发明力石伯乐混凝土抛光系统，又开创了一个全新的行业，成为绿色建材的代名词。

　　江苏华灿新绿材料科技有限公司是美国 CURECRETE 国际化学公司中国总代理，自 1999 年引入以来，填补了中国市场的空白，并参与编订多部国家标准及行业规范，在中国 100 多个城市建立合作伙伴，承诺提供 20 年的质保。自成立以来一直坚持以客户为中心、诚信正直的经营理念，为客户提供绿色、环保、耐用的新型建材和墙地面整体解决方案，推动美丽中国的建设。

江苏华灿新绿材料科技有限公司

地址：无锡市隐秀路 901 号联创大厦东 16 楼
电话：4009011099.0510-85124382
官方网站：www.afrpjhn.cn

证书编号：LB2021WJ004

柱港 ZG-JX- Ⅲ（W）抗裂硅质防水剂、ZG-GNA 混凝土高性能抗裂膨胀剂、ZG-KS 多功能抗侵蚀防腐剂

产品简介

"柱港" ZG-JX- Ⅲ（W）抗裂硅质防水剂产品是利用高品位硅质原料特有的吸附性、离子交换性、耐碱性、热稳定性、环保性等性能通过液压化、改性等一系列特殊的工艺加工而成。将其掺入胶凝材料总质量的 5% 用于砂浆、混凝土中，能改善胶凝体系的微级配以及和易性，同时促使硅质成分水化反应生成硅酸钙、水化铝酸钙等反应产物填充混凝土或砂浆的空隙。该产品是将自密实、补偿收缩、自愈合性等防水机理溶于一体的多功能砂浆、混凝土防水剂。

ZG-GNA 混凝土高性能抗裂膨胀剂是将高纯铝质矿物和钙硅复合材料，由回转窑在特定温度下煅烧而成，并在磨制过程引进经一定温度煅烧的 MgO。在水化过程中，三个膨胀源相互作用，在水泥水化反应的前、中、后期均能发挥合理的膨胀性能，能够很好地补偿混凝土结构工程的收缩，大大提高混凝土的抗裂性能，使建筑物具有更好的耐久性和安全性。

ZG-KS 多功能抗侵蚀防腐剂是我公司经过多年的专项试验和大量的试验数据验证，从而开发出的新一代高性能混凝土多功能抗侵蚀防腐剂。该产品掺入混凝土中能起到混凝土结构自防腐的作用，使混凝土结构具有独特的抵御复杂腐蚀环境条件的能力。ZG-KS 多功能抗侵蚀防腐剂掺入混凝土后，能提高混凝土的抗裂性、护筋性、耐侵蚀性、抗冻性、耐磨性以及抗碱 - 集料反应性能，从而有效提高混凝土结构耐久性，是保证或延长混凝土结构工程的服役年限和寿命的耐久性外加剂。

适用范围

ZG-JX- Ⅲ（W）抗裂硅质防水剂

（1）防水工程、人防地下车库、地下停车场、地下仓库、地下人行道等；

（2）地铁、隧道、水厂、地下管廊、水库大坝、污水处理池、水塔等；

（3）结构楼板、刚性自防水屋面、砂浆防渗层、砂浆防潮层等。

ZG-GNA 混凝土高性能抗裂膨胀剂

主要用于配制补偿收缩混凝土、刚性结构自防水混凝土、大体积混凝土、超长钢筋混凝土结构无缝设计与施工和其他有抗裂防渗要求的特殊工程与部位。

ZG-KS 多功能抗侵蚀防腐剂

主要用于海工工程，包括：海边码头建设，海边的民用、公用建筑等，盐碱地区的各种设施工程。

技术指标

ZG -JX- Ⅲ（W）抗裂硅质防水剂除了各项指标均满足国家相关标准要求外，还具有掺量小（占胶凝材料总量的 5.0%）、泌水率比小、凝结时间差小及 28 天收缩率比小等特点，特别适用于收缩率较大的混凝土防水机构。

掺量更低，膨胀性能高，掺量 6.0% ～ 8.0%；三个膨胀源相互作用，合理补偿性能更优异，技术更成熟；不含碱、氯离子，对钢筋无锈蚀，不影响混凝土的碱 - 集料反应；与外加剂适应性良好。

（1）提高砂浆混凝土耐侵蚀性、抗渗性：BH-KS 多功能抗侵蚀防腐剂组分中有一种特殊的高分子聚合物，掺入砂浆或混凝土中，能生成一种特殊的网状防渗膜，均匀分布在砂浆或内部细骨料表面，使水泥浆、骨料、聚合物三者相互形成一个完整的网络结构，在砂浆或混凝土中堵塞或封闭各种原因产生的毛细孔道，阻止各类侵蚀介质（SO_4^{2-}、Cl^-、HCO_3^-、CO_3^{2-}、NH_4^+、Mg^{2+}）以及其他盐类、泛酸类的地下水、地表水、海水、污水和含盐土壤、可溶盐等侵蚀物质对水泥砂浆或

广西柱港特种新型建材有限公司

地址：广西北海市海城区
电话：18877969851

混凝土内部渗透，减少腐蚀应力，提高了混凝土抗渗性能、耐侵蚀性能等。

（2）提高混凝土的抗裂性、护筋性。ZG-KS多功能侵蚀防腐剂掺入砂浆或混凝土中，其中的高活性微分能够促进水泥水化程度，优化水化产物和激发砂浆或混凝土中活性材料与Ca（OH）$_2$进行二次水化作用，生成更多C-S-H凝胶体，改善水泥石及其骨料的界面结构，同时与聚合物网络膜交织在一起，增强了砂浆或混凝土的各组分之间的粘结强度，并在钢筋的周围形成了一道保护屏障，使砂浆和混凝土具有良好的抗裂性、护筋性。

（3）提高耐磨性及抑制碱-集料反应性能：ZG-KS多功能防腐剂中的超细Si-Al-O组分，掺入砂浆或混凝土中，能生成以铝及硅为核心的四面晶体状物质，在此四面体结晶物附近往往带有多余的负电价，极易吸纳某些游离的K$^+$、Na$^+$，从而使这些原游离态的离子转换成非游离状态，缓解砂浆或混凝土碱-集料反应。同时，反应生成的网状膜、C-S-H凝胶、铝氧四面结晶物交织在一起，可大大提高砂浆、混凝土的强度、密实度，从而提高砂浆、混凝土的耐磨性。

工程案例

北海市古丝路小镇、北海银基酒店、广西金桂纸厂污水处理站项目（钦州）、防城港市第一人民医院改扩建工程等。

生产企业

广西柱港特种新型建材有限公司成立于2019年4月30日，注册地位于广西壮族自治区北海市海城区。公司经营范围包括建材的生产、销售、技术应用；建筑防腐保温工程、水利和内河港口工程、海洋工程；自营和代理一般商品和技术的进出口业务；混凝土外加剂和建筑材料的销售。公司目前主要经营的产品包括：高性能抗裂膨胀剂、镁质混凝土膨胀抗裂剂、ZG-JX-Ⅲ（W）抗裂硅质防水剂、改性高纯聚丙烯纤维、塑钢纤维和抗硫酸盐侵蚀防腐剂、阻锈剂等。产品广泛应用于城市建设的方方面面，尤其是大体积混凝土工程、海港码头建设工程、地下防水工程等，体现了柱港建材在行业中的专业水平和雄厚实力。

柱港建材致力于成为混凝土外加剂及相关建材产品和服务的优质供应商，为我们的客户、员工和股东创造非凡的价值。柱港建材提倡人与自然和谐共处的理念。坚持资源综合利用，努力提升研发与应用绿色、环保、节能低碳新产品的能力。公司积极推进产品结构调整，转型升级，打造资源整合平台，构建集成服务体系，对接客户产业链，为客户带来持续的竞争优势，一同迈向可续发展的未来。

广西柱港特种新型建材有限公司　　地址：广西北海市海城区
电话：18877969851

证书编号：LB2021WJ005

天衣 WHDF 混凝土无机纳米抗裂减渗剂、WHDF-F 混凝土无机纳米防水剂、WHDF-S 砂浆无机纳米防水剂

产品简介

WHDF 混凝土无机纳米抗裂减渗剂是武汉工程大学为完成国家"九五"重点攻关计划"水工高面板堆石坝面板混凝土抗裂、抗渗及耐久性研究"而研制的一种新型高性能混凝土外加剂，它能有效改善新拌混凝土工作性能以及硬化后混凝土的力学性能和变性性能，具有提高混凝土抗裂、密实及耐久性能的功能且具备自修复功能。

WHDF-F 混凝土无机纳米防水剂是用于混凝土的高性能刚性防水材料，能改善混凝土工作性能、使混凝土具有高抗渗性能。

WHDF-S 砂浆无机纳米防水剂是用于水泥砂浆的刚性抗裂防水材料。砂浆中掺入 WHDF-S，能够降低砂浆的收缩变形，提高密实性，增强粘结力，使水泥砂浆具有抗裂、防水及修复裂缝的功能。

适用范围

1.WHDF 混凝土无机纳米抗裂减渗剂

适用于所有对混凝土抗裂及防水性能要求高的建筑工程，包括但不局限于以下工程范围：

①水利水电工程的堤坝以及地下建筑设施等混凝土的抗裂防水；

②军工核电地下工程混凝土的抗裂防水；

③交通建设中的公路、铁路、桥梁、码头、地铁以及海下隧道等混凝土抗裂防水；

④市政工程中自来水及污水处理工程混凝土的抗裂防水；

⑤民用建设中的地下室、厨房、卫生间和屋面现浇混凝土的抗裂防水。

2.WHDF-F 混凝土无机纳米防水剂

适用于所有对混凝土防水性能要求高的建筑工程，包括但不局限于以下工程范围：

①水利水电工程的堤坝以及地下建筑设施等混凝土的自防水；

②军工核电地下工程混凝土自防水；

③交通建设中的公路、铁路、桥梁、码头、地铁以及海下隧道等混凝土自防水；

④市政工程中自来水及污水处理工程混凝土自防水；

⑤民用建设中的地下室、厨房、卫生间和屋面现浇混凝土自防水。

3.WHDF-S 砂浆无机纳米防水剂

适用于外墙工程、各类工程建筑外墙防水防潮处理、家装工程，包括但不局限于以下工程范围：①地下室、厨房、卫生间、阳台及四周内墙等部位的抗裂防水处理；②一楼地面防水防潮工程处理；③瓷砖、大理石及地板砖等装饰材料的水泥砂浆粘贴处理；④外墙砂浆抗裂防潮；⑤水管连接安装及细部处理；⑥明水渗漏封堵处理。

技术指标

1.掺 WHDF 混凝土无机纳米抗裂减渗剂混凝土性能指标

项目		指标要求		
		T/ASC 6006	JC/T 474	GB 8076
泌水率比，% ≤		80	50	70
含气量，% ≤		2.0	—	5.5
凝结时间之差，min	初凝	-90 ～ +120	-90	—
	终凝			
抗压强度比，% ≥	3d	100	100	—
	7d	110	110	115
	28d	110	100	110

武汉天衣新材料有限公司

地址：虎泉街卓豹路武汉工程大学北门科技孵化器大楼 16 层
电话：4007162616
官方网站：http://www.whty2005.com

极限拉伸值比, % ≥	28d	115	—	
收缩率比, % ≤	28d	100	125	135
渗透高度比, % ≤	28d	30	30	—
电通量比, % ≤	28d	80	—	—
吸水量比, % ≤	48h		65	—

2.WHDF-F 混凝土无机纳米防水剂

①密实性能：掺入胶材用量 1% 的 WHDF-F，混凝土抗渗等级达到 P6；掺入胶材用量 2% 的 WHDF-F，混凝土抗渗等级达到 P8。该产品质量承诺由中国人民保险进行承保。

②工作性能：掺入 WHDF-F 后混凝土体系中凝胶增多，混凝土拌合物的塑性黏度相应提高，新拌混凝土不离析、无泌水，能够确保施工泵送不阻泵，工期进展顺利。

3.WHDF-S 砂浆无机纳米防水剂

①纯无机纳米材料：不存在老化问题，防水耐用年限可达 70 年以上。

②自动修复：WHDF-S 防水砂浆与混凝土基面结合紧密，立面残留的物质在遇水时则继续发生水化反应，对微裂缝有自动修复功能。

③环保性能好：对室内装修无任何污染。

④结构密实：掺用 WHDF-S 的砂浆结构密实，防水效果好。经过检测，砂浆透水压力比 ≥ 200%，吸水量比 ≤ 75%，28d 时收缩率比 ≤ 135%，抗渗防潮性能优良。

工程案例

1. 水工工程：湖北恩施小溪口水电站面板常态混凝土工程、芭蕉河一级水电站面板堆石坝工程等。

2. 铁路工程：长沙火车南站、台州火车站、永嘉火车站等。

3. 公路工程：杭瑞高速工程、宜巴高速工程。

4. 市政工程：武汉理工大学马房山地下通道、武汉汉阳拦江大道隧道工程、武汉市武昌友谊大道立交桥地下通道等。

5. 民建工程（部分大型）：藏龙岛星天地地下室、武汉江夏行政办公大楼、武汉岳家嘴小区工程等。

生产企业

武汉天衣新材料有限公司是武汉天衣集团的全资子公司，主要经营 WHDF 混凝土无机纳米抗裂减渗剂。公司于 2005 年成立，注册资金 1000 万元，是武汉工程大学为转化科技成果而注册登记的一家集产学研于一体的高新技术企业，办公地位于武汉工程大学科技孵化器大楼，生产基地位于武汉东湖高新区武汉工程大学科技园内，具有年生产 100 万吨 WHDF 系列产品的能力。

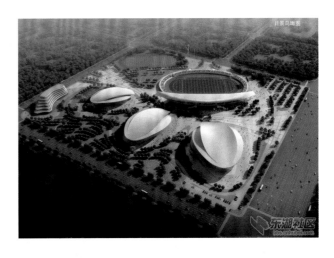

武汉天衣新材料有限公司

地址：虎泉街卓豹路武汉工程大学北门科技孵化器大楼 16 层
电话：4007162616
官方网站：http://www.whty2005.com

证书编号：LB2021WJ006

博众 BOZ-300 聚羧酸高性能减水剂、BOZ-400 早强型聚羧酸高性能减水剂、BOZ-200 缓凝型聚羧酸高性能减水剂

产品简介

BOZ-300 是用于泵送混凝土的新一代聚羧酸类聚合物高性能减水剂。本产品与传统高效减水剂相比，具有出色的高减水率。在高温环境下，具有良好的坍落度保持能力。BOZ-300 不含氯离子，符合中国混凝土外加剂标准 GB 8076—2008《混凝土外加剂》、GB 50119—2013《混凝土外加剂应用技术规范》。

BOZ-400 是用于混凝土的新一代聚羧酸醚类聚合物高效减水剂。本产品与传统高效减水剂相比，具有出色的高减水率。在高温环境下，具有良好的坍落度保持能力。BOZ-301 不含氯离子，符合中国混凝土外加剂标准 GB 8076—2008《混凝土外加剂》和 GB 50119—2003《混凝土外加剂应用技术规范》。它与所有符合国际标准的波特兰水泥相容。

BOZ-200 是一种缓凝型聚羧酸系减水剂母液，具有缓凝、高减水率、与水泥适应性好和绿色环保等特点，同时可在较长的时间内保持混凝土较好的塑性，减少混凝土坍落度损失，降低大体积混凝土绝热温升，降低收缩，减少徐变，对钢筋无腐蚀，特别适用于夏季的混凝土配制与应用。本产品符合中国混凝土外加剂标准 GB 8076—2008《混凝土外加剂》、GB 50119—2003《混凝土外加剂应用技术规范》。它与所有符合国际标准的波特兰水泥相容。

适用范围

BOZ-300 产品适用于泵送混凝土、高流动度混凝土、高耐久性混凝土、高强度混凝土、预拌混凝土和需长途运输的混凝土。

BOZ-400 产品适用于泵送清水混凝土、高流动度混凝土、高耐久性混凝土、高强度混凝土、预拌混凝土和混凝土构件预制。

BOZ-200 产品适用于各类泵送混凝土、大体积混凝土、高架、高速公路、桥梁、水工等混凝土工程建设；炎热气候条件下施工的大体积混凝土、自密实混凝土、高强混凝土等；需要远距离运输的商品混凝土、大流动性混凝土、泵送混凝土等。

技术指标

BOZ-300 产品推荐掺量：取决于配比设计、现场环境，所需减水率和混凝土工作性能要求。范围为 0.5% ～ 2.5%，为满足工程要求优化掺量，应使用工地材料进行试配。

BOZ-400 产品推荐掺量：取决于配比设计、现场环境，所需减水率和混凝土工作性能要求。范围为 0.5% ～ 2.5%，为满足工程要求优化掺量，应使用工地材料进行试配。

BOZ-200 产品推荐掺量：范围为 0.25% ～ 1.0%（以胶凝材料量计），可根据与水泥的适应性、气候的变化和混凝土坍落度等要求，在推荐范围内调整确定最佳掺量（有特殊要求的工程可作特殊的调配）。

工程案例

1. 广州东塔工程；
2. 白云机场隧道超大体积冰水混凝土工程；

广东博众建材科技发展有限公司

地址：清远市清城区雄兴工业园（C2-1 地块）
电话：0763-3151131
传真：0763-3151131
官方网站：www.bozing.cn

3. 广州白云机场二号航站楼工程；

4. 中铁八局广州地铁十四号线 C60 清水混凝土构件；

5. 中铁大桥局广州市轨道交通十四号线 5 标项目；

6. 中建八局新塘至广州北城际轨道工程；

7. 清云高速公路；

8. 龙怀高速公路；

9. 云罗高速公路；

10. 广明高速公路；

11. 广乐高速公路工程；

12. 陆丰核电工程；

13. 梅大高速工程；

14. 珠江新城施工。

生产企业

广东博众建材科技发展有限公司地处广东省清远市清城区雄兴工业园内，占地面积约 30000 平方米，总建筑面积 10000 平方米，聚羧酸系减水剂的年生产能力超过 20 万吨，是一家集研发、生产、销售为一体的现代化混凝土外加剂生产企业。

本公司"博彩众长、科学管理"，高起点、高标准，奉行"质量第一、用户至上，科技创先，以人为本"的宗旨。主要产品为 BOZ 系列高性能混凝土外加剂，所有产品质量稳定，性能优异，与各种水泥的适应性良好，通过优良可靠的售后服务，尽显"优质的产品、优质的服务"特色。

本公司的研发工作由享誉国内外的聚羧酸系减水剂专家李崇智教授领衔，生产采用先进工艺和全自动化控制，质量检测管理体系完备，技术服务队伍精干，可以根据用户需求来设计和提供性能优越的产品，特别是可以提供国内先进的高浓聚羧酸系减水剂原料与聚羧酸系高性能减水剂复配应用技术。

广东博众建材科技发展有限公司

地址：清远市清城区雄兴工业园（C2-1 地块）
电话：0763-3151131
传真：0763-3151131
官方网站：www.bozing.cn

证书编号：LB2021WJ007

豹鸣 HCSA 高性能混凝土膨胀剂

产品简介

HCSA（High Performance Calcium Sulpho Aluminate，HCSA）高性能混凝土膨胀剂是天津豹鸣股份有限公司与中国建筑材料科学研究总院共同研究开发的新一代硫铝酸钙 - 氧化钙类混凝土膨胀剂，荣获国家重点新产品荣誉证书。该产品具有与强度发展相协调的膨胀速率，膨胀能高、稳定性好、安全可靠、对后期水分补充的依赖程度低等特点，是配制高性能膨胀混凝土的理想材料。经工程实践证明，该产品具有高效的抗裂、防渗功能，特别适用于外墙、楼板等难于养护的结构防裂。

适用范围

广泛用于车库、水池、仓筒、地下防水混凝土工程，适用于这些工程中的补偿收缩混凝土、补偿收缩防水混凝土、抗裂性能要求高的大体积混凝土、高强度的桩基混凝土、高性能混凝土、抗裂防水要求高的地下建筑，并适用于实现大体积混凝土和超长无缝连续施工。

技术指标

1. 膨胀能高、膨胀速率快、膨胀稳定性好、对后期水分补充的依赖程度低。

2. 技术指标符合 GB/T 23439—2017《混凝土膨胀剂》标准中 Ⅱ 型产品指标。

3. 采用本产品来配制补偿收缩混凝土，可获得优异的抗裂、防水性能：

（1）能明显改善混凝土的孔结构和孔级配，提高混凝土的抗渗能力（抗渗等级 ≥ P12）。

（2）简化施工工艺，可以实现超长结构连续施工和混凝土结构自防水。

工程案例

陕西省延安水厂、成都天府国际机场地下停车楼、海口海德豪庭、四平市明珠中华城、天津华侨城、北京首都机场 T3 航站楼、天津机场。

生产企业

天津豹鸣股份有限公司是以新型建材制造为主体的科、工、贸一体化高新技术企业，天津市建筑材料十强企业，中国硅酸盐学会混凝土与水泥制品分会膨胀与自应力混凝土专业委员会副理事长单位，中国建筑材料联合会混凝土外加剂分会常务理事单位，膨胀剂国家标准的参编单位之一，同时也是较早从事混凝土膨胀剂生产的厂家之一。公司总部驻地为天津市武清区富民经济区 B 区。公司主体创建于 1972 年，1992 年改组为天津市雍阳新型建材总厂，1995 年与中国建筑材料科学研究院组建了天津豹鸣集团公司，1999 年 11 月由国有制企业改制成立天津豹鸣股份有限公司。

公司注册资金 5292 万元，现有固定资产 2 亿元，年可生产抗裂防水剂、膨胀剂系列产品 40 万吨，减水剂系列产品 4 万吨，下辖多个分支机构。

本公司已通过 ISO 9001 质量管理体系认证、自愿性产品认证和强制性产品认证（3C 认证）。公司的硫铝酸钙类膨胀剂产品在 2003 年通过市级成果鉴定，2004 年获得国家级重点新产品证书；公司 2014 年被中国建筑材料联合会混凝土外加剂分会认定为"重点联系企业"；公司的双膨胀源高性能混凝土膨胀剂制备与应用技术于 2015 年获国家级科技进步一等

天津豹鸣股份有限公司

地址：天津市武清区富民经济区 B 区
电话：康春生 13820173797
传真：022-29342402
官方网站：www.tjbm.com.cn

奖；2017 年 2 月公司产品获得中核集团的合格供应商的资格证书。2018 年公司产品入选《绿色建筑选用产品导向目录》。2019 年公司荣获天津市"建材行业突出贡献企业"证书，2020 年获得环渤海七省市建材业"知名品牌""技术创新型企业"证书。

　　"上善若水，厚德载物，传递价值，回报社会"是我公司企业文化的核心理念，在激烈的市场竞争中，我公司将以"拼搏务实，开拓创新，质量争先，用户至上"的原则，热情为客户服务。

天津豹鸣股份有限公司

地址：天津市武清区富民经济区 B 区
电话：康春生 13820173797
传真：022-29342402
官方网站：www.tjbm.com.cn

143

证书编号：LB2021WJ008

欣生 JX 抗裂硅质防水剂

产品简介

欣生 JX 抗裂硅质防水剂是以高品级天然沸石为主要原料，利用其特有的离子交换性、吸附性、催化性、耐酸、碱、盐性和热稳定性等，通过焙烧、改性等一系列特殊工艺处理而成，是集密实、引气、憎水、二次结晶、微膨胀、减缩等防水抗裂机理于一体的多功能砂浆、混凝土防水剂。由于沸石富含 SiO_2、Al_2O_3，能与水泥进行连续均匀的水化反应，生成具有微膨胀性的硅铝酸钙，可起到补偿早期收缩的作用；同时还能降低体系表面张力，减小水泥毛细孔失水后产生的负压，可起到减小后期干缩的作用。沸石特殊的多孔

架状结构及火山灰活性，能降低水泥水化热和抑制碱－集料反应，减小温差收缩、提高长期稳定性。经改性处理后的沸石微晶能改善水泥拌合物均匀性、和易性，促进水泥水化并形成憎水吸附层和不溶性胶体物质，堵塞毛细孔通道而阻止水分迁移，降低吸水率，提高憎水性和抗渗性。同时还能与水泥水化后产生的 $Ca(OH)_2$ 发生二次反应，生成憎水性结晶物质填充微裂缝，进一步提高密实性和裂缝自愈合能力。其综合性能可达到永久性防水防潮，提高耐久性的作用。

适用范围

产品适用于工业与民用地下工程、市政隧道、山岭及水底隧道、地铁等工程防水防腐；种植屋面，建筑外墙，室内（厕浴间），各种水池、游泳池等工程防水；地下工程渗漏水治理（内做刚性防水彻底解决复漏）。

技术指标

产品执行 JC/T 474—2008《砂浆、混凝土防水剂》、Q/JXF 008—2019《JX 抗裂硅质防水剂》标准，释放氨的量小于 0.01%，放射性建筑材料主体内照射指数 0.22，外照射指数 0.51，均符合 GB 6566—2010《建筑材料放射性核素限量》中建筑主体材料的技术要求。

工程案例

1. 无锡万科润园项目
建筑面积：23787 平方米。
地库防水做法：欣生（江苏万科）标准做法，后为加快工期，将底板迎水面细石混凝土防水层改为内做。
2. 广西南宁邕宁水利项目
应用规模：混凝土方量 15 万立方米。
3. 福州地铁二号线厚庭站、福州大学站
应用规模：两站共 1600 吨。

生产企业

金华市欣生沸石开发有限公司位于金华市经济技术开发区，是一家国家高新技术企业。公司注册资本 5000 万元，现拥有高级科技研发、经营管理人才 20 名，员工 60 余人，拥有完善的营销网络、客户服务和技术队伍。生产基地占地 30 亩，建筑面积 1.5 万平方米。公司形成三条自动化生产线：年产能 10 万吨，实现销售 8 万吨，2017 年销售额 1.5 亿元，利税 1100 万元。拥有长期开采权的高品级丝光沸石矿区资源一处，与清华大学、中国建筑材料科学研究总院、浙江省矿研所等国内知名学府和科研院所有着广泛紧密的合作关系，形成了集矿产资源开发、高新技术产品研发、生产、销售为一体的企业架构。公司自主及联合研发了防水剂、酶制剂等多项科技型新产品，其中欣生 JX 抗裂硅质防水剂为主导产品。

金华市欣生沸石开发有限公司

地址：金华市经济技术开发区
电话：0579-82131867
官方网站：www.jhxs.com

JX 硅质防水剂产品获多省和国家工程建设主管部门科技成果推广项目，自 2003 年以来在国内工业、民用、人防、轨道交通、水利等建设工程中广泛应用，累计防水工程建筑面积达 1 亿多平方米，如：福州地铁、广西邕宁水利、安徽宣城城市管廊、山东潍坊滨海防腐、北海污水处理及大量的住宅地下室等地下工程防水项目，经十多年的考验，防水效果至今良好，得到了广大用户和专家的充分肯定。

企业为国家级高新技术企业，2016 年获中国建筑防水行业"科技进步奖""优秀企业""诚信企业"称号。企业实施"科技争先、市场口碑、管理规范、合作共赢"的战略，目前已列入央视 CCTV 发现之旅"中国制造品质栏目"计划。欣生刚性防水已形成较完善的技术体系，产品生产有标准，设计有标准图集（15 省标图集），施工有企业技术规程，管理有管控流程。

公司以"依托科技、开发资源；发展企业、回报社会"为宗旨；以"根治建筑渗漏、满足用户需求"为使命，从创新防水理念入手，依托沸石资源优势结合矿物特性，运用科技手段，经长期的研究与试验，在 2004 年成功研制了 JX 抗裂硅质防水剂系列产品，其性能具有防渗抗裂、提高强度、无机耐久、绿色环保、施工简便、成本低廉等特点。

JX-Ⅲ W 型
JX抗裂硅质防水剂

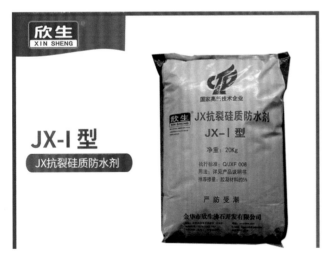

JX-Ⅰ 型
JX抗裂硅质防水剂

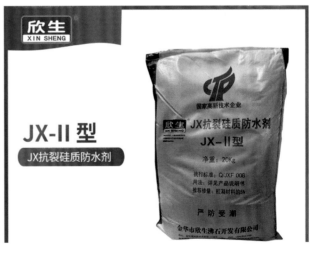

JX-Ⅱ 型
JX抗裂硅质防水剂

145

金华市欣生沸石开发有限公司

地址：金华市经济技术开发区
电话：0579-82131867
官方网站：www.jhxs.com

证书编号：LB2021SJ001

万兴鼎旺聚合物抗裂抹面砂浆、聚合物粘结砂浆

产品简介

聚合物抗裂抹面砂浆是由优质水泥、石英砂、进口胶粉和多种功能性添加剂、外加剂均溷而成的粉状产品。聚合物抗裂抹面砂浆具有柔性高、产品粘结强度高、耐候性强、防水抗裂效果好、使用环保、操作方便等诸多优点。

聚合物粘结砂浆是由水泥、石英砂、聚合物胶结料配以多种添加剂经机械溷合均匀而成。该产品主要用于粘结保温板的粘结剂，亦被称为聚合物保温板粘结砂浆。该粘结砂浆采用优质改性特制水泥及多种高分子材料、填料经独特工艺复合而成，保水性好，粘贴强度高。

适用范围

产品广泛用于建筑墙体、高铁、公路、水渠、建筑保温、机场、冷库等工程领域。

技术指标

聚合物抗裂抹面砂浆：

拉伸粘结强度（与水泥砂浆）原强度	≥ 0.60	符合
拉伸粘结强度（挤塑板）耐水强度 浸水 48h，干燥 2h	≥ 0.30	符合
拉伸粘结强度（挤塑板）耐水强度浸水 48h，干燥 7d	≥ 0.60	符合
拉伸粘结强度（MPa）与挤塑板耐原强度	≥ 0.20	符合
可操作时间（h）	1.5 ～ 4.0	符合
聚合物有效成分含量	≥ 2.0	符合

聚合物粘结砂浆：

拉伸粘结强度（挤塑板）原强度	≥ 0.20	符合
拉伸粘结强度（挤塑板）耐水强度 浸水 48h，干燥 2h	≥ 0.10	符合
拉伸粘结强度（挤塑板）耐水强度 浸水 48h，干燥 7d	≥ 0.20	符合
拉伸粘结强度（MPa）与挤塑板耐冻融强度	≥ 0.20	符合
可操作时间（h）	1.5 ～ 4.0	符合
压折比	≤ 3.0	符合
不透水性	2h	符合
聚合物有效成分含量	≥ 0.30	符合
抗冲击性	3J 级	符合
吸水量	≤ 500	符合

唐山万兴建材有限公司

地址：唐山市开平区北湖工业园区联众道 7 号
电话：0315-5255956
传真：0315-5255956
官方网站：www.tswxjc.com.cn

工程案例

金隅乐府	河茵公寓	依水现代城
红赫世家	清东陵旅游服务基地	丰润仁宝新居
丰润颐和家园	碧海云天	港陆花园
南湖春晓	天景美地	丰南银城 4 期
万达广场	安联优悦城	金瑞国际
第三空间	凤凰湖畔	古冶大都宇
京唐港四季家园	曹妃甸大学城	南湖绿城生态

生产企业

　　唐山万兴建材有限公司成立于 2004 年，是唐山地区较早开始建筑节能保温材料的研发、生产的企业。经过十几年的发展壮大，公司已从最初的作坊式生产发展成为集自动化、专业化、标准化、国际化、创新化生产为一体的新型企业集团，是国家高新技术企业，并通过了 ISO 9001：2015 质量标准体系、环境管理体系、职业健康管理体系认证，是中国塑料加工工业协会聚苯乙烯挤出发泡板材专业委员会理事单位，参与制定国家行业标准（标准号为 GB/T 10801.2—2018《绝热用挤塑聚苯乙烯泡料塑料（XPS）》）、受邀参加《关于消耗臭氧层物质的蒙特利尔议定书》缔结 30 周年纪念大会，并获得为保护臭氧层做出贡献和努力的荣誉。

　　公司主要产品环保型挤塑聚苯乙烯保温板（XPS）年生产能力达 60 万立方米，模塑聚苯乙烯泡沫（EPS）年生产能力 20 万立方米，干湿砂浆耐水腻子年生产能力 30 万吨，溷凝土现浇一体化保温模板年生产能力 200 万平方米，热固复合聚苯乙烯泡沫保温板年生产能力 20 万立方米。

　　"上善若水，厚德载物，传递价值，回报社会"是我公司企业文化的核心理念，在激烈的市场竞争中，我公司将以"拼搏务实，开拓创新，质量争先，用户至上"的原则，热情为客户服务。

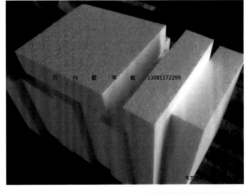

唐山万兴建材有限公司

地址：唐山市开平区北湖工业园区联众道 7 号
电话：0315-5255956
传真：0315-5255956
官方网站：www.tswxjc.com.cn

证书编号：LB2021JJ001

宇豪涂饰人造板类家具（柜类）

产品简介

涂饰人造板类家具（柜类）：主要由木质材料制作，随精装修工程同时安装施工，完工后不可移动的收纳类家具。固定家具一般由柜体、收口条、门板、抽屉等主要部件组成，五金配件还有衣通、挂衣架、裤架、领带抽等。

适用范围

产品主要用于书柜、衣柜、文件柜、床头柜、橱柜等各种柜类。

技术指标

涂饰人造板类家具（柜类）技术指标要求如下：

序号	检测项目	性能指标
1	重金属含量	可溶性铅 ≤ 90mg/kg；可溶性镉 ≤ 75mg/kg；可溶性铬 ≤ 60mg/kg；可溶性汞 ≤ 60mg。
2	甲醛释放限量	≤ 1.5mg/L
3	曲翘度	≤ 3.0mm
4	平整度	≤ 0.2mm
5	脚底平稳性	≤ 2.0mm
6	漆膜耐夜性	应不低于 3 级
7	漆膜耐湿热	应不低于 3 级
8	漆膜耐干热	应不低于 3 级
9	漆膜附着力	应不低于 3 级
10	漆膜耐冷热温差	应无鼓泡、裂缝和明显失光
11	漆膜耐磨性	应不低于 3 级
12	漆膜抗冲击性	应不低于 3 级
13	拉门垂直加载试验	a) 所有零部件无断裂或豁裂；b) 用手揿压某些应为牢固的部件，应无永久性松动；c) 所有零部件应无影响使用功能的磨损或变形；d) 五金连接件应无松动；e) 活动部件（门、抽屉等）开关应灵便；f) 零部件无明显位移变化；g) 搁板弯曲挠度变化值 ≤ 0.5%；h) 顶板、底板最大挠度 ≤ 0.5%；i) 挂衣棍挠度 ≤ 0.4%
14	拉门水平加载试验	a) 所有零部件无断裂或豁裂；b) 用手揿压某些应为牢固的部件，应无永久性松动；c) 所有零部件应无影响使用功能的磨损或变形；d) 五金连接件应无松动；e) 活动部件（门、抽屉等）开关应灵便；f) 零部件无明显位移变化；g) 搁板弯曲挠度变化值 ≤ 0.5%；h) 顶板、底板最大挠度 ≤ 0.5%；i) 挂衣棍挠度 ≤ 0.4%

工程案例

项目名称	地点	目前形象进度
福州建发养云、缙云	福州	在建
北京铁狮门	北京	在建
杭州观云钱塘	杭州	在建
金华婺江映月	金华	竣工

浙江宇豪新材料股份有限公司　　地址：浙江省嘉兴市桐乡市梧桐街道光明路 1243 号 1 幢
电话：0573-88275799

平潭会展中心温德姆酒店	上海	竣工
杭州大家·传宸府	杭州	竣工
杭州大家·璟宸府	杭州	竣工
杭州东城金茂府	杭州	竣工
宁波天一晓著	宁波	竣工
莘庄天荟 T1、T2、T3 楼项目	上海	竣工

生产企业

浙江宇豪新材料股份有限公司是一家集实木原木门、套装木门、成品木饰面、固定家具、各类异型木制品生产的专业企业。注册资金 3999 万元，固定资产 5000 万元，年产值 2 亿元。拥有专业技术人员 22 人，员工达 235 人，形成了从深化设计、技术指导、现场沟通到配套安装一条龙服务体系。

浙江宇豪新材料股份有限公司

地址：浙江省嘉兴市桐乡市梧桐街道光明路 1243 号 1 幢
电话：0573-88275799

证书编号：LB2021MZ001

宇豪胶合板木饰面、平开木内门

产品简介

胶合板木饰面以人造木板为基层，按设计要求选择单板（又称木皮）作为装饰饰面板，经过工厂化加工制作而成的各种装饰面板。木饰面一般由基层材、装饰薄木（单板、木皮）、平衡薄木（单板、木皮）、正面装饰涂层、反面封闭（平衡）涂层组成。

平开木内门适用范围以锯材、胶合材等材料为主要材料复合制成的实型（或接近实型）体，面层为木质单板贴面或其他覆面材料的门。一般分为门套和门扇两部分。

技术指标

胶合板木饰面技术参数

序号	检测项目	性能指标
1	重金属含量	可溶性铅 ≤ 90mg/kg；可溶性镉 ≤ 75mg/kg；可溶性铬 ≤ 60mg/kg；可溶性汞 ≤ 60mg/kg
2	总挥发性有机物（TVOC）释放速率	≤ 0.50mg/（m² · h）
3	甲醛释放限量	≤ 0.124mg/m³
4	表面耐磨性，g/100r	≤ 0.15，且漆膜未磨透
5	漆膜附着力	3级及以上
6	表面抗冲击性	凹痕直径小于或等于10mm，且试件表面无开裂、剥离等
7	表面耐夜性	无褪色、变色、鼓泡和其他缺陷
8	表面耐冷热温差	无褪色、变色、鼓泡和其他缺陷
9	耐光色牢度	≥灰度卡4级
10	耐干热	无褪色、变色、鼓泡和其他缺陷
11	耐湿热	无褪色、变色、鼓泡和其他缺陷
12	耐黄变	$\Delta E \leqslant 3.0$

平开木内门技术参数

序号	检测项目	性能指标
1	重金属含量	可溶性铅 ≤ 90mg/kg；可溶性镉 ≤ 75mg/kg；可溶性铬 ≤ 60mg/kg；可溶性汞 ≤ 60mg/kg
2	甲醛释放限量	≤ 0.124mg/m³
3	含水率，%	6-当地平衡含水率

浙江宇豪新材料股份有限公司

地址：浙江省嘉兴市桐乡市梧桐街道光明路 1243 号 1 幢
电话：0573-88275799

工程案例

项目名称	地点	目前形象进度
福州建发养云、缙云	福州	在建
北京铁狮门	北京	在建
杭州观云钱塘	杭州	在建
金华婺江映月	金华	竣工
平潭会展中心温德姆酒店	上海	竣工
杭州大家·传宸府	杭州	竣工
杭州大家·璟宸府	杭州	竣工
杭州东城金茂府	杭州	竣工
宁波天一晓著	宁波	竣工
莘庄天荟 T1、T2、T3 楼项目	上海	竣工

生产企业

　　浙江宇豪新材料股份有限公司是一家集实木原木门、套装木门、成品木饰面、固定家具、各类异型木制品生产的专业企业。注册资金 3999 万元，固定资产 5000 万元，年产值 2 亿元。拥有专业技术人员 22 人，员工达 235 人，形成了从深化设计、技术指导、现场沟通到配套安装一条龙服务体系。

浙江宇豪新材料股份有限公司　　地址：浙江省嘉兴市桐乡市梧桐街道光明路 1243 号 1 幢
电话：0573-88275799

盾石普通硅酸盐水泥（P·O52.5、P·O42.5）、矿渣硅酸盐水泥（P·S·A42.5）、复合硅酸盐水泥（P·C42.5）

产品简介

公司生产的"盾石"牌系列水泥产品全部由新型干法旋窑工艺系统生产，公司生产的水泥品种主要有P·O52.5、P·O42.5、P·S·A42.5、P·C42.5、M32.5等，公司制定了严于国家标准的内控标准，严格按照质量体系要求实施质量管理和控制。

我公司生产的水泥性能有如下特点：

1. 绿色、环保。公司所生产的各品种水泥的放射性、水溶性六价铬、重金属含量全部符合国标和行业标准限量要求。

2. 公司水泥产品外加剂相容性良好，凝结硬化快，早期、后期强度高，可用于各种工业与民用建筑。

3. 产品稳定性好。出厂产品质量、富裕强度合格率持续100%，28天抗压强度变异系数低于3.0%。

适用范围

普通硅酸盐水泥（P·O52.5、P·O42.5水泥）适用于任何无特殊要求的工程、地上、地下及水中的混凝土、钢筋混凝土及预应力混凝土结构，包括受循环冻融结构及早期强度要求较高的工程，特别适用于有环境水侵蚀的工程。

矿渣硅酸盐水泥（P·S·A42.5水泥）适用于无特殊要求的一般结构工程，有抗硫酸盐侵蚀要求的工程，适用于地下、水中、大体积等混凝土工程，在一般受热（250℃以下）工程和蒸汽养护构建中可优先采用矿渣硅酸盐水泥。

复合硅酸盐水泥（P·C42.5水泥）适用于一般无特殊要求的结构工程，适用于地下、水中、大体积等混凝土工程。

技术指标

普通硅酸盐水泥（P·O42.5）性能指标如下：

日期	LOSS	MgO	SO₃	Cl⁻	凝结时间 min		抗折强度 MPa		抗压强度 MPa	
					初凝	终凝	3天	28天	3天	28天
2020年5月	3.40	5.45	2.26	0.051	173	230	6.1	8.7	29.4	53.0
2020年6月	3.55	5.71	2.04	0.050	174	232	5.8	8.8	28.2	53.1
2020年7月	3.20	5.03	1.97	0.047	170	227	6.0	8.5	28.9	53.7
2020年8月	3.25	4.94	2.30	0.045	171	230	6.0	8.4	28.7	52.1
2020年9月	3.58	4.80	2.19	0.045	163	223	6.2		29.3	

矿渣硅酸盐水泥（P·S·A42.5）性能指标如下：

日期	MgO	SO₃	Cl⁻	凝结时间 min		抗折强度 MPa		抗压强度 MPa	
				初凝	终凝	3天	28天	3天	28天
2020年1月	5.80	1.83	0.033	213	279	5.5	8.8	24.2	50.9
2020年3月	5.80	2.32	0.034	213	280	5.3	9.2	23.7	51.3
2020年4月	5.75	2.15	0.041	181	247	5.6	8.6	23.9	51.3
2020年5月	5.72	2.17	0.049	206	264	5.5	8.9	24.2	51.4
2020年6月	5.74	1.93	0.048	205	262	5.2	8.8	23.6	51.2
2020年7月	5.61	1.87	0.050	185	247	5.7	8.6	24.6	52.4
2020年8月	5.59	2.28	0.048	190	259	5.2	9.0	24.6	50.5

冀东海天水泥闻喜有限责任公司

地址：山西省闻喜县侯村乡西阳村村西
电话：0359-7306088-6087

复合硅酸盐水泥（P·C42.5）性能指标如下：

日期	MgO	SO₃	Cl⁻	凝结时间 min		抗折强度 MPa		抗压强度 MPa	
				初凝	终凝	3天	28天	3天	28天
2020年3月	5.31	2.30	0.038	246	316	4.7	9.0	19.9	48.4
2020年4月	5.85	2.18	0.041	221	291	4.7	8.9	20.3	47.6
2020年5月	4.65	2.30	0.040	238	299	4.9	8.8	20.2	47.0
2020年6月	5.18	1.87	0.048	228	288	4.9	8.9	19.9	47.8
2020年7月	5.34	1.47	0.050	216	283	5.1	9.3	20.4	48.8
2020年8月	5.19	1.87	0.045	204	267	5.1	9.0	20.6	48.6

工程案例

公司水泥产品覆盖晋南区域运城市、临汾市、河南三门峡、洛阳、平顶山、渭南等区域。贯穿全省的大西高铁晋南段全部采用我公司的普通硅酸盐水泥，重载铁路中南通道、霍州到永和高速公路、东镇至济源高速公路部分标段优先使用我公司产品。目前公司水泥广泛应用于310国道工程、灵宝绕城高速等重点工程。

生产企业

冀东海天水泥闻喜有限责任公司是由金隅冀东水泥（唐山）有限责任公司与山西鑫海天实业有限公司于2008年1月共同投资创立的现代化水泥生产企业，企业类型为国有控股公司，占地598亩，固定资产9.95亿元，是一条日产4500吨熟料水泥生产线，拥有资源综合利用日产4500吨新型干法水泥熟料生产线、9MW纯低温余热发电站及石灰石矿山。公司年可生产熟料155万吨、各种型号水泥230万吨。主要产品为P·O52.5、P·O42.5、P·C42.5、P·S·A42.5、M32.5水泥，产品主要覆盖运城、临汾及三门峡市场，公司产品具有富裕度高、品质稳定、色泽均匀、温度低、含碱量低、和易性好，外加剂适应性好等特点，深受广大客户喜爱。

公司综合利用镁渣、炉渣、钢渣、粉煤灰、矿渣等工业废弃物作为水泥生产用的替代原料和混合材，年综合利用工业废弃物超过100万吨，既节减了不可再生资源的用量，也可降低企业的生产成本，又大大减少了废渣堆存占用土地及对周边生态环境的污染。9MW纯低温余热发电机组所发电力全部用于水泥生产，生产自供电率达到30%以上，充分体现了水泥工业的循环经济和可持续发展的要求。

公司立足可持续、绿色发展战略，始终坚持"全面规划、预防为主、综合治理"的方针和"谁污染谁治理、谁开发谁保护、谁利用谁管理"的原则，各项环保设施正常运行。安装烟气污染连续监测装置，并与各级环保部门实施数据联网，在线查询NOₓ、SO₂的排放情况，设备运行情况良好，被政府列为水泥烟气脱硝试点企业之一；严格遵守《环境保护法》《矿产资源法》等国家法律法规，按照《矿产资源开采方案》《矿山土地复垦方案》《矿山资源环境保护与治理恢复方案》，在合理开采矿产资源的同时积极开展矿山环境保护与治理恢复工作；对标优秀矿山企业，坚持"绿水青山就是金山银山"，努力建设绿色矿山。

公司通过职业健康安全管理体系、质量管理体系、环境管理体系、测量管理体系、能源管理体系五体系认证；连年获得"质量全合格单位""山西省质量管理优秀企业""山西省建材行业先进单位"。

公司秉承"信用、责任、尊重"的核心价值观，以"使命金隅、价值金隅、责任金隅"为使命，以"进入世界500强，打造国际大型产业集团"的企业愿景为目标，切实践行"重实际、重创新、重效益"的企业精神和"想干事、会干事、干成事、不出事、好共事"的干事文化，为地方经济发展做出企业应有的贡献。

型材、密封胶、外加剂、预拌砂浆、人造板、木质地板及木质家具、木质门　水泥　金属复合材料、陶瓷砖、地坪材料、建筑涂料、胶粘剂、道路材料、防水卷材与防水涂料、其他材料

冀东海天水泥闻喜有限责任公司　地址：山西省闻喜县侯村乡西阳村村西
电话：0359-7306088-6087

型材｜密封胶｜外加剂｜预拌砂浆｜人造板、木质地板及木质家具、木质门｜**水泥**｜金属复合材料｜陶瓷砖｜地坪材料｜建筑涂料｜胶粘剂｜道路材料｜防水卷材与防水涂料｜其他材料

证书编号：LB2021SN002

祁连山通用硅酸盐水泥 P·O42.5、P·O42.5R、P·O52.5；复合硅酸盐水泥 P·C42.5；砌筑水泥 M32.5

产品简介

　　天水祁连山水泥有限公司位于甘肃省天水市武山县马力镇，年生产水泥 197 万吨。主导产品有 P·O42.5 和 P·O42.5R 普通硅酸盐水泥；均严格按国家标准 GB 175—2007 组织生产，各项品质指标均优于国家标准，质量优良，早期强度高，耐久性好，深受广大用户欢迎。

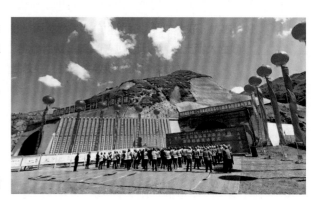

适用范围

　　P·O42.5 和 P·O42.5R 普通硅酸盐水泥硬化时干缩小，不易产生干缩裂缝。主要用于高速公路、基础工程、农村房屋建筑工程中的各类构件制作，如混凝土圈梁、现浇楼梯、柱、梁、板等构件；生产预应力混凝土构件等；还可当作地板砖、转饰面砖的胶结材料。

技术指标

　　P·O42.5 和 P·O42.5R 普通硅酸盐水泥：密度 $3.07kg/m^2$；比表面积 $325 \sim 355m^2/kg$；标准稠度：$26.0 \sim 28.0$；初凝时间：$170 \sim 190min$；终凝时间：$220 \sim 240min$；安定性小于 4.0mm；3 天抗压强度大于 24.0MPa；28 天抗压强度大于 48.0MPa；月变异系数小于 2.5%。

工程案例

　　1.2020 年，定临高速，未竣工 使用水泥 4 万吨，主要用于桥梁、隧道、涵洞建设；

　　2.2020 年，通定高速，未竣工 使用水泥 5 万吨，主要用于桥梁、隧道、涵洞建设；

　　3.2020 年，陇漳高速，未竣工 使用水泥 3 万吨，主要用于桥梁、隧道、涵洞、路面建设；

　　4.2020 年，武山美神养殖有限公司邓湾苗猪场一、二标段建设用 P·O42.5、P·O42.5R 普通硅酸盐水泥 3000 吨，主要用于地基、地面建设。

天水祁连山水泥有限公司

地址：甘肃省天水市武山县马力镇
电话：0938-3173033

5.2019—2020 年，武山县昊龙明珠商住楼建设用 P·O42.5 普通硅酸盐水泥、M32.5 水泥 6200 吨，主要用于地基、地面、主体结构建设；

6.2020 年，武山县人民医院异地迁建项目建设用 P·O42.5 普通硅酸盐水泥 2500 吨，主要用于地基、地面、主体结构建设；

7. 天水万达广场项目，建筑面积 135194.31m²，未竣工，2020 年使用水泥 2 万吨，主要用于楼盘主体结构建筑；

8. 甘肃建投天水中心项目，建筑面积 85123.22m²，未竣工，2020 年使用水泥 1 万吨，主要以地下车库以及主体结构建筑。

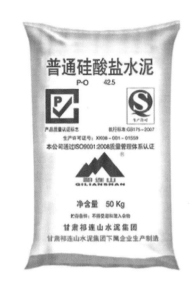

生产企业

天水祁连山水泥有限公司系中国建材集团有限公司下属甘肃祁连山水泥集团股份有限公司全资子公司，位于天水市武山县马力镇，注册资本为 3 亿元，厂区占地面积 400 亩。公司前身甘肃武山水泥厂始建于 1970 年，地处武山县。

公司是省政府于 2012 年与中材集团签约实施的"央企入甘"重大工业骨干企业，更是祁连山水泥集团推动供给侧结构性改革，淘汰落后产能、实施减量置换，应用二代干法技术、推进产业升级的积极实践，采用新型干法预分解生产工艺和纯低温余热发电技术，建设一条从矿山开采、生料粉磨、熟料煅烧、水泥粉磨到包装发运的日产 4500d 新型干法水泥生产线，并配套建设一座 7.5MW 纯低温余热电站，年产熟料 140 万吨，年产水泥 197 万吨。公司对优化资源配置，推动区域经济社会高质量发展发挥重要作用。荣获 2019 年甘肃省"五一劳动奖状"，并同时被命名为甘肃省"安康杯"竞赛示范单位。

公司以打造西北地区智能化示范线为目标，按照六星标准全力打造系统内标杆企业。公司全面推进生产工艺技术创新，实施了 ETM 设备全生命周期管理系统、能源管理系统、视频监控巡检系统、进出厂物流及装车一卡通系统、余热发电"一键启动"系统、机器人自动装车系统、生料自动配料系统等国内外先进智能化技术，不断提升公司自动化程度和智能化运行水平，努力实现"数据集中化、操作实施化、管理规范化、决策科学化"。

天水祁连山水泥有限公司　　　　地址：甘肃省天水市武山县马力镇
　　　　　　　　　　　　　　　　　　电话：0938-3173033

型材 密封胶 外加剂 预拌砂浆 人造板、木质地板及木质家具、木质门 水泥 金属复合材料 陶瓷砖 地坪材料 建筑涂料 胶粘剂 道路材料 防水卷材与防水涂料 其他材料

证书编号：LB2021SN003

中联牌普通硅酸盐水泥（P·O42.5、P·O42.5R）、火山灰质硅酸盐水泥（P·P32.5R）

产品简介

"CUCC"中联牌通用硅酸盐水泥产品对配料质量进行在线实时分析，出磨生料三率值合格率达到90%以上。加强熟料岩相分析，不断优化操作，加强过程控制，熟料28天强度提高2MPa以上。齐抓共管，调整配料方案，强化均化管理，提高水泥稳定性，降低水泥标准偏差，实现出厂产品质量三个100%。

公司生产的水泥品种有P·O42.5、P·O42.5R、P·P32.5R等，实物质量远高于国家标准。公司制定了严于国家标准的内控技术标准，严格按照质量管理体系要求实施质量管理和控制，确保了郏县中联的水泥品质能够满足不同市场、不同客户的需求。

适用范围

产品适用于国防、交通、水利、工农业及城市建设等复杂而质量要求较高的工程。

技术指标

P·O42.5R出厂水泥质量情况如下：

2020年	4月	5月	6月	7月	8月	9月	10月	11月	12月	国家标准
3天抗压强度	33.0	32.4	32.8	32.4	33.0	32.7	31.8	32.3	32.4	≥ 22.0
28天抗压强度	52.8	52.5	52.1	51.8	52.2	52.3	51.5	52.1	52.5	≥ 42.5
28天变异系数 %	0.93	1.03	0.99	1.01	1.04	1.08	1.10	1.00	0.97	≤ 3.5

P·O42.5出厂水泥质量情况如下：

2020年	4月	5月	6月	7月	8月	9月	10月	11月	12月	国家标准
3天抗压强度	32.9	32.7	32.5	32.6	32.8	32.6	32.4	32.5	32.6	≥ 17.0
28天抗压强度	51.9	52.0	51.6	51.8	51.4	51.5	51.2	52.0	52.2	≥ 42.5
28天变异系数 %	1.21	1.32	1.28	1.38	1.42	1.15	1.30	1.35	1.39	≤ 3.5

P·P32.5R出厂水泥质量情况如下：

2020年	4月	5月	6月	7月	8月	9月	10月	11月	12月	国家标准
3天抗压强度	19.2	19.9	20.2	20.5	20.3	19.7	19.8	20.4	20.5	≥ 15.0
28天抗压强度	40.0	40.5	40.4	40.6	40.9	40.1	40.6	41.5	41.6	≥ 32.5
28天变异系数 %	1.48	1.89	2.00	1.41	1.91	1.94	1.85	1.96	1.76	≤ 4.5

郏县中联天广水泥有限公司

地址：河南省郏县黄道镇林场万花山林区
电话：0375—7216369
官方网站：www.cuccjxzl.com

工程案例

公司产品覆盖河南、安徽等区域，广泛适用于国防、交通、水利、工农业及城市建设等复杂而质量要求较高的工程。（1）高速公路：郑尧高速平顶山段高速公路工程，京珠高速漯河段加宽工程，许昌至南阳高速平顶山段高速公路工程；（2）水利工程：南水北调燕山水库工程，南水北调沙河大渡槽项目，平顶山市白龟山水库改造工程；（3）桥梁：郑州黄河高速公路大桥，郏县汝河大桥；（4）电厂：平顶山鲁阳电厂，驻马店热电厂；（5）其他重点工程：平顶山市委大楼，驻马店三维大厦，平顶山欧洲花园住宅群，许昌市师范学院工程，平顶山市总医院病房大楼。

生产企业

郏县中联天广水泥有限公司位于河南省平顶山市郏县，紧临郑万高铁、禹亳铁路、洛界高速与郑尧高速的交汇处，拥有 2500t/d 新型干法熟料生产线及配套 5MW 纯低温余热发电系统，2 台 $\phi 3.8 \times 13m$ 高效联合水泥粉磨系统，年产水泥 150 万吨，是"世界 500 强企业"之一中国建材集团成员企业，是中国联合水泥集团的核心企业。公司拥有雄厚的技术开发实力、先进的技术水平、完备的生产检测设备、科学规范的经营管理和完善的质量保证体系，公司通过 ISO 9001 质量管理、ISO 14001 环境管理、GB/T 28001 职业健康安全管理体系、ISO 50001 能源管理体系认证和产品质量认证，是安全生产标准化一级企业。

公司经营范围为水泥制造及销售；干（湿）混砂浆、商品混凝土及混凝土结构构件、混凝土砌块、装配式建筑构件制造及销售；矿渣、粉煤灰微粉加工及销售；道路普通货物运输、普通货物仓储服务；石灰石开采、砂石骨料加工及销售。依靠完备的质量保证体系与控制手段，主要生产"中联"（CUCC）牌 P·O42.5R、P·O42.5、P·P32.5R 等多种型号的水泥产品，以统一的"中联"（CUCC）产品品牌，向客户提供一致性的产品品质和服务。"CUCC"中联牌水泥具有安定性好，凝结时间适中，早期、后期强度高，和易性、耐磨性、可塑性、均匀性优良，色泽美观，碱含量低等特点，实物质量达到国际先进水平，适用于国防、交通、水利、工农业及城市建设等复杂而质量要求较高的工程。

"中联"牌水泥以其优良的质量品质，成为全国政府采购产品和消费者信得过产品；荣获"平顶山市市长质量奖""河南省质量诚信 A 级企业"和"消费者信得过产品"。致力追求"过程精品"是企业的质量宗旨；"全天候服务，全方位服务，全过程服务和让客户满意"是企业的服务承诺。

公司崇尚"善用资源、服务建设"的理念，愿同更多有志之士一起，致力营造人类生活与自然环境的和谐统一，愿与更多的客商在更多领域合作，多赢共赢，推动水泥行业的快速发展，共同开创更加美好的未来。

郏县中联天广水泥有限公司

地址：河南省郏县黄道镇林场万花山林区
电话：0375—7216369
官方网站：www.cuccjxzl.com

证书编号：LB2021SN004

金隅通用硅酸盐水泥（P·O42.5、P·F32.5、P·C42.5）

产品简介

保定太行和益环保科技有限公司生产的"金隅"牌系列水泥产品全部由新型干法旋窑工艺系统生产，公司生产的水泥品种主要有P·O42.5、P·F32.5、P·C42.5、P·RS32.5等，还可以根据客户的需求定制生产特殊性能水泥产品。公司制定了严于国家标准的内控标准，严格按照质量体系要求实施质量管理和控制，水泥实物质量远高于国家标准，确保了金隅冀东的水泥品质能够满足不同工程、不同客户的需求。

适用范围

普通硅酸盐水泥可用于任何无特殊要求的工程。经过专门的检验，也可用于受热工程、道路、低温下施工工程、大体积混凝土工程和地下工程，特别是有环境水侵蚀的工程。

复合硅酸盐水泥适用于工业和民用建筑等工程以及港航工程及地下隧道等。产品性能稳定，后期强度增进率大，和易性好，干缩率小，水化热高，抗冻性好，耐腐蚀性好。

粉煤灰硅酸盐水泥可用于一般无特殊要求的结构工程，适用于地下、水中、大体积等混凝土工程。

技术指标

P·O42.5 出厂水泥质量情况如下：

2020 年	1 月	2 月	3 月	4 月	5 月	6 月	国家标准
2020 年	7 月	8 月	9 月	10 月	11 月	12 月	国家标准
3 天抗压强度平均值 MPa	29.2	28.8	28.9	29.0	30.3	29.6	≥ 17.0
28 天抗压强度平均值 MPa	55.5	54.3	54.7	54.7	55.4	55.5	≥ 42.5
28 天抗压强度变异系数 %	1.5	1.3	2.0	1.9	2.3	2.1	≤ 3.5

P.F32.5 出厂水泥质量情况如下：

2020 年	1 月	2 月	3 月	4 月	5 月	6 月	国家标准
3 天抗压强度平均值 MPa	/	18.4	18.2	19.0	19.3	18.5	≥ 10.0
28 天抗压强度平均值 MPa	/	39.1	40.4	42.6	42.1	41.3	≥ 32.5
28 天抗压强度变异系数 %	/	2.0	3.4	3.0	3.1	2.6	≤ 4.5

P·C42.5 出厂水泥质量情况如下：

2020 年	7 月	8 月	9 月	10 月	11 月	12 月	国家标准
3 天抗压强度平均值 MPa	24.4	23.5	25.2	25.7	/	/	≥ 15.0
28 天抗压强度平均值 MPa	49.9	49.6	50.4	51.3	/	/	≥ 42.5
28 天抗压强度变异系数 %	2.3	3.2	3.3	2.9	/	/	≤ 4.5

保定太行和益环保科技有限公司

地址：保定市易县高村镇八里庄村
邮编：074200
电话：0312-8806676

型材 密封胶 外加剂 预拌砂浆 人造板、木质地板及木质家具、木质门 水泥 金属复合材料 陶瓷砖 地坪材料 建筑涂料 胶粘剂 道路材料 防水卷材与防水涂料 其他材料

工程案例

公司水泥产品覆盖北京、天津、雄安新区、保定等区域，广泛应用于荣乌高速、京雄高速、京德高速、安大建材道路、河北雄安徐水调蓄库、高铁站地下管廊、安置区、新区内公园等重点工程。

生产企业

保定太行和益环保科技有限公司是由北京金隅集团股份有限公司与河北建设集团股份有限公司共同投资组建的水泥生产企业，公司成立于 2002 年 11 月 14 日，公司拥有一条日产 3000 吨新型干法水泥生产线，可年产水泥 120 万吨，产品主要为 P·O42.5 普通硅酸盐水泥、P·C42.5 复合硅酸盐水泥、P·F32.5 粉煤灰硅酸盐水泥，并可根据用户的需要生产其他型号的各种水泥。该生产线采用当前国际先进的水泥生产工艺，生产过程全部采用计算机集中控制，技术装备达到了国内先进水平。

公司产品以我国水泥行业知名商标"金隅"牌进行注册，并严格按照北京金隅股份有限公司"金隅"水泥的内控指标组织生产，确保产品质量达到国家优等品标准。

公司将以新企业、新机制的经营特点贯穿于企业的生产经营活动中，并秉承"诚信第一，品牌至上"的宗旨，诚实守信，积极进取，为客户创造价值；精益求精，与时俱进，为社会创造价值。

保定太行和益环保科技有限公司

地址：保定市易县高村镇八里庄村
邮编：074200
电话：0312-8806676

证书编号：LB2021SN005

金隅普通硅酸盐水泥（P·O42.5）、矿渣硅酸盐水泥（P·S·A32.5）

产品简介

张家口金隅水泥有限公司主营产品为普通硅酸盐水泥 P·O42.5. 矿渣硅酸盐水泥 P·S·A32.5，并全部通过了国家产品质量认证。公司产品以"金隅"商标注册，严格执行国家标准 GB 175—2007，强度内控标准远远高于国家标准，受到张家口地区及周边消费者的青睐。产品连续多年获得"全国质量信得过产品"称号。

适用范围

产品广泛应用于各大公路、铁路、桥梁及高层建筑，深得用户信赖。

技术指标

P·O42.5 水泥 3 天强度控制在（28±1）MPa；28 天强度控制在（52±1）MPa，P·S·A32.5 水泥 3 天强度控制在（17±1）MPa；28 天强度控制在（37±1）MPa。均远远高于国家标准。

工程案例

张石、张承、张涿、张唐、延崇、张尚等各大高速道路、太锡铁路、张唐铁路；张家口彩虹桥、张家口尚峰广场、张家口新华大厦、张家口公安大楼等项目。

生产企业

张家口金隅水泥有限公司是北京金隅集团（股份）有限公司的控股企业，2009 年注册成立，其前身为 1958 年建厂的"河北宣化黄羊山水泥有限公司"，是一家以生产销售水泥、石灰石、高炉超细矿渣粉、脱硫石膏、铁尾矿及粉煤灰为主的国有企业。公司产品以"金隅"商标注册。

公司拥有一条年产 100 万吨现代化水泥生产线，一条日本宇部年产 60 万吨超细矿渣粉立磨生产线，两条国产 30 万吨矿渣粉立磨生产线，年生产能力 220 万吨，自有优质石灰石矿山基地一座，公司院内新建 20 万吨粉煤灰仓储与分选设备。公司通过了国家标准质量管理体系认证、环境管理体系认证、职业健康与安全管理体系认证、测量管理体系认证和能源管

张家口金隅水泥有限公司

地址：河北省张家口市宣化区幸福街 147 号
电话：03133863332
传真：03133863328

理体系认证。公司产品荣获"河北省名优产品"称号。

公司接近 60 年制造水泥的技术沉淀和人文精神，秉承"诚信为首、合作共赢、互惠互利"的经营理念和"至臻至善、追求卓越"的服务宗旨，立足转型升级、绿色发展，发挥工业废渣废料资源丰富的优势，逐步形成日臻完善的水泥生产、混合材加工和供应基地，年可供应水泥 150 万吨、粉煤灰 85 万吨，其他混合材均能满足市场需求。企业 2018 年、2019 年、2020 年连续获得"全国质量信得过产品"和"全国质量诚信示范企业"称号；连续多年被河北省工商局评为"重合同、守信誉"单位，连续 3 年荣获环渤海地区建材行业"诚信企业"和"知名品牌"证书；连续 8 年获张家口市"百强企业"称号。公司秉承绿色环保理念，大力发展循环经济，先后被授予张家口重点工程"节能降耗"成果奖，张家口市"劳动关系和谐企业"、河北省"百强企业"、河北省"对标行动先进单位"、河北省"发散先进单位"、金隅集团先进单位、宣化区"五一劳动奖状"等荣誉。

公司注册资金 3.7 亿元，主营产品为普通 52.5.42.5.42.5（低碱）、矿渣 32.5 水泥，粉煤灰与脱硫石膏，并全部通过了国家产品质量认证。产品广泛应用于张石、张承、张涿、张唐、延崇等各大高速道路、桥梁及高层建筑，深得用户信赖。

在集团支持下，公司于 2013 年联合涿鹿金隅、广灵金隅、宣化金隅着手建设冀西北建材基地，年可周转供应优质粉煤灰 85 万吨。

公司将秉承"共荣、共享、共赢、共融"的和谐发展理念，借助冬奥会及京津冀一体化发展机遇，与各界同仁继续开展真诚合作，谋求协同发展与共赢。

张家口金隅水泥有限公司

地址：河北省张家口市宣化区幸福街 147 号
电话：03133863332
传真：03133863328

证书编号：LB2021SN006

冀东复合硅酸盐水泥（P·C42.5）、普通硅酸盐水泥（P·O42.5、P·O42.5R）

产品简介

复合硅酸盐水泥P·C42.5：强度适中、水化热较低、和易性好、耐热性好、保水性好、粘结性好、抗冻性好。

普通硅酸盐水泥P·O42.5R：早期强度高，需水量低，抗冻、抗渗性强，氯离子含量低，混凝土耐久性好。

普通硅酸盐水泥P·O42.5：早期强度高，耐久性较强、和易性较好、抗冻性较好、抗渗性较好。

适用范围

产品广泛适用于交通、水利、工农业及城市建设等工程领域。

技术指标

产品名称	检测项目	计量单位	检测结果
复合硅酸盐水泥P·C42.5	筛余细度	%	0.5
复合硅酸盐水泥P·C42.5	凝结时间（初凝）	min	247
复合硅酸盐水泥P·C42.5	凝结时间（终凝）	min	309
复合硅酸盐水泥P·C42.5	三氧化硫	%	2.31
复合硅酸盐水泥P·C42.5	氧化镁	%	3.88
复合硅酸盐水泥P·C42.5	抗压强度（3天）	MPa	32.6
复合硅酸盐水泥P·C42.5	抗压强度（28天）	MPa	52.9
普通硅酸盐水泥P·O42.5R	比表面积	m^2/kg	371
普通硅酸盐水泥P·O42.5R	凝结时间（初凝）	min	225
普通硅酸盐水泥P·O42.5R	凝结时间（终凝）	min	287
普通硅酸盐水泥P·O42.5R	三氧化硫	%	2.26
普通硅酸盐水泥P·O42.5R	氧化镁	%	3.60
普通硅酸盐水泥P·O42.5R	烧失量	%	1.96
普通硅酸盐水泥P·O42.5R	抗压强度（3天）	MPa	29.9
普通硅酸盐水泥P·O42.5R	抗压强度（28天）	MPa	55.8
普通硅酸盐水泥P·O42.5	比表面积	m^2/kg	373
普通硅酸盐水泥P·O42.5	凝结时间（初凝）	min	253
普通硅酸盐水泥P·O42.5	凝结时间（终凝）	min	315
普通硅酸盐水泥P·O42.5	三氧化硫	%	2.18
普通硅酸盐水泥P·O42.5	氧化镁	%	4.02
普通硅酸盐水泥P·O42.5	烧失量	%	1.96
普通硅酸盐水泥P·O42.5	抗压强度（3天）	MPa	30.8
普通硅酸盐水泥P·O42.5	抗压强度（28天）	MPa	55.3

冀东水泥（烟台）有限责任公司

地址：福山区张格庄镇黄连墅村南
电话：0535-3450206
微信公众号：金隅冀东水泥烟台公司

工程案例

近一年申报产品典型工程案例			
工程名称	竣工时间	应用部位	应用量
文莱高速	2020.9	桥柱等主体	15 万吨
威海"小汤山"医院	2020.3	结构主体及附属	0.18 万吨

生产企业

冀东水泥（烟台）有限责任公司坐落于全国知名的大樱桃生产基地山东省烟台市福山区张格庄镇，占地面积396亩，距烟台港35公里，距烟台火车站30公里，距荣乌高速公路15公里，交通便利。厂址地处丘陵地带，气候宜人，冬无严寒，夏无酷暑，自然环境优越。

冀东水泥（烟台）有限责任公司为北京金隅集团下属的国有全资子公司，于2009年4月成立，目前公司职工共251人，注册资本32800万元，总投资9.3亿元，是一条日产5000吨熟料带纯低温余热发电新型干法水泥生产线。经营范围：普通货运、货物专用运输（罐式）；露天开采水泥用大理石；生产、销售水泥、水泥熟料；加工、销售水泥制品、石料；水泥窑余热发电；货物和技术进出口业务。公司于2009年6月开工建设，2010年10月26日回转窑点火成功，2011年4月正式投产。为保证节能降耗和发展循环经济的需要，公司生产工艺、环保设施具有国际先进水平，同步配套建设12MW纯低温余热发电机组，其电站的电力全部用于水泥生产，自供电率达到30%以上。

冀东水泥（烟台）有限责任公司已通过国家GB/T 28001职业健康安全管理体系、ISO 14001环境管理体系和ISO 9001-2012/ISO 50001能源管理体系认证，取得产品认证证书，为烟台、威海地区及青岛地区提供优质"盾石"牌水泥，对于地方水泥产业结构调整和经济社会可持续发展将发挥重要的促进作用，获得"烟台市节能先进单位""山东省安全生产优秀班组""全国建材行业质量认证活动优秀企业""全国设备管理创新成果二等奖""环渤海地区建材行业诚信企业（AAA级）""环渤海地区建材行业知名品牌"等称号。

公司秉承"信用、责任、尊重"的核心价值观，坚持"共融、共享、共赢、共荣"的发展理念，衷心致力于打造金隅集团标杆企业。

冀东水泥（烟台）有限责任公司

地址：福山区张格庄镇黄连墅村南
电话：0535-3450206
微信公众号：金隅冀东水泥烟台公司

证书编号：LB2021SN007

BBMG 普通硅酸盐水泥（P·O42.5）、矿渣硅酸盐水泥（P·S·A32.5）

产品简介

　　我公司生产有普通硅酸盐水泥 P·O42.5 及矿渣硅酸盐 P·S·A32.5 两种。其中普通硅酸盐水泥具有凝结时间短，高强，和匀性好，快硬，早期强度高，抗冻、耐磨，抗渗透性较强等优点。缺点是耐酸、碱等化学腐蚀较差。矿渣硅酸盐水泥耐热性好，水化热较低，耐硫酸盐类腐蚀，在潮湿环境中后期强度增长快。

适用范围

　　产品广泛应用于各大公路、铁路、机场和桥梁及高层建筑，口碑良好，深得用户信赖。

技术指标

序号	对比样品产品名称	检验单位	编号	抗压强度 MPa	
				3 天	28 天
1	普通硅酸盐水泥	省建材站	SO40114	28.0	53.1
		本　厂	SO40114	28.8	53.8
2	矿渣硅酸盐水泥	省建材站	DA30163	17.9	47.6
		本　厂	DA30163	17.6	47.3

宣化金隅水泥有限公司　　地址：河北省张家口市桥东区大仓盖镇梅家营村
电话：0313-3272655

工程案例

张石、张承、张涿、张唐、延崇、张尚等各大高速道路、张家口机场、张家口市民广场、张家口帝达购物广场、张家口凯地广场、张唐铁路、张家口高铁站、张家口新华大厦、张家口公安大楼等高层建筑，还有张家口周边地区等多处民用建筑。

生产企业

宣化金隅水泥有限公司位于河北省桥东区大仓盖镇梅家营村北张家口市望山循环经济示范园区内，占地319亩。

宣化金隅水泥有限公司成立于2011年5月，生产线于2011年7月破土动工、2012年8月18日点火烘窑；2012年9月18日投料生产。公司通过了GB/T 19001—2008 idt ISO 9001：2008 质量管理体系认证、GB/T 28001—2011/OHSAS 18001：2007 职业健康安全管理体系认证、GB/T 24001—2004 idt ISO 14001：2004 环境管理体系认证、GB/T 23331—2012 能源管理体系认证、GB/T 19022—2003 测量管理体系五体系认证。2013年2月获集团2012度科学技术进步一等奖，2013年7月获"国家重点环境保护实用技术示范工程"荣誉称号，2013年10月获得"节能减排突出贡献企业"荣誉称号，2016年获得中国建筑材料联合会建材行业"百家节能减排示范企业"荣誉称号，2018年度获得"环渤海地区建材行业诚信企业和知名品牌"荣誉称号，2019年获得"绿色工厂"荣誉称号。

为适应行业发展，2017年4月20日取得危险废物经营许可证，2018年10月取得医疗废物经营许可证，我公司在张家口地区成为政府的好帮手、城市的净化器。

公司将秉承"诚信成就未来"的经营理念和"至真至善、追求卓越"的服务宗旨，竭诚为广大用户提供优质的硅酸盐水泥、熟料产品。公司将秉承"共荣、共享、共赢、共融"的和谐发展理念，愿与广大用户继续真诚合作。

宣化金隅水泥有限公司

地址：河北省张家口市桥东区大仓盖镇梅家营村
电话：0313-3272655

证书编号：LB2021SN008

润丰矿渣硅酸盐水泥（P·S·A32.5）、
普通硅酸盐水泥（P·O42.5、P·O52.5）

产品简介

"润丰"牌水泥在施工中具有以下显著特点：安定性好，需水量小，凝结时间适中，早期、后期强度高，和易性、耐磨性、可塑性、均匀性优良，水化热低，收缩性小，色泽美观，碱含量低，水泥产品富裕强度高，实物质量达到国际先进水平。

水泥配制的混凝土拌合物和易性及外加剂适应性好、配制的混凝土泌水率低、体积稳定性好、抗冻及耐磨性能佳、坍落度损失小等优秀特性，可满足混凝土搅拌站长距离输送、使用、施工的要求。

P·O52.5 水泥适用于国防、铁路、机场、高强度等级混凝土及大跨度桥梁构件等；

P·O42.5 水泥适用于桥梁、道路、高层建筑工程、一般工业及民用建筑，可配制 C30～C60 不同强度等级的混凝土；

P·S·A32.5 水泥适用于一般工业与民用建筑，并可配制高品质混凝土和各种混凝土预制构件。

适用范围

广泛适用于国防、交通、水利、工农业及城市建设等复杂而质量要求较高的工程。

技术指标

P·O42.5 出厂水泥质量情况如下：

2021 年	3 月	4 月	5 月	6 月	7 月	8 月	9 月	国家标准
3 天抗压强度	26.1	26.5	26.9	26.5	27.0	27.4	27.6	≥ 17.0
28 天抗压强度	50.1	49.9	48.9	49.0	50.2	50.4	49.1	≥ 42.5
28 天变异系数 %	无	无	1.16	1.73	1.58	1.89	1.70	≤ 3.5

P·S·A32.5 出厂水泥质量情况如下：

2021 年	4 月	5 月	6 月	7 月	8 月	9 月	国家标准
3 天抗压强度	15.7	15.9	15.8	16.0	16.3	16.8	≥ 15.0
28 天抗压强度	38.4	37.7	37.8	37.5	37.9	37.4	≥ 42.5
28 天变异系数 %	无	无	1.69	无	1.64	无	≤ 3.5

云南易门大椿树水泥有限责任公司

地址：云南省玉溪市易门县龙泉街道易门工业园区
大椿树片区（公鸡山）
电话：0877-6263008

工程案例

武易高速、楚大高速。

生产企业

云南易门大椿树水泥有限责任公司（简称"易门公司"）系云南水泥建材集团下属独资公司。易门公司位于易门县大椿树工业园区，距昆明市91km，距玉溪市92km。公司原有1条1500t/d、1条2500t/d新型干法水泥生产线，熟料产能120万吨/年。其中1500t/d生产线窑系统于2015年5月停产，2500t/d生产线窑系统于2018年6月停产。

易门公司始建于1987年，是云南水泥行业中产量超百万吨级的企业，三十年来，对当地经济、社会发展起到了重要的促进与支持作用，是当地经济发展的骨干企业。

然而，随着水泥工业技术的不断发展，随着我国节能减排标准的不断提高，易门公司现有的1500t/d、2500t/d水泥生产线设计存在缺陷、生产装备落后、自动化控制水平低、产能效率低、能耗高、劳动生产率低下，经营持续亏损，亟需升级改造。但由于建设时期的诸多历史原因，对现有生产线进行技术改造，难以达到国家能耗和环保要求。

为保障企业的可持续发展，保护好国有企业的优秀品牌，稳定社会就业，继续让企业为当地经济发展发挥重要的骨干作用，2017年11月17日，云南省工业和信息化委员会项目产能等量置换方案（云南省工业和信息化委员会公告第14号），确认同意易门公司等量置换新（改、扩）建4000t/d熟料水泥生产线。确认的易门公司产能等量置换方案如下：

1）淘汰项目：φ3.5m×50m回转窑生产线1条，水泥熟料产能45万t/年，2019年1月31日前淘汰；φ4.0m×60m回转窑生产线1条，水泥熟料产能75万t/年，2019年12月31日前淘汰。

2）新（改、扩）建项目：一条日产4000t、年产熟料120万t新型干法水泥生产线，回转窑φ4.6m×70m，配套建设纯低温余热发电设施。

水泥项目达到"新二代技术标准、深度节能、超低排放、装备先进、智能制造、绿色环保"的总体要求，符合国家智能制造标准体系建设指南的相关要求，同时已经采用智能制造综合管理系统。

云南易门大椿树水泥有限责任公司

地址：云南省玉溪市易门县龙泉街道易门工业园区大椿树片区（公鸡山）
电话：0877-6263008

167

证书编号：LB2021SN009

盾石普通硅酸盐水泥（P·O42.5、P·O42.5R、P·O 52.5）、普通硅酸盐水泥 P·O42.5（低碱）、矿渣硅酸盐水泥（P·S·A 32.5）

产品简介

公司生产的水泥品种主要有 P·O52.5、P·O42.5R、P·O42.5、P·O42.5（低碱）、P·S·A32.5 等。公司制定了严于国家标准的内控标准，水泥实物质量远高于国家标准，确保了金隅冀东的水泥品质能够满足不同工程、不同客户的需求。产品具有以下特点：

1. 绿色、环保。放射性、水溶性六价铬、重金属含量全部符合国家标准和行业标准限量要求。

2. 公司水泥产品外加剂相容性良好，凝结硬化快，早期、后期强度高，可用于各种工业与民用建筑。

3. 产品稳定性好。公司均化设施完备、工艺设备先进，产品质量稳定，出厂产品质量、富裕强度合格率持续 100%，28 天抗压强度变异系数低于 2.5%。

适用范围

普通硅酸盐水泥可用于任何无特殊要求的工程。经过专门的检验，也可用于受热工程、道路、低温下施工工程、大体积混凝土工程和地下工程，特别是有环境水侵蚀的工程。

矿渣硅酸盐水泥可用于无特殊要求的一般结构工程，适用于地下、水中、大体积等混凝土工程，在一般受热（250℃以下）工程和蒸汽养护构建中可优先采用矿渣硅酸盐水泥，但不宜用于需要早强和受冻融循环、干湿交替的工程中。

技术指标

P·O52.5 出厂水泥质量情况如下：

2020 年	7 月	8 月	9 月	10 月	11 月	12 月	国家标准
3 天抗压强度平均值 MPa	33.8	33.0	32.9	33.2	33.2	33.0	≥ 23.0
28 天抗压强度平均值 MPa	59.7	59.0	59.5	60.4	59.5	61.1	≥ 52.5
28 天抗压强度变异系数 %	1.54	0.94	2.68	1.74	1.31	1.56	≤ 3.0%

P·O42.5R 出厂水泥质量情况如下：

2020 年	7 月	8 月	9 月	10 月	国家标准
3 天抗压强度平均值 MPa	33.0	32.5	32.8	32.5	≥ 22.0
28 天抗压强度平均值 MPa	59.1	59.2	58.6	58.6	≥ 42.5
28 天抗压强度变异系数 %	1.34	1.14	0.84	0.66	≤ 3.5%
2021 年	1 月	2 月	3 月	4 月	国家标准
3 天抗压强度平均值 MPa	30.9	31.3	31.1	32.9	≥ 22.0
28 天抗压强度平均值 MPa	59.2	58.5	58.8	59.1	≥ 42.5
28 天抗压强度变异系数 %	1.65	0.85	1.05	1.42	≤ 3.5%

P·S·A 32.5 出厂水泥质量情况如下：

2020 年	7 月	8 月	9 月	10 月	国家标准
3 天抗压强度平均值 MPa	20.3	20.0	19.2	19.4	≥ 10.0
28 天抗压强度平均值 MPa	40.5	41.3	40.8	41.3	≥ 32.5
28 天抗压强度变异系数 %	3.44	3.99	2.95	2.13	≤ 4.5%
2021 年	1 月	2 月	3 月	4 月	国家标准

阳泉冀东水泥有限责任公司

地址：山西省阳泉市郊区杨家庄乡黑土岩村
电话：0353-5029938

3 天抗压强度平均值 MPa	19.4	19.5	19.3	19.5	≥ 10.0
28 天抗压强度平均值 MPa	41.9	41.0	42.1	41.5	≥ 32.5
28 天抗压强度变异系数 %	1.69	3.10	1.96	3.03	≤ 4.5%

工程案例

公司水泥产品覆盖太原、石家庄、阳泉、山东等区域。广泛应用于太原晋阳桥、迎宾桥、太焦铁路、石济客专、昔榆高速、太原西北二环、建华管桩、太原地铁等重点工程。

生产企业

阳泉冀东水泥有限责任公司位于阳泉市郊区杨家庄乡黑土岩村东，占地 604 亩，拥有一条日产 4500 吨新型干法水泥熟料生产线，配套 9MW 纯低温余热发电，2012 年建成投产，总投资 13 亿元。公司每年可生产国家重点项目需要的优质高强度等级低碱水泥 200 万吨，主要产品为 P·O52.5、P·O42.5R、P·O42.5、P·O42.5（低碱）、P·S·A32.5 水泥，产品主要覆盖阳泉、太原及石家庄市场。公司于 2017 年获得"安全生产标准化一级企业"称号，并于 2019 年获得了山西省"高新技术企业"称号。

阳泉冀东水泥有限责任公司

地址：山西省阳泉市郊区杨家庄乡黑土岩村
电话：0353-5029938

证书编号：LB2021SN010

同力普通硅酸盐水泥（P·O52.5、P·O42.5）

产品简介

普通硅酸盐水泥（P·O42.5 水泥）是以硅酸盐水泥熟料和适量的石膏及规定的混合材料制成的水硬性胶凝材料。我公司生产的 P·O42.5 水泥具有安定性稳定，凝结时间适中，早期、后期富裕强度高，和易性、耐磨性、可塑性、均匀性优良，色泽美观、碱含量低，与外加剂的适应性好等特点。

适用范围

产品适用于重要结构的高强度混凝土和预应力混凝土工程及有抗冻、抗渗、耐磨性要求的混凝土工程。其凝结硬化快，耐冻性好，更适用于要求凝结快、早期强度高，冬期施工及严寒地区遭受反复冻融的工程，如桥梁、高层建筑、水泥制品、道路、机场跑道等；还可适用于大体积混凝土工程，如路面、桥墩、普通基础、一般民用建筑、有抗渗要求的混凝土等。

技术指标

普通硅酸盐水泥（P·O42.5 水泥）性能指标如下：

序号	检验项目	单位	性能指标
1	密度	g/cm³	3.12
2	初凝时间	min	182
3	终凝时间	min	233
4	安定性	/	合格
5	三氧化硫	%	2.46
6	烧失量	%	2.49
7	氧化镁	%	4.16
8	氯离子	%	0.039
9	水溶性六价铬	mg/kg	7.4
10	放射性（内照射）	/	0.2
11	放射性（内照射）	/	0.3
12	3 天抗折强度	MPa	5.8
13	3 天抗压强度	MPa	29.1
14	28 天抗折强度	MPa	9.3
15	28 天抗压强度	MPa	50.3

工程案例

洛阳宝龙国际、洛阳凌波大桥、洛阳博物馆、洛阳龙门高铁站、洛阳万达广场、洛阳瀍洲大桥、郑西高铁、洛阳中信重工办公楼等项目。

生产企业

三门峡腾跃同力水泥有限公司（以下简称"腾跃同力"）前身是义煤集团水泥有限责任公司，成立于 1998 年 12 月 18 日，是原义煤集团旗下的全资子公司。2012 年 6 月 11 日经资产重组，成为河南投资集团有限公司的全资子公司。2021 年

三门峡腾跃同力水泥有限公司

地址：河南省渑池县仁村乡徐庄村
电话：0398-3068926

5月28日中联水泥与河南投资集团共同出资成立了"河南中联同力材料有限公司",目前腾跃同力是中联同力材料下属的全资子公司,注册资本39000万元。

腾跃同力拥有一条日产5000吨的新型干法水泥熟料生产线,该生产线2006年6月建成投产,年产熟料155万吨,配套年产200万吨水泥联合粉磨系统和一套9MW纯低温余热发电机组。

公司位于三门峡市渑池县仁村乡,占地593.985亩,东距洛阳市区50公里,西距三门峡市区60公里,紧临陇海铁路、310国道和连霍高速公路,314省道横贯其中,交通运输十分便利。腾跃同力先后荣获"国家标准化化验室",2019.2021"中国成长性建材企业100强",2019.2021"中国和谐建材企业""河南省绿色工厂""河南省智能车间""国家级绿色矿山"等荣誉,取得了工业和信息化部"两化融合管理体系评定证书"。

三门峡腾跃同力水泥有限公司

地址:河南省渑池县仁村乡徐庄村
电话:0398-3068926

金隅普通硅酸盐水泥（P·O42.5）、粉煤灰硅酸盐水泥（P·F32.5）、复合硅酸盐水泥（P·C42.5）

产品简介

1. 普通硅酸盐水泥 P·O42.5

由硅酸盐水泥熟料、> 5% 且 ≤ 20% 规定的混合材料，适量石膏磨细制成的水硬性胶凝材料。

2. 粉煤灰硅酸盐水泥（P·F32.5）

由硅酸盐水泥熟料、> 20% 且 ≤ 40% 的符合 GB/T 1596 的粉煤灰和适量石膏磨细制成的水硬性胶凝材料。

3. 复合硅酸盐水泥（P·C42.5）

由硅酸盐水泥熟料，三种或三种以上总量 > 20% 且 ≤ 50% 规定的混合材料和适量石膏磨细制成的水硬性胶凝材料。

复合硅酸盐水泥除了具有矿渣硅酸盐水泥、火山灰质硅酸盐水泥、粉煤灰硅酸盐水泥所具有的水化热低、耐蚀性好、韧性好的优点外，还能通过混合材料的复掺优化水泥的性能，如改善保水性、降低需水性、减少干燥收缩、适宜的早期和后期强度发展。

适用范围

1. 普通硅酸盐水泥可用于任何无特殊要求的工程。不经过专门的检验，一般不适用于受热工程、道路、低温下施工工程、大体积混凝土工程和地下工程，特别是有化学侵蚀的工程。

2. 粉煤灰硅酸盐水泥适用于一般无特殊要求的结构工程，适用于地下、水利和大体积等混凝土工程，目前主要用于民用建筑、装修、城乡道路等。

3. 复合硅酸盐水泥适用于无特殊要求的一般结构工程，适用于地下、水利和大体积等混凝土工程，特别是有化学侵蚀的工程。

技术指标

品种	产品规格	产品检验项目	产品判定要求	检验结果
通用水泥	普通硅酸盐水泥（P·O42.5）	烧失量	≤ 5.0%	2.84%
		3 天抗压强度	≥ 17.0MPa	27.7MPa
	粉煤灰硅酸盐水泥（P·F32.5）	初凝时间	≥ 45min	216
		三氧化硫	≤ 3.5%	1.54%
		28 天抗压强度	≥ 32.5MPa	46.0
	42.5 复合硅酸盐水泥（P·C42.5）	三氧化硫	≤ 3.5%	1.7%
		3 天抗压强度	≥ 15.0MPa	26.4MPa

唐县冀东水泥有限责任公司

地址：河北省保定市唐县白合镇白合村
电话：0312-7496057

工程案例

京德高速主要用于桩基部位，竣工时间是 2021 年 5 月，用量 5657 吨。

京雄高速主要用于桩基部位，竣工时间是 2021 年 5 月，用量 2680 吨。

津石高速四部分主要用于桩基部位，竣工时间是 2021 年 5 月，用量 11377 吨。

荣乌三标主要用于桩基部位，竣工时间是 2021 年 5 月，用量 11443 吨。

生产企业

唐县冀东水泥有限责任公司成立于 2008 年，注册资本为 3.25 亿元，隶属于北京金隅集团，是金隅冀东水泥（唐山）有限责任公司的全资子公司。唐县冀东坐落于保定市唐县白合镇，距离保阜高速白合出口约 1.3km，距离京昆高速 20km，距首都北京 210km、省会石家庄 130km、天津 240km、保定 75km，道路畅通，交通十分便利。公司现有职工 270 余人，是一支文化素质高、专业技术水平强的年轻队伍。

唐县冀东拥有日产熟料水泥 4500 吨（配带 9MW 纯低温余热发电机组）生产线一条，项目总投资 7.8 亿元。

唐县冀东水泥有限责任公司

地址：河北省保定市唐县白合镇白合村
电话：0312-7496057

证书编号：LB2021SN012

山水东岳普通硅酸盐水泥（P·O52.5、P·O42.5）、矿渣硅酸盐水泥（P·S·A32.5）

产品简介

　　P·O52.5、P·O42·5普通硅酸盐水泥具有以下优点：①水化反应速度快，早期强度高，后期强度增进率大。可用于现浇混凝土楼板、梁、柱、预制混凝土构件，也可用于预应力混凝土结构、高强混凝土工程。②水化热大、抗冻性好，有利于冬期施工。③硬化时干缩小，不易产生干缩裂缝。可用于干燥环境工程；由于干缩小，表面不易起粉，因此耐磨性较好，可用于道路工程中。④抗碳化性较好。

　　P·S·A32.5矿渣硅酸盐水泥的优点：①对硫酸盐类侵蚀的抵抗能力及抗水性较好；②耐热性好；③水化热低；④在蒸汽养护中强度发展较快；⑤在潮湿环境中后期强度增进率较大。

适用范围

　　P·O52.5普通硅酸盐水泥适用于快硬早强工程、高层建筑、强梁及抗冻耐磨抗渗工程。

　　P·O42.5普通硅酸盐水泥适用于一般地上工程，适用于普通气候环境下的混凝土。

　　P·S·A32.5矿渣硅酸盐水泥适用于无特殊要求的一般结构工程，适用于地下、水利和大体积等混凝土工程，在一般受热工程（＜250℃）和蒸汽养护构件中可优先采用矿渣硅酸盐水泥。

技术指标

　　P·O52.5水泥技术参数

检验项目		计量单位	标准规定	检验结果
初凝时间		min	≥ 45	83
终凝时间		min	≤ 600	147
三氧化硫		%	≤ 3.5	1.85
氧化镁		%	≤ 5.0	1.28
烧失量		%	≤ 5.0	1.69
抗折强度	3 天	MPa	≥ 4.0	6.3
	28 天	MPa	≥ 7.0	8.2
抗压强度	3 天	MPa	≥ 23.0	33.6
	28 天	MPa	≥ 52.5	59.7

　　P·O42.5水泥技术参数

检验项目		计量单位	标准规定	检验结果
初凝时间		min	≥ 45	176
终凝时间		min	≤ 600	264
三氧化硫		%	≤ 3.5	2.63
氧化镁		%	≤ 5.0	3.26
烧失量		%	≤ 5.0	3.45
抗折强度	3 天	MPa	≥ 4.0	5.4
	28 天	MPa	≥ 7.0	8.2

晋城山水合聚水泥有限公司

地址：山西省晋城市泽州县金村镇司家掌村
（陵沁一级路丹河桥东 350 米处）
电话：0356-3807855

抗压强度	3 天	MPa	≥ 23.0	28.8
	28 天	MPa	≥ 52.5	52.8

P·S·A32.5 水泥技术参数

检验项目		计量单位	标准规定	检验结果
初凝时间		min	≥ 45	146
终凝时间		min	≤ 600	268
三氧化硫		%	≤ 3.5	1.31
氧化镁		%	≤ 5.0	3.72
抗折强度	3 天	MPa	≥ 2.5	4.4
	28 天	MPa	≥ 5.5	8.2
抗压强度	3 天	MPa	≥ 10.0	18.6
	28 天	MPa	≥ 32.5	40.6

工程案例

我公司生产的水泥广泛应用于晋城及周边地区的道路、桥梁、房地产、商混站等，如：文博路大桥、南阳花城、太原科技大学（晋城校区）、铭基阳光地带、太焦高铁跨二广高速特大桥、G207 国道背荫立交桥、G342 国道丹河特大桥等工程，得到了市场的认可。

我公司生产的低碱 P·O42.5 普通硅酸盐水泥应用于国家重点工程项目——太焦高铁 8 标段（中铁四局）、太焦高铁 9 标段（中交二工局）、太焦高铁 10 标段（中铁十一局）、太焦高铁隧道局，水泥的各项性能指标远远优于国家标准，使用后的混凝土各项性能指标均优于国家标准要求，受到了广大用户的认可，取得了较好的社会效益。

生产企业

晋城山水合聚水泥有限公司隶属于山东山水水泥集团，位于山西省晋城市泽州县金村镇司家掌村，公司现有一条日产 4500 吨水泥熟料生产线，配套建设了 7.5MW 纯低温余热发电站，年生产水泥 200 万吨，是晋东南地区规模较大的现代化新型干法水泥生产企业。

公司生产的"山水东岳"牌水泥已通过 ISO 9001 质量管理体系、ISO 14001 环境管理体系、OHSAS 18001 职业安全健康管理体系及能源体系认证，承担了太焦高铁、扶贫搬迁等多项国家、省、市、县重点工程的水泥供应，广泛应用于晋城及周边地区的道路、桥梁、房地产、商混站等各类工程建设，近年来取得了优良的生产经营业绩，受到广大客户及市场的高度认可，在区域内属于行业龙头企业。

公司先后荣获"节能减排先锋企业"、"2019 中国具有成长性建材企业 100 强"、全国第十五次水泥品质指标检验大对比优良单位、山西省"高新技术企业"、"环渤海地区建材行业诚信企业（AAA 级）"、"环渤海地区建材行业知名品牌"、"2019 年山西省制造业 100 强企业"、全省水泥性能检测大对比"特等奖"，2020 年被评为"国家绿色工厂""国家绿色矿山"等荣誉，多次受到集团和地方各级政府及主管部门的表彰奖励。2017 年 6 月，公司研发的"水泥窑喷煤管浇注料"获得国家实用新型专利。

公司坚持"绿色发展，环保先行"的经营发展理念，严格执行环保法律法规要求，建立了完善的环保管理体系及制度，坚持节能降耗减排，环保相关投资累计近 1.5 亿元，各类污染物均实现达标或超低排放，厂区环境面貌焕然一新，企业形象大幅提升，一座环境优美、草绿花香、整齐清洁、生机盎然的花园式工厂已初具雏形。

晋城山水合聚水泥有限公司

地址：山西省晋城市泽州县金村镇司家掌村
（陵沁一级路丹河桥东 350 米处）
电话：0356-3807855

证书编号：LB2021SN013

润丰普通硅酸盐水泥（P·O42.5）、复合硅酸盐水泥（P·C42.5）、砌筑水泥（M32.5）

产品简介

公司生产的水泥有 M32.5、P·O42.5、P·C42.5 等品种，实物质量远高于国家标准。

"润丰"牌水泥在施工中具有以下显著特点：安定性好，需水量小，凝结时间适中，早期、后期强度高，和易性、耐磨性、可塑性、均匀性优良，水化热低，收缩性小，色泽美观，碱含量低，水泥产品富裕强度高，实物质量达到国际先进水平。

使用该水泥配制的混凝土拌合物和易性及外加剂适应性好，配制的混凝土泌水率低、体积稳定性好、抗冻及耐磨性能佳、坍落度损失小等优秀特性，可满足混凝土搅拌站长距离输送、使用、施工的要求。

P·O42.5 水泥适用于桥梁、道路、高层建筑工程、一般工业及民用建筑，可配制 C30～C60 不同强度等级的混凝土；

P·C42.5 适用于早期强度要求较高的建筑工程、水泥地面和楼面工程。

M32.5 适用于村镇道路、沟渠、民用建房墙面等。

适用范围

广泛适用于国防、交通、水利、工农业及城市建设等复杂而质量要求较高的工程。

技术指标

P·O42.5 出厂水泥质量情况如下：

分类	2020 年	2021 年 1 月	2021 年 2 月	2021 年 3 月	2021 年 4 月	国家标准
3 天抗压强度	26.2	26.0	25.9	25.9	25.9	≥ 17.0
28 天抗压强度	-49.5	49.6	49.2	49.7	49.8	≥ 42.5
28 天变异系数 %	1.29-	1.19	1.42	1.47	0.96	≤ 3.5

P·C42.5 出厂水泥质量情况如下：

分类	2020 年	2021 年 1 月	2021 年 2 月	2021 年 3 月	2021 年 4 月	国家标准
3 天抗压强度	23.9	24.0	23.9	23.8	24.2	≥ 15.0
28 天抗压强度	45.9	45.6	45.7	46.0	46.4	≥ 42.5
28 天变异系数 %	1.66	1.27	0.61	1.44	1.42	≤ 3.5

M32.5 出厂水泥质量情况如下：

分类	2020 年	2021 年 1 月	2021 年 2 月	2021 年 3 月	2021 年 4 月	国家标准
3 天抗压强度	21.4	21.0	20.9	21.0/	21.5	≥ 10.0
28 天抗压强度	38.5	36.3	37.0	37.5	37.4	≥ 32.5
28 天变异系数 %	2.34	2.07	2.62	2.00	1.39	≤ 3.5

凤庆县习谦水泥有限责任公司

地址：云南省临沧市凤庆县勐佑镇习谦村
电话：0883-4669232

工程案例

大临铁路、墨临高速、临沧机场高速、云保高速等重点项目。

生产企业

凤庆县习谦水泥有限责任公司位于云南省临沧市凤庆县与保山市昌宁县交界的勐佑镇习谦村，省道云保线穿境而过，县道凤营线、昌勐公路环厂而过，距凤庆县城和昌宁县城分别为30多公里和20多公里，交通便利，区位优势明显。

公司始建于1972年11月，前身为国有独资的凤庆县水泥厂，现为云南水泥建材集团有限公司控股的一家合资公司，注册资本2.62亿元。2013年，公司进行技术改造，淘汰并全部拆除原有生产线，新建一条日产4000吨熟料、年产180万吨水泥，并配套建设9MW装机容量的纯低温余热发电系统的新型干法水泥熟料生产线。项目于2014年12月竣工投产。目前公司按九个部门进行设置，拥有正式在岗职工三百余人。

公司主营各种强度等级的"润丰"牌优质水泥，拥有临沧市产能规模大、自动化程度高、管理先进的水泥生产线。水泥广泛使用于公路、房地产等建设项目，并得到了广大用户的一致好评。目前，公司正在建设云南省利用水泥窑协同处置300t/d城乡生活垃圾环保项目。广大员工将坚定实施3+3+1战略，提升创新驱动发展能力及组织效率，打造受人尊重的水泥企业，为建设大美临沧、文明边疆，作出凤庆水泥人更大的贡献。

凤庆县习谦水泥有限责任公司

地址：云南省临沧市凤庆县勐佑镇习谦村
电话：0883-4669232

证书编号：LB2021SN014

金隅 42.5 普通硅酸盐水泥、42.5（低碱）普通硅酸盐水泥、42.5 复合硅酸盐水泥

产品简介

1. 普通硅酸盐水泥

由硅酸盐水泥熟料、> 50% 且 ≤ 20% 的活性混合材料，适量石膏磨细制成的水硬性胶凝材料，称为普通硅酸盐水泥。代号：P•O。

2. 低碱普通硅酸盐水泥

由硅酸盐水泥熟料、> 50% 且 ≤ 20% 的活性混合材料，适量石膏磨细制成的 R_2O 含量 ≤ 0.60% 的水硬性胶凝材料，称为低碱普通硅酸盐水泥。代号：低碱 P•O。

3. 复合硅酸盐水泥

由硅酸盐水泥熟料，两种或两种以上规定的混合材料和适量石膏磨细制成的水硬性胶凝材料，称为复合硅酸盐水泥。代号：P•C。

适用范围

1. P•O42.5 普通硅酸盐水泥可用于任何无特殊要求的工程。不经过专门的检验，一般不适用于受热工程、道路、低温下施工工程、大体积混凝土工程和地下工程，特别是有化学侵蚀的工程。

2. 低碱 P•O42.5 普通硅酸盐水泥适用于水利、地下、隧道、引水、涵洞、道路、桥梁基础等工程。

3. P•C42.5 复合硅酸盐水泥适用于无特殊要求的一般结构工程，适用于地下、水利和大体积混凝土等工程，特别是有化学侵蚀的工程，但不宜用于需要早强和受冻融循环、干湿交替的工程。

技术指标

普通硅酸盐水泥 42.5 强度等级（P•O42.5）

项目	单位	国家标准	我厂典型值
比表面积	m²/kg	≥ 300	357
初凝时间	min	≥ 45	144
终凝时间	min	≤ 600	201
安定性	—	合格	合格
LOSS	%	≤ 5.0	4.23
MgO	%	≤ 5.0，压蒸合格时 ≤ 6.0	3.82
SO₃	%	≤ 3.5	2.65
Cl⁻	%	≤ 0.06	0.045
3d 抗折强度	MPa	≥ 3.5	5.2
28d 抗折强度	MPa	≥ 6.5	8.4
3d 抗压强度	MPa	≥ 17.0	26.4
28d 抗压强度	MPa	≥ 42.5	54.7

低碱普通硅酸盐水泥 42.5 强度等级（低碱 P•O42.5）

项目	单位	国家标准	我厂典型值
比表面积	m²/kg	≥ 300	352
初凝时间	min	≥ 45	127
终凝时间	min	≤ 600	182
安定性	—	合格	合格
LOSS	%	≤ 5.0	3.74
MgO	%	≤ 5.0，压蒸合格时 ≤ 6.0	3.12
SO₃	%	≤ 3.5	2.42
Cl⁻	%	≤ 0.06	0.047
R_2O	%	≤ 0.60	0.48
3d 抗折强度	MPa	≥ 3.5	5.3
28d 抗折强度	MPa	≥ 6.5	8.7
3d 抗压强度	MPa	≥ 17.0	25.4
28d 抗压强度	MPa	≥ 42.5	51.6

复合硅酸盐水泥 42.5 强度等级（P•C42.5）

项目	单位	国家标准	我厂典型值
80μm 筛余	%	≤ 10	0.7
初凝时间	min	≥ 45	135
终凝时间	min	≤ 600	197
安定性	—	合格	合格
LOSS	%	≤ 5.0	4.2
MgO	%	≤ 5.0，压蒸合格时 ≤ 6.0	3.8
SO₃	%		2.6
Cl⁻	%	≤ 0.06	0.047

曲阳金隅水泥有限公司

地址：河北省保定市曲阳县灵山镇野北村村北
电话：0312-4232000
官方网站：qyjyzhb@sina.

3d 抗折强度	MPa	≥ 3.5	4.8
28d 抗折强度	MPa	≥ 6.5	7.8
3d 抗压强度	MPa	≥ 15.0	23.4
28d 抗压强度	MPa	≥ 42.5	49.3

工程案例

1. P·O42.5 水泥：涞曲高速、京昆高速、保定区域水泥管厂和水泥线杆厂，用于制造水泥管道、线杆；雄安安置区建设。

2. 低碱 P·O42.5 水泥：涞曲高速、荣乌高速新线、津兴高铁、河北雄安新区等重点工程建设。

3. P·C42.5 水泥：保定区域楼房建筑、民房建筑等。

生产企业

曲阳金隅水泥有限公司隶属于华北地区世界建材百强企业之一北京金隅集团（股份），大型国有企业，资本雄厚。

公司位于河北省保定市曲阳县灵山镇野北村村北，成立于 2008 年 12 月 12 日，2009 年 8 月开始破土动工，2010 年 5 月 27 日点火投产。拥有一条 $\phi 4.8m \times 72m$ 日产 4000t/d 新型干法水泥熟料生产线（带 12MW 余热发电）和两条 $\phi 4.2m \times 13m$ 水泥磨带辊压机、V 型选粉机、高效选粉机联合粉磨系统。年产熟料 156 万吨，水泥 200 万吨，项目总投资 6.75 亿元。

水泥产品有普通硅酸盐水泥 42.5；低碱普通硅酸盐水泥 42.5；铁标普通硅酸盐水泥 42.5；复合硅酸盐水泥 42.5；粉煤灰硅酸盐水泥 32.5；道路基层用缓凝硅酸盐水泥 32.5 等。产品水溶性 Cr^{6+}<10mg/kg，放射性检测合格，被评为"河北省绿色环保产品"。

产品远销山西、山东、北京、天津等地。水泥产品广泛用于京雄高铁、涞曲高速、曲港高速、保阜高速、京昆高速、京承高速、保定军用机场、保定乐凯大街等国家、省、市重点工程项目。

公司严格按国家标准 GB 175—2007《通用硅酸盐水泥》和 GB/T 35162—2017《道路基层用缓凝硅酸盐水泥》生产，始终把产品质量放在首位，秉持"讲信誉、重品质、敢担当、共发展"的质量方针，坚持"互惠共赢、共同发展"理念，坚持以人为本科学管理，打造国内具有强大实力的水泥生产企业。

曲阳金隅水泥有限公司

地址：河北省保定市曲阳县灵山镇野北村村北
电话：0312-4232000
官方网站：qyjyzhb@sina.

型材 密封胶 外加剂 预拌砂浆 人造板、木质地板及木质家具、木质门 水泥 金属复合材料 陶瓷砖 地坪材料 建筑涂料 胶粘剂 道路材料 防水卷材与防水涂料 其他材料

证书编号：LB2021SN015

晶蓝矿渣硅酸盐水泥（P·S·A32.5）、普通硅酸盐水泥（P·O42.5）、道路基层用缓凝硅酸盐水泥（P·RS32.5）

产品简介

河北京兰水泥有限公司主要生产 P·O52.5、P·O42.5R、P·O42.5 级普通硅酸盐水泥；P·S·A32.5 级矿渣硅酸盐水泥及 P·RS32.5 级道路基层用缓凝硅酸盐水泥等产品。产品采用新型干法大型回转窑先进生产工艺，内控指标严格 GB 175—2007《通用硅酸盐水泥》、GB/T 35162—2017《道路基层用缓凝硅酸盐水泥》国家产品标准及国家、行业法律法规要求组织生产。

我公司生产的各型号水泥产品具有以下特点：

产品质量稳定，质量波动小，富裕强度高。

水泥配制的混凝土拌合物和易性好，与外加剂的适应性能强。

配制的混凝土泌水率低，抗冻性、抗腐蚀性及耐久性好。

配制的混凝土体积稳定性能良好，混凝土坍落度损失小，适合混凝土搅拌站长距离输送和高层建筑泵送。

碱含量低，水化热低，特别适合铁路工程、桥梁、大坝等大体积混凝土工程。

出厂水温度较低，一般可控制在 70℃（夏季 80℃）以下。

适用范围

P·O 52.5 普通硅酸盐水泥、P·O 42.5/42.5R 普通硅酸盐水泥：

主要适用于桥梁、码头、道路、高层建筑等各种建筑工程主体结构，一般工业与民用建筑。

P·S·A32.5 矿渣硅酸盐水泥：

主要适用于一般工业与民用建筑、路面、晒场浇筑和大体积混凝土工程。

P·RS32.5 级道路基层用缓凝硅酸盐水泥：

主要适用于道路基层和底基层的稳定施工工程，属于特种水泥。

技术指标

产品规格	产品检验项目	产品判定要求	检验结果
P·S·A32.5 矿渣硅酸盐水泥	氧化镁	≤ 6.0%	4.89%
P·O42.5 普通硅酸盐水泥	3 天抗压强度	≥ 17.0MPa	33.0MPa
P·RS32.5 道路基层用缓凝硅酸盐水泥	三氧化硫	≤ 7.0%	3.87%

工程案例

孝感 107 国道、汉宜高铁、武荆高速等项目。

河北京兰水泥有限公司

地址：河北省保定市易县大龙华乡鹁鸪岩村
电话：0312-6379800
传真：0312-6379800
官方网站：http://www.jinglan.cn/

生产企业

河北京兰水泥有限公司 4000t/d 熟料新型干法水泥生产线配套 9MW 纯低温余热发电工程，是河北省重点项目之一。该项目是湖北京兰水泥集团有限公司下属全资子公司，其总公司属国家重点支持的 50 家大型水泥生产企业。公司紧邻张石、京昆、京港澳三条高速，交通运输十分方便。公司于 2009 年 12 月成立，2012 年 3 月投产，项目总投资 7.5 亿元，年产熟料 120 万吨、水泥 160 万吨，2019 年实现销售收入 9.7 亿元，实现税收过亿元，并带动了运输、矿山开采、包装等相关行业发展。年余热发电量可达 7000 万度，相当于年节约标准煤 2.4 万吨。水泥袋装占 30%，散装占 70%，公司建有污水处理车间，污水实现零排放，污染物排放实现全程监控，窑头、窑尾设置在线监测，与保定市环保局在线监测实行联网，并验收合格。

公司坚持高起点投入，高精尖装备、高素质人才、高水平管理，生产高档次产品，充分吸收运用国内外水泥生产的先进工艺技术。日产 4000 吨熟料新型干法水泥生产线采用窑外分解，原料磨采用丹麦史密斯公司辊式立磨，质量控制采用菲利浦荧光分析仪及德国煤磨电子计量秤设备，使用 DCS 中央集散控制，并严格执行国际和国家标准组织生产，可为京津冀地区和国家重点工程、城市建设、基础设施建设等领域提供高质量水泥。整个回转窑生产线集环保节能、自动化、规模化、先进性为一体，将为实现经济效益和环境效益的平衡，促进经济社会全面协调、可持续发展，促进就业，拉动当地经济快速发展做出较大贡献。

河北京兰水泥有限公司

地址：河北省保定市易县大龙华乡鹁鸪岩村
电话：0312-6379800
传真：0312-6379800
官方网站：http://www.jinglan.cn/

证书编号：LB2021SN016

盾石复合硅酸盐水泥（P•C42.5R）、普通硅酸盐水泥（P•O42.5R）、砌筑水泥（M32.5）

型材 密封胶 外加剂 预拌砂浆 人造板、木质地板及木质家具、木质门 水泥 金属复合材料 陶瓷砖 地坪材料 建筑涂料 胶粘剂 道路材料 防水卷材与防水涂料 其他材料

产品简介

普通硅酸盐水泥（P•O42.5R）主要采用优质熟料，掺加部分高炉矿渣、粉煤灰、石灰石等物料配料，具有凝结时间短、快硬早强高强、抗冻、耐磨、耐热等性能特点；具有绿色、环保、低碳等优点。

复合硅酸盐水泥（P•C42.5R）主要采用优质熟料，掺加部分高炉矿渣、粉煤灰、石灰石等物料配料，除了具有水化热低、耐蚀性好、韧性好的优点外，能通过混合材料的复掺优化水泥的性能，如改善保水性、降低需水性、减少干燥收缩、适宜的早期和后期强度发展；具有绿色、环保、低碳等优点。

砌筑水泥（M32.5）主要采用优质熟料，掺加部分高炉矿渣、石灰石等物料配料，具有和易性、保水性好但强度较低的特点，是绿色、环保、健康及节约成本多种优势为一体的高品质水泥。

适用范围

普通硅酸盐水泥适用范围：适用于一般工业、民用建筑、铁路、桥梁、隧道等无特殊要求的工程；一般不适用于受热工程、道路、低温下施工工程、大体积混凝土工程和地下工程，特别是有化学侵蚀的工程。

复合硅酸盐水泥可用于无特殊要求的一般结构工程，适用于地下、水利和大体积等混凝土工程，特别是有化学侵蚀的工程，不宜用于需要早强和受冻融循环、干湿交替的工程中。

砌筑水泥主要用于工业与民用建筑的砌筑和抹面砂浆、垫层混凝土等，不能用于钢筋混凝土或结构混凝土。

冀东水泥璧山有限责任公司

地址：重庆市璧山区河边镇浸口村
电话：023-85297007
官方网站：http://jyjdcqsn.cn/#service

技术指标

42.5R 级普通硅酸盐水泥与 42.5R 级复合硅酸盐水泥执行 GB 175-2007 国家标准，32.5 级砌筑水泥执行 GB/T 3183-2017 国家标准

产品早期强度高；水泥 28 天抗压强度远远高于国家标准，稳定性好，外加剂适应性好。

工程案例

合璧津高速项目、重庆轻轨项目、重庆万达广场项目。

生产企业

冀东水泥璧山有限责任公司是唐山冀东水泥股份公司下属全资子公司。公司拥有一条日产 4500 吨新型干法熟料水泥生产线（带 10MW 纯低温余热发电），坐落于重庆市璧山区浸口村，总占地面积 440 亩，年产水泥 200 万吨，年发电量 6200 万千瓦时，注册资金 3.68 亿元，总资产 11 亿元，年营业收入 7.5 亿元，年上缴利税 8000 万元，目前在册职工 244 人。公司积极响应国家"建设资源节约型和环境友好型社会"的号召，在熟料水泥生产过程中运用先进技术，最大限度实现企业的社会效益和经济效益，是当地重点招商引资项目。

璧山公司以水泥和环保建设、区域功能重新定位和经济跨越式发展为契机，有效拓展水泥产业链，推进资源综合利用和循环经济发展，大幅度提升区域市场的掌控力和盈利能力。同时，深化环保产业建设，利用水泥窑协同处置一般固废，壮大和发展环保产业，不断履行社会责任，做政府的好帮手、城市的净化器。

在今后的发展过程中，璧山公司始终坚持信用、责任、尊重的核心价值观，贯彻金隅集团"三重一争"的精神，践行"干事文化"，继承优秀的品质和作风，积极进取，充分发挥各方优势，不断加强自身建设，全面提升管理水平，解放思想、创新思路，把公司建设成为重庆区域最有实力和发展力的绿色环保企业，在实现企业发展的同时，为促进地方经济和社会发展做出积极的贡献。

冀东水泥璧山有限责任公司

地址：重庆市璧山区河边镇浸口村
电话：023-85297007
官方网站：http://jyjdcqsn.cn/#service

证书编号：LB2021SN017

盾石普通硅酸盐水泥（P·O52.5R、P·O42.5R、P·O42.5）、复合硅酸盐水泥（P·C42.5）、砌筑水泥（M32.5）

产品简介

普通硅酸盐水泥主要使用优质熟料，掺加部分矿渣、脱硫石膏、石灰石等物料配料，经粉磨后制成，具有快硬、早强、高强、抗冻、耐磨、耐热等性能特点，具有绿色、环保、低碳等优点。

复合硅酸盐水泥主要采用优质熟料，掺加部分矿渣、脱硫石膏、火山灰质材料及石灰石等物料配料，除具有水化热低、耐腐蚀性好、韧性好的优点外，能通过混合材料的复掺，优化水泥的性能，改善保水性、降低需水量、减少干燥收缩、适宜早期和后期强度发展；具有绿色、环保、低碳、健康等优点。

砌筑水泥主要采用优质熟料，掺加部分高炉矿渣、粉煤灰、火山灰质材料及石灰石等物料配料，具有和易性好、保水性好但水泥强度较低的特点，集绿色、环保、健康等多种优势为一体。

适用范围

P·O52.5R：适用于工业、铁路、桥梁、隧道等无特殊要求的工程和高强混凝土、预应力混凝土及有早强要求的混凝土工程。

P·O42.5（R）：适用于工业与民用建筑、铁路、桥梁、隧道等无特殊要求的工程和高强混凝土、预应力混凝土和有早强要求的混凝土工程；一般不适用于受热工程、道路、低温下施工工程、大体积混凝土工程和地下工程，特别是有化学侵蚀的工程。

P·C42.5：可用于无特殊要求的一般结构工程，适用于地下、水利和大体积等混凝土工程，不宜用于需要早强和受冻融循环、干湿交替的工程。

M32.5：主要用于工业与民用建筑的砌筑和抹面砂浆、垫层混凝土等，不适用于钢筋混凝土或结构混凝土。

技术指标

P·O52.5R：净浆流动度初始 $\geq$ 180mm，1h后 $\geq$ 100mm、比表面积 $>$ 380m²/kg、Loss $\leq$ 4.8%、45μm细度 $\leq$ 10.0%、SO_3 $\leq$ 3.5%、MgO $\leq$ 5.0%、Cl⁻ $\leq$ 0.06%、安定性合格、水溶性铬（Ⅵ）$\leq$ 10mg/kg、凝结时间初始 $\geq$ 130min，终凝 $\leq$ 290min、3d $\geq$ 6.5MPa，28d $\geq$ 8.5MPa、3d $\geq$ 34.0MPa，28d $\geq$ 58.0MPa、28d抗压强度月变异系数 $\leq$ 3.0%。

P·O42.5（R）：净浆流动度初始 $\geq$ 180mm，1h后 $\geq$ 100mm、比表面积 $>$ 320m²/kg、Loss $\leq$ 5.0%、45μm细度 $\leq$ 10.0%、SO_3 $\leq$ 3.5%、MgO $\leq$ 5.0%、Cl⁻ $\leq$ 0.06%、安定性合格、水溶性铬（Ⅵ）$\leq$ 10mg/kg、凝结时间初始 $\geq$ 130min，终凝 $\leq$ 290min、抗折强度1d $\geq$ 3.0MPa，3d $\geq$ 5.0MPa，28d $\geq$ 7.0MPa、抗压强度1d $\geq$ 12.0MPa，3d $\geq$ 28.0MPa，28d $\geq$ 50.0MPa、28d抗压强度月变异系数 $\leq$ 3.0%。

P·C42.5：胶砂流动度 $\geq$ 180mm、比表面积 $>$ 350m²/kg、45μm细度 $\leq$ 10.0%、SO_3 $\leq$ 3.5%、MgO $\leq$ 5.0%、Cl⁻ $\leq$ 0.06%、水溶性铬（Ⅵ）$\leq$ 10mg/kg、安定性合格、凝结时间初始 $\geq$ 130min，终凝 $\leq$ 290min、抗折强度1d $\geq$ 2.5MPa，3d $\geq$ 4.5MPa，28d $\geq$ 6.5MPa、抗压强度1d $\geq$ 11.0MPa，3d $\geq$ 26.0MPa，28d $\geq$ 46.0MPa、28d抗压强度月变异系数

冀东水泥重庆合川有限责任公司

地址：重庆市合川区草街镇大庙村
电话：15922798285

≤ 3.5%。

M32.5：胶砂流动度：（180±5）mm、比表面积 ≥ 430m²/kg、80μm 细度 ≤ 7.0%、SO_3 ≤ 3.5%、MgO ≤ 5.0%、cl⁻ ≤ 0.06%、水溶性铬（Ⅵ）≤ 10mg/kg、安定性合格、放射性 < 1.0. 保水率 ≥ 85.0%、砂浆稠度：（78±2）mm、凝结时间初始 ≥ 130min，终凝 ≤ 290min、抗折强度 1d ≥ 1.5MPa，3d ≥ 3.5MPa，28d ≥ 5.5MPa、抗压强度 1d ≥ 7.0MPa，3d ≥ 18.0MPa，28d ≥ 36.0MPa、28d 抗压强度月变异系数 ≤ 3.5%。

工程案例

1. 重庆铁路枢纽东环线站前工程 DHZQ-9 标，竣工时间 2021 年年底，应用部位；主体，应用量：20 万吨；

2. 重庆轨道交通五号线，竣工时间：2021 年 10 月，应用部位：附属设施，应用量：10 万吨；

3. 重庆轨道交通四号线 2 期项目，预计竣工时间 2022 年，应用部位：主体，应用量：36 万吨；

4. 重庆渝武高速 6 标，预计竣工时间 2022 年，应用部位：主体，应用量：22 万吨。

生产企业

冀东水泥重庆合川有限责任公司成立于 2008 年 12 月 5 日，是隶属于北京金隅集团旗下唐山冀东水泥股份有限公司的一家全资子公司，是重庆市大型水泥生产企业，位于重庆市合川区，总资产约 10.5 亿元，公司占地面积 419 亩，拥有一条 4600 吨 / 日熟料带纯低温余热发电水泥生产线和一座储量 6344 万吨大型石灰石矿山。2011 年 6 月 8 日回转窑点火投产，年产水泥 200 万吨。生产产品有 M32.5、P·O42.5、P·O42.5R 和 P·C42.5 水泥。

公司秉承金隅集团"整合发展、契合发展、创新发展和高质量发展"的发展理念，坚守"信用、责任、尊重"的核心价值观，弘扬"想干事、会干事、干成事、不出事、好共事"的干事文化精神，公司在做好自身经济发展的同时立足以"政府好帮手，城市净化器"为奋斗目标，聚焦城市发展中突出的环境问题，走出了一条以窑协同处置的绿色低碳循环的可持续发展之路。

冀东水泥重庆合川有限责任公司　　地址：重庆市合川区草街镇大庙村
电话：15922798285

证书编号：LB2021SN018

祥龙普通硅酸盐水泥（P·O 42.5、P·O 52.5）；中热硅酸盐水泥（P·MH 42.5）；道路硅酸盐水泥（P·R7.5）

产品简介

普通硅酸盐水泥：具有凝结时间适中，早期、后期强度高，碱含量低，氯离子含量低，和易性、可塑性、均匀性优良，色泽美观，质量稳定，凝结硬化快，抗冻性能好等特点。火山灰质硅酸盐水泥对硫酸盐侵蚀的抵抗力强，抗水性好，水化热较低，和易性好，保水性好，后期强度增进率大，碱含量低。

中热硅酸盐水泥：具有抗耐磨性能好，抗溶蚀和侵蚀性强，碱含量低，质量稳定，颗粒分布均匀，抗裂性好，后期具有微膨胀性能，弹性模量中等，和易性和外加剂适应性好，配制的混凝土有较好的抗渗、抗冻、抗碳化性等特性。

道路硅酸盐水泥是硅酸盐系统的特种水泥，以道路硅酸盐水泥熟料，加入适量的石膏，磨细制成的水硬性胶凝材料，等级分为 P·R7.5 和 P·R8.5。产品特性：具有水泥水化热低、早期强度高、后期强度增进率大、富裕强度高，水泥颗粒分布合理，碱含量低、抗冻性能好、耐侵蚀性能好、和易性及外加剂适应性好、耐磨性好、抗渗抗冻性能好、干缩率小等特性。。

适用范围

普通硅酸盐水泥：适用于各类结构工程，抗冻性要求较高的重要建筑物。广泛用于国防、交通、水利、工农业建设等复杂而质量要求较高的工程。

中热硅酸盐水泥：适用于技术要求（抗裂性、抗冻性、抗冲刷性较高的重力坝、碾压混凝土大坝及大体积混凝土建筑工程）。

道路硅酸盐水泥：适用于高等级公路、飞机跑道、一般交通道路、城市大面积路面、军事建设等工程。

技术指标

祥龙普通硅酸盐水泥（P·O·42.5、P·O 52.5）、中热硅酸盐水泥（P·MH 42.5）、道路硅酸盐水泥（P·R7.5）产品性能符合 GB1 75—2007、GB/T 200—2017、GB/T 13693—2017 标准要求。

工程案例

普通硅酸盐水泥：小湾、龙开口、功果桥、苗尾、黄登电站基础建设，保龙高等级公路及桥梁、云凤高等级公路及桥梁、祥临路等国家重点工程，海湾国际酒店、大理中民广场、楚雄市政府大楼、临沧地区、大理州房地产项目及工业与民用建筑。祥云、弥渡等地房地产项目。

中热硅酸盐水泥：小湾、景洪、龙开口、功果桥、苗尾、黄登、大华桥、糯扎渡等电站大坝浇筑。

道路硅酸盐水泥：小湾、景洪、龙开口、功果桥、苗尾、黄登、大华桥、糯扎渡等电站大坝浇筑。

生产企业

祥云县建材（集团）有限责任公司是由云南澜沧江实业有限公司控股的专业水泥生产企业，公司占地面积100147m²，建筑面积22000m²，固定资产 16500 万元，拥有一条日产 1250 吨，年产 43 万吨高强度等级水泥的新型干法旋窑生产线，生产"小湾""祥龙"牌中热硅酸盐水泥、超细水泥、普通硅酸盐水泥、复合硅酸盐水泥。

祥云县建材（集团）有限责任公司

地址：云南省大理白族自治州祥云县祥城镇清华洞三台坡
电话：0872-3315599
传真：0872-3315599
官方网站：http://www.xyjcjt.cn/

　　公司生产厂区位于云南省大理州祥云县城南郊 3 公里的三台坡，西接祥临高速公路，北连 320 国道，距昆瑞高速公路入口约 5 公里，距广大铁路祥云火车站 2 公里，区位优越、交通便利，确保产品运输通达省内外。

　　公司生产工艺先进，设备精良，主要的配套设备有：石灰石预均化堆场及配套机械设备、混流式生料均化库、$\phi3.5\times10m$ 生料磨、五级旋风预热器、CDC 分解炉、NMFC 流态化炉、$\phi3.3\times50m$ 回转窑、第三代篦冷机、$\phi3.8\times13m$ 水泥磨机及混合材贮存库、熟料贮存库、水泥贮存库等大型工艺设备；公司还先后从美国、法国、日本、瑞士等发达国家购进了大批先进的、科技含量较高的控制及检测设备，整条生产线从原料破碎到水泥包装全过程均采用 DCS 控制系统进行集中管理，分散控制；这套 DCS 控制系统为美国 FOXBORO 公司和瑞士 ABB 公司的专有技术，并配置国际先进的美国热电公司生产的跨带式在线分析仪（CBX1）、日本岛津公司生产的 MXF-2300 型多通道 X 射线荧光分析仪和从德国申克引进的微机自动调速定量给料秤，通过网络与中央控制室 DCS 控制系统进行数据交换，组成在线自动控制系统，及时有效地进行过程控制。这一系列先进的硬件设施和软件设施为生产出高强度等级熟料及优质结构水泥奠定了基础。

　　"小湾""祥龙"牌优质中热水泥、超细水泥及通用硅酸盐水泥经云南省、大理州水泥产品质量监督检验中心检测，各项质量指标均优于国家标准要求，被大理州质量技术监督协会列为向社会推荐产品。公司以优异的产品质量赢得了广阔的市场，得到了广大用户的信赖与肯定，产品除在本州、县、乡广泛用于市政重点建设工程和民用建筑外，所重点供应的代表工程为：小湾水电站（国家大型重点建设项目，双曲拱形水坝）、功果桥水电站、龙开口水电站、漫湾水电站二期工程、大丽铁路、保龙高等级公路、祥临高等级公路、大理中民酒店、丽江市政府大楼、楚雄市政府大楼等。"小湾""祥龙"牌水泥在祖国建设的各条战线上树起了一座又一座质量和信誉的丰碑。

　　公司始终以"科技先进，优质高效；持续改进，顾客满意"的企业理念，致力于生产高品质的产品，建设一项又一项至善至美的优良工程。

祥云县建材（集团）有限责任公司

地址：云南省大理白族自治州祥云县祥城镇清华洞三台坡
电话：0872-3315599
传真：0872-3315599
官方网站：http://www.xyjcjt.cn/

左侧竖排导航栏：型材 密封胶 外加剂 预拌砂浆 人造板、木质地板及木质家具、木质门 水泥 金属复合材料 陶瓷砖 地坪材料 建筑涂料 胶粘剂 道路材料 防水卷材与防水涂料 其他材料

证书编号：LB2021SN019

盾石普通硅酸盐水泥、砌筑水泥、道路水泥

产品简介

1. 普通硅酸盐水泥：由硅酸盐水泥熟料、＞5%且≤20%规定的混合材料，适量石膏磨细制成的水硬性胶凝材料。

【性能特点】

普通硅酸盐水泥具有凝结时间短、快硬、早强、高强、抗冻、耐磨、耐热、水化热集中、水化热较大、抗硫酸盐侵蚀能力较差的性能特点。

2. 砌筑水泥：硅酸盐水泥熟料加入规定的混合材料和适量石膏，磨细制成的保水性较好的水硬性胶凝材料。

【性能特点】

砌筑水泥具有早期强度较高、耐冻性较好、耐热性较差、耐腐蚀性能较差、水化热较高的性能特点。

3. 道路水泥：由道路硅酸盐水泥熟料，适量石膏和混合材料，磨细制成的水硬性胶凝材料。

【性能特点】

道路水泥具有较高的抗折强度、耐磨性、抗冻以及低收缩等性能特点。

适用范围

普通硅酸盐水泥可用于任何无特殊要求的工程，不经过专门检验，一般不适用于受热工程、道路、低温下施工工程、大体积混凝土工程和地下工程，特别是有化学侵蚀的工程。

砌筑水泥主要用于工业与民用建筑的砌筑砂浆和内墙抹面砂浆，也可用于强度要求不高的某些工程的基础垫层混凝土等，但不得用于钢筋混凝土工程。

道路水泥用于道路、路面和机场跑道等工程。

技术指标

产品技术指标如下表：

品种	产品规格	控制项目		控制指标
普通硅酸盐水泥	52.5（R）	烧失量		≤ 5.0%
		SO_3		≤ 3.5%
		MgO		≤ 5.0%
		比表面积		≥ 300m²/kg
		水溶性铬（Ⅵ）		≤ 10mg/kg
		氯离子含量		≤ 0.06%
		抗折强度	3 天	≥ 5.0MPa
			28 天	≥ 7.0MPa
		抗压强度	3 天	≥ 27MPa
			28 天	≥ 52.5MPa
		凝结时间	初凝	≥ 45min
			终凝	≤ 600min

冀东海德堡（扶风）水泥有限公司

地址：陕西省宝鸡市扶风县天度镇闫马村北
电话：0917-5359169
传真：0917-5359168

砌筑水泥（装修）	32.5	80μm 细度		≤ 10.0%
		SO₃		≤ 3.5%
		MgO		≤ 6.0%
		保水率		≥ 80%
		水溶性铬（Ⅵ）		≤ 10mg/kg
		氯离子含量		≤ 0.06%
		抗折强度	3 天	≥ 2.5MPa
			28 天	≥ 5.5MPa
		抗压强度	3 天	≥ 10MPa
			28 天	≥ 32.5MPa
		凝结时间	初凝	≥ 60min
			初凝	≤ 720min
道路水泥	8.5	烧失量		≤ 3.0%
		SO₃		≤ 3.5%
		MgO		≤ 5.0%
		比表面积		≥ 300 且 ≤ 450m²/kg
		水溶性铬（Ⅵ）		≤ 10mg/kg
		氯离子含量		≤ 0.06%
		28 天干缩率		≤ 0.10%
		28 天磨耗量		≤ 3.00kg/ m²
		碱含量		≤ 0.6%
		抗折强度	3 天	≥ 5.0MPa
			28 天	≥ 8.5MPa
		抗压强度	3 天	≥ 26MPa
			28 天	≥ 52.5MPa
		凝结时间	初凝	≥ 90min
			初凝	≤ 720min

工程案例

两徽高速主要用于桥梁部位，竣工时间 2019 年 12 月，用量 60000 吨。

彭大高速主要用于桥梁部位，竣工时间 2019 年 12 月，用量 60000 吨。

在建工程武九高速主要用于桥梁部位，计划竣工时间 2023 年 12 月，用量 8 万吨。

在建工程灵华高速主要用于桥梁部位，计划竣工时间 2023 年 12 月，用量 4 万吨。

生产企业

冀东海德堡（扶风）水泥有限公司，位于陕西省宝鸡市扶风县天度镇，现有两条新型干法水泥生产线及一座 18MW 纯低温余热发电站。2002 年 1 月由唐山冀东水泥股份有限公司投资成立，2003 年 11 月正式投产。

公司生产的"盾石"牌系列硅酸盐水泥，通过了 ISO 9001 质量体系认证，主导品种有普通硅酸盐水泥 [（P·O52.5（R）、P·O42.5、 低碱 42.5）]、砌筑水泥（M32.5、M32.5 装修专用水泥）、复合硅酸盐水泥（P·C42.5）、道路水泥（P·R8.5），广泛用于西安地铁、西安咸阳机场、银西铁路等国家重点工程，产品质量稳定，售后服务优良，备受用户青睐。

公司以建成平安、创新、效益、绿色、智慧的五型工厂为目标，获得国家级绿色工厂（2018 年）、工业和信息化部两化融合示范企业（2019 年）、国家科学技术高新技术企业（2019 年）（宝鸡市的三家之一）、陕西省质量标杆企业（2017 年）、陕西省劳动关系和谐企业（2018 年）、陕西省重污染天气重点行业绩效评定 B 级企业（2020 年）、陕西省安全文化建设示范企业（2020 年）、国家电力需求侧管理示范企业（2021 年）、北京金隅集团能源管理先进单位（2019 年）、北京金隅集团环保先进单位（2019 年、2020 年）等荣誉称号。

冀东海德堡（扶风）水泥有限公司

地址：陕西省宝鸡市扶风县天度镇闫马村北
电话：0917-5359169
传真：0917-5359168

证书编号：LB2021SN020

金隅普通硅酸盐水泥（P•O42.5）、普通硅酸盐水泥 P•O42.5(低碱)、复合硅酸盐水泥（P•C42.5）

产品简介

普通硅酸盐水泥具有凝结时间短、快硬早强高强、抗冻、耐磨、耐热、水化放热集中、水化热较大、抗硫酸盐侵蚀能力较差的性能特点；但相比硅酸盐水泥，早期强度增进率稍有降低，抗冻性和耐磨性稍有下降，抗硫酸盐侵蚀能力有所增强。

复合硅酸盐水泥除了具有矿渣硅酸盐水泥、火山灰质硅酸盐水泥、粉煤灰硅酸盐水泥所具有的水化热低、耐蚀性好、韧性好的优点外，还能通过混合材料的复掺优化水泥的性能，如改善保水性、降低需水性、减少干燥收缩、适宜的早期和后期强度发展。

适用范围

普通硅酸盐水泥可用于任何无特殊要求的工程。

复合硅酸盐水泥可用于无特殊要求的一般结构工程，适用于地下、水利和大体积等混凝土工程，特别是有化学侵蚀的工程，但不宜用于需要早强和受冻融循环、干湿交替的工程中。

技术指标

产品规格	产品检验项目	产品判定要求	检验结果
P•O42.5 普通硅酸盐水泥	三氧化硫	≤ 3.5%	2.04
	初凝时间	≥ 45min	204
P•O52.5 普通硅酸盐水泥	三氧化硫	≤ 3.5%	2.59
	初凝时间	≥ 45min	179
P•O42.5(低碱）普通硅酸盐水泥	初凝时间	≥ 45min	195
	三氧化硫	≤ 3.5%	2.36
42.5 复合硅酸盐水泥	28 天抗压强度	≥ 42.5MPa	53.1
	筛余细度	≤ 30	2.3
（P•S•A32.5）矿渣硅酸盐水泥	3 天抗压强度	≥ 15.0MPa	30.4MPa
	三氧化硫	≤ 4%	1.48%
	初凝时间	≥ 45min	176

工程案例

1. 延崇高速 2019.1-12 月，使用 P•O52.5 水泥 90000 吨。

承德金隅水泥有限责任公司

地址：承德市鹰手营子矿区北马圈子镇南马圈子村
电话：0314-5039912
传真：0314-5038602

2. 京沈高铁客专项目十标。使用 P·O42.5 低碱水泥 80000 吨。

3. 京唐城际铁路（中铁十二局）2019.1-2020.12，使用 P·O42.5 低碱水泥 70000 吨。

4. 京滨城际铁路（中铁一局）2019.1-2020.12，使用 P·O42.5 低碱水泥 60000 吨。

5. 津兴高铁（中铁六局、十局、十二局）2020.3 至今。

生产企业

承德金隅水泥有限责任公司是隶属于北京金隅股份有限公司的二级子公司。2012 年公司组建成立，公司位于河北省东北部、承德市西南部鹰手营子矿区。公司拥有一条日产 6500 吨熟料新型干法水泥生产线（带余热发电）和丰富优质的石灰石矿山资源。公司年产商品熟料 120 万吨，水泥 120 万吨，总投资约 8.9 亿元，注册资本 4 亿元，员工 400 余人。

公司生产线采用具有世界先进水平的窑外预分解技术，生产线全部采用布袋收尘器，排放浓度可控制在 10mg/m3 以下，生产过程由 DCS 集散型计算机控制，全部实现自动化，工艺设备、环保配套及能源消耗等各项工艺技术指标均达到国内先进水平。公司在建设熟料水泥生产线的同时，还建设一条 9MW 余热发电项目，余热利用是国家政策支持的环保节能项目，可满足整条生产线 30% 以上的电力需求。与此同时，公司积极响应国家"建设资源节约型和环境友好型社会"的号召，在熟料水泥生产过程中运用先进技术，最大限度地利用矿山尾矿、电厂粉煤灰和钢厂的铁尾矿等多种工（矿）业废渣生产出优质的熟料水泥产品，最大限度实现企业的社会效益和经济效益。

公司以著名的"金隅"牌硅酸盐水泥为主导产品，其中包括：低碱 52.5、42.5 等通用硅酸盐水泥，道路、核电工程等特种水泥。公司自 2014 年 4 月开始生产低碱低面水泥，多年来，我公司以生产低碱水泥产品为主，生产的"金隅"牌低碱低面普通 42.5 硅酸盐水泥专供轨道交通工程建设，是股份公司保供轨道交通工程的专用公司，产品主要用于北京地铁工程、京沈客专等国家重点工程。生产的道路硅酸盐水泥主供承德机场、遵化机场、兴城机场等重点工程项目。多年来，产品性能良好，质量稳定，得到用户的一致好评。

承德金隅水泥有限责任公司

地址：承德市鹰手营子矿区北马圈子镇南马圈子村
电话：0314-5039912
传真：0314-5038602

型材
密封胶
外加剂
预拌砂浆
人造板、木质地板及木质家具、木质门
水泥
金属复合材料
陶瓷砖
地坪材料
建筑涂料
胶粘剂
道路材料
防水卷材与防水涂料
其他材料

证书编号：LB2021JS001

吉鑫祥阳光中空板、三维铝芯板、铝塑复合板

产品简介

阳光板主要由 PC 料制作，PC 阳光板以聚碳酸酯为主要原料生产制造。产品透光性强、抗撞击性强、防紫外线、重量轻、容易施工。

三维铝芯板使用 98% 铝材生产制造。产品抗撞击性强、防火性强、隔声好、重量轻、容易施工。

铝塑复合板是由上下两层铝面板及中间的塑胶芯层经热压复合而成的铝塑复合板。产品重量轻、美观大方、经久耐用、容易施工，在建筑装修装潢中得到广泛应用。

适用范围

阳光板：用于园林、游艺场所装饰及休息场所的廊亭；商业建筑的内外装饰、现代城市楼房的幕墙；航空透明集装箱、电话亭、广告路牌、高速公路及城市高架路隔声屏障等。

三维铝芯板：用于幕墙外装、建筑内墙装饰、旧楼翻新装饰、墙板与天花吊顶装饰、标识牌以及船舶、高铁、飞机内装饰，超薄石材背衬板，现代家居装饰。

铝塑复合板：用于外部装修、内部装修、机场地铁、展览会馆、屋顶/屋檐、通道/隧道、标识牌、门面装潢、天花板、家具等。

技术指标

阳光板性能指标如下：

检测项目	单位	标准要求	检测结果
板厚偏差	mm	± 0.5	-0.07 ～ +0.12
板长偏差	mm	+10/0	+3 ～ +6
板宽偏差	mm	+5/0	+2 ～ +4
对角线差	mm	≤ 25	7 ～ 13
外层厚	mm	≥ 0.30	0.34 ～ 0.38
立筋厚	mm	≥ 0.25	0.29 ～ 0.32
拉伸屈服力	N	横向：≥ 350 纵向：≥ 600	横向：≥ 475 纵向：≥ 674
拉伸断裂伸长率	%	横向：≥ 5 纵向：≥ 4	横向：92 纵向：66
透光率	%	≥ 20	81
雾度	%	≤ 50	26

三维铝芯板性能指标如下：

检测项目	单位	标准要求	检测结果
涂层硬度	—	≥ HB	H
涂层光泽度偏差	—	≤ 10	4.0

广州市吉鑫祥装饰建材有限公司

地址：广州市花都区炭步镇沿江路西竹园 2 号
电话：87425960
官方网站：http://www.chinagoodsense.cn

			正面向上横向：61.0
弯曲强度	MPa	≥ 40	背面向上横向：48.4
			正面向上纵向：97.2
			背面向上纵向：74.4
		正面	正面
		平均值：≥ 2.0	平均值：2.30
剥离强度	N/mm	最小值：≥ 1.0	最小值：1.25
		反面	反面
		平均值：≥ 2.0	平均值：2.11
		最小值：≥ 1.0	最小值：1.16
	%	剥离强度下降率：≤ 10	4.2
耐温差性	—	涂层附着力：0 级	0 级
	—	外观 无变化	符合要求

铝塑复合板性能指标如下：

检测项目	单位	标准要求	检测结果
涂层光泽度偏差	—	≤ 10	0.8
表面铅笔硬度	—	≥ HB	2H
涂层柔韧性	—	≤ 3T	2T
剥离强度	N/mm	正面 平均值：≥ 4.0 最小值：≥ 3.0	正面纵向 平均值：7.1 最小值：7.1 正面横向 平均值：7.2 最小值：7.2 背面纵向 平均值：5.8 最小值：5.5 背面横向 平均值：7.0 最小值：6.9
	%	剥离强度下降率：≤ 10	4.0
耐温差性	—	涂层附着力：0 级	0 级
	—	外观 无变化	符合要求

工程案例

哥伦比亚铝塑板外墙项目、甘肃省收费站铝塑板项目、浙江省温岭市泽国镇汇富春天电子产品园、中国银行柳州支行外墙改造工程、印度尼西亚体育馆。

生产企业

广州市吉鑫祥装饰建材有限公司由最初的 2 条铝塑板生产线发展为目前的 12 条铝塑板生产线、3 条阳光板生产线，已形成年产 2000 万平方米铝塑板、300 万平方米阳光板的生产能力。公司通过了 ISO 9001/14001 国际质量环境管理体系认证。公司坚持走品牌路线，以"吉鑫祥"为主，同时拥有"节节高""正茂"等品牌。经过多年的努力，公司已建立了包括全国 30 多个省区及海外 150 多个国家与地区的销售网络。

广州市吉鑫祥装饰建材有限公司

地址：广州市花都区炭步镇沿江路西竹园 2 号
电话：87425960
官方网站：http://www.chinagoodsense.cn

证书编号：LB2021JS002

广亚铝合金建筑型材（阳极氧化型材、电泳涂漆型材、隔热型材）

产品简介

阳极氧化型材就是表面经阳极氧化、电解着色或有机着色的建筑用铝合金热挤压型材。阳极氧化型材具有表面颜色丰富、外观金属质感强而装饰性好、耐腐蚀性和耐磨性强及硬度高等优异特性，广泛应用于汽车、建筑装饰、家电、日用五金等领域。

电泳涂漆型材是表面经阳极氧化及电泳涂漆复合处理的建筑用铝合金热挤压型材。电泳涂漆型材具有很强的漆膜硬度、抗冲击力强，具有很高的漆膜附着力，不易脱落老化，比阳极氧化型材具有更强的耐磨性、耐候性、耐碱性，同时具有镜面般的光泽效果，表面平整、光滑、亮丽，电解着色工艺颜色牢固性好，耐晒性强，色彩丰富。

隔热型材是以隔热材料连接铝合金型材而制成的具有隔热功能的复合型材。隔热铝合金型材有阳极氧化、电泳涂漆、粉末喷涂、氟碳喷涂等表面处理，具有优异的节能、隔声、保温、强度高等性能。

适用范围

阳极氧化型材主要应用于建筑门窗、幕墙、家具装饰框、桌椅支撑件等，以及太阳能铝型材边框、太阳能光伏支架、太阳能光伏瓦扣件等。

电泳涂漆型材主要应用于建筑门窗、幕墙、家具装饰框、桌椅支撑件等，以及太阳能铝型材边框、太阳能光伏支架、太阳能光伏瓦扣件等。

隔热型材应用于建筑门窗、幕墙等。

技术指标

阳极氧化型材技术指标如下：

主要技术指标名称	技术指标要求	
	GB 5237.2—2008	企业测试结果
角度偏差	±1.0	0
平面间隙	不大于 0.34	0.05
弯曲度	任意 300mm 长度上不大于 0.3	0.2
扭拧度	长度（1m）上不大于 1.60	0.27
端头切斜度	不大于 2	< 0.1
型材壁厚	1.4 ± 0.23	1.41 ～ 1.43
维氏硬度	不小于 58	82
韦氏硬度	不小于 8	13
抗拉强度	不小于 160	230
规定非比例延伸强度	不小于 110	210
断后伸长率	不小于 8	12
封孔质量	不大于 30	10
耐盐雾腐蚀性能（CASS 试验）保护等级（16h）	不低于 9 级	9.3 级
耐磨性（落砂试验磨耗系数）	不小于 300	> 400

广亚铝业有限公司

地址：佛山市南海区狮山镇国家高新技术产业开发区官窑永安大道68号
电话：13670682076
官方网站：http：//www.guangyaal.com/

电泳涂漆型材技术指标如下：

主要技术指标名称	技术指标要求	
	GB 5237.3—2008	企业测试结果
角度偏差	±1.0	0
平面间隙	不大于 0.33	0.07
弯曲度	任意 300mm 长度上不大于 0.3	0.1
端头切斜度	不大于 2	< 0.1
型材壁厚	1.4±0.23	1.42～1.45
维氏硬度	不小于 58	72
韦氏硬度	不小于 8	11
抗拉强度	不小于 160	210
规定非比例延伸强度	不小于 110	187
断后伸长率	不小于 8	11
阳极氧化膜局部膜厚	不小于 9	13
附着性 干	不低于 0 级	0 级
附着性 湿	不低于 0 级	0 级
硬度（铅笔划痕试验）	不小于 3H（划破）	4H
复合膜局部膜厚	不小于 16	24
耐盐雾腐蚀性（24hCASS 试验）	保护等级应 ≥ 9.5 级	9.8 级
耐碱性保护等级（24h）	保护等级应 ≥ 9.5 级	9.8 级

隔热型材技术指标如下：

主要技术指标名称	GB 5237.6—2012	企业测试结果
室温纵向抗剪特征值	≥ 24	65
室温横向抗拉特征值	≥ 24	49

工程案例

澳大利亚墨尔本 NEW QUAY 项目、伊朗 ROSE MALL 项目、澳大利亚墨尔本 514 Silverleaf 项目；万科、金域国际、济南绿地广场、龙湾大酒店。

生产企业

广亚铝业有限公司位于富饶的珠江三角洲——佛山市南海区，创立于 1996 年，现已发展成一家厂区占地面积 26 万平方米，拥有固定资产 10 亿元，铝型材年产能达 8.5 万吨的国内大型现代化铝型材制造企业。

公司目前拥有 30 多条全自动生产线，关键生产设备数量有 80 多套。其中拥有 18 吨熔铸炉 10 台；挤压系统从 800 吨到 4000 吨挤压生产线 24 条；喷涂生产线 4 条（包括 3 条粉末喷涂生产线及 1 条氟碳漆喷涂生产线）；隔热型材生产线 3 条（包括从瑞士引进的穿条式隔热型材生产线 1 条，从美国引进的注胶式隔热型材生产线 2 条）。为配合生产质量检测和新产品的研制，公司于 2007 年改建了新的检测中心，引进了大量的先进检测设备，成为全国铝型材行业为数不多的几家国家认可的实验室之一，在技术创新路上跨出关键一步。

广亚铝业有限公司

地址：佛山市南海区狮山镇国家高新技术产业开发区官窑永安大道 68 号
电话：13670682076
官方网站：http://www.guangyaal.com/

证书编号：LB2021JS003

邦得金属印花蜂窝复合板

产品简介

金属印花蜂窝复合板表面采用一条完整成熟的四套色辊涂印花生产线生产的合金印花装饰板（铝板 0.5～3.0mm，钢板 0.3～2.0mm），套色更精准，成品绿色环保、色彩丰富、纹理逼真。本产品防火等级为 A 级、防腐、防潮，安装简便。工期短，可实现无尘无噪声施工，品质有保证。

适用范围

产品适用于酒店内装、学校内装、轨道交通内装、办公楼内装、工业厂房内装、邮轮内装饰、医疗机构内装、银行内装、展馆内外装、机场内外装等。

技术指标

金属印花蜂窝复合板：

名称	适用工程	面板		背板		芯材	
		材料	厚度（mm）	材料	厚度（mm）	材料	厚度（mm）
金属印花蜂窝板	幕墙、柱	金属板	0.5～2.0	金属板	0.5～1.0	长 6mm～10mm 的铝蜂窝芯其铝箔厚度不宜小于 0.07mm	17
	内墙、隔墙、吊顶	金属板	0.4～0.8	金属板	0.3～0.8	长 6mm～10mm 的铝蜂窝芯其铝箔厚度不宜小于 0.05mm	10、17
	家具	金属板	0.42	金属板	0.42	铝蜂窝、纸蜂窝	按设计要求
	门	金属板	0.6～0.8	金属板	0.6～1.2	铝蜂窝、纸蜂窝	30～50
	地板	金属板	0.6～0.8	金属板	0.6～0.8	铝蜂窝、高密度阻燃 PVC 板	17

工程案例

1. 邮轮防疫房舱；
2. 苏州博物馆藏书楼；
3. 雄安市民服务中心；
4. 江西赣州香港蓓蕾石城幼儿园；
5. 无锡天亿建设办公楼；
6. 中国珍珠宝石城。

生产企业

邦得科技以引领中国建筑高端涂料发展为己任，打造高端功能涂料和智能涂料的整体供应商，以及新材料研发与推广的新型建材企业。邦得研发生产的功能智能涂料多达 160 多种，联手来自强大高校研究院背景，凝聚了研发中心 20 多位化学和材料博士的研究成果，尤其针对当下中国涂料行业长效防腐、保温隔热两大难以攻克的历史顽疾，效果显著，是中国涂料行业的升级换代新标杆。

苏州邦得新材料科技有限公司　　地址：苏州市吴中区光福镇凤山路 205 号 3 幢
电话：0512-66956899

金属（合金）新材料产品具有色彩丰富、纹理逼真、抗刮耐磨、绿色环保、耐候性强、抗菌、自洁净、加工性能优异等特点，经过团队研发开发出以合金新材料为主导，牵引全空间合金新材料内外装一站式系统装配化装修服务。

苏州邦得新材料科技有限公司　　地址：苏州市吴中区光福镇凤山路 205 号 3 幢
电话：0512-66956899

型材｜密封胶｜外加剂｜预拌砂浆｜人造板｜木质地板及木质家具、木质门｜水泥｜**金属复合材料**｜陶瓷砖｜地坪材料｜建筑涂料｜胶粘剂｜道路材料｜防水卷材与防水涂料｜其他材料

证书编号：LB2021JS004

江苏邦德金属印花复合板、金属印花蜂窝复合板

产品简介

金属印花复合板、金属印花蜂窝复合板表面均采用国内唯一一条完整成熟的四套色多功能涂层印花生产线的合金印花装饰板（铝板 0.5～3.0mm，钢板 0.3～2.0mm），套色更精准，成品绿色环保、色彩丰富，纹理逼真，有木纹、石纹、金属纹等 160 余种，替代了传统的木饰面、石材等材料。多功能涂层金属印花复合板、金属印花蜂窝复合板具有自清洁、耐沾污、抗菌、抗静电、耐磨、防腐、光致变色等特点，是性能优良、绿色、低碳、环保、安全无污染、可循环再利用的新型建造材料。产品防腐、防潮，安装简便，无尘无噪音施工，工期短。

金属印花复合板有全维板、波纹芯复合板、无机芯材复合板（防火等级有 A 级、B 级）等，板厚 4~6mm。广泛应用产品适用于酒店、学校、轨道交通、办公楼、工业厂房、银行、展馆、机场等内外装幕墙、柱、吊顶等。

金属印花蜂窝复合板有铝蜂窝、纸蜂窝两种，具体按使用要求及场景确定，面板和背板为金属合金板，板厚 11~48mm，特殊情况可定制。广泛应用产品适用于酒店、学校、轨道交通、办公楼、工业厂房、银行、展馆、机场等内外装、邮轮内、医疗内装幕墙、柱、内墙、吊顶、门、家具、地板等。

适用范围

酒店内装、学校内装、轨道交通内装、办公楼内装、工业厂房内装、邮轮内装饰、医疗内装、银行内装、展馆内外装、机场内外装等。

技术指标

金色印花复合板

名称	适用工程	面板		背板		芯材	
		材料	厚度（mm）	材料	厚度（mm）	材料	厚度（mm）
金色印花复合板	幕墙、柱	金属板	0.3～0.8	金属板	0.3～0.5	无机芯材、金属波纹芯、金属全维芯	4～6
	内墙面、吊顶	金属板	0.3～0.8	金属板	0.3～0.5	金属波纹芯、金属全维芯	4～6

金色印花蜂窝板

名称	适用工程	面板		背板		芯材	
		材料	厚度（mm）	材料	厚度（mm）	材料	厚度（mm）
金属印花蜂窝板	幕墙、柱	金属板	0.5～2.0	金属板	0.5～1.0	长 6mm～10mm 的铝蜂窝芯其铝箔厚度不宜小于 0.07mm	17
	内墙、隔墙、吊顶	金属板	0.4～0.8	金属板	0.3～0.8	长 6mm～10mm 的铝蜂窝芯其铝箔厚度不宜小于 0.05mm	10、17
	家具	金属板	0.42	金属板	0.42	铝蜂窝、纸蜂窝	按设计要求
	门	金属板	0.6～0.8	金属板	0.6～1.2	铝蜂窝、纸蜂窝	30～50
	地板	金属板	0.6～0.8	金属板	0.6～0.8	铝蜂窝、高密度阻燃 PVC 板	17

江苏邦得绿建装饰有限公司　　地址：苏州市吴中区光福镇凤山路 205 号 5 幢
电话：0512-66791222

工程案例

1、中国首个邮轮防疫房舱

2、苏州博物馆藏书楼

3、雄安市民服务中心

4、江西赣州香港蓓蕾石城幼儿园

5、无锡天亿建设办公楼

6、中国珍珠宝石城

生产企业

　　江苏邦得绿建装饰有限公司成立于2017年，由苏州市吴中区市场监督管理局批准，主要从事建筑室内外装饰装修专业承包、建筑工程施工总承包、市政公用工程施工总承包、机电工程施工总承包、地基基础工程专业承包、起重设备安装工程专业承包、电子与智能化工程专业承包、消防设施工程专业承包、钢结构工程专业承包、建筑门窗幕墙工程专业设计承包、环保工程专业承包；建筑装饰工程设计、钢板制作工程施工；研发、销售：建筑新材料材料的设计、加工、销售、安装等服务工作。

　　公司主要产品：金属保温隔热，防腐，防锈，耐磨，耐冲击，透明防火，抗划伤，防污自清洁涂层等100多种新型产品，能够有效满足民用、工业、公路、铁路、机场、水利、市政、石化、电力、海洋工程等多个领域；金属（合金）印花新材料：铝板：0.5~3.0mm；合金板：0.3~2.0mm；A级复合板：3.0~4.0mm。产品具有色彩丰富、纹理逼真、抗刮耐磨、绿色环保、耐候性强、抗菌、自洁净、加工性能优异等特点。表面涂层历久弥新，25年不褪色不老化。循环利用金属材料资源，遏制浪费资源，提升环保、减少环境污染。广泛应用于城市交通、金融、医疗、建筑装饰、海洋邮轮装饰等多个领域提供装配化装修定制服务。

　　公司坚持"诚信服务、品质优良、顾客满意"的经营方针，赢得了社会各界人士的信赖和支持。售后服务及时，能为客户提供应急保障服务。公司秉持高效、持久、节能、环保的理念，以沉浸方式为各行业创新赋能，推动并引领在新材料应用领域的技术升级和革新，从而形成新材料、新技术应用的社会新场景、新生态。经过多年产品的生产服务，积累了丰富的制造经验和解决重点、难点问题的经验，对优质服务的追求是我们永恒的奋斗目标！

江苏邦得绿建装饰有限公司

地址：苏州市吴中区光福镇凤山路205号5幢
电话：0512-66791222

型材　密封胶　外加剂　预拌砂浆　人造板、木质地板及木质家具、木质门　水泥　**金属复合材料**　陶瓷砖　地坪材料　建筑涂料　胶粘剂　道路材料　防水卷材与防水涂料　其他材料

证书编号：LB2021JS005

保丽卡莱、申同集成墙面、集成吊顶

产品简介

集成墙面采用竹木纤维制作而成，是一种新型的墙面装饰材料，由于其优越的环保性，安装的便利性，现广泛运用于酒店、KTV 等公共服务场所，也悄然出现在一些高端的家庭装修中。相比传统的墙面装修材料，竹木纤维集成墙面具有以下优点：保温、隔热、隔声、柔软、防水防潮、绿色环保、安装便利、易擦洗不变形、时尚、节约空间。

集成吊顶电器产品以其时尚的设计理念、精湛的加工工艺、完善的服务体系为消费者打造一个舒适的个性空间。简约而时尚的外观造型设计，将前卫个性与环保理念融为一体，给人全新的感官享受。功能显示与情景模式的完美结合，凸显科技艺术之美。

适用范围

民用家装领域及工装领域，顶部吊顶空间。

技术指标

竹木纤维墙面板：甲醛释放量：未检出；TVOC：72 小时 $0.29mg/(m^2 \cdot h)$。

铝扣板：300*300/300*600/450*900/600*600 等多种规格，UV 丝印 / 滚涂 / 彩釉 / 镀膜 / 雕刻等多种工艺；漆膜硬度：6H，耐冲击：4N·m 无开裂。

蜂窝板：包含 7 层：表层、铝板层、热熔胶层、蜂窝夹层、热熔胶层、铝板层、背板层。优质基材、经久耐用，所有铝材都经过环氧，黏胶更牢固，抗氧化，不变色。漆膜硬度：2H，平均膜厚 $\geq 25\mu m$。

工程案例

成都远大林语城南三期精装修集成吊顶采购及安装工程合同——四川成都；

杭州绿城——浙江杭州；

祥源漫城 6#、7# 地块集成吊顶采购工程合同——浙江宁波。

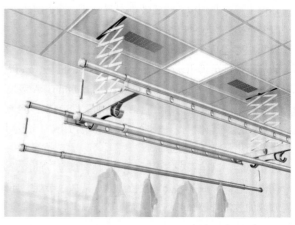

200

力同装饰用品（上海）有限公司

地址：上海市金山区朱泾工业园区仙居路 666 号
电话：021-57336262，15900853183
官方网站：http://www.shseetoo.com/

生产企业

力同装饰用品（上海）有限公司是香港力同国际控股（集团）有限公司旗下全资控股的一家子公司，公司位于上海市金山区朱泾工业园区，总投资一亿港元。占地面积 76000 平方米，主厂房面积 46000 平方米。公司创建于 2002 年，是目前国内较大的集成吊顶生产基地之一。

对内：公司拥有业界成熟的制造、研发、营销、管理团队，并且装配全套进口的集成吊顶生产、检测设备，如注塑深加工系统、UV 高清丝网印刷系统、机床深加工系统、光谱分析仪、电器安全性能综合测试系统等。2014 年公司更是斥巨资引进多条陶釉工艺生产线，进一步稳固了公司产品在行业内的工艺地位；与此同时，公司升级了电器成品总装线，并通过引进高级工程研发人员加强产品研发能力，公司电器生产水平及产品性能大为提升，并在 2017 年被上海市科委会认定为高新技术企业。

对外：公司自 2012 年转型以来，依托集团在铝加工行业上下游全产业链布局（铝矿开采、铝加工、铝涂装、化工、机械、进出口贸易等）优势，公司主营集成墙面、各类铝制类集成吊顶（如铝扣板、铝方通、铝蜂窝板）及相配套 LED 照明灯、取暖器、换气扇、新风系统。经多年市场沉淀，公司现拥有家装"保丽卡莱"、工装"申同"两大顶墙集成品牌，共在全国布局有近 300 家有效代理商网点及数个驻外工程办事处。凭借整体优势，公司品牌多次荣获行业各种荣誉称号，并成为中国建筑装饰装修材料协会《吊顶用辊涂铝卷板材》《吊顶用浴室电加热器》团体标准起草单位之一。

力同装饰用品（上海）有限公司

地址：上海市金山区朱泾工业园区仙居路 666 号
电话：021-57336262、15900853183
官方网站：http://www.shseetoo.com/

证书编号：LB2021JS006

阿路美格 A2 级防火铝复合板

产品简介

防火型（A2 级）无机芯材防火铝复合板，是由我司自主研发创新，经国家专门机构检测，防火安全性能、幕墙板质量和放射性等各项指标均达到国标 GB 8624—2012 和 GB/T 17748—2016 的标准，居国内前列，并通过国际权威机构（欧盟 A2 级）标准检测，突破了有机芯材传统 B 级铝塑复合板技术瓶颈，产品具有以下优势：

1. 具有轻质、环保、刚性、隔燃、防火、防水、防腐、耐候、保温、美观、时尚、抗震、抗变型、抗风压等特征。

2. 产品防火性能达到国标 A2 级。

3. 采用碳酸钙、硅微粉、珍珠岩、短纤维、氢氧化铝、氢氧化镁、丙烯酸水性等不燃无机混合物作为芯材，从根本上解决铝复合板防火难题。

4. 利用胶凝反应原理，采用少量高分子材料作为无机芯料的粘结剂，增强抗拉强度。

5. 创造性利用柔性材料辅助预成型，采用分阶段温控时效与连续滚压结合工艺，解决连续化生产技术瓶颈问题。

6. 产品质量控制按照国标 GB 8624—2012 和 GB/T 17748—2016 的要求进行生产，各项性能指标均符合并高于国标要求。

7. 产品采用铝合金和天然无机材料复合，无毒、无卤、无放射性，生产过程污染"零排放"。

8. 成本优势：传统产品芯材为有机原料，成本高，而本产品采用无机原料，成本低，而且在价格上仅为国外的 50% 左右。

适用范围

产品广泛应用于防火要求高的各种场所，如机场、会馆、大型娱乐空间、体育馆、酒店、办公楼以及公共标志性建筑物的外墙、帷幕墙板等领域装饰。

技术指标

产品性能指标如下：

项目		技术要求	
		幕墙	内墙
表面铅笔硬度		≥ HB	≥ HB
涂层光泽度偏差		≤ 10	≤ 10
涂层柔韧性 /T		≤ 2	≤ 3
涂层附着力 / 级	划格法	0	0
	划圈法	1	1
耐冲击性 /（kg·cm）		≥ 50	≥ 20
涂层耐磨耗性 /（L/μm）		≥ 5	\
涂层耐盐酸性		无变化	无变化
涂层耐油性		无变化	无变化
涂层耐碱性		无鼓泡、凸起、粉化等异常，色差 △E ≤ 2	无变化
涂层耐硝酸性		无鼓泡、凸起、粉化等异常，色差 △E ≤ 5	\
涂层耐溶剂性		不漏底	不漏底

江苏协诚科技发展有限公司

地址：江苏省淮安市金湖县经济开发区东海路 9 号
电话：051786856700
传真：051786856700
官方网站：http://www.a2acp.com/

涂层耐沾污性 /%		≤ 5	≤ 5
弯曲强度 /MPa		≥ 120	≥ 70
弯曲弹性模量 /MPa		≥ 2.5×10^4	\
贯穿阻力 /kN		≥ 8.0	\
剪切强度 /MPa		≥ 25.0	\
剥离强度	平均值	≥ 4（N/mm）	≥ 7.2（N/mm）
	最小值	≥ 3（N/mm）	≥ 7.1（N/mm）
	剥离强度下降率 /%	≤ 10	0
耐温差性	涂层附着力 / 级 划格法	0	0
	划圈法	1	1
	外观	无变化	无变化
热膨胀系数 /℃ $^{-1}$		≤ 3.00×10^{-5}	\
热变形温度 /℃		≥ 98	≥ 85
耐热水性		无异常	\
燃烧性能 / 级		A2	A2

工程案例

工程名称：宁波湾头启动区项目
A 级防火金属复合板：30000m²
工程名称：宜宾会展中心
A 级防火金属复合板：150000m²
工程名称：重庆长安汽车项目
防火金属复合板：30000m²

生产企业

江苏协诚科技发展有限公司由江苏阿路美格建材有限公司与俄罗斯鄂木斯克工厂保温管道有限公司合资兴建，总投资 1.2 亿元，总建筑面积 3.2 万平方米。现有全自动生产线 4 条，年生产能力 500 万平方米。

公司在规范内部管理的同时，坚持自主创新，积极与清华大学、中国建筑材料检验认证中心进行长期合作，不断加大科技投入和新品研发，自主研发 A2 级防火铝复合板及其生产设备，四项产品获江苏省高新技术产品。公司拥有国家级发明专利和实用新型专利约 50 项，境内已注册成功商标共有 45 例。其中自主研发的防火型 A2 级无机芯材铝复合板具有强大的防火优势，是不燃、无烟、无毒、无味的安全环保的内外墙装饰材料，已通过国家各专业机构检测和欧盟等国际权威机构 A2 级检测，企业通过 ISO 9001：2015 质量体系认证，被住房城乡建设部列为推广产品，用于传统铝塑板的升级换代，畅销国内外市场。

江苏协诚科技发展有限公司

地址：江苏省淮安市金湖县经济开发区东海路 9 号
电话：051786856700
传真：051786856700
官方网站：http://www.a2acp.com/

证书编号：LB2021JS007

飞腾铝塑复合板

产品简介

我公司是专业生产铝塑复合板以及各类异种有色金属复合板的厂家，产品以各种金属薄板经涂装或表面处理后，形成各种颜色的表面效果，是利用高分子粘结材料与可回收塑料经加温加压后复合为一体的复合板材，产品具有多彩新颖的外观，同等强度下比纯金属板材更轻，更环保。产品广泛用于建筑、广告、电梯、车船等行业。

适用范围

主要用于各类工业与民用建筑的室内外装饰、车船内饰、电梯轿厢、广告标识标牌、打印耗材等行业和领域。

技术指标

产品性能指标如下：

预号	项目	技术要求
1	涂层厚度 um	氟碳 ≥ 25μm、聚酯 ≥ 17μm
2	光泽度偏差	根据客户要求：± 10
3	铅笔硬度	≥ HB
4	涂层韧性，T	≤ 2T
5	附着力级	不次于 1 级
6	耐冲击性	50kg·cm 不脱漆、无裂痕
7	耐溶剂性	聚酯 100 次、氟碳 200 次不露底，均使用丁酮擦
8	涂层耐酸性	无变化
9	涂层耐碱性	无变化
10	剥离强度 N/mm	≥ 8
11	弯曲强度 MPa	≥ 100
12	贯穿阻力 kN	≥ 7.0
13	热变形温度 ℃	≥ 95

工程案例

南大、上海月亮湾、沈阳龙达大厦、天津水电等。

生产企业

张家港飞腾复合新材料股份有限公司坐落于经济发达、交通便利的中国新兴港口工业城市张家港市，是国内专业从事铝塑复合板研发与制造的骨干企业，现为中国建筑材料联合会铝塑复合材料分会副理事长单位。

张家港飞腾复合新材料股份有限公司始创于1994年，总投资2亿元，是专业从事铝复合板、铜复合板、不锈钢复合

张家港飞腾复合新材料股份有限公司

地址：张家港市环保新材料产业园华达路 77 号
电话：0512-58786520
传真：0512-58797735
官方网站：www.feiteng.cn

板、钛锌复合板、镀锌钢复合板、双金属复合板、铝单板等产品研发、制造、销售与服务为一体的中国金属复合板行业优质企业。公司配有全套金属复合板深加工设备，为客户提供金属复合板设计、生产、加工一站式解决方案。

公司通过了 ISO 9001 质量管理体系、ISO 14001 环境管理体系和 ISO 45001 职业健康安全管理体系国际认证。公司采用先进的全套金属复合板生产设备，年产各类金属复合板 1200 万平方米以上。

公司被评为"中国金属复合材料行业质量管理培训基地"，为江苏省高新技术企业。

作为中国铝塑板制造的先行者及中国建筑材料联合会金属复合材料分会副理事长单位，公司参与了铝塑板国家标准的起草与制定。"飞腾牌"铝塑板以"CTC 认证产品"的资格畅销世界各地，各项性能指标通过国家检测中心的检测后，均达到美国 ASTM 标准。产品通过 ISO9001 标准质量体系认证、ISO 14001 环保认证以及 RoHS、REACH 认证，并获得国际 CE 认证和 SGS 认证。一直以来，飞腾铝塑板公司恪守以客户为中心的营销理念，将客户的利益视为根本原则，与客户建立长久稳定的战略伙伴关系，并凭借遍及全国的 50 多个服务网点，为客户提供快捷、周到的服务。

欢迎广大用户携手合作，开创未来，共建美好明天！

张家港飞腾复合新材料股份有限公司

地址：张家港市环保新材料产业园华达路 77 号
电话：0512-58786520
传真：0512-58797735
官方网站：www.feiteng.cn

型材　密封胶　外加剂　预拌砂浆　人造板、木质地板及木质家具、木质门　水泥　**金属复合材料**　陶瓷砖　地坪材料　建筑涂料　胶粘剂　道路材料　防水卷材与防水涂料　其他材料

证书编号：LB2021JS008

海德林纳金属卫生间隔断

产品简介

公司主要产品包含金属卫生间隔断、金属挂墙板，采用蜂窝复合金属板材的结构，以及静电喷涂、木纹转印的表面处理方式。

适用范围

产品适用于公共建筑和商用建筑，例如学校、机场、商场、银行、酒店、医院等。

技术指标

产品性能指标如下：

检测 项目		标准要求	检验结果
表面图层硬度		≥ HB	3H（中华铅笔）
耐灼烧性能		≤ 2 级	4 级
耐污染性		不留明显痕迹	不留明显痕迹
耐化学腐蚀性		无明显腐蚀	无明显腐蚀
耐湿热性		≤ 2 级	5 级（无明显变化）
耐盐雾性	涂层耐盐雾性	经 48h 铜加速乙酸盐雾试验，保护等级不低于 9 级	10 级
	衣帽钩吊挂力	无明显变形或破坏，无功能失效	无明显变形或破坏，无功能失效
A（A2）级燃烧性能	燃烧增长速率指数（W/s）（FIGRA0.2mj）	≤ 120	49.3
	600s 内总热释放量（MJ）（THR600s）	≤ 7.5	1.7
	火焰横向蔓延 LFS	未达到试样长翼边缘	未达到试样长翼边缘
	产烟生成速率指数 SMOGRA，㎡	≤ 180	6
	600s 内总烟气生成量 TSP600，㎡	≤ 200	85.70
	600s 内无燃烧滴落物 / 微粒情况	无燃烧滴落物 / 微粒情况	无燃烧滴落物 / 微粒情况
	总燃烧值 MJ/kg	≤ 3	0.2
抗菌性	抗细菌性能		99.90%
	抗细菌持久性		99.90%
甲醛释放	甲醛释放（mg/L）	未检出	甲醛释放量 <0.10mg/L
	耐撞击性能	无明显变形及破坏	无明显变形及破坏

北京海德林纳建材有限公司

地址：北京市丰台区城南嘉园益城园 16 号楼 2 单元 1518
电话：010-87598181
官方网站：www.hadlina.com

工程案例

重庆西区医院、吉林大学二院、常州一中、山西大学、清华大学、首都机场、上海航融、北京氢能大厦、翠宫饭店、国家速滑馆。

生产企业

北京海德林纳建材有限公司是集产品研发、设计、加工制造、现场安装和售后服务为一体的企业。公司专注于公共领域卫生间隔断新产品的研发、投入，满足市场对高端化、定制化产品的需求，在高档金属卫生间隔断产品领域里深耕细作，占有很高的市场份额。产品被广泛应用于鸟巢、水立方、首都机场、T3航站楼、北京南站、中国尊、北京城市副中心等大型公共建筑项目上，同时公司还适应新的建筑市场的使用需求，紧跟市场发展步伐，开发生产出满足符合装配式建筑市场的产品金属挂墙板，解决了一站式房屋室内装修到位的问题，既达到施工装修现场整洁的要求，又降低部分人工及材料等工程造价费用，深受市场欢迎。

叶青大厦（北京）

海淀环卫（北京）

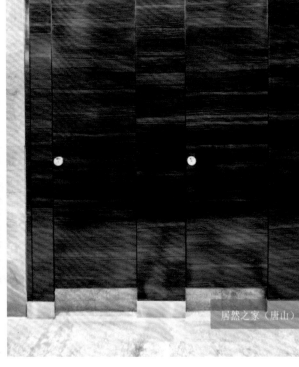
居然之家（唐山）

北京海德林纳建材有限公司

地址：北京市丰台区城南嘉园益城园 16 号楼 2 单元 1518
电话：010-87598181
官方网站：www.hadlina.com

证书编号：LB2021JS009

永达热轧光圆钢筋 HPB300．热轧带肋钢筋 HRB400E、热轧带肋钢筋 HRB500E

产品简介

公司主要生产规格 φ6mm～φ32mm 热轧光圆钢筋、盘螺、螺纹钢、棒材系列产品，年产能 180 万吨。公司生产设备和工艺流程居于国内先进水平，获得"全国工业产品生产许可证"，产品通过了质量（GB/T 19001—2016）、环境（GB/T 24001—2016）、职业健康安全（GB/T 45001—2020）标准体系认证，经各级质量管理部门多次随机抽样检查，均符合 GB/T 1499.2—2018、GB/T 1499.1—2017 等国家标准要求，品优质良，达到国内先进水平，被列入"梧州市名优产品（第一批）"，广泛被各大房地产公司及市政重点工程项目选用。

适用范围

公司产品主要用于房屋、桥梁、道路等土建工程建设中的中型以上建筑构件。

技术指标

热轧带肋钢筋性能指标符合 GB/T 1499.2—2018 标准中的相关要求；
热轧光圆钢筋性能指标符合 GB/T 1499.1—2017 标准中的相关要求。

工程案例

连南县城市春天华悦府项目、阳江市保利共青湖项目、梧州金海不锈钢全连轧绿色生产线项目。

梧州市永达钢铁有限公司

地址：广西壮族自治区梧州市长洲区平浪村上平七队
电话：13660037629

生产企业

　　梧州市永达钢铁有限公司始建于 1998 年，位于广西梧州市不锈钢制品产业园区内，占地面积 23 万多平方米，是广西壮族自治区、梧州市重点企业，具有年产 180 万吨热轧带肋钢筋（螺纹钢）及钢坯的生产能力。公司是《模拟海洋环境钢筋耐蚀试验方法》《钢筋混凝土用耐蚀钢筋》《钢筋混凝土用不锈钢钢筋》等三项国家标准的起草单位之一。近年来，通过生产设备技术改造和产能置换，公司投入大量资金升级设备及技术，并实行规范化、精细化管理，生产过程更节能环保，产品更优质可靠，打响了产品品牌，做精做专提升技术，做大做长产业链条，保持企业平稳较快发展。公司注册资金 13130 万元，2019 年底资产总额 132905 万元。

　　2018 年 12 月 3 日，公司与普锐特冶金技术（中国）有限公司签订了 100 吨量子电弧炉、100 吨双工位 LF 精炼炉合同。2020 年 11 月 29 日，德国进口的 100 吨量子电炉及双工位精炼炉正式开炉试产，2020 年 12 月 28 日举行竣工仪式。

梧州市永达钢铁有限公司　　地址：广西壮族自治区梧州市长洲区平浪村上平七队
电话：13660037629

证书编号：LB2021JS010

未来之窗建筑幕墙用铝塑复合板、建筑装饰用铝单板、建筑外墙用铝蜂窝复合板

产品简介

建筑幕墙用铝塑复合板：该产品由保护膜、油漆、铝皮、高分子膜、经阻燃处理的塑料为芯材，五种原材料以三明治式结构组成，板面涂有氟碳树脂涂料，形成一种坚韧、稳定的膜层，附着力和耐久性强，色彩丰富，板的背面涂有聚酯漆以防止可能出现的腐蚀，并用作建筑幕墙材料的铝塑复合板。

幕墙铝单板采用优质高强度铝合金板材，其结构主要由面板、加强筋和角码组成，具有重量轻、刚性好、强度高、耐候性和耐腐蚀性好等优点。角码可直接在面板折弯、冲压成型，也可在面板的折边上铆装角码成型，加强筋与面板的电焊螺钉联接，使之成为一个牢固的整体，大大增强其强度与刚性，保证长期使用中的平整度和抗震能力。

铝蜂窝板是结合航空工业复合蜂窝板技术而开发的金属复合板产品系列。该产品采用"蜂窝式夹层"结构，即以表面涂覆耐候性好的装饰涂层之高强度合金铝板作为面、底板与铝蜂窝芯经高温高压复合制造而成的复合板材。

适用范围

铝塑板适用于大楼外墙、帷幕墙板、旧楼改造翻新、室内墙壁及天花板装修、广告招牌、展示台架、净化防尘工程。

铝单板应用于各种金属幕墙板和金属吊顶板，适用于多种生活工作场所，如室内、室外、机场、地铁、轻轨、车站、展馆、医院、行政办公大楼、商业楼等。

蜂窝板适用于建筑幕墙外墙挂板、室内装饰工程、广告牌、船上建筑、航空制造业、室内隔断及商品展示台、商用运输车和货柜车车体、公共汽车、火车、地铁及轨道交通车辆、对环保要求很严的现代家具行业。

技术指标

产品性能指标如下：

产品名称	项目栏	国家标准参数	检测数据
幕墙铝塑板	表面铅笔硬度	≥ HB	2H
	光泽度偏差	≤ 10	0.9
	滚筒剥离强度	平均值≥ 110（N·mm）/mm	平均值≥ 156（N·mm）/mm
	耐碱性	无鼓泡、凸起、粉化等异常，色差 $\triangle E \leq 2$	无鼓泡、凸起、粉化等异常，色差 $\triangle E = 0.63$
	耐硝酸性	无鼓泡、凸起、粉化等异常，色差 $\triangle E \leq 5$	无鼓泡、凸起、粉化等异常，色差 $\triangle E = 0.92$
	热变形温度	≥ 95℃	112℃
	剪切强度	≥ 22.0MPa	26.0MPa
	燃烧性能	芯材燃烧热值 ≤ 12MJ/kg	10.8MJ/kg

210

广州市未来之窗新材料股份有限公司

地址：广州经济技术开发区东区骏达路 118 号
电话：800-830-1575 020-62663999
传真：020-62663998
官方网站：http://www.willstrong360.com

	纵向剥离强度	平均值 $\geqslant$ 55	157
	横向剥离强度	平均值 $\geqslant$ 55	155
	平拉强度，MPa	平均值 $\geqslant$ 0.8	1.4
	平面剪切强度，MPa	$\geqslant$ 0.5	1
铝蜂窝板	弯曲刚度，N·mm^2	$\geqslant 1.0 \times 10^8$	6.4×10^8
	剪切刚度，N	$\geqslant 1.0 \times 10^4$	4.2×10^4
	表面硬度	$\geqslant$ HB	3H
	涂层光泽度偏差	$\leqslant$ 10	3
	耐碱性	无鼓泡、凸起、粉化等异常，色差 $\triangle E \leqslant 2$	无鼓泡、凸起、粉化等异常，色差无变化
	耐硝酸性	无鼓泡、凸起、粉化等异常，色差 $\triangle E \leqslant 5$	无鼓泡、凸起、粉化等异常，色差无变化
	膜厚	平均膜厚 $\geqslant 40 \mu m$	平均膜厚 $50 \mu m$
铝单板	铅笔硬度	$\geqslant$ 1H	2H
	耐硝酸	无起泡等变化 $\triangle E \leqslant 5$	无起泡等变化 $\triangle E = 1$
	耐磨性	$\geqslant 5L/\mu m$	$6.3 L/\mu m$

工程案例

柬埔寨商业街（THE PREMIERLAND）、广州美国人学校、俄罗斯勘察加商场外墙、加拿大交通管理站、尚品宅配店铺门面。

生产企业

广州市未来之窗新材料股份有限公司座落在国家级开发区——广州经济技术开发区，与多家世界五百强企业为邻；公司环境优美，交通发达，四季如春，花园式的办公环境为研发和设计工作带来了丰富的灵感；公司已经走过了26年的历程，实力雄厚，人才济济，形成了以铝塑复合板、铝蜂窝板、瓦楞板、彩涂板、铝单板为系列的新材料产品体系。

公司旗下拥有 WILLSTRONG®、FASHIONBOND®、ALYBOND® 等品牌，产品广泛应用于建筑幕墙、店铺、广告、商业广场、写字楼、地铁、轻轨、机场、屋面、建筑外遮阳及家饰家居等领域。

公司全面推行 ISO 9001：2008 质量管理体系、ISO 14001：2004 环境管理体系和 OHSAS 18001：2007 职业健康安全体系，产品通过了国际权威认证机构瑞士 SGS、英国 Intertek、新加坡 PSB、法国 CSTB 检测，俄罗斯防火、抗菌测试和罗马尼亚质量认证，达到美国 ASTM E84、美国 NFPA285、英国 BS476、澳大利亚 AS1530.3、欧盟 EN31501 标准要求。

目前为止，公司服务的国内外客户超过 1000 多家，产品畅销 60 多个国家与地区，已完成的重要项目包括法国巴黎戴高乐机场修复项目、俄罗斯联邦大厦、印尼机场、杭州 LV 大厦、上海世博会中轴项目、西安中大国际商业中心、深圳能源大厦等，从创意深化、需求采集、产品实现到应用服务，每一个项目都验证了我们的产品品质，也见证了我们品牌历史的足迹。

广州市未来之窗新材料股份有限公司

地址：广州经济技术开发区东区骏达路 118 号
电话：800-830-1575 020-62663999
传真：020-62663998
官方网站：http://www.willstrong360.com

证书编号：LB2021JS013

YARET 建筑幕墙用铝塑复合板、建筑装饰用铝单板、铝蜂窝复合板

产品简介

建筑幕墙用铝塑复合板：铝塑板上下层为高强度涂装铝箔，中间层为无毒防火高密度聚乙烯（PE）芯板，粘结层为高分子粘结树脂。室外用铝塑板，上层铝箔涂覆氟碳树脂涂层。

铝单板主要由经过表面喷涂的面板、加强筋、挂耳和其他配件组成，挂耳可采用定制型材制作，也可直接由铝板折弯而成。在面板背面植焊螺栓，并通过螺栓把加强筋和面板联系起来，形成一个牢固的结构，加强筋增加了板面的平整性和增强了铝单板在长期使用中抗风压的特性。

铝蜂窝复合板是采用经氟碳喷涂处理的耐候性好的高强度合金铝板作为面、底板，中间是铝蜂窝芯，经涂胶复合而成的蜂窝式夹层结构板材。

适用范围

铝塑复合板适用于建筑幕墙、门厅、门面、包柱装饰、广告招牌、家具衬板、家电背板、麻将桌面板、汽车内装板、旧楼宇翻新改造等。

铝单板适用于建筑幕墙、梁柱、隔板包饰、室内装饰、车辆、家具、仪器外壳及地铁、机场、车站、通道、现代大型购物中心、展览中心等大型开放式公共场所。

铝蜂窝板是航空、航天材料，目前已逐步发展应用于民用领域，广泛运用于机场、体育场馆、轨道交通站房、功能性试验大厅、净化车间、医院、大型高档商业中心、高档酒店及道路交通降噪声屏障屏体等。

  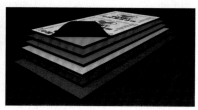

技术指标

建筑幕墙用铝塑复合板各项性能满足标准 GB/T 17748—2008 中的相关要求。

建筑装饰用铝单板各项性能满足标准 GB/T 23443—2009 中的相关要求。

铝蜂窝复合板各项性能满足标准 JC/T 2113—2012 和 JG/334—2012 中的相关要求。

工程案例

铝单板			
近一年申报产品典型工程案例			
工程名称	竣工时间	应用部位	应用量
埃及标志塔	—	幕墙	30000m²
上海前滩中心	2019.1	幕墙	100000m²
SK 上海总部大厦	2018.11	幕墙	80000m²
建筑幕墙用 / 普通装饰用铝塑复合板			
近一年申报产品典型工程案例			

江苏雅泰科技产业园有限公司

地址：江苏省宿迁市宿城经济开发区上海路 1555 号
电话：021-57776888
传真：021-57776385
官方网站：http://www.yaret.com.cn

工程名称	竣工时间	应用部位	应用量
重庆万达广场	—	幕墙	11000m²
沈阳龙之梦	—	幕墙	210000m²
上海万源城	—	幕墙	280000m²

铝蜂窝复合板

近三年申报产品典型工程案例

工程名称	竣工时间	应用部位	应用量
红旗 4S 店	—	幕墙	20000m²
北京大兴国际机场	2018.12	屋面	100000m²
桂林机场	2018.8	屋面	50000m²

生产企业

雅泰实业集团创建于 1999 年，是国内一家专注于自主研发、生产、销售铝塑板、铝单板、铝蜂窝板的现代化知名集团公司。

集团总部坐落于上海市松江工业园区，占地面积 280 亩，注册资金 1.9 亿元人民币，旗下拥有江苏雅泰科技产业园、新疆新雅泰建材、四川雅泰建材、广东吉祥伟业、湖北雅泰建材、吉祥（天津）铝塑制品 6 家子公司。公司拥有先进的生产、检验设备，销售网络遍及全国各地，并远销英国、法国、德国、俄罗斯、巴西、乌克兰、美国等六十多个国家和地区，产品被广泛应用于国内外重大工程项目。企业通过德国莱茵公司（TÜV）ISO9001 国际质量管理体系认证、ISO14001 环境管理体系认证和中国建材 CTC 认证，先后荣获"高新技术企业""上海市文明单位""上海市民营企业 100 强""上海市两新党建示范点""上海市重合同守信用 AAA 级企业"等几十个奖项；拥有发明专利 7 项，实用新型专利 23 项；是铝塑复合板、铝单板国家标准，铝蜂窝板行业标准起草修订单位之一。

型材
密封胶
外加剂
预拌砂浆
人造板、木质地板及木质家具、木质门
水泥
金属复合材料
陶瓷砖
地坪材料
建筑涂料
胶粘剂
道路材料
防水卷材与防水涂料
其他材料

江苏雅泰科技产业园有限公司

地址：江苏省宿迁市宿城经济开发区上海路 1555 号
电话：021-57776888
传真：021-57776385
官方网站：http://www.yaret.com.cn

证书编号：LB2021TC001

湖南旭日瓷质陶瓷砖

产品简介

　　该系列产品经过1250℃烧制而成，吸水率≤0.5%，产品受热均匀、理化性能稳定，平整度好，耐污染性能、耐酸碱性能及抗冻融性能力强。其背面不涂高温涂料（脱模剂），且带有独特的燕尾槽结构，施工后粘贴牢固，不易脱落，显著提高拉拔强度和粘结的安全性能，是高层建筑外墙装饰的理想材料。

适用范围

　　主要用于建筑外墙的装饰和保护，既可库存销售，也可根据客户对规格和颜色的特殊要求定制生产。颜色规格丰富，不仅装饰整个建筑物，同时因为其具有高硬度和耐酸碱，物理化学性能稳定，对保护墙体有重要作用。为满足外墙装饰个性化与丰富性的要求，外墙装饰技术和手法朝高品位、高档次发展。外墙砖注重整体搭配（如颜色搭配、规格搭配、多色混贴等），装饰手法丰富，装饰风格多样化，装饰效果突出。

技术指标

　　执行 JC/T 2195—2013《薄型陶瓷砖》、DB44/T 843—2010《外墙用陶瓷薄砖》的产品吸水率平均值≤0.3%，单个最大值≤0.4%，破坏强度平均值≥430N，断裂模数平均值≥44MPa，单值≥41 MPa；执行 GB/T 4100—2015《陶瓷砖》附录G的产品吸水率平均值≤0.3%，单个最大值≤0.4%，厚度<7.5mm 的产品，破坏强度≥750N，厚度≥7.5mm 的产品，破坏强度≥1350N，断裂模数平均值≥37MPa，单值≥34 MPa；均比行业标准及国家标准严格。

　　低吸水率使其使用范围很广，既可以用在南方高温雨水充沛、较潮湿的地方，也可以用在北方寒冷雨水缺乏、较干燥的区域，不会因为砖体中的水相变到冰所产生的体积变化而导致砖体开裂的情况出现，保证了粘结强度不下降，大大提高了墙面立面的安全性能；高强度、高致密度使其耐污染性能、耐酸碱性能及抗冻融性能力强，长期使用不变色、不开裂，从而使得该类产品比其他低质的瓷砖产品气候耐久性更强，使用范围更广。

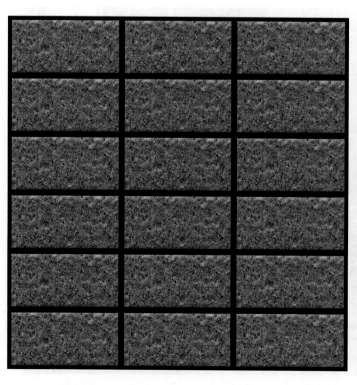
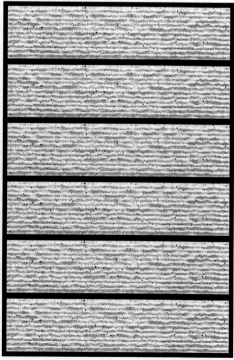

湖南旭日陶瓷有限公司

地址：湖南省株洲市攸县网岭镇洞井社区排塘组
电话：0731-22743651
官方网站：www.baituceramics.com

工程案例

湘水明珠、珠江棕榈园、愉景新城、沐沐美郡等。

生产企业

湖南旭日陶瓷有限公司成立于 2013 年 9 月，坐落于湖南省株洲市攸县网岭镇循环经济园，是一家专业生产节能环保、新型绿色建筑外立面装饰产品的企业。总占地面积 709.2 亩，投资 10 亿元，全部建成后共 8 条全自动化窑炉生产线，年产量将达到 4500 万平方米，员工总数将达到 2000 多人，集生产车间、办公大楼、科研中心、食堂文娱楼、会所及员工宿舍楼为一体的综合型园林式生产厂区。

湖南旭日陶瓷有限公司于 2013 年 3 月 6 日举行奠基仪式，经过一年的努力建设，第一条生产线于 2014 年 4 月 13 日顺利点火，于 2014 年 6 月顺利投产，第二条生产线于 2014 年 7 月顺利投产，第三条生产线于 2014 年 12 月顺利投产。公司现有干部、员工 600 多人，年生产外墙瓷砖 1500 万平方米，产品畅销全国及出口北美、欧洲等世界各国。

215

湖南旭日陶瓷有限公司

地址：湖南省株洲市攸县网岭镇洞井社区排塘组
电话：0731-22743651
官方网站：www.baituceramics.com

证书编号：LB2021TC002

珠海旭日瓷质陶瓷砖

产品简介

该系列产品经过 1250℃烧制而成，吸水率 ≤ 0.5%，产品受热均匀，理化性能稳定，平整度好，耐污染性能，耐酸碱性能及抗冻融性能力强。其背面不涂高温涂料（脱模剂），且带有独特的燕尾槽结构，施工后粘贴牢固，不易脱落，显著提高拉拔强度和粘结的安全性能，是高层建筑外墙装饰的理想材料。

适用范围

主要用于建筑外墙的装饰和保护，既可库存销售，也可根据客户对规格和颜色的特殊要求定制生产。颜色规格丰富，不仅装饰整个建筑物，同时因为其具有高硬度和耐酸碱，物理化学性能稳定，对保护墙体有重要作用。为满足外墙装饰个性化与丰富性的要求，外墙装饰技术和手法朝着高品位、高档次发展。外墙砖注重整体搭配（如颜色搭配、规格搭配、多色混贴等），装饰手法丰富，装饰风格多样化，装饰效果突出。

技术指标

产品执行 JC/T 2195—2013《薄型陶瓷砖》、DB44/T 843—2010《外墙用陶瓷薄砖》产品吸水率平均值 ≤ 0.3%，单个最大值 ≤ 0.4%，破坏强度平均值 ≥ 430N，断裂模数平均值 ≥ 44MPa，单值 ≥ 41 MPa；执行 GB/T 4100—2015《陶瓷砖》附录 G 的产品吸水率平均值 ≤ 0.3%，单个最大值 ≤ 0.4%，厚度 < 7.5mm 的产品，破坏强度 ≥ 750N，厚度 ≥ 7.5mm 的产品，破坏强度 ≥ 1350N，断裂模数平均值 ≥ 37MPa，单值 ≥ 34 MPa；均比行业标准及国家标准严格。

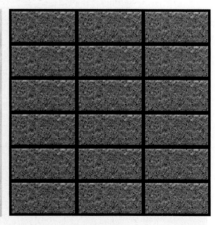

珠海市斗门区旭日陶瓷有限公司

地址：广东省珠海市斗门区斗门镇赤三东路 14 号
电话：0756-5797988
传真：0756-5796698
官方网站：www.baituceramics.com

工程案例

肇庆锦江新城二期、中山星月彩虹花园、惠州名巨天汇花园等。

生产企业

珠海市斗门区旭日陶瓷有限公司坐落在风景秀美的珠海市斗门区，公司成立于1993年，占地面积100多万平方米，厂房面积50万平方米，拥有23条进口自动化窑炉，总投资额近八亿元人民币，年产量达5000多万平方米，现由珠海市斗门区旭日陶瓷有限公司、珠海市白兔陶瓷有限公司、江门市旭日陶瓷有限公司组成（简称为旭日厂、白兔厂、江门旭日厂），在短短的几年内，已经发展成为一家具有相当知名度的现代化生产企业。公司专业生产"白兔"牌系列外墙砖产品，是国内具有规模与实力的外墙砖生产企业。

公司以优质的产品质量和完善的服务先后荣获"广东省用户满意产品""全国用户满意产品""质量服务信誉AAA级企业"等称号；产品检测结果各项质量指标均严于国家标准；经国家信息产业部防静电产品质量监督检验中心检验，结果符合国家有关标准及要求，产品通过国家防静电检验，并于2004年通过"国家强制性产品3C认证"，荣获"全国模范劳动关系和谐企业奖"。

公司现有员工2400多人，其中高级工程师38名，本科以上学历研究技术人员196名，分别负责研发、技术、营销和生产管理部门。公司目前已形成一整套较为完善的生产管理、质量管理和服务管理体系，产品质量、性能稳定可靠，服务优良，处于同行业的先进水平。公司奉行"品质铸就品牌、管理创造效益"的理念，本着缔造"人与自然、环境、艺术、和谐美"的宗旨，以打造中国外墙砖优质品牌为目标。公司拥有完善的营销网络和专业的销售队伍，遍布全国三十多个省市的经销商有一百多家，每个省会城市、直辖市都设有公司直属办事处，服务网络已遍布全国，出口中东、美国、东南亚等地。公司努力给每位客户提供最快捷、优质、完善的服务，与时俱进、开拓、创新，生产出更好产品服务于社会。

珠海市斗门区旭日陶瓷有限公司

地址：广东省珠海市斗门区斗门镇赤三东路14号
电话：0756-5797988
传真：0756-5796698
官方网站：www.baituceramics.com

证书编号：LB2021TC003

江门市旭日瓷质陶瓷砖

产品简介

　　该系列产品经过1250℃烧制而成，吸水率≤0.5%，产品受热均匀、理化性能稳定，平整度好，耐污染性能、耐酸碱性能及抗冻融性能力强。其背面不涂高温涂料（脱模剂），且带有独特的燕尾槽结构，施工后粘贴牢固，不易脱落，显著提高拉拔强度和粘结的安全性能，是高层建筑外墙装饰的理想材料。

适用范围

　　主要用于建筑外墙的装饰和保护，既可库存销售，也可根据客户对规格和颜色的特殊要求定制生产。颜色规格丰富，不仅装饰整个建筑物，同时因为其具有高硬度和耐酸碱，物理化学性能稳定，对保护墙体有重要作用。为满足外墙装饰个性化与丰富性的要求，外墙装饰技术和手法朝着高品位、高档次发展。外墙砖注重整体搭配（如颜色搭配、规格搭配、多色混贴等），装饰手法丰富，装饰风格多样化，装饰效果突出。

技术指标

　　产品执行 JC/T 2195—2013《薄型陶瓷砖》、DB44/T 843—2010《外墙用陶瓷薄砖》产品吸水率平均值≤0.3%，单个最大值≤0.4%，破坏强度平均值≥430N，断裂模数平均值≥44MPa，单值≥41 MPa；执行 GB/T 4100—2015《陶瓷砖》附录G的产品吸水率平均值≤0.3%，单个最大值≤0.4%，厚度<7.5mm的产品，破坏强度≥750N，厚度≥7.5mm的产品，破坏强度≥1350N，断裂模数平均值≥37MPa，单值≥34 MPa；均比行业标准及国家标准严格。

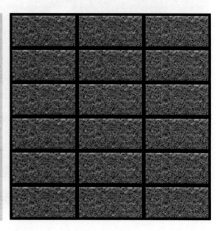

江门市旭日陶瓷有限公司

地址：广东省江门市新会区崖门镇第二工业园
电话：0756-5797988
传真：0756-5796698
官方网站：www.baituceramics.com

工程案例

长沙宁邦广场、英德江南天邸、海南四季康城等。

生产企业

江门市旭日陶瓷有限公司成立于 2002 年，坐落于风景秀丽、人杰地灵的江门市，在新会区崖门镇第二工业园区拥有 4 条全自动化外墙砖生产线，年产量达 1100 万平方米。公司专业生产"白兔"牌系列外墙砖产品，是国内具有规模与实力的外墙砖生产企业。

公司以优质的产品质量和完善的服务先后荣获"广东省用户满意产品""全国用户满意产品""质量服务信誉 AAA 级企业"等称号；产品检测结果各项质量指标均严于国家标准；经国家信息产业部防静电产品质量监督检验中心检验结果符合国家有关标准及要求，产品通过国家防静电检验，并于 2004 年通过"国家强制性产品 3C 认证"，荣获"全国模范劳动关系和谐企业奖"。

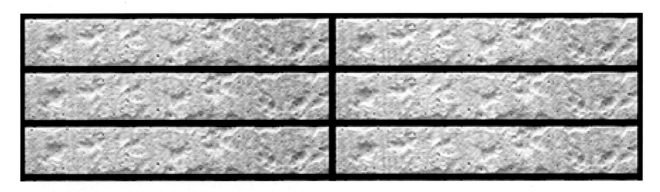

江门市旭日陶瓷有限公司

地址：广东省江门市新会区崖门镇第二工业园
电话：0756-5797988
传真：0756-5796698
官方网站：www.baituceramics.com

证书编号：LB2021TC004

珠海白兔瓷质陶瓷砖

产品简介

　　该系列产品经过1250℃烧制而成，吸水率≤0.5%，产品受热均匀、理化性能稳定，平整度好，耐污染性能、耐酸碱性能及抗冻融性能力强。其背面不涂高温涂料（脱模剂），且带有独特的燕尾槽结构，施工后粘贴牢固，不易脱落，显著提高拉拔强度和粘结的安全性能，是高层建筑外墙装饰的理想材料。

适用范围

　　主要用于建筑外墙的装饰和保护，既可库存销售，也可根据客户对规格和颜色的特殊要求定制生产。颜色规格丰富，不仅装饰整个建筑物，同时因为其具有高硬度和耐酸碱，物理化学性能稳定，对保护墙体有重要作用。为满足外墙装饰个性化与丰富性的要求，外墙装饰技术和手法朝着高品位、高档次发展。外墙砖注重整体搭配（如颜色搭配、规格搭配、多色混贴等），装饰手法丰富，装饰风格多样化，装饰效果突出。

技术指标

　　产品执行JC/T 2195—2013《薄型陶瓷砖》、DB44/T 843—2010《外墙用陶瓷薄砖》产品吸水率平均值≤0.3%，单个最大值≤0.4%，破坏强度平均值≥430N，断裂模数平均值≥44MPa，单值≥41 MPa；执行GB/T 4100—2015《陶瓷砖》附录G的产品吸水率平均值≤0.3%，单个最大值≤0.4%，厚度＜7.5mm的产品，破坏强度≥750N，厚度≥7.5mm的产品，破坏强度≥1350N，断裂模数平均值≥37MPa，单值≥34 MPa；均比行业标准及国家标准严格。

　　低吸水率使其使用范围很广，既可以用在南方高温雨水充沛、较潮湿的地方，也可以用在北方寒冷雨水缺乏、较干燥的区域，不会因为砖体中的水相变到冰所产生的体积变化而导致砖体开裂的情况出现，保证了粘结强度不下降，大大提高了墙面立面的安全性能。

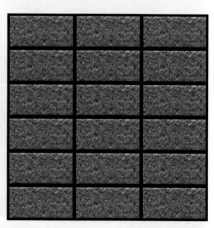

珠海市白兔陶瓷有限公司

地址：广东省珠海市斗门区乾务镇七星大道北三村片区2号
电话：0756-6272688
传真：0756-5796698
官方网站：www.baituceramics.com

工程案例

贵港盛世嘉园、深圳熙珑山花园、顺德橡树湾等。

生产企业

珠海市白兔陶瓷有限公司创建于 2004 年，坐落于珠海市斗门区富山工业园三村片区。公司现有员工 1400 多人，占地面积 25 万平方米，拥有 10 条进口日本、意大利全自动化生产线。公司采用先进的生产管理模式和科学的生产技术，集生产、研发、设计和销售于一体，专业生产"白兔牌"系列外墙砖。

公司全面推行有效管理，不断推出高品质产品，产品远销国内外，在国内各大城市、港澳台地区均享有良好的声誉，多次获得"中国高级饰面陶瓷砖""中国建筑陶瓷知名品牌""广东省清洁生产企业"等荣誉称号。公司生产的"白兔牌"外墙砖以品质优异、设计时尚、花色新颖、不吸尘等特色而独树一帜，以其强劲的优势风靡全国各地市场，被众多现代化高档建筑开发商、工程师竞相选用，在国内外工程业界备受推崇，营销网络遍布全国 30 多个省、市、自治区及港、澳地区，同时还出口到欧美、东南亚、中东等 50 多个国家和地区。

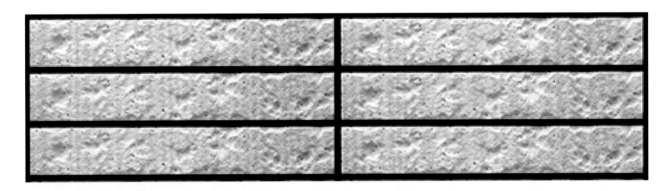

珠海市白兔陶瓷有限公司

地址：广东省珠海市斗门区乾务镇七星大道北三村片区 2 号
电话：0756-6272688
传真：0756-5796698
官方网站：www.baituceramics.com

证书编号：LB2021DP001

康体透气型塑胶跑道材料、混合型塑胶跑道材料、全塑型自结纹塑胶跑道材料

产品简介

透气型塑胶跑道以橡胶颗粒和聚氨酯单组分黏结剂铺设基层，表面以 EPDM 胶粒与同色聚氨酯胶浆混合喷涂在基面上，形成特殊的纹路，使表面具有很强的附着摩擦力和抗滑力。

混合型塑胶跑道以双组分聚氨酯胶浆与胶粒混合铺设基层，表面以 EPDM 胶粒与同色聚氨酯胶浆混合喷涂在基面上。合成面层具有高能量的物理回弹性及高度抗耐磨性，确保产品的高质量，被专业田径比赛场地普遍采用。

全塑型自结纹塑胶跑道是一种新型无颗粒型跑道，以双组份聚氨酯纯胶浆铺设基层，基层不添加胶粒填充，面层不含固态 EPDM 颗粒，采用特制聚氨酯自结纹胶浆材质，喷涂后自然形成结纹，耐磨、表面纹路均匀、划线清晰饱满，并以运动生物力学为依据，能更好地避免运动受伤，并达到国际田联新颁布的冲击吸收率的达标要求（35% ～ 50%）。

适用范围

产品适用于幼儿园、学校、训练体育场、健身馆、普通体育场馆、健身绿道等。

技术指标

3 种邻苯二甲酸酯类化合物、18 种多环芳烃总和、苯并 [a] 芘、短链氯化石蜡、游离甲苯二异氰酸酯（TDI）和游离六亚甲基二异氰酸酯（HDI）总和、总挥发性有机化合物（TVOC）、甲醛、苯等符合国家标准要求。

工程案例

苏州科技大学竞争性磋商江枫校区体育场跑道改造工程；
黄山学院率水校区第二田径场排球场改造项目；
温州市第二职业中等专业学校华盖校区塑胶操场改造工程；
岳西县义务教育"薄弱环节改善及能力提升"项目——初中运动场改造工程（第二包）；
丹阳市实验学校人造草坪采购项目；
2019 年度浦东新区老港中学等 4 所学校操场修缮工程；
2019 年浦东新区高桥镇中心小学分部等七所场地改造工程项目；
江苏省泗阳中学运动场整修翻新工程；
温州市水上中心塑胶跑道建设工程；
常州市金坛东城实验小学二期改扩建项目运动场塑胶面层及人造草坪铺设工程；

江苏康体新材料有限公司

地址：兴化经济开发区纬六路以南经二路以西
电话：0523-83105333
官方网站：http://www.jsktxcl.com

温州市龙湾区天河镇第一小学塑胶操场面层项目；

镇江市丹徒区青少年业余体校塑胶跑道及球场改造；

泰顺县实验小学塑胶跑道；

苏州工业园区青剑湖学校改扩建项目运动场工程；

山东省济南市历下区德润初级中学场地面层、基础及道路建设工程；

苍南县望里镇第三小学塑胶运动场工程；

江阴市实验小学北校区运动场地项目；

马鞍山市雨山区采石小学新校区运动场；

瑞安市第五中学塑胶运动场改造工程；

江阴市第二中学改扩建项目（体育场地面层）。

生产企业

江苏康体新材料有限公司是一家集体育场地新型材料研发、生产、销售和施工为一体的有限责任公司。企业位于江苏省兴化市经济开发区，设有科研、生产、营销、安装等六个部门。在职员工 280 多人，生产车间 15000 平方米。公司产品有：EPDM 橡胶颗粒、胶粘剂、纳米硅 PU、人造草坪、塑胶跑道。公司立足体育新型材料的高点，坚持质量为本、突出环保、不断创新、真诚服务的理念，为新老朋友提供优质、绿色的体育场地材料，为强壮国人、为中国的体育事业贡献力量。

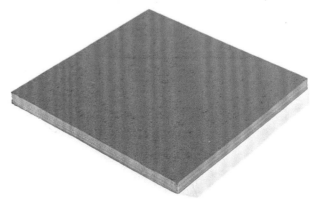

江苏康体新材料有限公司

地址：兴化经济开发区纬六路以南经二路以西
电话：0523-83105333
官方网站：http://www.jsktxcl.com

证书编号：LB2021DP002

江阴文明硅 PU 球场材料、塑胶跑道材料（色浆）、塑胶跑道用胶粘剂

产品简介

硅 PU 材料可直接在混凝土、沥青基础、弹性卷材基础上施工，是根据球类运动的特性结合新型材料研发的室内外球场材料，是丙烯酸和传统 PU 场地的替代产品，特别经久耐用，专业、环保、经济。

聚氨酯跑道材料使用于运动场地，喷涂后具有微发泡、饱满、牢固且有良好弹性的特点，完工后柔韧性较强、耐候性强、施工简易、维护和维修简便。

适用范围

跑道材料用于喷涂体系的塑胶跑道，高品质的纯属色浆和胶水混合后结合优质的 EPDM 颗粒喷涂在塑胶跑道橡胶颗粒层上，给跑道系统提供了一个经济、耐用、美观的选择，可直接在刷过底涂的混凝土基础上直接喷涂，有多种颜色可供选择，环保、牢固、抗紫外线辐射。

技术指标

有害物质限量满足 GB 36246—2018《中小学合成材料面层运动场地》要求。

工程案例

客户名称	项目地址
亚鑫建设集团有限公司	湖北医药学院南北校区
江西省德高工程建设有限公司	江西高安中学
陕西华蔚建设工程有限公司	神木县第一高级中学和神木县滨河新区水体景观公园
宁夏开元建筑有限公司菏泽分公司	菏泽市桂陵路九年一贯制学校
喀什色满（集团）旅游建筑安装有限责任公司	疏勒县寄宿制学校（11 个）
江西省斐然天成景观工程有限公司	南昌一专昌水校区
安徽路安州工程建设有限公司马鞍山分公司	安徽马鞍山
云南健健体育场地设施工程有限公司	玉溪足球场
舒华体育股份有限公司	

江阴市文明体育塑胶有限公司

地址：江苏省江阴市长泾镇共青路 15 号
电话：0510-80287888
官方网站：http://www.wenmin.com.cn/

生产企业

　　江阴市文明体育塑胶公司成立于 2000 年，主要生产塑胶跑道材料、硅 PU 球场材料、EPDM 彩色颗粒，公司拥有配套齐全的化验分析仪器来确保生产的材料性能指标符合标准，使得公司在激烈的行业竞争中脱颖而出。近年来，国家对环保要求日益加强，我公司顺应趋势，投入大量精力研发新的更加环保的体育场地产品，预制型跑道和水性跑道将是公司发展的重中之重。

　　公司秉着对客户负责的态度，着力研发新产品，调整公司架构，为提升客户服务做了更加充分的准备工作。公司始终相信人才是第一生产力，只有秉着为员工负责的态度，严格要求、激发潜能，员工才能够有更大的舞台展示自己的才华，能和公司"同进退、共发展"，为公司完成行业龙头企业的目标做出非凡贡献。

　　多年来，公司在独立策划、设计和建造塑胶跑道、人造草足球场、体育健身路径、高尔夫球场、其他各种球场（网、羽、篮、排等）、大型儿童乐园等体育设施和工程方面积累了丰富经验。公司生产的塑胶跑道各项性能指标均高于国家或国际标准。

　　文明体育塑胶系列铺装材料远销欧美、中东、非洲和东南亚各地。为建设诚信品牌，公司一贯奉行"技术不断创新、质量不断上乘、服务诚信为本"的宗旨，不断为全世界提供优质优价的好产品。

江阴市文明体育塑胶有限公司

地址：江苏省江阴市长泾镇共青路 15 号
电话：0510-80287888
官方网站：http://www.wenmin.com.cn/

证书编号：LB2021DP003

金邦混合型塑胶跑道材料、透气型塑胶跑道材料、全塑型自结纹跑道材料

产品简介

混合型塑胶跑道以双组分聚氨酯胶浆与胶粒混合铺设基层，表面以 EPDM 胶粒与同色聚氨酯胶浆混合喷涂在基面上。合成面层具有高能量的物理回弹性及高度抗耐磨性，专业田径比赛场地普遍采用。

透气型塑胶跑道以橡胶颗粒和聚氨酯单组分粘接剂铺设基层，表面以 EPDM 胶粒与同色聚氨酯胶浆混合喷涂在基面上，形成特殊的纹路，使表面具有极强的附着摩擦力和抗滑力。

全塑型自结纹塑胶跑道是一种新型无颗粒型跑道，以双组分聚氨酯纯胶浆铺设基层，基层不添加胶粒填充，面层不含固态 EPDM 颗粒，采用特制聚氨酯自结纹胶浆材质，喷涂后自然形成结纹，耐磨、表面纹路均匀，能更好地避免运动受伤，冲击吸收率达到国际田联新颁布的 35%~50% 技术指标要求。

适用范围

幼儿园、学校、训练体育场、健身馆、普通体育场馆、健身绿道等。

技术指标

混合型塑胶跑道性能指标如下：

项目	检测项目	单位	指标	实测
物理机械性能	冲击吸收（0℃、23℃、50℃ 误差 ±2℃）	%	35 ～ 50	39.5
	垂直变形	mm	0.6 ～ 3.0	1.18
	抗滑值	BPN,20℃	≥ 47（湿测）	96.2
	拉伸强度	MPa	≥ 0.5	1.4
	拉断伸长率	%	≥ 40	107.5
	阻燃性能	级	I	I
有害物质含量	3 种邻苯二甲酸酯类化合物（DBP、BBP、DEHP）总和	g/kg	≤ 1.0	未检出
	3 种邻苯二甲酸酯类化合物（DNOP、DINP、DIDP）总和	g/kg	≤ 1.0	未检出
	18 种多环芳烃总和	mg/kg	≤ 50	未检出
	苯并 [a] 芘	mg/kg	≤ 1.0	未检出
	短链氯化石蜡（C10 ～ C13）	g/kg	≤ 1.5	未检出
	4,4'- 二氨基 -3,3'- 二氯二苯甲烷（MOCA）	g/kg	≤ 1.0	未检出
	游离甲苯二异氰酸酯（TDI）和游离六亚甲基二异氰酸酯（HDI）总和	g/kg	≤ 0.2	未检出
	游离二苯基甲烷二异氰酸酯（MDI）	g/kg	≤ 1.0	未检出
	可溶性铅	mg/kg	≤ 50	未检出
	可溶性镉	mg/kg	≤ 10	未检出
	可溶性铬	mg/kg	≤ 10	未检出
	可溶性汞	mg/kg	≤ 2	未检出
老化 500h	拉伸强度	MPa	≥ 0.5	1.5
	拉断伸长率	%	≥ 40	110.4
	无机填料的含量	%	≤ 65	28.9

广东金邦体育设施有限公司

地址：广东省东莞市企石镇清湖民营园一纵路 6 号
电话：0769-82828865
官方网站：http://www.jb89.cn

透气型塑胶跑道性能指标如下：

项目	检测项目	单位	指标	实测
物理机械性能	冲击吸收（0℃、23℃、50℃ 误差 ±2℃）	%	35～50	40.8
	垂直变形	mm	0.6～3.0	1.57
	抗滑值	BPN,20℃	≥ 47（湿测）	83
	拉伸强度	MPa	≥ 0.5	1.1
	拉断伸长率	%	≥ 40	93.8
	阻燃性能	级	I	I
有害物质释放量	总挥发性有机化合物（TVOC）	mg/（m²·h）	≤ 5.0	未检出
	甲醛	mg/（m²·h）	≤ 0.4	0.17
	苯	mg/（m²·h）	≤ 0.1	未检出
	甲苯、二甲苯和乙苯总和	mg/（m²·h）	≤ 1.0	未检出
	二硫化碳	mg/（m²·h）	≤ 7.0	未检出
老化 500h	拉伸强度	MPa	≥ 0.5	1.0
	拉断伸长率	%	≥ 40	104.6

全塑型塑胶跑道性能指标如下：

项目	检测项目	单位	指标	实测
物理机械性能	冲击吸收（0℃、23℃、50℃ 误差 ±2℃）	%	35～50	38.1
	垂直变形	mm	0.6～3.0	0.92
	抗滑值	BPN,20℃	≥ 47（湿测）	88
	拉伸强度	MPa	≥ 0.5	1.9
	拉断伸长率	%	≥ 40	98.6
	阻燃性能	级	I	I
有害物质释放量	总挥发性有机化合物（TVOC）	mg/（m²·h）	≤ 5.0	未检出
	甲醛	mg/（m²·h）	≤ 0.4	0.17
	苯	mg/（m²·h）	≤ 0.1	未检出
	甲苯、二甲苯和乙苯总和	mg/（m²·h）	≤ 1.0	未检出
	二硫化碳	mg/（m²·h）	≤ 7.0	未检出
老化 500h	拉伸强度	MPa	≥ 0.5	1.8
	拉断伸长率	%	≥ 40	92.3

工程案例

茂立小学塑胶运动场改造工程、阆中师范附属实验小学、湖北省来凤县第一中学、东莞中学初中部、莞城实验小学、东莞中学初中部、莞城实验小学工程、厚街体育休闲公园、东莞中学初中部、景德镇市中级人民法院网球场、景德镇市体育公园升级改造项目等。

生产企业

广东金邦体育设施有限公司是广东金邦化工集团有限公司的全资子公司，生产基地位于广东省东莞市，始创于2012年，面向全球提供塑胶运动场材料，丙烯酸材料的设计、研发、生产、销售、铺装、售后等服务。依靠先进的技术设备，科学的生产布局，快捷的物流配送，高效的品牌推广，严谨的市场布局，集中化标准运营模式，累计产业链销售额达七亿元。

公司是塑胶跑道材料湖北省标准起草单位，同时先后荣获国家高新技术企业、国家高新技术产品企业称号，依托自身强大的研发创新能力，为金邦集团提供多地坪领域的产品研发、品质稳定等技术方案。

金邦人从未停止探索和研究，长期与国内知名化学研究所合作，并邀请业界权威作为技术顾问，致力于开发安全、环保的产品，坚持可持续性标准研究和发展体育产业。

广东金邦体育设施有限公司

地址：广东省东莞市企石镇清湖民营园一纵路 6 号
电话：0769-82828865
官方网站：http://www.jb89.cn

证书编号：LB2021DP004

塑百年硅 PU 球场材料、透气型塑胶场地材料、混合型塑胶场地材料

产品简介

硅 PU 球场材料：

在 PU 材料的基础上开发研制的新一代材料，以单组分有机硅改性聚氨酯组成缓冲回弹结构，双组分改性丙烯酸作为耐磨面层，从根本上有效地解决了 PU 材料在专业性能、环保施工、使用寿命、日常维护等方面的不足，具有革命性的创新性能，是替代双组分 PU 的新一代环保产品。

特点：环保、耐用、经济、弹性适中。

透气型塑胶场地材料

以橡胶颗粒和聚氨酯单组分黏结剂铺设基层，表面以 EPDM 胶粒与同色聚氨酯胶浆混合喷涂在基面上，形成特殊的纹路，使表面具有极强的附着摩擦力和抗滑力。

特点：全天候使用，环保无公害，不退色，不掉颗粒，透水、透气，采用机械施工、工期短、平整度好。

混合型塑胶场地材料

以双组分聚氨酯胶浆与胶粒混合铺设基层，表面以 EPDM 胶粒与同色聚氨酯胶浆混合喷涂在基面上。合成面层具有高能量的物理回弹性及高度抗耐磨性，确保产品的高质量，被专业田径比赛场地普遍采用。

特点：专业性强、弹性好、强度高、高耐磨、场地平坦均匀、可吸收震动、弹跳自如、防滑、弹性好、耐低温、场地硬度调节适当。

适用范围

学校、训练体育场、健身馆、普通体育场馆、健身绿道等。

技术指标

3 种邻苯二甲酸酯类化合物、18 种多环芳烃总和、苯并 [a] 芘、短链氯化石蜡、游离甲苯二异氰酸酯（TDI）和游离六亚甲基二异氰酸酯（HDI）总和、总挥发性有机化合物（TVOC）、甲醛、苯等符合国家标准要求。

工程案例

肇庆工商学院、四川工商学院、武汉工商学院、海口儋州第五中学、广州棠树小学、海南西海岸、海南景山学校、南航部队、澄迈避暑山庄、海南定安国税局、海南大学附属中学、广州育蕾幼儿园、锦山镇政府、深圳龙城小学、肇庆工商

广州铭通体育材料有限公司

地址：广州市花都区炭步镇鸭一村自编工业区 72 号 008
电话：020-86883613
官方网站：http://www.mtty2008.com/

生产企业

广州铭通体育材料有限公司成立于 2010 年，于 2017 年正式注册为广州铭通体育材料有限公司，2018 年与香港泉泓科技材料有限公司合并，同期引进先进的德国体育场地材料生产技术，专业致力于硅 PU 球场材料、塑胶球场材料、聚氨酯（PU）球场材料、水性丙烯酸球场材料、环氧地坪、透水地坪、建筑涂料、创意幼教设施、健身路径生产与研发，立争成为新型体育地面材料制造与服务为一体的国际化体育产业平台。公司产品拥有专业的售后及施工团队，为您提供专心、贴心、安心的场地材料及施工服务。

型材 密封胶 外加剂 预拌砂浆 入造板、木质地板及木质家具 木质门 水泥 金属复合材料 陶瓷砖 **地坪材料** 建筑涂料 胶粘剂 道路材料 防水卷材与防水涂料 其他材料

广州铭通体育材料有限公司

地址：广州市花都区炭步镇鸭一村自编工业区 72 号 008
电话：020-86883613
官方网站：http://www.mtty2008.com/

证书编号：LB2021DP006

泰辉 TPE 填充颗粒、
人造草坪减震垫

产品简介

环保型填充橡胶颗粒是一种新型热塑弹性体颗粒，主要原材料选用弹性、耐老化优异的 SBES 及其他性能卓越的环保高分子材料共混改性成高弹、耐磨、优异耐老化性、良好耐高低温性、结构弹性大、运动性能好的环保弹性填充颗粒，是国际足联选用人造草坪的一种新型高品质填充物。

适用范围

人造草坪减震缓冲，使球员不易受伤；草丝可恢复到原来的竖立位置，有助于草丝保持美观一致性。

技术指标

测试项目	测试结果	测试目的	测试标准
邵氏硬度	77	弹性软硬度	GB/T 531.1—2008
拉伸强度	4.1MPa	韧性指标	ISO527-1：2012&ISO 527-2：2012
拉断伸长率	584%	弹性指标	GB/T 528—2009
气味评级	≤ 3 级	国标要求质变	GB 36246—2018
堆积密度	0.45g/m³	反应填充量	EN 1097-3
抗静电	C	颗粒漂浮或静电伤害	GB/T 12703.4—2010
高温抗压	145℃	颗粒融化温度	客户要求
低温抗压	−70℃	颗粒破碎温度	客户要求
里斯堡	9000r/min	模拟使用寿命	《国际足联人造草坪减震垫质量概论（2015）》
UVA	8000h	耐老化性能	EN933-1&EN 14955&EN1097-3&FIFA Test Method 11
UVB	5000h	产品老化性状	EN 20102-A02

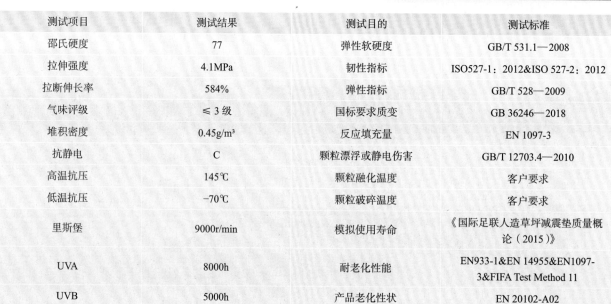

常州泰辉橡塑新材料有限公司

地址：常州市武进区常武中路 18 号常州科教城创研港 2.3 号楼 3-A602 号
电话：0519-86923866
官方网站：www.taihuisports.com

工程案例

北京亦庄实验中学（人大附中经济技术开发区学校）。

大同市体育学院 2 片场地（华安检测）；

内蒙古包头中德足球精英训练中心——高新稀土中德公园 2 片场地；

华中农业大学；

通辽第四中学；

重庆长寿体育中心。

生产企业

2014 年常州泰辉橡塑新材料有限公司在常州市武进区成立，专业从事人造草坪减震垫系统中减震垫层和环保填充颗粒的生产。公司与常州大学城展开校企合作新方式，扩充研发实力，坚持创新材料，走在行业前面，给予行业新思维。公司一贯坚持把产品质量放在第一位，竭诚为客户提供优质的场地性能、安全的场地效果、舒适的运动感受。

常州泰辉橡塑新材料有限公司

地址：常州市武进区常武中路 18 号常州科教城创研港 2.3 号楼 3-A602 号
电话：0519-86923866
官方网站：www.taihuisports.com

证书编号：LB2021DP008

纽威特预制型橡胶运动地面材料

产品简介

　　NOVOTRACK 跑道根据人体力学而设计，使之具有良好的振动吸收性能和最大程度地承载负荷以及对负荷的均匀分布，从而使运动员减少用力，减轻疲劳程度。NOVOTRACK 产品的高安全系数、优越的多功能性、适应性都考虑到了产品的维护，并确保使用效果，为所有的运动选手减少肌肉和肌腱拉伤可能，为运动员提供正确的弹力性能和更多有利条件以保障运动员的安全。

　　NOVOTRACK 产品针对运动员的足部而努力达到的平整性、回弹性和不反光性保障了运动员的踏步安全，以避免引起他们的及视觉眩乱运动损伤。

适用范围

　　产品适用于田径场运动面层、城市步道面层以及其他篮球场等运动场地。

技术指标

序号		检测项目	标准值	检测结果
1		3种邻苯二甲酸酯类化合物（DBP、BBP、DEHP）总和 /（g/kg）	≤ 1.0	未检出
2		3种邻苯二甲酸酯类化合物（DBP、BBP、DEHP）总和 /（g/kg）	≤ 1.0	未检出
3		18种多环芳烃总和（面层整体）/（mg/kg）	≤ 50	未检出
4		18种多环芳烃总和（上表面5mm）/（mg/kg）	≤ 20	未检出
5	有害物质及无机涂料含量	苯并[a]芘（mg/kg）	≤ 1.0	未检出
6		短链氯化石蜡（C10～C13）/（g/kg）	≤ 1.5	未检出
7		4, 4'-二氨基-3, 3'-二氯二苯甲烷（MOCA）/（g/kg）	≤ 1.0	未检出
8		游离甲苯二异氰酸酯（TDI）和游离六亚甲基二异氰酸（HDI）总和 /（g/kg）	≤ 0.2	未检出
9		游离二苯基甲烷二异氰酸酯（MDI）/（g/kg）	≤ 1.0	未检出
10		可溶性铅 /（mg/kg）	≤ 50	未检出
11		可溶性镉 /（mg/kg）	≤ 10	未检出
12		可溶性铬 /（mg/kg）	≤ 10	未检出
13		可溶性汞 /（mg/kg）	≤ 2	
14		无机填料 /（%）	≤ 65	52.5

天津纽威特橡胶制品股份有限公司

地址：天津市西青区辛口镇水高庄工业园区一号
电话：13920018178

续表

15		总挥发性有机化合物（TVOC）/[mg/（m³·h）]	≤ 5.0	3.63	
16	有害物质释放量即气味	甲醛 /[mg/（m³·h）]	≤ 0.4	0.09	
17		苯 /[mg/（m³·h）]	≤ 0.1	未检出	
18		甲苯、二甲苯和乙苯总和 /[mg/（m³·h）]	≤ 1.0	未检出	
19		二硫化碳 /[mg/（m³·h）]	≤ 7.0	0.11	
20		气味等级 /（级）	≤ 3	2.0	

检验项目		技术要求（非渗水型）	实测结果	单项判定
冲击吸收	（0±2）℃		37.4	
	（23±2）℃	35 ~ 50	41.2	合格
	（50±2）℃		42.2	
垂直变形		0.6 ~ 3.0	1.2	合格
抗滑性		抗滑值：≥ 47（BPN，20℃）	56.0	合格
拉伸强度		≥ 0.5	1.16	合格
拉断伸长率		≥ 40	160.72	合格
阻燃性		1 级	1 级	合格

工程案例

中华人民共和国第 11 届、第 12 届、第 13 届和第 14 届全运会比赛场地跑道面层供应商，中国田径协会官方指定供应商（2014—2017）。

生产企业

天津纽威特橡胶制品股份有限公司成立于 2004 年，总投资 1200 万元人民币，专业生产各种类型的体育用面层。纽威特是国家高新技术企业、天津市体育产业协会标准化专业委员会主任委员，纽威特品牌 2018 年被评为天津市十大体育品牌。公司是第 11 届、12 届、13 届和 14 届全运会比赛场地的田径面层供应商。

纽威特预制型橡胶跑道面层严格遵循国际田联（IAAF）的标准，选用优质原材料，采用先进设备及工艺精心制造而成。产品经过国际田联官方指定德国实验室（MPa）的专业严格的测试、检验，各项性能和运动指标均符合国际田联的标准，获得了国际田联的认证；"中国田径协会（预制橡胶）官方合作伙伴（2014—2017）；中国田径协会审定证书；中国田径协会颁发的"金跑道"奖。纽威特牌预制型橡胶跑道面层已成功被应用在 2013 年第 12 届全运会沈阳奥体中心主赛场、副赛场，第 11 届全运会举办场地山东济南奥体中心，

第 13 届全运会举办场地天津奥体中心及各分赛场地，山东荣城奥体中心、山东潍坊体育中心、全国大学生运动会比赛场地天津北洋园体育中心及各分赛场地，省运会赛场湖南湘潭体育中心、江苏省江阴体育中心、宁夏银川奥体中心、安顺体育中心、赤峰体育中心、呼伦贝尔体育中心、满洲里体育中心、昆山体育中心、宜昌体育中心、宿迁体育中心以及武汉第七届世界军人运动会训练场等一大批通过中国田协一类和二类场地认证的田径比赛场地。还应用在了其他各大体育场所、各大专院校、中小学，业绩遍布全国 28 个省、市、自治区近百万平方米的运动场上。

设在北京的天津纽威特橡胶制品有限公司经营总部，主要负责纽威特产品的全国销售，承揽田径场工程以及其他体育设施工程。中国田径协会于 2013 年对全国的预制橡胶跑道生产厂家，依据产品检测数据、市场业绩、产品稳定性、公司实力进行了评比，我公司"纽威特"（NOVOTRACK）预制橡胶跑道面层产品，经过田管中心有关部门评估和论证，成为 2014—2017 年中国田径协会预制型面层的指定供应商，这一代表了国内产品质量荣誉的获得，使我们感到了一份责任。生产、铺设令顾客满意的跑道面层产品，是"纽威特"（NOVOTRACK）人一直致力追求的目标，发展和弘扬民族品牌、推动中国民族工业的发展，是"纽威特"（NOVOTRACK）人的责任。

天津纽威特橡胶制品股份有限公司

地址：天津市西青区辛口镇水高庄工业园区一号
电话：13920018178

型材｜密封胶｜外加剂｜预拌砂浆｜人造板、木质地板及木质家具、木质门｜水泥｜金属复合材料｜陶瓷砖

地坪材料 建筑涂料｜胶粘剂｜道路材料｜防水卷材与防水涂料｜其他材料

证书编号：LB2021DP009

新乘水性 EAU 丙烯酸跑道材料、水性 EAU 丙烯酸球场材料、水性 EAU 人造草材料

产品简介

水性 EAU 丙烯酸跑道材料：

水性 EAU 丙烯酸跑道材料是一种以水性 EAU 胶粘剂为基础，秉承其高环保性、高耐候性、高保色性等优异性能，并满足体育场地对物理性能的要求，属于环保型跑道材料。

产品特点：

适用于大中小学及各类体育场馆竞技性跑道，取得国际田联认证，无毒高环保，可用于室内，施工周期短，色彩亮丽不褪色，受环境温度影响小，物理性能高，耐候性强，使用寿命长，超低 VOC，不含苯、MDI、TDI 和可溶性重金属，耐老化性能优异。

水性 EAU 丙烯酸球场材料：

水性 EAU 丙烯酸球场材料是一种以水性 EAU 丙烯酸胶粘剂为基础，秉承高环保性、高耐候性、高保色性等优异性能，并满足篮球场、网球场、排球场等球类运动场地对物理性能的要求，属于环保型球场材料。

产品特点：

无毒，高环保，可用于室内，获得国际羽联认证、国际网联认证；施工周期短，施工性能优异，0℃以上均可施工，色彩亮丽不褪色，受环境温度影响小，物理性能高，耐候性强，使用寿命长，超低 VOC，不含苯、MDI、TDI 和可溶性重金属，气味极低，是室内球场不可少的材料，耐老化性能优异。

水性 EAU 人造草材料：

人造草坪诞生于 20 世纪 60 年代的美国，它是以非生命的塑料化纤产品为原料，采用人工方法制作的拟草坪。它不像天然草坪一样需要消耗生长必需的肥料、水等资源，能满足全天 24 小时高强度的运动需要，且养护简单、排水迅速、场地平整度好。人造草坪被广泛用于曲棍球、棒球、橄榄球的专用比赛场地，足球、网球、高尔夫球等运动的公众练习场或作为地面铺装美化室内环境等。

产品特点：

抗老化、防晒、防水、防滑、耐磨、脚感舒适、色泽鲜艳、使用寿命长、无须大量投入维护保养费用、全天候使用等。具体来说，有较好的弹性和足够的缓冲力；透气透水；大大降低维护费用，尤其是符合城市节水要求；符合环保要求，草坪层可以回收再利用；增加运动面积，降低操场上的噪声，且具有减震、减压的作用，符合开放式教学的要求；使用彩砂和草坪填充颗粒填充，使学生运动时不会弄脏衣服和环境；经济实用，一次投入可保证七年以上的使用寿命，几乎无后续维修费用；施工安装期短，见效快。

适用范围

幼儿园、学校、训练体育场、健身馆、普通体育场馆、健身绿道等。

苏州大乘环保新材有限公司

地址：苏州高新区鸿禧路 99 号
电话：15906202230
官方网站：

技术指标

项目		水性 EAU 技术	GB 36246—2018	T/SHHJ000003—2018
有害物质含量	18 种多环芳烃总和（mg/kg）	未检出	≤ 50	≤ 20
	苯并 [a] 芘（mg/kg）	未检出	≤ 1.0	≤ 1.0
	可溶性铅（mg/kg）	未检出	≤ 50	≤ 30
	可溶性镉（mg/kg）	未检出	≤ 10	≤ 10
	可溶性铬（mg/kg）	未检出	≤ 10	≤ 10
	可溶性汞（mg/kg）	未检出	≤ 2	≤ 2
	挥发性有机化合物含量（mg/kg）	/	符合	≤ 50
气味	气味等级	≤ 1	≤ 3	≤ 3

工程案例

上海实验学校水性 EAU 丙烯酸高环保渗水型跑道；
成都泡桐树小学天府校区水性 EAU 丙烯酸高环保复合型跑道；
西安远东学校水性 EAU 高环保多功能球场系列；
苏州市运河公园轮滑训练场水性 EAU 轮滑赛道系列。

生产企业

苏州大乘环保新材有限公司公司成立于 2009 年，注册资金 2558 万元，公司位于苏州高新区鸿禧路 99 号，占地面积约 20000 平方米。

苏州大乘是一家依托仿生智能科技，专注绿色新材料生产、研发的高科技公司。我们始终坚持"做安全第一的绿色技术"的理念，长期致力于"让体育更健康"的使命建设，依托创新研发、精益制造、技术服务三大优势，在绿色校园和绿色体育领域成功研发出生态友好型环保丙烯酸水性 EAU 技术，实现跑道、步道、地坪、球场、路面的合理解决方案，每年涂装面积近千万平方米，合作伙伴遍及全球。

苏州大乘环保新材有限公司

地址：苏州高新区鸿禧路 99 号
电话：15906202230
官方网站：

型材 密封胶 外加剂 预拌砂浆 人造板、木质地板及木质家具、木质门 水泥 金属复合材料 陶瓷砖 **地坪材料** 建筑涂料 胶粘剂 道路材料 防水卷材与防水涂料 其他材料

证书编号：LB2021DP010

励宝 EF500 环氧自流平涂料、CY200 水性地坪涂料

产品简介

EF500 环氧自流平涂料是一种无溶剂型的双组分面涂，用途相当广泛，被称为"永久性无缝地板"。其粘结强度优越，可以用来连接各种各样的地坪系统，确保有足够的附着力，保护裸露的混凝土表面，具有施工简易、色彩华丽、硬度高等特点，为保护地坪提供长效的耐磨、耐压、耐化学腐蚀、防潮、防水等特性。

CY200 水性地坪涂料是使用由美国 HEXION 公司（原壳牌公司）直接进口的树脂而配制的双组分水性环氧面层涂料，是新型的环保涂料。其不含有机溶液，可用水稀释，具有环保、安全、无臭味、无毒、色彩华丽、施工简易等特点；漆膜附着力强，强度高，具有防潮、耐磨、耐化学性腐蚀等特性。

适用范围

EF500 环氧自流平涂料有优越的性能，适用于化工、食品、制药等工业车间仓库、展览场馆、超级商场或任何需要无缝无粉尘等要求的耐用耐压的室内场所，可行走铲车。

CY200 水性地坪涂料有多种应用领域：可用作地坪涂料，尤其适用于地面湿度较高的工厂、车间、地下停车场以及公共设施等室内场所；可用作水性内墙装饰漆，用于易受污染而又经常需要清洗的墙面；也可用作金属防腐涂料，用于五金构件的金属防腐底涂、厚膜中涂及高光釉面等。

技术指标

EF500 环氧自流平涂料和 CY200 水性地坪涂料的技术性能如下表。

项目			指标	
			EF500 环氧自流平涂料	CY200 水性环氧涂料
干燥时间 / 小时	表干	≤	6	8
	实干	≤	48	48
硬度	铅笔硬度（擦伤）≥		—	H
	邵氏硬度（D 型）		商定 / ≥ 70	
附着力 / 级	≤		—	1
拉伸粘结强度 /MPa	标准条件	≥	2.0	
	浸水后	≥	2.0	
抗压强度 /MPa	≥		45	
耐磨性（750g/500r）	≤		0.030	0.060
耐冲击性	I 级		500g 钢球，高 100cm，涂膜无裂纹，无剥落	
耐水性（168 小时）			不起泡，不剥落，允许轻微变色，2 小时后恢复	
耐化学性	耐油性（120 号溶剂汽油，72 小时）		不起泡，不剥落，允许轻微变色	
	耐碱性（20%NaOH，72 小时）		不起泡，不剥落，允许轻微变色	
	耐酸性（10%H_2SO_4，48 小时）		不起泡，不剥落，允许轻微变色	

广州励宝新材料科技有限公司

地址：广州市番禺区石基镇文边村文坑路北侧
电话：020-66287570
传真：020-66847868
官方网站：Hifideco.com

工程案例

EF500 环氧自流平涂料

日本丰达电机厂车间和仓库地面、白云山制药总厂车间地面、中山新宝五金弹簧有限公司车间地面、保定天威保变车间地面、哈电集团（秦皇岛）重型装备有限公司车间地面。

CY200 水性地坪涂料

中山固力保安制品有限公司车间地面、丰达电机厂（缅甸）地面。

生产企业

广州励宝新材料科技有限公司是美国 HEXION 环氧树脂在华南区域的总代理，精于水性涂料技术以配合不同工业的需要，如金属、塑胶、木材及玻璃工业。为了保护生态环境，过去 20 年我们的化学师致力于低 VOC 水性涂料开发，在木质音箱涂料、金属防腐涂料、建筑物内墙防菌洁净涂料、地坪涂料等领域已有数十个品种满足市场的需要。为使客户更顺利地转用水性涂料，我们建立了一条全自动化机械臂的水性漆涂装试验生产线，为客户提供更全面、更快捷、更专业的服务。励宝公司是符合 ISO 9001：2015 质量体系认证及 ISO 14001：2015 环境体系认证的企业，我们秉承"顾客至上、服务环境、质量第一、开拓创新"的质量 / 环境方针，竭诚为客户提供优质的产品和服务。

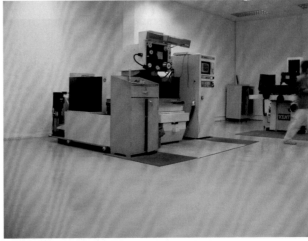

广州励宝新材料科技有限公司

地址：广州市番禺区石基镇文边村文坑路北侧
电话：020-66287570
传真：020-66847868
官方网站：Hifideco.com

证书编号：LB2021DP012

wwp001 环氧树脂彩砂、wwp003 环氧树脂砂浆、wwp 环氧树脂彩磨石

产品简介

wwp001 环氧树脂彩砂中使用的环氧树脂是无溶剂的透明环氧树脂，不掺杂粉状填料或颜料，以保障环氧树脂优异的化学和物理性能；而颗粒状彩色石英砂，不仅赋予地坪的优美装饰性能，而且保障了地坪的高抗压性和高耐磨性。

wwp003 环氧树脂砂浆由级配砂粒和环氧树脂黏合剂加上颜料所组成，分量经预先量度，在工地现场加以混合即可。材料在施工后形成一道无光泽质感粗糙的抗滑表面。本产品备有多种颜色，以供选择。

wwp 环氧树脂彩磨石由级配的砂粒和环氧树脂黏合剂加上颜料所组成，分量经预先量度，在工地现场加以混合即可。材料在施工后形成一道无光泽、质感粗糙的抗滑表面。本产品备有多种颜色，以供选择。

适用范围

wwp001 环氧树脂彩砂适用于对清洁、防火、防水等要求的医疗医药及食品加工业的厂库房；防静电要求的电子通信行业的办公室及生产加工车间、库房；有耐磨、抗重压及清洁等要求的加工制造业及大型超级商场的仓库或仓储；有耐化学性能要求的精细化工车间及库房、舰船甲板等。

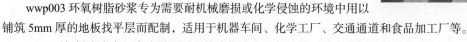

wwp003 环氧树脂砂浆专为需要耐机械磨损或化学侵蚀的环境中用以铺筑 5mm 厚的地板找平层而配制，适用于机器车间、化学工厂、交通通道和食品加工厂等。

wwp 环氧树脂彩磨石专为需要耐机械磨损或化学侵蚀的环境中用以铺筑 5mm 厚的地板找平层而配制，适用于机器车间化学工厂、交通通道和食品加工厂等。在一些可能遭遇到化学侵蚀的地方，如印制线路板工厂的侵蚀车间，可以在表面加涂一层耐涂 wwp 涂料。

238

上海王维平新型建材有限公司

地址：上海市曹安公路 1855 号 A 座 713 室
电话：021-52790791
传真：021-52790789
官方网站：www.shwwp.cn

技术指标

wwp001 环氧彩砂地坪产品性能指标如下：

1. 耐磨性（100g/1000r，失重 g）≤ 0.03g/cm²
2. 抗压强度（MPa），≥ 70
3. 抗弯强度（MPa），≥ 6
4. 拉伸硬度（MPa）≥ 7
5. 粘结强度（MPa）：≥ 2
6. 干燥时间：表干 ≤ 6h
   实干 ≤ 24h
7. 邵氏硬度 ≥ 80

wwp003 环氧树脂砂浆：温度在 20℃下：抗压强度 > 90N/mm²。抗弯强度：25N/mm²。固化时间：人行交通 25 小时，车辆交通 48 小时。耐化学侵蚀：7 日。

工程案例

南京建筑设计研究院、营口卷烟厂、重庆烟厂、苏州重汽、SOHO 中国、同济大学海洋馆、三亚凤凰岛度假中心。

生产企业

上海王维平新型建材有限公司是一家专业从事环氧磨石地坪、环氧彩砂地坪、聚氨酯地坪、防腐地坪施工的知名企业。具有 20 余年生产、销售、施工经验，从德国引进先进机械设备一百多台，总体施工项目已达到上千个，遍布全国各地。

上海王维平新型建材有限公司

地址：上海市曹安公路 1855 号 A 座 713 室
电话：021-52790791
传真：021-52790789
官方网站：www.shwwp.cn

证书编号：LB2021DP013

东骏无机速凝路桥地坪修复材料

产品简介

无机速凝路桥地坪修复材料，是以水泥为主要胶凝材料，精选优质矿物石英砂级配骨料，高分子改性剂经专家科学配方的快速地坪修复材料，现场使用只需要加水搅拌，产品具有流动性好，地坪平整度高；硬度高，抗冲击性能强；耐磨、耐腐蚀、耐化学药品，适合各种地坪修补工程，性能优越。

适用范围

大面积厂房、科研院所、集装箱码头、物流配送场地、生产车间、地下停车场等工厂地坪翻新，水泥地面硬化剂，改造旧地面，起沙起灰地面固化，厂房地坪维修，工厂地面维修，起沙起层等地面快速修补，起皮起壳烂地面修复填补，混凝土烂地面修补找平，学校幼儿园拼接地板，速凝硬化地坪。

技术指标

无机速凝路桥地坪修复材料技术参数

序号	项目		技术指标
1	流动度 /mm	初始流动度	≥ 130
		20min 流动度	≥ 130
2	拉伸黏结强度 /MPa		≥ 1.5
3	尺寸变化率 /%		− 0.10 ～ + 0.10
4	抗冲击性		无开裂和脱落
5	24h 抗压强度 /MPa		≥ 6.0
6	24h 抗折强度 /MPa		≥ 2.0
7	28d 抗压强度 /MPa		≥ 35.0
8	28d 抗压强度 /MPa		≥ 6.0
9	耐磨性 /m²		≤ 400

工程案例

罗山县工业信息化局地坪、信阳市平桥区旧城改造、南阳中学校区、周口鹿邑县公路局、辽宁大连重载码头、安徽阜阳体育广场等工程。

河南东骏建材科技有限公司

地址：河南省信阳市罗山县产业集聚区
电话：15290206917
官方网站：http://www.xydjjn.com

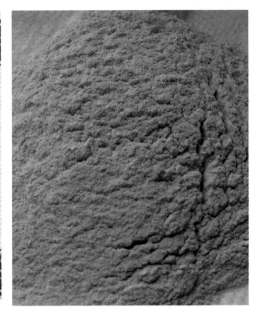

生产企业

河南东骏建材科技有限公司注册资金 5000 万元，总投资 1.6 亿元，是国家大力推广扶持的绿色、节能、环保产业，符合河南省生态环境攻坚战略，属于高新技术项目，属罗山县重点招商引资项目、信阳市重点工业项目。企业先后应邀参与了《水泥基渗透结晶型防水材料应用技术标准》《建筑外墙防水构造》等标准的起草编写。"冯氏级配砂"获国家发明专利，公司是中国散装水泥发展推广协会常务理事单位、中国建材产品质量专委会副会长单位、中国机喷施工联盟培训基地、信阳市文明诚信企业。

河南东骏建材科技有限公司

地址：河南省信阳市罗山县产业集聚区
电话：15290206917
官方网站：http://www.xydjjn.com

证书编号：LB2021JT001

新光丙烯酸粘合剂

产品简介

我厂生产的建筑涂料用乳液系用环保型乳化剂及丙烯酸酯类单体共聚形成的水性丙烯酸酯高分子聚合物乳液。

适用范围

本品可应用于真石漆、质感漆等建筑用涂料的配制。

技术指标

项目	国标范围	内控范围	实际产品数据
容器中状态	乳白色均匀液体，无杂质，无沉淀，不分层	同国标	符合国标
不挥发物的质量分数 /% ≥	45 或商定	46～48	符合内控范围
pH 值	商定	7～9	符合内控范围
黏度 /（MPa·s）	商定	1000～3000	符合内控范围
最低成膜温度 /℃	商定	23	符合内控范围
冻融稳定性（3 次）	无异常	同国标	符合国标
机械稳定性	不破乳，无明显絮凝物	同国标	符合国标
钙离子稳定性（0.5%氯化钙溶液）	48h 无分层，无沉淀，无絮凝	乳液：5% 氯化钙 =1：1 不破乳，无沉淀，无絮凝	符合内控范围

衡水新光新材料科技有限公司

地址：衡水市人民西路西段 50 号
电话：0318-2048096
官方网站：www.hebeixinguang.com

生产企业

衡水新光新材料科技有限公司成立于1984年，高新技术企业，迄今已发展成为集研发、生产、销售为一体的丙烯酸聚合物乳液系列产品的国内知名专业生产企业。主导产品为水性丙烯酸系列乳液，年综合生产能力30万吨。

新光公司技术力量雄厚，专业技术人员85人，特聘在丙烯酸聚合物乳液的研发、生产有丰富经验的外部高级专家11人，其中具有博士学位6人。企业与中科院化学研究所、北京化工大学、河北科技大学、扬州大学等国内知名院校有长期合作关系。公司现拥有院士工作站、河北省企业技术中心、河北省水性粘合剂基础材料工程技术研究中心、河北省功能型水性粘合剂工程实验室等研发平台。公司每年投入2000多万元用于新产品的开发及应用开发工作。

新光公司将依靠科技创新，以环保、绿色可持续性聚合物为企业的发展方向，成为掌握水性乳液聚合物行业先进技术的公司。

衡水新光新材料科技有限公司

地址：衡水市人民西路西段 50 号
电话：0318-2048096
官方网站：www.hebeixinguang.com

证书编号：LB2021JT002

玉生源玉石漆

产品简介

本产品采用集团独有的长白山脉、东北四大名山"药山"脚下的中国翠玉矿所产出的翠玉为原材料，这种翠玉是蛇纹石和透闪石的结合体，其玉质白地绿花。玉石养生漆采用翠玉粉为基料，纯天然无添加，翠玉含有20多种微量元素和固有远红外线放射性，有促进人体微循环的作用，具有高效净化甲醛、抗细菌、抗霉菌、释放负氧离子、去异味的功能，有着附着力强、耐擦洗、阻燃和耐老化等特性。

适用范围

应用领域：建筑行业、室内装修的环保涂料，如居室、公寓、别墅、酒店、宾馆、医院、学校、机关、写字楼、博物馆等。

技术指标

经国家建筑材料测试中心检验：

万客来玉发展有限公司

地址：辽宁省鞍山市岫岩满族自治县兴隆办事处工业园区
电话：0412-7618666
官方网站：www.lnwkl.com

型材 密封胶 外加剂 预拌砂浆 人造板、木质地板及木质家具、木质门 水泥 金属复合材料 陶瓷砖 地坪材料 建筑涂料 胶粘剂 道路材料 防水卷材与防水涂料 其他材料

一、高效净化甲醛

检验项目		标准要求（Ⅰ类）	检验结果	单项结论
甲醛净化效率（%）	甲醛净化功能	>75	85.7	符合
	甲醛净化效果持久性	>60	78.0	符合

二、抗细菌、抗霉菌

抗细菌标准判定

检验项目		标准要求		检验结果（%）	单项结论
		Ⅰ级	Ⅱ级		
抗细菌性能（级）	金黄色葡萄球菌（%）	>99	>90	92.0	符合（Ⅱ）
	大肠埃希氏菌（%）			94.4	符合（Ⅰ）

抗霉菌标准判定

检验项目		标准要求		检验结果（级）	单项结论
		Ⅰ级	Ⅱ级		
抗霉菌性能（级）	黑曲霉、土曲霉、宛氏拟青霉、绳状青霉、出芽短梗霉、球毛壳	0	1	0	符合Ⅰ级

三、释放负离子

检验项目		检验结果	参照标准
空气负离子浓度（ions/cm³）	空白舱	190	JC/T 2110—2012（未放置样品，密闭2h）
	样品舱	1550	JC/T 2110—2012（放置样品，密闭2h）

工程案例

辽宁祥生越都华庭、沈飞小区，使用公司的净板系列、纹彩系列、质感系列、艺术系列养生漆。

生产企业

万客来玉发展有限公司是一家设备先进、技术人才完备的天然玉石养生漆研制、开发、生产、销售于一体的生产厂家。企业已通过 ISO 9001 质量体系认证和 ISO 14001 环境管理体系认证，被国家确定为有资质制定翠玉生产、加工标准的企业。本企业是中国玉石养生漆创始单位、全国健康养生产品副理事长单位。

万客来玉发展有限公司

地址：辽宁省鞍山市岫岩满族自治县兴隆办事处工业园区
电话：0412-7618666
官方网站：www.lnwkl.com

证书编号：LB2021JN003

安顺泰 108 胶、白乳胶、砖石背覆胶

产品简介

本品是采用德国 8A 集团进口材料及生物净化技术研制的粉状耐水墙面找平材料，白度高、细度好、施工简便，产品固化后具有优良的耐水性和粘结强度。

【产品特性】

1. 施工性好：本品具有很好的施工性和打磨性。

2. 一次装修，长期受益，避免传统腻子 3 ～ 5 年后出现粉化、起皮、脱落现象而不得不进行二次装修。

3. 二次装修无需铲除，有效避免建筑垃圾的产生，属绿色节能环保产品。

适用范围

本产品适用于室内混凝土、砂浆和石膏墙面基层批刮找平。

技术指标

108 胶有害物质限量指标如下：

序号	检测项目	指标要求	实测值
1	游离甲醛 g/kg	≤ 1.0	未检出（检出限为 0.05）
2	苯，g/kg	≤ 0.20	未检出（检出限为 0.02）
3	甲苯＋二甲苯 g/kg	≤ 10	未检出（检出限为 0.02）
4	总挥发性有机物 g/L	≤ 110	72

白乳胶技术指标如下：

序号	检测项目	指标要求	实测值
1	游离甲醛 g/kg	≤ 1.0	未检出（检出限为 0.05）
2	总挥发性有机物 g/L	≤ 110	75
3	压缩剪切强度（干强度）MPa	≥ 10	10.5
4	不挥发物 %	≥ 30	35.6
5	黏度 Pa.s	≥ 0.5	57.7

砖石背覆胶技术指标如下：

序号	检测项目	指标要求	实测值
1	拉伸粘结强度 MPa	≥ 0.5	0.8
2	浸水后拉伸粘结强度 MPa	≥ 0.5	0.7
3	热老化后拉伸胶粘强度 MPa	≥ 0.5	0.8

北京安顺泰建材技术有限公司

地址：北京市大兴区长子营镇公和庄村村民委员会西 600 米
电话：13581955120
官方网站：http://www.xy566.com

4	冻融循环后拉伸粘结强度 MPa		≥ 0.5	0.6
5	放射性核素比活度	内照射指数	≤ 1.0	0.2
		外照射指数	≤ 1.3	0.4

工程案例

北京国家会计学院、北京橡树湾、北京丽来花园别墅、北京人民大会堂、北京龙湖、北京冠景新城、北京财经大厦、北京京东方、北京国家博物馆、北京太阳宫、北京公元九里、北京青年公寓、北京金海御苑、北京西罗园小区、北京中粮集团台湾饭店、北京昌平乐普医疗、北京大兴区教委、北京黄村镇旧房改造、中央民族大学、人民大学图书馆、中央戏剧学院等项目。

生产企业

安顺泰创建于 1996 年，总部位于首都北京，是一家集矿山开发，新型涂料、预拌砂浆、建材辅料生产，装饰装修、防水、防腐保温施工等多个产业为一体的大型化公司，旗下拥有北京安顺泰建材技术有限公司（注册资金 5000 万元）、北京安顺泰涂料有限公司（注册资金 1500 万元）、北京安顺泰和建筑工程有限公司（注册资金 2058 万元）、河北省满城兴益建材有限公司、河北省曲阳兴益建材有限公司等多家直属支柱企业。经过十多年的努力，企业拥有年产 40 万吨的全自动砂浆生产线，占地面积 60000 平方米现代化的标准厂房，众多高素质的管理人员和强大的科技研发队伍，企业员工总数超过 2000 人。产品先后通过了 ISO9001 质量管理体系认证和 IS014001 环境管理体系认证并获得环保建材证明商标。企业依靠坚实的基础和先进的技术营销优势大力推进现代化、国际化进程，正以矫健的步伐迈向顶峰。

北京安顺泰建材技术有限公司

地址：北京市大兴区长子营镇公和庄村村民委员
会西 600 米
电话：13581955120
官方网站：http://www.xy566.com

证书编号：LB2021JN004

紫荆花白乳胶、瓷砖胶、封固剂

产品简介

白乳胶

本产品主要是以优质乳液为原料，引进先进生产设备，经过科学生产工艺加工而成，具有粘接强度高、初黏性好、干燥速度快、湿态黏性优良、流动性好、耐水性强等特点，不含甲醛、苯等有害物质，绿色环保，各项指标符合国标 GB 18583—2008。

瓷砖胶

瓷砖胶是一种高品质环保型高分子聚合物水泥复合粘接材料，以优质石英砂为骨料，选用进口胶粉配以多重添加剂混合搅拌而成的粉状粘接材料，从根本上解决瓷砖空鼓、脱落以及渗漏等弊病。

封固剂

本品以丙烯酸聚合物乳液为主要成膜物质，适用于室内装修。

适用范围

白乳胶

1. 纸张粘贴，广泛用于装饰装修、建筑粘合等。

2. 油画及其他布料、墙壁批涂、建筑等物质粘合剂。

瓷砖胶

可用于混凝土、抹灰、砖墙面上粘贴吸水率大于 6% 的普通瓷砖、陶瓷马赛克和小型天然石材。

封固剂

适用于混凝土、腻子等基材封固处理。

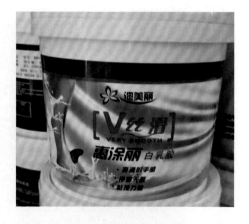

紫荆花涂料（上海）有限公司

地址：上海市金山区华通路 1288 号
电话：021-37900777
官方网站：www.bauhiniahk.com.hk

技术指标

白乳胶

序号	检测项目	标准值	检测结果
1	游离甲醛，g/kg	≤ 1.0	0.7
2	苯，g/kg	≤ 2.0	未检出
3	甲苯＋二甲苯，g/kg	≤ 10	未检出
4	总挥发性有机物，g/L	≤ 110	5

瓷砖胶

序号	检测项目		标准值	检测结果
1	拉伸粘接强度（干混陶瓷砖粘结砂浆）	常温常态，MPa	≥ 0.5	1.9
		晾置时间，20min，MPa	≥ 0.5	1.6
		耐水，MPa	≥ 0.5	1.3

封固剂

序号	检测项目	技术要求	检测结果
1	低温稳定性	不变质	不变质
2	耐碱性	24h 无异常	24h 无异常
3	耐洗刷性	≥ 300	通过 300 次
4	VOC 含量	≤ 50	22
5	涂膜外观	正常	正常

生产企业

紫荆花漆成立于 1982 年，是香港上市公司叶氏化工集团有限公司（股票代号：408）三大核心业务之一，目前旗下的生产及行政基地包括上海、成都、深圳、惠阳、汕头、东莞及桐乡七个地点。紫荆花漆具有多个产品系列，包括家装民用漆（内外墙乳胶漆、水性木器漆及油性木器漆）、工业漆（包括家具漆、塑料漆、重工业漆等）及工程漆。紫荆花漆多年来以"专心在漆、用心在人"的企业精神，不断为中国市场研发及生产环保及性能优良的涂料产品。公司已通过 ISO 9001、ISO 14000、CNAS、UL 等认证，产品皆获得 CCC、FDA 认证，为客户直接提供国际认可的权威性认证报告。同时，紫荆花漆凭借先进的生产技术和科学的管理模式迅速发展。

1991 年，紫荆花漆与瑞典 Klintens AB 技术合作，引进北欧聚酯家具漆的生产技术，令中国家具业踏上国际舞台。随着时尚家装的流行，紫荆花漆又将聚酯家具漆更新换代，转化成家装型 PU 套装，并逐步融入欧式涂装、美式涂装的工艺，将水性木器漆、特种漆、功能漆等产品引入家装行业。多年来紫荆花漆一直被香港房屋署列为认可的建筑物料，广泛应用于社会各类大型场所。秉承多年累积的经验，2004 年紫荆花漆以"漆艺坊"为名成立产品终端形象展示中心，推广全新的服务营销模式。漆艺坊引入了前沿、流行、时尚的装修元素，大大加强了家庭装修个性化、艺术化、差异化的潮流，在中国涂料行业大放异彩。

展望未来，紫荆花漆将继续发扬"专心在漆、用心在人"的企业精神，贯彻重誉、守诺的经营宗旨，并紧贴涂料市场动态，不断开发环保、色彩丰富的新产品，致力于为中国家庭带来一个美好与舒适。

紫荆花涂料（上海）有限公司

地址：上海市金山区华通路 1288 号
电话：021-37900777
官方网站：www.bauhiniahk.com.hk

型材 密封胶 外加剂 预拌砂浆 人造板、木质地板及木质家具、木质门 水泥 金属复合材料 陶瓷砖 地坪材料 建筑涂料 胶粘剂 道路材料 防水卷材与防水涂料 其他材料

证书编号：LB2021JN005

朴乐瓷砖胶、瓷砖背胶

产品简介

　　朴乐强效瓷砖背胶采用优质环保型聚合物乳液、多种功能助剂经一定比例配制而成。本产品适用于瓷砖的背面处理，可缓冲粘结砂浆与瓷砖之间因收缩而产生的应力，增加两者之间的粘结强度，有效解决低吸水率砖易出现的空鼓、脱落等问题。

适用范围

　　瓷砖胶适用于卫生间、厨房等室内低吸水率玻化砖、仿古砖等饰面砖粘结面（背面）的处理；
　　瓷砖背胶适用于卫生间、厨房等室内高吸水率的陶瓷砖、瓷片等饰面砖粘结面（背面）的处理。

技术指标

序号	项目	指标
1	游离甲醛 g/kg	未检出
2	苯 g/kg	未检出
3	甲苯＋二甲苯 g/kg	未检出

工程案例

汇吉苑	强效瓷砖背胶	26000 平方米
汇康锦苑	强效瓷砖背胶	24000 平方米
恒福家园	强效瓷砖背胶	30000 平方米

爱康企业集团（上海）有限公司

地址：上海市浦东新区申江南路 4828 号
电话：021-68153111
传真：021-68152777
官方网站：http://www.pulewaterproof.com

生产企业

2017 年 8 月，作为爱康企业集团（上海）有限公司旗下品牌之一，朴乐防水品牌正式创立。爱康企业集团（上海）有限公司创建于 2000 年 6 月，至今已成长为一家将创新科技与节能解决方案应用于产品，并行销世界各地的品牌，其产品线从塑料管道扩展至采暖、新风、辐射冷暖、防水等多个领域。

朴乐防水强调："朴乐防水、涂个安心。"公司提倡绿色家装，让家居生活滴水不漏的生活理念，通过传承严谨的"工匠精神"，成为中国消费者信任的专业防水品牌，致力于为中国消费者提供安全的家居环境。朴乐防水将各种专项防水系统成功应用于房屋建筑的厨房、卫生间、阳台、窗台、楼地面、水池、地下室、墙面和水泥地面加固处理等。朴乐防水产品涵盖了防水涂料系列、墙地面加固系列、防水堵漏王系列等，并研发出针对不同环境专用的产品以达到最佳防水效果。

251

爱康企业集团（上海）有限公司

地址：上海市浦东新区申江南路 4828 号
电话：021-68153111
传真：021-68152777
官方网站：http://www.pulewaterproof.com

证书编号：LB2021DL001

众昂透水砖、仿石材生态砖

产品简介

　　透水砖、仿石材生态砖是近几年为提倡海绵城市而设计的市政人行道铺装产品，功能是透水、吸水、保水、防滑、耐磨、环保，采用自动化机器生产量大，色彩统一，美观大方。

适用范围

　　（1）大、小型广场路面铺装；

　　（2）公路两边人行道路面铺装；

　　（3）生活小区人行道、休闲区路面铺装。

技术指标

　　（1）外观完整，颜色一致；

　　（2）长、宽、厚尺寸误差 ≤ ±3mm；

　　（3）抗折强度 ≥ Rf4.0；

　　（4）透水系数（cm/s）≥ 2.0×10；

　　（5）耐磨性：磨坑长度 ≤ 35mm；

　　（6）防滑性：≥ 60。

工程案例

　　重庆两路寸滩保税港区三期基础设施 B 地块道路工程、重庆两江新区水土书院片区配套路网工程、重庆两江新区金山大道人行道路改造工程。

重庆市众昂建材厂

地址：重庆市巴南区一品街道乐遥村 2 社高速公路出口处
电话：13608329018
官方网站：

生产企业

重庆众昂建材厂是一家研发和生产环保节能建材的私营企业，前身为重庆寿江水泥制品厂。公司主要生产仿古青砖、透水型海绵城市生态石材砖、透水型彩色路面砖系列、透水型园林植草砖系列、普通彩色路面砖系列、河道河川水利护坡砖系列产品，厂房面积 3000 余平方米。为增强产品质量，公司投入大量资金引进现代化全自动生产线 3 条，拥有电脑自动配比上料机、混凝土搅拌湿度仪、德国技术立轴行星式搅拌机、全自动振捣液压成型系统，充分保证了企业产品的质量和强度，公司通过技术创新和设备引进，研发出海绵城市透水铺装系列产品，在海绵城市建设工作中得到了用户的一致肯定。

地址：重庆市巴南区一品街道乐遥村 2 社高速公路出口处
电话：13608329018
官方网站：

重庆市众昂建材厂

型材 密封胶 外加剂 预拌砂浆 人造板、木质地板及木质家具、木质门 水泥 金属复合材料 陶瓷砖 地坪材料 建筑涂料 胶粘剂 道路材料 防水卷材与防水涂料 其他材料

证书编号：LB2021DL003

欧贝姆混凝土路面砖、混凝土路缘石

产品简介

路面砖产品特点：

1. 选材优良：灰水泥选用山水集团和金隅冀东集团的高强度等级普通硅酸盐水泥；白水泥全部选用丹麦阿尔博波特蓝集团进口高强度等级白色硅酸盐水泥；砂石料的粒径、含泥量和硬度等指标均严格把关控制，特殊要求的彩砂石必须经过水洗后才能使用；调色均选用德国拜耳公司进口的颜料。

2. 超高强度：欧贝姆相比于同类型、同价位路面砖产品抗压强度、抗折强度要高15%以上。

3. 厚度充足：欧贝姆产品厚度偏差控制在 ±2mm 以内，外观尺寸严格要求。

4. 抗冻性和抗盐性好：能够经受50次冻融循环试验，可用于严寒融雪地区。

5. 耐磨性和防滑性好：磨坑长度、耐磨度和防滑性均优于国家标准。

混凝土路缘石产品特点：

1. 选材优良：灰水泥选用山水集团和金隅冀东集团的高强度等级普通硅酸盐水泥；砂石料的粒径、含泥量和硬度等指标均严格把关控制，保证原料质量，生产设备采用"德国玛莎"的机械设备。

2. 超高强度：欧贝姆相比于同类型、同价位路缘石产品的抗压强度、抗折强度要高15%以上。

3. 尺寸严格：欧贝姆路缘石产品尺寸均控制在 -3mm ～ +4mm 范围内，严格遵守国标，甚至优于国标的要求。

3. 抗冻性和抗盐性好：能够经受50次冻融循环试验，可用于严寒融雪地区。

4. 吸水率小：产品具有很好的憎水抗渗性，吸水率极小，耐久性更好。

适用范围

欧贝姆混凝土路面砖、混凝土路缘石用途广泛，可适用于市政工程、小区建设工程、大型公园广场，以及便道铺装工程等。

技术指标

混凝土路面砖技术指标如下：

检测项目			国家标准（GB/T 28635）	企业标准（OBANMU）
抗压强度（公称长度/公称厚度 ≤ 4）	Cc40	平均值 /MPa	≥ 40	≥ 40.0
		单块最小值 / MPa	≥ 35.0	
	Cc50	平均值 /MPa	≥ 50	≥ 50.0
		单块最小值 / MPa	≥ 42.0	
	Cc60	平均值 /MPa	≥ 60	≥ 60.0
		单块最小值 / MPa	≥ 50.0	
抗折强度（公称长度/公称厚度 > 4）	Cf4.0	平均值 /MPa	≥ 4.00	≥ 4.00
		单块最小值 / MPa	≥ 3.20	
	Cf5.0	平均值 /MPa	≥ 5.00	≥ 5.00
		单块最小值 / MPa	≥ 4.20	
	Cf6.0	平均值 /MPa	≥ 6.00	≥ 6.00
		单块最小值 / MPa	≥ 5.00	
耐磨性[a]		磨坑长度 /mm	≤ 32.0	≤ 30.0
		耐磨度	≥ 1.9	≥ 2.0
抗冻性	严寒 D50 寒冷 D35 其他 D25	外观质量	冻后外观无明显变化且符合外观质量规定	冻后外观无明显变化且符合外观质量规定
		强度损失率 /%	≤ 20.0	≤ 15.0
吸水率 %			≤ 6.5	≤ 5.0
防滑性		BPN	≥ 60	≥ 70
抗盐冻性[b]	剥落量（g/cm²）	平均值	≤ 1.000	≤ 1.000
		最大值	< 1.500	

备注：a. 磨坑长度与耐磨度任选一项做耐磨性试验。b. 不与融雪剂接触的混凝土路面砖不要求有此项性能。

天津欧贝姆建材有限公司

地址：天津市静海区蔡公庄工业园区西区 22 号
电话：022-59186988
官方网站：www.obanmu.com

混凝土路缘石技术指标如下：

检测项目		行业标准（JC/T 899）	企业标准（OBANMU）
尺寸允许偏差	长度（*l*）/mm	-3.+4	±3
	宽度（*b*）/mm	-3.+4	±3
	高度（*h*）/mm	-3.+4	±3
	平整度/mm	≤3	≤2.5
	垂直度/mm	≤3	≤2.5
	对角线差/mm	≤3	≤2.5
抗压强度（曲线形、直线形截面 L 或 T 形、非直线形）	C30 平均值/MPa	≥30.0	
	C30 单块最小值/MPa	≥24.0	≥35.0
	C35 平均值/MPa	≥35.0	
	C35 单块最小值/MPa	≥28.0	
	C40 平均值/MPa	≥40.0	
	C40 单块最小值/MPa	≥32.0	≥40.0
	C45 平均值/MPa	≥45.0	
	C45 单块最小值/MPa	≥36.0	≥45.0
抗折强度（直线形）	Cf3.5 平均值/MPa	≥3.50	
	Cf3.5 单块最小值/MPa	≥2.80	≥4.00
	Cf4.0 平均值/MPa	≥4.00	
	Cf4.0 单块最小值/MPa	≥3.20	
	Cf5.0 平均值/MPa	≥5.00	
	Cf5.0 单块最小值/MPa	≥4.00	≥5.00
	Cf6.0 平均值/MPa	≥6.00	
	Cf6.0 单块最小值/MPa	≥4.80	≥6.00
抗冻性	严寒 D50 寒冷 D35 冻后质量损失率/%	≤3.0	≤2.5
吸水率	%	≤6.0	≤5.0
抗盐冻性ᵃ	严寒\寒冷\盐碱 ND28 剥落量（kg/m²） 平均值	≤1.0	≤1.0
	最大值	<1.5	

备注：a. 需做抗盐冻性试验时，可不做抗冻性试验。

工程案例

工程名称	应用量	应用部位	竣工时间
天津仁爱大学	5 万平方米	道路	2019 年
天津人民公园广场改造	1 万平方米	广场	2020 年
天津河西区危改广场提升改造	9000 平方米	广场	2018 年
雄安新区便民服务中心	2.1 万平方米	广场、道路	2018 年

生产企业

　　天津欧贝姆建材有限公司是一家集研发、生产、销售为一体的大型建材生产企业，主要生产高端砂基透水砖、幻彩透水砖、仿古结构透水砖、水利护坡砖、路缘石及其他路面砖，注册资本 1.2 亿元，占地 80 亩。厂区位于天津市静海区蔡公庄镇工业园，地处渤海之滨，背靠京津，南接冀鲁，置身当今中国发展潜力增长极——环渤海经济圈，建设厂房面积 1.8 万平方米，于 2017 年 7 月正式投入生产，日产量已达 12000 平方米。

　　项目总投资 1.8 亿元，企业实力雄厚，拥有德国先进工艺设备。公司全套引进了德国玛莎 XL 系列、德国海斯系列全自动生产线，玛莎是一家具有百年历史的德国建材机械设备设计和制造企业。公司选用德国玛莎先进的设备，该设备基于精细优良的设计。历经数十年的磨砺和不断发展，这一系列产品在技术上日趋完善，可生产各种类型高精度的路沿石和混凝土砌块，生产周期短，日产量高。同时得益于德国工业 4.0 标准，生产线的可视化和自动化控制使工厂成为智能工厂。

　　源于自然，胜于自然，公司将不断提升核心竞争力，拓展品牌影响力，追求企业与客户的共同发展，为客户提供舒适、高品质的产品和服务。

天津欧贝姆建材有限公司

地址：天津市静海区蔡公庄工业园区西区 22 号
电话：022-59186988
官方网站：www.obanmu.com

证书编号：LB2021FS001

京喜 SBS 改性沥青防水卷材、道桥用改性沥青防水卷材、HDPE 自粘胶膜防水卷材

产品简介

防水卷材主要是用于建筑墙体、屋面以及隧道、公路、垃圾填埋场等处，起到抵御外界雨水、地下水渗漏的一种可卷曲的柔性建材产品。

适用范围

地下室、地铁、隧道、水池、屋面、地下车库、屋顶等防水工程。

技术指标

单位面积质量平均值：4.5kg/m²；面积平均值：10.02m²/卷 ；厚度平均值：4.1mm ；可溶物含量：3280g/m²；耐热性：95℃，无流淌、滴落；低温柔性：-22℃，无裂缝；不透水性：0.3MPa，30min 不透水；拉力（纵向）：1087N/50mm；拉力（横向）：1025N/50mm；延伸率（纵向）：45%；延伸率（横向）：49%。

工程案例

北京地铁、首都机场 T3 航站楼、奥体中心、津秦铁路客运专线、上海保利广场、唐山中心商业区百货大楼、远洋天著、丽景金城、南京青奥线、沈阳仙桃机场、苏州地铁、外交部大楼、青岛爱丁堡国际公寓、哈大铁路。

新京喜（唐山）建材有限公司

地址：河北省唐山市玉田县河北玉田经济开发区
电话：13901138223

生产企业

新京喜（唐山）建材有限公司是集科研、制造、销售、施工、品质、推广、服务于一体的专业防水公司。

经过多年的实践和努力，公司在产品科技方面长期居于行业前列，促进了防水行业的发展方向。"京喜"作为一面旗帜，它代表的是科技、品质、服务和可靠性。

新京喜（唐山）建材有限公司获得了 ISO 9001、ISO 14001、ISO 18001 国际质量体系认证以及 HSE 管理体系认证。公司制订了严格的管理体制，并在公司内部渗透，明确了质量方针，进而设立品质保证中心，统一对品质信息的共享、指导、监督、监控进行管理。

我们生产的全系列防水材料，拥有国家建筑专业防水的最高资质（二级施工资质），同时拥有经验丰富的专业化施工队伍，能够更好地为客户提供系统化的服务，从标书设计、材料选用、费用测算、施工、技术指导以及后续服务的跟进等实现完整的"一站式"服务。

公司销售和服务系统遍布全国，对全国各地销售和服务资料进行了系统整合和提升，便利了公司与用户的互动，更好地倾听了用户的心声，树立了良好的信誉，大大提高了用户对企业的满意度和忠诚度。

我们以规模化生产为前提，依托先进技术和装备，以技术创新、技术研发为公司后盾，利用公司的自主经营权，充分采购整合市场资源，在市场中有很高的性价比。

公司始终贯彻品质为先、技术为先的经营方针，信誉和质量等同于企业的生命。做一项工程，树一座丰碑，"京诚之至、喜筑未来"的核心理念根植在每个京喜人的心中，成为京喜人的行为准则。

公司以"坚持诚信敬业的准则，追求品质服务的卓越"为宗旨，继续以周到热情的服务、灵活多样的营销方式以及雄厚的技术实力、科学管理方式、可靠的商业信誉，竭诚为广大用户提供优质的产品和服务。

新京喜（唐山）建材有限公司

地址：河北省唐山市玉田县河北玉田经济开发区
电话：13901138223

证书编号：LB2021FS002

京喜聚氨酯防水涂料、聚合物水泥基防水涂料、非固化橡胶沥青防水涂料

产品简介

防水涂料是一种流态或半流态物质，涂布在基层表面，经溶剂或水分挥发或各组分间的化学反应，形成有一定弹性和一定厚度的连续薄膜，使基层表面与水隔绝，起到防水和防潮的作用。

适用范围

地下室、地铁、隧道、水池、屋面、地下车库、屋顶等防水工程。

技术指标

拉伸强度：3.50MPa；断裂伸长率：750%；撕裂强度：20N/mm；低温弯折性：-35℃无裂纹；不透水性：0.3MPa，120min不透水；固体含量：95%；表干时间：5.0h；实干时间：7.0h；延伸性50mm。

工程案例

北京地铁、首都机场T3航站楼、奥体中心、津秦铁路客运专线、上海保利广场、唐山中心商业区百货大楼、远洋天著、丽景金城、南京青奥线、沈阳仙桃机场、苏州地铁、外交部大楼、青岛爱丁堡国际公寓、哈大铁路。

新京喜（唐山）建材有限公司　　地址：河北省唐山市玉田县河北玉田经济开发区
电话：13901138223

生产企业

新京喜（唐山）建材有限公司是集科研、制造、销售、施工、品质、推广、服务于一体的专业防水公司。

经过多年的实践和努力，公司在产品科技方面长期居于行业前列，促进了防水行业的发展方向。"京喜"作为一面旗帜，它代表的是科技、品质、服务和可靠性。

新京喜（唐山）建材有限公司获得了 ISO9001.ISO14001.ISO18001 国际质量体系认证以及 HSE 管理体系认证。公司制订了严格的管理体制，并在公司内部渗透，明确了质量方针，进而设立品质保证中心，统一对品质信息的共享、指导、监督、监控进行管理。

我们生产的全系列防水材料，拥有国家建筑专业防水的最高资质（二级施工资质），同时拥有经验丰富的专业化施工队伍，能够更好地为客户提供系统化的服务，从标书设计、材料选用、费用测算、施工、技术指导以及后续服务的跟进等实现完整的"一站式"服务。

公司销售和服务系统遍布全国，对全国各地销售和服务资料进行了系统整合和提升，便利了公司与用户的互动，更好地倾听了用户的心声，树立了良好的信誉，大大提高了用户对企业的满意度和忠诚度。

我们以规模化生产为前提，依托先进技术和装备，以技术创新、技术研发为公司后盾，利用公司的自主经营权，充分采购整合市场资源，在市场中有很高的性价比。

公司始终贯彻品质为先、技术为先的经营方针，信誉和质量等同于企业的生命。做一项工程，树一座丰碑，"京诚之至、喜筑未来"的核心理念根植在每个京喜人的心中，成为京喜人的行为准则。

公司以"坚持诚信敬业的准则，追求品质服务的卓越"为宗旨，继续以周到热情的服务、灵活多样的营销方式以及雄厚的技术实力、科学管理方式、可靠的商业信誉，竭诚为广大用户提供优质的产品和服务。

259

新京喜（唐山）建材有限公司

地址：河北省唐山市玉田县河北玉田经济开发区
电话：13901138223

证书编号：LB2021FS003

祥瑞弹性体改性沥青防水卷材、自粘聚合物改性沥青防水卷材、耐根穿刺弹性体改性沥青防水卷材

产品简介

弹性体改性沥青防水卷材是以 SBS 合成橡胶改性优质石油沥青为基料，采用长丝聚酯毡、无碱玻纤毡或玻纤增强聚酯毡为胎基，以聚乙烯膜（PE）、细砂（S）、矿物粒（片）料（M）为覆盖材料而制成的防水卷材。

自粘聚合物改性沥青防水卷材是使用 SBS 等合成橡胶、优质石油沥青、增粘剂为基料，以聚乙烯膜（PE）、聚酯膜（PET）、交叉层压膜或隔离膜为上表面覆盖材料，下表面覆以涂硅隔离膜为防粘层而制成的无胎自粘防水卷材。

耐根穿刺弹性体改性沥青防水卷材是以 SBS 合成橡胶改性优质石油沥青为基料，采用长丝聚酯毡或长丝聚酯毡复合铜为胎基，加入化学阻根剂，以聚乙烯膜（PE）、细砂（S）为覆盖材料而制成的防水卷材。

适用范围

弹性体改性沥青防水卷材适用于各种工业与民用建筑的屋面、地下防水防潮，冷库、水池等的防水工程；地铁、隧道、桥梁、污水处理厂、垃圾掩埋场等市政工程的防水；尤其适用于寒冷地区以及结构变形频繁的建筑防水。

自粘聚合物改性沥青防水卷材适用于工业与民用建筑的屋面、墙体、地下室、水池、地铁、隧道等防水工程，不能动用明火的防水工程；尤其适用于寒冷、结构变形频繁地区的建筑防水。无胎双面自粘主要用于辅助防水，也可用于相容性差的防水材料交接处的粘接和密封。

耐根穿刺弹性体改性沥青防水卷材适用于各种工业与民用建筑的屋面、地下建筑顶板等的种植屋面的防水工程。

技术指标

弹性体改性沥青防水卷材：

项目	标准要求	技术指标
耐热性 /℃	105℃无滑动、流淌、滴落	105℃无滑动、流淌、滴落
低温柔性 /℃	-25℃无裂纹	-25℃无裂纹
不透水性	0.3MPa，30min 不透水	0.3MPa，120min 不透水
最大峰拉力 /（N/50 mm）	≥ 800	≥ 900
最大峰时延伸率 /%	≥ 40	≥ 40
可溶物含量 /（g/㎡）	≥ 2900	≥ 3100
渗油性 / 张数	≤ 2	1
接缝剥离强度 /（N/mm）	≥ 1.5	≥ 2.0

自粘聚合物改性沥青防水卷材：

具有高延伸性和优异的低温性能；优异的粘接性能和剪切应变性能，与基层粘接不脱落，防窜水；与其他材质有优异的相容性；对于应力产生的细微裂纹有优异的自愈性；冷施工、无需粘接剂，节能环保，施工便捷。

耐根穿刺弹性体改性沥青防水卷材：

具有优异的阻止植物根系穿刺能力，又不影响植物正常生长；高、低温性能完好（-25℃弯折不裂，105℃不流淌）；尺寸稳定性完好，对基层变形能力强；耐腐蚀、耐霉菌、耐老化性优异；抗拉强度、伸长率高；施工简便、工期短。

河南彩虹建材科技有限公司

地址：河南省项城市产业集聚区南环路 6 号
电话：0394-4268888
官方网站：www.caihongkeji.cn

工程案例

名门地产紫园、名门地产翠园、美景大观音寺、开封郑开橄榄城、星联湾、康桥林溪湾、康桥九溪郡、中储粮新疆精河直属库、中储粮邓州直属库、中储粮焦作直属库、郑州粮源月湖、郑州航空港第八棚户区、郑州中建创业大厦、碧园月湖、郑州航空港第八棚户区、郑州高新区岗崔安置房、源升·金锣湾

生产企业

河南彩虹建材科技有限公司成立于 1996 年，位于全国闻名的"建筑防水施工之乡"——河南省项城市，是河南省政府认定的高新技术企业、省级"重合同守信誉"企业，系中国建筑防水协会会员单位，河南省彩虹防水工程有限公司（二级施工资质）和河南省彩虹化学建材研究所控股的全资公司与科研机构。

公司于 1998 年引入了 ISO9001 质量管理体系，2000 年公司被河南省科学技术厅认定为高新技术企业；2005 年公司被河南省工商行政管理局授予"守合同重信用企业"；2006 年起，公司生产的 SBS 防水卷材被河南省质量技术监督局连年授予"河南省免检产品"称号；2009 年公司通过了 ISO 19001 环境管理体系认证；2010 年公司生产的聚硫密封胶通过了"十环认证"，获得了"绿色产品"称号。2009—2012 年连年被评为河南省"质量信得过产品"称号。2014 年，公司成为中储粮防水工程项目防水材料供应商中标单位之一。

多年来，公司凭借在技术、管理、资金、人才、销售网络、社会信誉等方面的优势，充分整合各种资源和能量，先后参与了国债 500 亿斤和 200 亿斤国家粮食储备库、国家棉花储备库、三峡电站、二滩电站、西安全运会、阜阳铁路枢纽、合武铁路铜陵段、京沪高铁、青海玉树援建项目、南水北调等一大批国家重点工程的防水材料供应和防水施工承包。同时，公司还陆续参与了大量市政工程方面的建设，其中包括南京地铁一号线、沈阳地铁二号线、河南省艺术中心、郑州地铁二号线、郑州陇海快速路、国道 319 改线（厦漳同城大道）等工程的防水材料供应。

公司始终坚持"诚信立业、情系蓝天"的经营理念和"以人为本"的价值理念，秉承"滴水不漏"的质量方针，始终把建立完善的、具有企业特色的 XR 防水系统作为最终目标。所有防水工程项目均建档跟踪，实行"一个项目、二项优良、三家满意、四个全面、五年保修"的服务准则。公司以优质的产品质量、工程质量和完善的售后服务体系塑造"祥瑞"品牌。

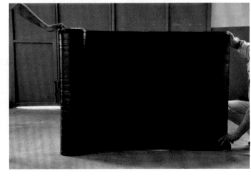

261

河南彩虹建材科技有限公司

地址：河南省项城市产业集聚区南环路 6 号
电话：0394-4268888
官方网站：www.caihongkeji.cn

证书编号：LB2021FS004

祥瑞聚氨酯防水涂料、聚合物水泥复合防水涂料、非固化橡胶沥青防水涂料

产品简介

聚氨酯防水涂料是一种反应性湿固化成膜的合成高分子防水涂料，其成膜物质为聚醚多元醇和多异氰酸酯聚合形成的聚氨酯预聚体，助剂为增塑剂、催化剂、稀释剂、抗老化剂等。涂膜时，聚氨酯预聚体中的异氰酸根（NCO-）端基与空气中的湿气发生反应，形成胶状无接缝的防水涂膜。

聚合物水泥复合防水涂料是以高分子共聚乳液（丙烯酸酯乳液、乙烯–醋酸乙烯乳液）为主要成膜物质，以水泥及惰性粉料为填料的双组分涂料，是一种既具有有机材料的良好弹性，又具有无机材料优异耐久性的复合防水涂料，成膜后可形成高强、坚韧的防水层。

非固化橡胶沥青防水涂料是以优质石油沥青、功能性高分子改性剂以及特种添加剂为主要原料配制而成，在应用状态下保持黏性膏状体的具有优异蠕变性能的一种防水涂料。

适用范围

聚氨酯防水涂料：

用于屋面、地下室、厨卫间、游泳池及地铁隧道等建筑物的防水设防。

聚合物水泥复合防水涂料：

适用于多种新旧建筑物的屋面、地下室、桥梁、水池、厨房、卫生间等的防水，能在多种砖石、混凝土、金属、木材、玻璃、塑料、石膏板、泡沫板、橡胶沥青、聚氨酯、PVC、APP 卷材、SBS 卷材等各种防水层上直接施工。

非固化橡胶沥青防水涂料：

适用于地铁、隧道、涵洞、堤坝、水池、道路桥梁及厕浴间、地下工程、屋面等建筑物的新建或维修的非外露防水工程，也可用于变形缝等特殊部位的防水，一般与卷材搭配使用。

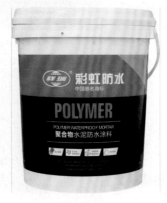

河南彩虹建材科技有限公司

地址：河南省项城市产业集聚区南环路 6 号
电话：0394-4267777
官方网站：www.caihongkeji.cn

技术指标

聚氨酯防水涂料产品特点：

（1）涂膜密实，无针孔、无气泡；（2）拉伸强度高、延伸率大，回弹性好；（3）耐高、低温性能优异；（4）耐腐蚀、耐霉菌、耐老化性优异；（5）环保，不含苯、甲苯、二甲苯等苯类溶剂；（6）施工简便、工期短。

施工用量：每毫米厚涂膜，涂料使用量 1.6～1.8kg/m²，实际用量视基层情况和实际涂刷均匀度而定。

聚合物水泥复合防水涂料产品特点：

（1）能在潮湿或干燥的多种基面上直接施工；（2）涂膜坚韧、高强，弹性好，耐候性、耐久性好；（3）防水效果好，与基层粘接牢固；（4）无毒、无味、无污染，属环保产品，使用安全。

聚非固化橡胶沥青防水涂料产品特点：

（1）无溶剂、永不固化，始终保持既有的弹塑状态；（2）具有优异的基层适应性，施工便捷，喷涂、刮涂均可，一次性成型，无需干燥时间；（3）与其他材质具有优异粘结性，解决了防水卷材与防水涂料复合使用时相容性问题；（4）突出的蠕变性使其能很好地封闭基层的毛细孔和裂缝，具有自愈合能力；（5）优异的抗老化性、低温柔性和耐腐蚀性。

工程案例

聚氨酯防水涂料：

地铁 3 号线八工区、郑东商业中心、中阀科技大厦、富士康昇阳花园。

聚合物水泥复合防水涂料：

金科御府、商丘碧桂园天悦府、普罗城西八苑、周口昌建湖畔国际。

非固化橡胶沥青防水涂料：

商丘碧桂园天悦府、郑东商业中心、洛阳吉利瑞园、国家农村产业融合发展示范园。

生产企业

公司成立于 1996 年，2016 年 10 月更名为河南彩虹建材科技有限公司，是国内规模较大的新型防水材料生产企业。公司现拥有防水材料生产流水线 5 条，其中改性沥青防水卷材生产线 2 条，可年产改性沥青防水卷材 2000 万平方米；合成高分子防水涂料生产线 2 条，可年产各类合成高分子防水涂料 30000 吨；无机刚性防水涂料生产线 1 条，可年产各类粉末涂料 2 万吨。

河南彩虹建材科技有限公司是河南省"重合同、守信誉"企业、"中国建筑防水行业 AAA 级信用企业"，2013.2018.2019.2020 年被中国建筑防水协会认定为全国防水行业"前 20 强"。2015 年被省科技厅认定为"河南省高新技术企业"，2018 年公司高新技术企业复审通过。2018 年公司改性沥青防水卷材生产车间被评为"河南省智能车间"。2019 年公司防水

卷材产品被认定为"环境标志"产品，2020 年公司技术研发实验室被中国建筑防水协会认定为"标准化实验室"。

多年来，公司秉承"质量第一、信誉至上"的经营理念和"用户至上、情系蓝天"的服务宗旨，赢得了社会的广泛赞誉。

263

河南彩虹建材科技有限公司

地址：河南省项城市产业集聚区南环路 6 号
电话：0394-4267777
官方网站：www.caihongkeji.cn

证书编号：LB2021FS006

三星 SBS 弹性体改性沥青防水卷材、湿铺防水卷材

产品简介

SBS 弹性体改性沥青防水卷材可广泛应用于各类建（构）筑物防水工程，如屋面、地下室、隧道、桥梁、水库等。本品是以沥青为基料，SBS（苯乙烯 - 丁二烯 - 苯乙烯嵌段聚合物）为改性剂，聚酯毡或玻纤胎为胎体而制成的防水卷材，综合性能优良，特别是拉伸性能甚佳。根据地区及用户的需求，产品可在 -25 ～ 105℃ 范围内保持良好的工作状态。

自粘聚合物改性沥青防水卷材是以聚合物改性优质沥青，特殊的增粘剂及填料配制成的自粘聚合物改性沥青为基料，制成的无胎自粘卷材和有胎自粘卷材。

无胎自粘卷材是以强韧性的高密度聚乙烯膜、强力交叉膜、铝箔作为上表面材料（或无膜），可剥离的涂硅隔离膜或涂硅隔离纸为下表面防粘隔离材料制成的防水卷材。

有胎自粘卷材是以聚酯纤维无纺布为胎基，聚乙烯膜、细砂或隔离膜作为卷材上表面隔离层，附可剥离的涂硅隔离膜或隔离纸作为隔离材料制成的防水卷材。

适用范围

SBS 弹性体改性沥青防水卷材：

广泛适用于工业、民用建筑如屋面、地下室、墙体、卫生间、水池、水渠、地铁、洞库、公路、桥梁和机场跑道等防水保护工程，并适用于金属容器、管道防腐保护，是一种用途广泛、性能优异的防水材料，既可单层使用，也可复层使用；既可热熔施工，亦可冷粘。

湿铺防水卷材：

主要应用于工业与民用建筑非外露屋面防水、地下工程防水、地铁隧道桥梁防水、钢结构屋面防水等。

技术指标

SBS 弹性体改性沥青防水卷材：

检验项目	技术要求		典型值	
拉力（N/50mm）	横向 ≥	800	横向	1300
	纵向 ≥	800	纵向	1170
延伸率（%）	横向 ≥	40	横向	55
	纵向 ≥	40	纵向	61
耐热度（℃）	105℃ 2h 无流淌、无滴落		无流淌、无滴落	
低温柔性（℃）	-25℃ 1h		无裂缝	

适用产品型号：SBS Ⅱ、PY、PE、PE 4

湿铺防水卷材：

检验项目	技术要求		检测结果	
拉力（N/50mm）	横向 ≥	300	横向	324
	纵向 ≥	300	纵向	339
延伸率（%）	横向 ≥	50	横向	94
	纵向 ≥	50	纵向	66

德阳市三星防水建材工程有限公司　　地址：四川省德阳市罗江区白马关镇万佛村
电话：0838-3960588
官方网站：http://www.sanxingfangshui.com/

工程案例

成都大慈寺综合项目、中建一局凤凰家园三期安置小区项目、成都双流区天府国际生物城规划区项目、贵州省义龙新区康养智能小镇项目、贵州省义龙新区 2018 年易地扶贫搬迁马拉松居住区项目。

生产企业

三星防水品牌始创于 2003 年，德阳市三星防水建材工程有限公司坐落于四川省德阳市罗江区白马关镇，占地 50 余亩。

德阳市三星防水建材工程有限公司是集建筑防水材料研发、设计、生产、销售、施工及技术指导、咨询服务于一体的综合性企业，搭建了以成都为中心、覆盖全国的售后服务体系。公司是中国建筑防水协会会员、四川防水协会副会长单位、中国建筑业协会建筑防水分会会员。

公司主营产品包括防水卷材、防水涂料等，并取得了 ISO 9001、ISO 45001、ISO 14001 等体系证书；获得国家建筑检测中心防水、防腐保温材料认证报告，国家建材检测中心的环保产品认证等。

公司从国外引进先进的卷材及涂料生产设备，采用的是高端原材料，拥有雄厚的经济、技术、人力资源实力。产品绿色环保，主营产品包括沥青卷材、自粘卷材、高分子卷材、专业防水涂料、家装防水涂料等，广泛应用于民用建筑、市政工程、国防建设等领域。

德阳市三星防水建材工程有限公司
地址：四川省德阳市罗江区白马关镇万佛村
电话：0838-3960588
官方网站：http://www.sanxingfangshui.com/

证书编号：LB2021FS007

欣涛预铺防水卷材用热熔压敏胶、自粘防水卷材用热熔压敏胶、防水卷材搭接边用热熔压敏胶

产品简介

热熔胶由聚合物基体、增黏剂、蜡类、抗氧剂、增塑剂和填充剂等组合配制而成，不含溶剂，100% 固含量，无毒、无味，被誉为"绿色胶粘剂"。热熔胶从 20 世纪 50 年代末开始应用于包装，由于其本身特有的优点，与其他胶粘剂品种相比有着不可比拟的优势，成为胶粘剂中发展很快的品种。2018 年我国热熔型胶粘剂销量 50 多万吨，销售额近 100 亿元。

非沥青防水卷材是近年来发展迅速的一种新型防水卷材，它由高密度聚乙烯（HDPE）底膜，刮涂于底膜上的建筑防水卷材专用热熔胶和覆盖于热熔压敏胶上无机合成砂（或天然砂）构成。建筑防水卷材专用热熔胶能使合成砂与现浇混凝土发生化学交联，发生物理卯榫与附着，无缝联结为一体而形成"皮肤式"防水，彻底解决了防水层窜水的弊端。

该产品生产过程中热熔压敏胶的使用是其制备关键技术之一。目前，在对高分子防水卷材用热熔压敏胶进行性能测试时，由于测试条件和方法的差异，致使测试结果误差较大，影响产品的推广使用，增加了企业研发和生产成本。为此，中国建材检验认证集团（CTC）苏州有限公司与广东欣涛新材料科技股份有限公司合作，面向全国高分子防水卷材生产企业，举办"防水卷材专用热熔胶检测应用技术"系列培训活动。通过系统培训，旨在推动高分子防水卷材专用热熔胶检测技术的应用推广，避免检测误判，节约生产成本，为生产厂家优选方案提供技术支撑。

 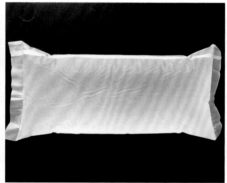 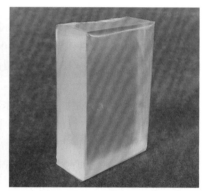

适用范围

本产品主要用于覆砂预铺型 HDPE 高分子防水卷材的背胶，具有耐低温、抗紫外线及剥离强度大等特点，解决了目前防水施工过程中存在的剥离力不足、耐候性及抗紫外线性能差等问题，为建筑防水行业的发展起到了积极的推动作用。

本产品的研发成功及成功进入市场，促进了同行业的研究开发竞争力，提高了市场上产品的创新能力，对于下游对产品的应用、施工等的发展起到积极的推动作用，创造了更多的经济效益和社会效益。

技术指标

本产品在耐热性、低温柔性、防窜水性、剥离强度、热老化、抗立墙脱落等性能上均高于国家标准 GB/T 23457—2017 要求，90℃条件下 2h 无滑移、流淌、滴落（标准要求 80℃），耐热性高；-28℃下胶层无裂纹（标准要求 -25℃），耐低温，低温柔性较好；0.8MPa/35mm，4h 不窜水，抗窜水性能强；与后浇混凝土在各种条件下的剥离强度要求大于 1N/mm，本产品可达到 2.5 或 2.8N/mm；卷材与卷材浸水处理的剥离强度为 1.6N/mm，是标准要求不低于 0.8N/mm 的两倍，耐候性、抗紫外线性能优异，剥离强度大；在抗立墙脱落性能方面，同类产品中仅 3 ～ 5 天时间即脱落完（25cm），本产品可达一年不会脱落，为下游用户提供了优异的现实应用效果，也为建筑防水提供了有力保障。此外，在基本性能满足使用要求的同

广东欣涛新材料科技股份有限公司

地址：广东省佛山市三水工业区大塘园 68-6 号
电话：0757-87661217
官方网站：www.cnxintao.com

时，不添加任何溶剂及有毒有害物质，100% 固含量，做到了安全环保，无毒、无味。安全环保指标均符合且高于国家与国际标准。

工程案例

本产品获得国家 1 项发明专利和实用新型专利授权，受理发明专利申请 1 项。

一种超大孔径无拉丝热熔胶喷枪出胶装置（ZL201410357866.8）。本发明自动化程度高，无需人工界入，无残胶流出，无滴胶，出胶嘴不易堵塞，无需清理出胶嘴，生产效率高，极大地提高本热熔胶产品的生产效率、产品性能和产品市场竞争力。

一种具有防窜水功能的新型防水卷材（ZL201920625044.1）。本实用新型专利制备的新型防水卷材结构简单可靠、防水性能好、使用寿命长，通过砂粒层的设置，能有效地提高其表面的可靠性，减少出现划伤的概率，从而有助于提高使用寿命。

一种用于非沥青防水卷材的反应型覆膜胶生产工艺（201616011653.2）。该专利技术具有能保持对高密度聚乙烯的良好粘结性、能与潮湿的混凝土基面直接贴合，并发生交联反应而形成牢固联接，从而达到"皮肤式"防水的效果；不需要使用合成砂或天然砂，大大减轻了卷材的重量，节约了成本；不需要进行现场浇注混凝土，只需要在基面喷洒少量的水，使基面保持湿润即可铺贴等优点。

以上知识产权专利技术与国家重点支持的"四、新材料 -（三）高分子材料 -1. 新型功能高分子材料的制备及应用技术 - 具有特殊功能、高附加值的高分子材料制备技术及以上材料的应用技术"相一致。

生产企业

广东欣涛新材料科技股份有限公司是专业从事热熔胶研发、生产、销售和技术服务为一体的国家高新技术企业。25 年来，专注于推进热熔胶产品和技术国产化进程，结合产业发展需求，自主研发具有国内先进水平的数十项新产品，获得 20 余项国家专利，建有拥有 CNAS 认可资质的检测中心。

加大科技创新投入，全力攻克"高分子防水卷材专用热熔胶"关键技术，在全国较早研发推广超越国标的防水卷材专用热熔胶，以自主核心技术，补齐了该关键技术领域的短板。公司联合国内建材检测权威机构 CTC，持续开展检测应用技术示范推广。与东方雨虹、北新建材、科顺防水等建筑行业龙头企业合作承建国家重点工程，提供配套原材料和技术服务。

目前，公司联合区域内建筑行业龙头企业，共同构建"建筑防水材料高新技术企业创新联盟"，推进防水材料应用领域上下游企业协同创新，辐射和带动区域产业链的形成与发展。

公司坚持创新发展，取得了显著的社会和经济效益，连续 4 年复合增长率超 30%。2020 年主营收入 4.1 亿元，产出强度达 2147.05 万元 / 亩；纳税总额 3055.48 万元，主营收入和纳税总额同比分别增长 33% 和 90%。

广东欣涛新材料科技股份有限公司

地址：广东省佛山市三水工业区大塘园 68-6 号
电话：0757-87661217
官方网站：www.cnxintao.com

证书编号：LB2021FS008

驼王弹性体改性沥青防水卷材、自粘聚合物改性沥青防水卷材、种植屋面用耐根穿刺防水卷材

产品简介

弹性体改性沥青防水卷材以优质沥青添加苯乙烯 - 丁二烯 - 苯乙烯（SBS）、弹性体树脂作改性材料，经特殊工艺配制成高聚物改性沥青材料，中置增强胎体，外覆盖多种表面材料。

自粘聚合物改性沥青防水卷材是以高分子聚合物改性沥青和合成橡胶为基料、加入活性助剂，采用聚酯胎为加强层，以聚乙烯膜为表面材料，底面采用硅油防粘隔离纸 / 膜，具有环保性、可冷施工作业的防水卷材。

种植屋面用耐根穿刺防水卷材是以优质沥青为基料，添加苯乙烯 - 丁二烯 - 苯乙烯（SBS）热塑性弹性体树脂改性，使用进口化学阻根剂，经特殊工艺配制成弹性体改性沥青聚酯胎耐根穿刺防水卷材，中置增强胎基，外覆盖聚乙烯膜（PE）或矿物粒等多种表面材料共同构成。

适用范围

弹性体改性沥青防水卷材广泛应用于工业与民用建筑的地下室和屋面防水；地铁、综合管廊、隧道、水利等工程的防水；地下工程防水应采用表面隔离材料为 PE 膜的防水卷材，暴露式屋面防水应采用表面隔离材料为不透明页岩的防水卷材。

自粘聚合物改性沥青防水卷材适用于各种非外露的地下工程、屋面工程、地铁、隧道、水池等各部位的防水防潮工程。

种植屋面用耐根穿刺防水卷材适用于种植屋面及需要绿化的地下建筑物顶板的耐植物根系穿刺层。

技术指标

弹性体改性沥青防水卷材性能指标如下：

序号	项目			指标	
				I	II
				PY	PY
1	可溶物含量 /（g/ ㎡） ≥		3.0mm	2100	
			4.0mm	2900	
2	不透水性 30min			0.3MPa	0.3MPa
3	拉力	最大峰拉力 /（N/50mm）≥		500	800
		试验现象		拉伸过程中，试件中部无沥青涂盖层开裂或与胎基分离现象	
4	延伸率	最大峰时延伸率 /% ≥		30	40
		拉力保持率 /% ≥		90	
		延伸率保持率 /% ≥		80	
5	热老化	低温柔性 /℃		-15	-20
				无裂缝	
		尺寸变化率 /% ≤		0.7	0.7
		质量损失 /% ≤		1.0	
6	接缝剥离强度 /（N/mm）≥			1.5	
7	卷材下表面沥青涂盖层厚度 /mm ≥			1.0	
8	人工气候加速老化	外观		无滑动、流淌、滴落	
		拉力保持率 /% ≥		80	
		低温柔性 /℃		-15	-20
				无裂缝	

自粘聚合物改性沥青防水卷材性能指标如下：

潍坊京九防水工程集团有限公司

地址：山东省寿光市台头镇工业园区
电话：0536-5512216
官方网站：www.jingjiugroup.cn

序号	项目			指标	
				I	II
1	可溶物含量（g/ ㎡）≥		3.0mm	2100	
			4.0mm	2900	
2	拉伸性能	拉力 /（N/50mm）	3.0mm	450	600
			4.0mm	450	600
		最大拉力时延伸率 /% ≥		30	40
3	耐热性			70℃无滑动、流淌、滴落	
4	不透水性			0.3MPa，120min 不透水	
5	剥离强度（N/mm）≥	卷材与卷材		1.0	
		卷材与铝板		1.5	
6	渗油性 / 张数≤			2	
7	持粘性 /min ≥			15	
8	热老化	最大拉力时延伸率 /% ≥		30	40
		低温柔性 /℃		-18	-28
				无裂纹	
		剥离强度 卷材与铝板 /(N/mm) ≥		1.5	
		尺寸稳定性 /% ≤		1.5	1.0
9	自粘沥青再剥离强度 /(N/mm) ≥			1.5	

种植屋面用耐根穿刺防水卷材性能指标如下：

项目			技术指标
耐霉菌腐蚀性	防霉等级		0 级或 1 级
接缝剥离强度	无处理 /（N）	沥青类防水卷材 SBS	≥ 1.5
	热老化处理后保持率 /%		≥ 80 或卷材破坏

工程案例

平度城关社区锦苑、绣苑安置楼项目；
凯乐微谷Ⅰ、Ⅱ标段防水工程；
新建住宅楼（华侨·幸福里）2 期。

生产企业

潍坊京九防水工程集团有限公司（以下简称"京九防水集团"）是集科研开发、生产销售和设计施工于一体的科技型民营企业，公司注册资金 1.6 亿元。集团下辖潍坊京九防水材料有限公司、潍坊驼王实业有限公司、潍坊京九化建有限公司 3 个全资子公司，拥有 3 大生产厂区，总占地面积350 亩，现已发展成为国内防水行业重点骨干企业。

京九防水集团拥有现代化防水材料生产装备 25 套，分别生产沥青防水卷材系列：弹性体 / 塑性体改性沥青防水卷材、道桥用改性沥青防水卷材、自粘橡胶改性沥青防水卷材、高聚物改性沥青防水卷材、耐根穿刺防水卷材、多彩防水卷材；高分子防水卷材系列：聚乙烯丙纶复合防水卷材、

聚氯乙烯（PVC）防水卷材、三元乙丙（EPDM）防水卷材、氯化聚乙烯（CPE）橡胶共混防水卷材、高分子自粘胶膜防水卷材；防水涂料系列：单 / 双组分聚氨酯防水涂料、环保型彩色聚氨酯防水涂料、水泥基渗透结晶型防水涂料、JS 聚合物水泥防水涂料、高分子彩色弹性防水涂料、非固化橡胶沥青防水涂料、喷涂速凝橡胶沥青防水涂料；彩色沥青瓦系列；土工合成材料系列：长丝土工布、土工膜、排水板等五大系列百余个品种。

京九防水集团持有防水防腐保温工程专业承包一级资质，并拥有一支专业的防水施工队伍，可承揽全国各类防水工程。公司于 2000 年通过了 ISO 9001 质量管理体系认证、2002 年取得了全国工业产品生产许可证、2003 年取得了安全生产许可证、2004 年被评为全国建筑防水堵漏优秀施工企业、2005 年通过了 ISO 14001 环境管理体系认证和 18001职业健康安全管理体系认证；是中国建筑防水材料工业协会、中国建材市场协会、中国土工材料工程协会、产业用纺织品行业协会会员单位。

潍坊京九防水工程集团有限公司

地址：山东省寿光市台头镇工业园区
电话：0536-5512216
官方网站：www.jingjiugroup.cn

证书编号：LB2021FS009

驼王聚氨酯防水涂料、聚合物水泥防水涂料、铁路桥用聚氨酯防水涂料

产品简介

聚氨酯防水涂料是以异氰酸酯、聚醚多元醇为主要原料，配以多种助剂、填料等混合制成。材料施工后与空气中的湿气接触，触发体系内封闭固化剂，从而固化成膜。在反应过程中不产生气体，避免了传统材料固化时产生气体，使涂膜产生鼓泡的问题。

聚合物水泥防水涂料是以丙烯酸酯、乙烯 - 乙酸乙烯酯等聚合物乳液和水泥为主要原料，加入填料及其他助剂配制而成，经水分挥发和水泥水化反应固化成膜的双组分水性防水涂料。水性环保涂料无毒无害，能在潮湿（无明水）基面上施工，涂膜拉伸强度高，延伸率好，能有效预防因基层的伸缩而产生的裂纹。

铁路桥用聚氨酯防水涂料是一种双组分反应固化型合成高分子防水涂料，由 A 组分和 B 组分组成。A 组分是聚氨酯预聚体，B 组分是固化剂，使用时将 A、B 两组分按一定比例混合、搅拌均匀后，刮涂在需要施工的基面上，反应固化成连续、坚韧、无接缝的防水涂膜。

适用范围

聚氨酯防水涂料适用于建筑物各种平斜屋面、天台等不规则屋面的防水工程；地下建筑防水工程；卫生间、阳台、厨房、泳池、蓄水池、水闸地面、施工缝、伸缩缝、穿墙管、落水口等各种建筑物防水。

聚合物水泥防水涂料适用于长期浸水的环境如厨卫间、水池、游泳池的防水防渗；室内、外墙整体的防水防潮（用于外墙涂料饰面层前防水防潮处理）。

铁路桥用聚氨酯防水涂料适用于铁路混凝土桥梁的非外露桥面防水，其他重要部位的防水。

技术指标

聚氨酯防水涂料性能指标如下：

序号	项目	技术指标
		I
1	固体含量 /% ≥	85.0
2	拉伸强度 /MPa ≥	2.00
3	断裂伸长率 /% ≥	500

4	撕裂强度 /（N/mm）≥		15
5	低温弯折性		-35℃，无裂纹
6	不透水性		0.3MPa，120min，不透水
7	加热伸缩率 /%		-4.0 ～ +1.0
8	粘结强度 /MPa ≥		1.0
9	定伸时老化（加热老化）		无裂纹及变形
10	热处理（80℃，168h）	拉伸强度保持率 /%	80-150
		断裂伸长率 /% ≥	450
		低温弯折性	-30℃，无裂纹
11	碱处理[0.1%NaOH+饱和 Ca（OH）$_2$ 溶剂，168h]	拉伸强度保持率 /%	80 ～ 150
		断裂伸长率 /% ≥	450
		低温弯折性	-30℃，无裂纹
12	酸处理（2%H$_2$SO$_4$ 溶液，168h）	拉伸强度保持率 /%	80 ～ 150
		断裂伸长率 /% ≥	450
		低温弯折性	-30℃，无裂纹

聚合物水泥防水涂料性能指标如下：

序号	试验项目	技术指标		
		I 型	II 型	III 型
1	固体含量，% ≥	70	70	70
2	拉伸强度，MPa ≥	1.2	1.8	1.8
3	断裂伸长率，% ≥	200	80	30
4	不透水性，0.3MPa，30min	不透水	不透水	不透水
5	潮湿基面粘结强度，MPa	0.5	0.7	1.0
6	抗渗性（砂浆背水面），MPa ≥	-	0.6	0.8

潍坊京九防水工程集团有限公司

地址：山东省寿光市台头镇工业园区
电话：0536-5512216
官方网站：www.jingjiugroup.cn

铁路桥用聚氨酯防水涂料性能指标如下：

序号	项目		指标
			防水层用
1	拉伸强度		≥ 6.0MPa
2	拉伸强度保持率	加热处理	≥ 100%
3		碱处理	≥ 70%
4		酸处理	≥ 80%
5	断裂伸长率	无处理	≥ 450%
6		加热处理	≥ 450%
7		碱处理	≥ 450%
8		酸处理	≥ 450%
9	低温弯折性	无处理	-35℃，无裂纹
10		加热处理	
11		碱处理	
12		酸处理	
15	不透水性		0.4MPa，2h，不透水
16	加热伸缩率		≥ -4.0%，≤ 1.0%
17	耐碱性		饱和 Ca（OH）$_2$ 溶液，500h，无开裂，无起皮剥落
18	潮湿基面粘结强度		≥ 0.6MPa
19	与混凝土粘结强度		≥ 2.5MPa
20	撕裂强度		≥ 35.0N/mm
21	与混凝土的剥离强度		≥ 3.5N/mm

工程案例

平度城关社区锦苑、绣苑安置楼项目；
凯乐微谷Ⅰ、Ⅱ标段防水工程；
新建住宅楼（华侨·幸福里）2 期。

生产企业

潍坊京九防水工程集团有限公司（以下简称"京九防水集团"）是集科研开发、生产销售和设计施工于一体的科技型民营企业，公司注册资金 1.6 亿元。集团下辖潍坊京九防水材料有限公司、潍坊驼王实业有限公司、潍坊京九化建

有限公司 3 个全资子公司，拥有 3 大生产厂区，总占地面积 350 亩，现已发展成为国内防水行业重点骨干企业。

京九防水集团拥有现代化防水材料生产装备 25 套，分别生产沥青防水卷材系列：弹性体 / 塑性体改性沥青防水卷材、道桥用改性沥青防水卷材、自粘橡胶改性沥青防水卷材、高聚物改性沥青防水卷材、耐根穿刺防水卷材、多彩防水卷材；高分子防水卷材系列：聚乙烯丙纶复合防水卷材、聚氯乙烯（PVC）防水卷材、三元乙丙（EPDM）防水卷材、氯化聚乙烯（CPE）橡胶共混防水卷材、高分子自粘胶膜防水卷材；防水涂料系列：单 / 双组分聚氨酯防水涂料、环保型彩色聚氨酯防水涂料、水泥基渗透结晶型防水涂料、JS 聚合物水泥防水涂料、高分子彩色弹性防水涂料、非固化橡胶沥青防水涂料、喷涂速凝橡胶沥青防水涂料；彩色沥青瓦系列；土工合成材料系列：长丝土工布、土工膜、排水板等五大系列百余个品种。

京九防水集团持有防水防腐保温工程专业承包一级资质，并拥有一支专业的防水施工队伍，可承揽全国各类防水工程。公司于 2000 年通过了 ISO 9001 质量管理体系认证、2002 年取得了全国工业产品生产许可证、2003 年取得了安全生产许可证、2004 年被评为全国建筑防水堵漏优秀施工企业、2005 年通过了 ISO 14001 环境管理体系认证和 18001 职业健康安全管理体系认证；是中国建筑防水材料工业协会、中国建材市场协会、中国土工材料工程协会、产业用纺织品行业协会会员单位。

潍坊京九防水工程集团有限公司

地址：山东省寿光市台头镇工业园区
电话：0536-5512216
官方网站：www.jingjiugroup.cn

证书编号：LB2021FS010

松岩聚乙烯丙纶防水卷材、弹性体改性沥青防水卷材、种植屋面用耐根穿刺防水卷材

产品简介

聚乙烯丙纶防水卷材最大的特点是质地柔软并有弹性，随服性好，易施工，耐穿刺、抗机械损伤能力强等。卷材上下是短纤针刺呈无规则立体交叉结构，形成多孔表面，可与多种粘接剂粘接，均可达到较好的效果。聚乙烯丙纶防水卷材与本公司产品聚合物水泥胶粘剂配套施工，粘接剥离强度均可达到规范要求的15N/cm。聚乙烯丙纶防水卷材用水泥胶粘剂粘结时，水泥胶粘剂进入卷材的表面孔隙中，随水泥固化为一体，故粘接永久牢固。施工后的聚乙烯丙纶卷材表面可直接进行装饰、装修（如粘贴瓷砖、地板砖等）。聚乙烯丙纶防水卷材无毒、无害、无污染，属绿色环保型产品。

弹性体改性沥青防水卷材：以苯乙烯 - 丁二烯 - 苯乙烯（SBS）热塑性弹性体改性沥青作浸渍和涂盖材料，以聚酯毡为胎基，表面覆以聚乙烯膜、细砂或矿物片料等隔离材料所制成的可以卷曲的片状防水材料。具有优异的低温柔性、抗拉伸性能，使用寿命长。

为了适应市场的需要，我公司积极参与到国家 JGJ 155—2013《种植屋面工程技术规程》的起草和相关技术领域中，并根据规程要求研制出 SY-ZZ 种植屋面专用防水卷材，并送至国际检测所进行检测，其检测结果良好，并拥有优越的双重防穿刺和柔软易施工等特性。

适用范围

产品广泛适用于建筑、水利、环保、交通和园林等工程领域的防水、防渗、防潮、隔汽和防污染。如建筑工程：屋面、地下车库、厕浴间等；水利工程：水库、堤坝、围堰、渠道等；环保工程：垃圾填埋场、污水处理厂、冶金化工污染物堆放场等；交通工程：桥梁、地铁、公路、铁路、洞体、隧道等；园林工程：屋顶花园、种植屋面、园林小品等。

技术指标

聚乙烯丙纶防水卷材

项　目		指　标
低温弯折		-20℃ 无裂纹
加热伸缩量 /mm	延伸　≤	2
	收缩　≤	4
热空气老化 （80℃×168h）	断裂拉伸强度保持率 /% ≥	80
	拉断伸长率保持率 /% ≥	70
耐碱性［饱和 Ca（OH）₂溶液 常温×168h］	断裂拉伸强度保持率 /% ≥	80
	拉断伸长率保持率 /% ≥	80

弹性体改性沥青防水卷材

序号	项目		指标	
			I	II
1	可溶物含量（g/㎡） ≥	3mm	2100	
		4mm	2900	

秦皇岛市松岩建材有限公司

地址：秦皇岛市山海关经济技术开发区江苏北路
电话：0335-5082943
官方网站：www.syjcgs.com

续表

2	耐热性（℃）		90	105
			无流淌、滴落，滑动 ≤ 2mm	
3	低温柔性（℃）		-20	-25
			无裂缝	
4	不透水性 30min		0.3MPa 不透水	
5	最大拉力（N/50mm）≥		500	800
6	最大峰时延伸率（%）≥		30	40

种植屋面用耐根穿刺防水卷材

项 目		指 标
低温弯折		-20℃无裂纹
加热伸缩量 /mm	延伸 ≤	2
	收缩 ≤	4
热空气老化（80℃ ×168h）	断裂拉伸强度保持率 /% ≥	80
	拉断伸长率保持率 /% ≥	70
耐碱性［饱和 Ca（OH）₂溶液常温 ×168h］	断裂拉伸强度保持率 /% ≥	80
	拉断伸长率保持率 /% ≥	80
人工候化	断裂拉伸强度保持率 /% ≥	80
	拉断伸长率保持率 /% ≥	70
粘结剥离强度（片材与片材）	标准试验条件 N/mm ≥	1.5
	浸水保持率，常温 ×168h/ % ≥	70
复合强度（FS2 型表层与芯层），N/mm ≥		0.8

工程案例

奥体（鸟巢），南京地铁，天津地铁，深圳 1.3.4.9 号地铁，北京 5.9.10.16 号地铁，杭州地铁，宁波地铁，沧州地下车库种植屋面，哈尔滨呼兰明达房地产，新疆石河子亚特房地产开发公司，昆明新亚洲体育城，广东潮州供水枢纽项目，北京首钢唐山项目，哈尔滨师范学院，宁波市滨江大道延伸段 BOBO 城，南京总统府，太原供电局光缆改造项目，全国直属粮库，北京博物馆，秦皇岛市海港区西部旧城改造项目山东堡地块（一期）。

生产企业

秦皇岛市松岩建材有限公司坐落在河北省秦皇岛市山海关经济技术开发区，始建于 1997 年，注册资本 2110 万元，占地面积 100 多亩，建筑面积 30000 多平方米。本公司是集科研、生产和销售为一体的高新技术企业，主要经营"松岩"牌 SY 系列聚乙烯丙纶卷材、非沥青基高分子自粘胶膜防水卷材、土工布、防水密封材料、建筑材料的生产和销售。公司生产的"松岩"牌 SY 系列聚乙烯丙纶卷材及其配套产品已形成完整、可靠的防水体系。

公司以聚乙烯丙纶卷材和复合防水配套胶粘剂为主导产品，在聚乙烯丙纶卷材复合防水诸多方面，包括卷材结构和机理、生产设备完善和改造、配套的胶粘材料和辅助材料、完整的细部防水构造和配件、成套的施工技术和服务，进行了深入不懈的探索和研究，经过诸多方面的科学论证和反复试验以及工程实践验证，在上述方面取得一系列可喜的创新性成果。目前，公司已在聚乙烯丙纶卷材复合防水领域中走在行业前列。

秦皇岛市松岩建材有限公司

地址：秦皇岛市山海关经济技术开发区江苏北路
电话：0335-5082943
官方网站：www.syjcgs.com

证书编号：LB2021FS011

金水克 SBS 弹性体改性沥青防水卷材、自粘聚合物改性沥青防水卷材

产品简介

SBS 弹性体改性沥青防水卷材：

本产品是采用 SBS 改性沥青浸渍和涂盖聚酯胎基布，表面以聚乙烯膜（PE）、细砂（S）、矿物粒料（M）做隔离材料所制成的片状防水材料，具有弹性大、抗拉强度和延伸率高、低温柔性好等特点，可广泛应用于重要和一般防水等级工程。

自粘聚合物改性沥青防水卷材

本产品是以沥青与 SBS、APP、浸水剂等助剂反应共混合成高聚物改性沥青基料，配以活性助剂制成的特殊防水胶料，面层覆以聚乙烯膜（PE）、聚酯膜（PET）、细砂（S），地面采用硅油防粘隔离纸的防水卷材。双面自粘卷材（D）是以防水胶料为防水粘接层，两面为硅油隔离纸的双面可粘接的防水卷材。

适用范围

本产品可广泛应用于建筑地下、屋面、地铁、隧道的防水以及水库、水渠、高架桥梁、机场跑道的防水。

技术指标

SBS 弹性体改性沥青防水卷材：

检验项目		标准要求	检验结果
可容物含量，g/㎡		≥ 2100	2155
耐热性		≤ 2 mm，105℃ 无流淌、滴落	≤ 2 mm，105℃ 无流淌、滴落
低温柔性		-25℃ 无裂缝	-25℃ 无裂缝
不透水性		0.3MPa 30min 不透水	0.3MPa 30min 不透水
最大峰拉力	纵向，N/50 mm	≥ 800N	1265
	横向，/50 mm	≥ 800N	1105
	实验现象	拉伸过程中，试件中部无沥青涂盖层开裂或与胎基分离现象	合格
最大峰时延伸率	纵向，%	≥ 40%	51
	横向，%	≥ 40	56
浸水后质量增加，%		≤ 1.0	0.5

河北新龙基防水建材有限公司

地址：新乐市承安镇东王庄工业区 6 号
电话：0311-88569955
官方网站：www.xinlongji.com.cn

热老化率	拉力保持率（纵向）%	≥ 90	102
	拉力保持率（横向）%	≥ 80	100
	延伸率保持率（纵向）%	≥ 80	93
	延伸率保持率（横向）%	≥ 80	95
	低温柔性	-20℃，无裂缝	-20℃，无裂缝
	尺寸变化率 %	≤ 0.7	0.3
	质量损失 %	≤ 1.0	0.5
	渗油性，张数	≤ 2	1
	接缝剥离强度，N/ mm	≥ 1.5	1.6
	卷材下表面沥青涂盖层厚度，mm	≥ 1.0	1.0

自粘聚合物改性沥青防水卷材：

	检验项目	标准要求	检验结果
	可容物含量，g/ ㎡	≥ 2100	2302
	耐热性	70℃无滑动、流淌、滴落	合格
	低温柔性	-30℃ 无裂纹	-30℃ 无裂纹
	不透水性	0.3MPa 120min 不透水	0.3MPa 120min 不透水
拉伸性能	拉力（纵向），N/50 mm	≥ 600	1135
	拉力（横向），N/50 mm	≥ 600	930
	最大拉力时延伸率（纵向），%	≥ 40	54
	最大拉力时延伸率（横向），%	≥ 40	56
剥离强度	卷材与卷材，N/ mm	≥ 1.0	1.6
	卷材与铝板，N/ mm	≥ 1.5	1.5
	钉杆水密性	通过	通过
	渗油性，张数	≤ 2	1
	持粘性，min	≥ 15	34
	自粘沥青再剥离强度，N/ mm	≥ 1.5	1.5

工程案例

山西晋中市人民医院、定州中山首府、盛世长安等。

生产企业

河北新龙基防水建材有限公司是一家集防水材料科研开发、生产经营、工程施工和技术服务于一体的大型生产企业。

公司产品品种齐全，质量稳定可靠，全方位多元化为用户提供售前、售中、售后服务，能全面满足顾客需求。公司具有完善的质量保证体系和完备的售后服务体系，产品被中国质量检测协会评定为"国家权威检测合格产品""国家质量合格建材绿色环保产品""住房城乡建设部工程建设推荐产品"。企业严格按照 ISO 9001 质量管理体系标准进行管理生产，产品质量全部达到国家标准。公司通过了 ISO 9001—2001 职业健康安全管理体系认证，被评为"河北市场 AAA 信誉企业""守合同重信用企业"。

河北新龙基防水建材有限公司

地址：新乐市承安镇东王庄工业区 6 号
电话：0311-88569955
官方网站：www.xinlongji.com.cn

证书编号：LB2021FS012

恒星弹性体改性沥青防水卷材、聚氯乙烯（PVC）高分子防水卷材、自粘聚合物改性沥青防水卷材

产品简介

弹性体改性沥青防水卷材是以苯乙烯 - 丁二烯 - 苯乙烯（SBS）热塑性弹性体改性沥青作浸渍和涂盖材料，以聚酯毡、玻纤毡或玻纤增强聚酯毡为胎基，上表面覆以聚乙烯膜、细砂或矿物片料等隔离材料所制成的可以卷曲的片状防水材料。

聚氯乙烯（PVC）高分子防水卷材分为均质聚氯乙烯防水卷材、带纤维背衬的聚氯乙烯防水卷材、织物内增强的聚氯乙烯防水卷材、玻璃纤维内增强的聚氯乙烯防水卷材、玻璃纤维内增强带纤维背衬的聚氯乙烯防水卷材。

自粘聚合物改性沥青防水卷材是一种以高分子聚合物改性沥青和合成橡胶为基料，加入活性助剂，采用聚酯胎或长丝聚酯布（应用于无胎卷材）为加强层，以聚乙烯膜或高分子膜为表面材料，底面采用硅油防粘隔离膜，具有冷自粘性、冷施工作业、环保性的防水卷材。

适用范围

弹性体改性沥青防水卷材适用于各种工业与民用建筑屋面工程的防水；工业与民用建筑地下工程的防水、防潮以及室内游泳池、消防水池等构筑物防水；地铁、隧道、混凝土铺筑路面、桥面、污水处理厂、垃圾填埋场等市政工程防水；水渠、水池等水利设施防水。

自粘聚合物改性沥青防水卷材适用于地下室和厕浴间、厨房间；地下室、屋面、卫生间和储水池等防水工程。

技术指标

弹性体改性沥青防水卷材技术指标如下：

检测项目		指标	检测结果
可溶物含量 g/m²		≥ 2900	3162
最大峰拉力 N/50mm	纵向	≥ 800	1149
	横向		881
拉力	试验现象	拉伸过程中，试件中部无沥青涂盖层开裂或与胎基分离现象	试件中部无沥青涂盖层开裂和与胎基分离现象
延伸率	最大峰时延伸率 纵向	≥ 40	41
	横向		52
浸水后质量增加	PE、S	≤ 1.0	0.3

自粘聚合物改性沥青防水卷材技术指标如下：

序号	项目		I	II
1	可溶物含量 /（g/m²）≥	2.0mm	1300	/
		3.0mm	2100	
		4.0mm	2900	

武汉市恒星防水材料有限公司

地址：湖北省武汉市汉阳区永丰街四台村上赵家台特2号
电话：15271879608
官方网站：http://www.starwaterproofing.com/

2	拉伸性能	拉力/（N/50mm）≥	2.0mm	350	/
			3.0mm	450	600
			4.0mm	450	800
		最大拉力时延伸率/% ≥		30	400
3	耐热性			70℃ 无滑动、流淌、滴落	
4	低温柔性/℃ 无裂纹			-20	-30
5	不透水性			0.3MPa，120min 不透水	

聚氯乙烯防水卷材技术指标如下：

序号	项目		H类	L类	P类	G类	GL类
1	中间胎基上面树脂层厚度/mm ≥		/				0.4
2	拉伸性能	最大拉力/（N/cm）≥	/	120	250	/	120
		拉伸强度/MPa ≥	10.0	/		10	/
		最大拉力的伸长率/% ≥	/	/	15	/	/
		断裂伸长率/% ≥	200	150	/	200	100
3	直角撕裂强度/（N/mm）		50	/	/	50	/
4	低温弯折性				-25℃，1h 无裂纹		
5	不透水性				0.3MPa，2h 不透水		

工程案例

郑州轨道8号线、北京轨道交通新机场线、苏州市轨道交通5号线、广州地铁集团有限公司、深圳市城市轨道交通12号线。

生产企业

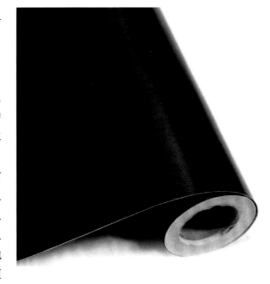

武汉市恒星防水材料有限公司是一家集建筑防水材料研发、制造、销售、技术服务和防水工程施工于一体的国家级高新技术企业，是中国建材企业500强单位，中国建筑防水协会常务理事单位，中国防水协会青年分会执行会长单位，湖北省建筑防水协会副理事长单位。

我公司"恒星"系列产品涵盖防水卷材、防水涂料、刚性防水材料、止水堵漏材料等四大类，广泛应用于各类房屋建筑、城市路桥、轨道交通、高速公路、高速铁路、机场、水利设施等众多领域的防水、防渗、防潮、防腐工程。公司已成为武汉、北京、上海、广州、深圳、天津、重庆、成都、苏州、青岛、西安等全国20多个城市100多条地铁线路及中国铁建、中国建筑等知名企业的核心防水建材供应商。"恒星"系列产品也远销澳大利亚、巴西、爱尔兰、泰国、孟加拉国、越南、肯尼亚等海外国家。

公司通过了ISO 9001：2015 国际质量管理体系认证、ISO 14001：2015 环境体系管理认证、ISO 45001（OHSA 28001）—2018 职业健康安全管理体系认证，拥有建筑防水专业承包资质，同时也是省级技术中心，可以为客户提供"一站式"建筑防水解决方案。

武汉市恒星防水材料有限公司

地址：湖北省武汉市汉阳区永丰街四台村上赵家台特2号
电话：15271879608
官方网站：http://www.starwaterproofing.com/

证书编号：LB2021FS013

东方诚信 SBS 弹性体改性沥青防水卷材

产品简介

SBS 弹性体改性沥青防水卷材是以（苯乙烯－丁二烯－苯乙烯）热塑性弹性体改性沥青为浸涂材料，以优质聚酯毡、玻纤毡、玻纤增强聚酯毡为胎基，以细沙、矿物粒料、PE膜、铝膜等为覆面材料，采用专用机械搅拌、研磨而成的弹性体改性沥青防水卷材。

适用范围

广泛应用于工业和民用建筑的屋面、地下室、卫生间等防水工程以及屋顶花园、道路、桥梁、隧道、停车场、游泳池等工程的防水防潮。变形较大的工程建议选用延伸性能优异的聚酯胎产品，其他建筑宜选用相对经济的玻纤胎产品。

技术指标

检测项目	标准要求	实测结果
单位面积质量 kg/m²	≥ 4.3	4.6
厚度 mm	平均值≥ 4.0	4.2
	最小单值≥ 3.7	3.9
拉力 N/50mm	最大峰纵向≥ 800	955
	最大峰横向≥ 800	900
	试验现象：拉伸过程中，试件中部无沥青涂盖层开裂或与胎基分离现象	无开裂、无分离
最大拉力时延伸率	最大峰纵向≥ 40	49
	最大峰横向≥ 40	52
可溶物含量 g/m²	≥ 2900	2986

工程案例

智高·常春藤项目 B 区三期、西柏坡党校、中国铁路北京局集团有限公司、石家庄地铁 3 号线、石家庄税务局、河北省财政厅、山西晋中·金科山西智慧科技城、邯郸武安·智慧城一期、阳城县·四馆一院建设项目、明太原县城晋溪花园建筑群修建、太原·迎宾路地块棚户区改造安置开发项目、邢台市·任县东方御园二期、河南省·盐业物流园平阴县黄河滩区居民迁建安置工程、邢台市·任县东方御园一期、林州市·桃源大道二期棚户区改造、中兴仓储物流园、中兴服装广场、忻州市实验双语学校、忻州市·学府苑小区建设项目、德都 8 标涵洞防水工程、宜宾机场航站区配套工程、灵寿县灵寿镇城中村棚户区改造、忻州城市广场、石家庄市教育局职教园区、石家庄市财经商贸学校、大同市实验小学分校、北京市富源里小区 14 号楼、石家庄市九玺台回迁楼工程、河北工程大学附属医院防水项目、邯郸永年第二医院防水工程、邯郸永年去惠泽园 1#2# 楼屋顶防水、广宗县天一城一期地库、明太原县晋商建筑展示区样板院、华北科技学院地下综合管廊建设项目、河北工程大学新校区一期防水工程。

生产企业

河北展新防水建材有限公司创建于 1997 年，注册资金 11660 万元，占地面积 30000 平方米，在改革开放政策的推动和

河北展新防水建材有限公司

地址：新乐市承安镇东王庄工业区 1 号
电话：0311-88569986
官方网站：http://www.cm-fscl.com/

国家经济发展的引领下，公司始终实事求是，稳健务实，立足于建筑建材行业，以防水领域为平台，逐步形成集研发、生产、销售、服务、施工于一体的综合型企业。

公司已在国内建立研究所、生产基地、营销中心及二十多个分支机构。秉承着"品牌彰显实力，服务造就品牌"的理念，公司已发展成为中国高端防水专业制造商，被评为"全省质量（稳定）达标合格企业"，相继通过了 GB/T 19001—2008—ISO 9001—2008 质量体系认证、GB/T 24001—2004—ISO 14001：2004 环境管理体系认证、GB/T 28001—2011 职业健康安全管理体系认证。目前，公司的各类产品在全国多个地区广受好评。公司已在河北省建委备案，并被确定为河北省重点工程指定产品和保障性住房合格供应商，被中国建材协会评为"用户满意的知名建材产品"，产品远销海内外。

目前公司年产防水卷材 1000 万平方米，防水涂料 1000 吨。科学的经营管理，优异的产品质量，客户为先的服务理念使得产品始终供不应求。为立足当下，放眼未来，公司产品种类覆盖防水材料、高分子材料、保温材料、防水产品原材料等领域。展新将以市场为导向，发展成为基于建材防水领域，贯穿整条产业链的综合型集团企业。

河北展新防水建材有限公司

地址：新乐市承安镇东王庄工业区 1 号
电话：0311-88569986
官方网站：http://www.cm-fscl.com/

证书编号：LB2021FS014

新三亚弹性体（SBS）改性沥青防水卷材、预铺防水卷材、自粘聚合物改性沥青防水卷材

产品简介

弹性体（SBS）改性沥青防水卷材系采用德国先进技术、直接混透法工艺，选用热塑性弹性体（SBS）橡胶改性沥青为基料，以聚酯布、无纺布、玻纤布为胎体，用金属铝箔、砂粒或 PE 膜覆面而生产出的各型改性沥青防水卷材，是住房城乡建设部重点推广的新型防水材料之一。

预铺防水卷材是由主体材料、自粘胶、表面防（减）粘保护、隔离材料构成的，与后浇混凝土粘结，防止粘结面窜水的防水卷材。施工时结构混凝土直接浇捣在防水卷材上，卷材的自粘层与混凝土产生很好粘结性，达到预铺反粘效果。其中 P 类自粘胶膜防水卷材施工工艺简单、施工周期短、防水效果突出，单层就能达到国家一级防水需求，是国家大力推广的防水材料。

自粘聚合物改性沥青防水卷材是以自粘聚合物改性沥青为基料，以聚乙烯膜（铝箔）为表面材料，底面采用硅油防粘隔离膜的防水卷材，或两面均为硅油隔离膜的双面可粘结的防水卷材。按胎体分为聚酯类（PY）和无胎类（N）两种。

适用范围

弹性体（SBS）改性沥青防水卷材适用于建筑结构的屋面、墙体、卫浴间、地下室、厨房、冻库、水渠、水坝、水池、浴池、游泳池、飞机跑道、桥梁、涵洞等；亦可用于地下管道防锈、防腐及各种防潮的内包装材料，特别适合在寒冷地区使用。

预铺防水卷材广泛应用于地下室的防水防潮工程；地铁、核电、城市综合管廊、明挖隧道、暗挖隧道等地下防水；其他地下工程，比如尤其适用于预铺防水部位防水。

自粘聚合物改性沥青防水卷材适用于工业、民用建筑的屋面、地下室、室内防水、市政工程、蓄水池、泳池及隧道防水，木质、金属结构屋面的防水；特别适用于不宜明火施工的油库、化工厂、纺织厂、粮库等防水工程。

技术指标

弹性体（SBS）改性沥青防水卷材（PY 类）

序号	项目		I		II		
			PY	G	PY	G	PYG
1	可溶物含量 /g/ ㎡≥	3mm		2100			—
		4mm		2900			—
		5mm			3500		
		实验现象	—	胎基不燃	—	胎基不燃	—
2	不透水性 30min 不透水		0.3MPa	0.2MPa		0.3MPa	
3	耐热性	℃		90		105	
		≤ mm			2		
		试验现象		无流淌、滴落			
4	低温柔性 /℃			-24		-28	
				无裂缝			

四川新三亚建材科技股份有限公司
地址：成都市邛崃市羊安工业园区羊横二路十二号
电话：028-88803052
官方网站：http://www.cdsanya.com

预铺防水卷材

序号	检验项目		标准要求		实测结果		单项结论
			P	PY	P	PY	
1	不透水性		0.3MPa 120min 不透水		不透水	不透水	合格
2	耐热性℃		80℃，2h 滑动≤2mm	70℃，2h 滑动≤2mm	0mm、无	0mm、无	合格
3	低温柔性℃		-25℃ 120min 胶层无裂纹	-20℃ 2h 无裂纹	无裂纹	无裂纹	合格
4	拉力 N/50mm	横向	≥600	≥800	650	920	合格
		纵向	≥600	≥800	700	1100	合格
5	拉伸强度 /MPa	横向	≥16	—	17.0	—	合格
		纵向	≥16	—	17.6	—	合格

自粘聚合物改性沥青防水卷材

序号	检验项目		标准要求		实测结果		单项结论
			I	II	I	II	
1	不透水性		0.3MPa 120min 不透水	0.3MPa 120min 不透水	不透水	不透水	合格
2	耐热性℃		70℃ 滑动≤2mm	70℃ 滑动≤2mm	0mm、无	0mm、无	合格
3	低温柔性℃		-20℃ 2h 无裂纹	-30℃ 2h 无裂纹	无裂纹	无裂纹	合格
4	拉力 N/50mm	2.0mm	≥350	—	520	—	合格
		3.0mm	≥450	≥600	615	720	合格
		4.0mm	≥450	≥800	620	985	合格

工程案例

锦丰新城工程、遂宁市 901 工程。

生产企业

四川新三亚建材科技股份有限公司是一家集研发、生产、销售、施工、贸易、技术服务于一体的集团化、专业化的综合型建材企业，是中国建筑防水协会常务理事单位、四川省建材工业科学研究院建筑防水材料中试基地、四川省建筑防水协会副会长单位、成都市工商联执行常委单位。

公司原名"成都市新三亚建材厂"，2010 年入住成都市邛崃市羊安工业园区。公司现下辖四川蜀瑞防水工程有限责任公司、成都市云雨防水建材厂、成都市新奇雨企业管理有限公司以及几十家连锁经营店、多家省外办事处。两个生产基地——木兰生产基地和羊安生产基地，占地面积 150 余亩。

公司现有职工 283 人，其中，研发人员 21 人，各类专业技术人员 65 人，中高级职称人员 25 人。公司具有完善的生产工艺流程和检测系统，拥有技术先进的自动化程度较高的改性沥青防水卷材、自粘类防水卷材、多彩沥青瓦、PVC 和 EVA 等高分子卷材及环保防水涂料、导水板、防水板等十多条生产线，具有年产防水卷材 5000 万平方米、防水涂料 5000 吨、导水板和防水板 1000 万平方米的能力。公司产品已实现全国销售，现已建立外贸销售渠道，正积极拓展海外市场。

型材 密封胶 外加剂 预拌砂浆 人造板 木质地板及木质家具 木质门 水泥 金属复合材料 陶瓷砖 地坪材料 建筑涂料 胶粘剂 道路材料 **防水卷材与防水涂料** 其他材料

四川新三亚建材科技股份有限公司　　地址：成都市邛崃市羊安工业园区羊横二路十二号
电话：028-88803052
官方网站：http://www.cdsanya.com

证书编号：LB2021FS015

江苏新三亚弹性体（SBS）改性沥青防水卷材、预铺防水卷材、自粘聚合物改性沥青防水卷材

产品简介

弹性体（SBS）改性沥青防水卷材采用直接混透法工艺，选用热塑性弹性体（SBS）橡胶改性沥青为基料，以聚酯布、无纺布、玻纤布为胎体，用金属铝箔、砂粒或PE膜覆面而生产出的各型改性沥青防水卷材，是住房城乡建设部重点推广的新型防水材料之一。

预铺防水卷材是以树脂类高分子片材为主体，并在主体防水材料上覆非沥青基自粘胶料的自粘防水卷材，卷材自粘层与液态混凝土浆料反应固结后，形成防水层与混凝土结构的无间隙结合。

自粘聚合物改性沥青防水卷材是以自粘聚合物改性沥青为粘料，采用聚酯毡为胎体的、用于干铺法施工的自粘防水卷材。

适用范围

弹性体（SBS）改性沥青防水卷材适用于建筑结构的屋面、墙体、厕浴间、地下室、厨房、冷库、水渠、水坝、水池、浴池、游泳池、飞机跑道、桥梁、涵洞等；亦可用于地下管道的防锈、防腐及各种防潮的内包材料。

预铺防水卷材主要用于地下工程、隧道防水。

自粘聚合物改性沥青防水卷材适用于工业与民用建筑的屋面、地下室的防水、防渗、防潮，也适用于地铁、隧道、水利等各种防水工程，以及木结构、金属结构的防水、防腐、防渗。

技术指标

弹性体（SBS）改性沥青防水卷材

序号	检验项目	标准要求		实测结果		单项结论
		I	II	I	II	
1	拉力 N/50mm	≥ 500	≥ 800	732	1103	合格
2	最大拉力时伸长率 %	≥ 30	≥ 40	38	46	合格
3	耐热度	90℃≤ 2mm	105℃≤ 2mm	90℃无滑动、流淌、滴落	105℃无滑动、流淌、滴落	合格
4	低温柔性	-20℃无裂纹	-25℃无裂纹	-20℃无裂纹	-25℃无裂纹	合格
5	不透水性 0.3MPa，30min	不透水	不透水	不透水	不透水	合格

预铺防水卷材

序号	检验项目	标准要求	实测结果	单项结论
		P	P	
1	拉力 N/50mm	≥ 600	721	合格

江苏新三亚建材科技有限公司

地址：江苏省南通市通州区锡通科技产业园女贞路13号
电话：13739154750

续表

2	膜断裂伸长率 %	≥ 400	489	合格
3	耐热度	80℃无滑动、流淌、滴落	80℃无滑动、流淌、滴落	合格
4	低温柔性	主体材料 -35℃无裂纹	主体材料 -35℃无裂纹	合格
5	不透水性 0.3MPa，120min	不透水	不透水	合格

自粘聚合物改性沥青防水卷材

序号	检验项目		标准要求 I	标准要求 II	实测结果 I	实测结果 II	单项结论
1	拉力	PE	≥ 150	≥ 200	202	241	合格
2	N/50mm	PET	≥ 150	≥ 200	184	229	合格
3	最大拉力时	PE	≥ 200	≥ 200	252	263	合格
4	伸长率 %	PET	≥ 30	≥ 30	42	47	合格
5	耐热度		70℃滑动 ≤ 2mm	70℃滑动 ≤ 2mm	70℃无滑动、流淌、滴落	70℃无滑动、流淌、滴落	合格
6	低温柔性		-20℃无裂纹	-30℃无裂纹	-20℃无裂纹	-30℃无裂纹	合格
7	不透水性 0.2MPa，120min		不透水	不透水	不透水	不透水	合格

工程案例

地铁 6 号线龙灯山停车场、金缘花苑、中国商飞上海飞机客户服务有限公司、特斯拉上海超级工厂、城市综合管廊、绵实双语学校建设项目、地铁 18 号线、天立国际学校、天立澜悦府。

生产企业

江苏新三亚建材科技有限公司（前称：江苏新三亚建材科技股份有限公司）成立于 2016 年 7 月 18 日，地处江苏省南通市通州区锡通科技产业园，是防水建材制造商和防水施工商共同体投资兴办的制造型企业，也是华东地区为数不多的规模型防水材料供应商。公司注册资金 1.1 亿元，主要从事研发、制造各种新型防水材料。

公司 2018 年 7 月正式建成投产，并形成年产 1500 万平方米 SBS（APP）防水卷材、1500 万平方米自粘类防水卷材、1000 万平方米多彩沥青瓦、1000 万平方米 PVC 和 EVA 高分子卷材的能力。

江苏新三亚建材科技有限公司　　　地址：江苏省南通市通州区锡通科技产业园女贞路 13 号
电话：13739154750

证书编号：LB2021FS016

青龙 PCM-CL® 弹性体改性沥青防水卷材、PCM-CL® 反应粘结型／自粘聚合物沥青防水卷材、PCM-CL® 反应粘结型湿铺防水卷材

产品简介

PCM-CL® 弹性体改性沥青防水卷材是以聚酯毡或玻纤毡为胎基，苯乙烯（SBS）共聚热塑性弹性体作改性剂，两面覆以聚乙烯膜、细砂、粉料或矿物粒（片）料制成的改性沥青防水卷材。产品既有原沥青防水的可靠性，又具有橡胶的弹性；优良的耐高、低温性能，一年四季均能适应；防水层强度高，耐穿刺、耐硌伤、耐撕裂、耐疲劳；具优良的延伸性和较高的承受基层裂缝的能力；在低温下仍保持优良的性能，即使在寒冷气候时，也可以施工；可热熔搭接，接缝密封可靠。

PCM-CL® 反应粘结型／自粘聚合物沥青防水卷材有两种类型，一种是由合成橡胶和树脂改性沥青中加入特殊改性剂，聚酯胎为胎体，聚乙烯膜为表面材料或无膜（双面自粘），采用硅油防粘隔离膜制成的；另一种是由 PET 聚酯膜（镀铝、铝塑复合）、自粘橡胶沥青料、硅油防粘隔离膜组成，产品具有很强的基层"自防窜"性能，卷材胶结料与聚合物水泥浆及硅酸盐形成界面互穿网络，聚合物水泥浆初凝前可流动渗透、浸渍、凝固强度渐增，粘结力增强，可将因卷材破损引起的渗漏限制在局部范围内，避免导致防水层整体失效；三位一体构造：反应粘结型／自粘聚合物改性沥青防水卷材系统不但与专用聚合物水泥浆粘结牢固，还能与混凝土结构有效连接，形成聚合物水泥浆防水层→反应粘结型自粘聚合物改性沥青防水卷材→结构自防水层三位一体的防水结构；施工简便、环保：反应粘结型／自粘聚合物改性沥青防水卷材系统直接使用聚合物水泥浆在潮湿基面进行粘贴即可。聚合物水泥浆无挥发溶剂，不污染环境，且采用冷施工，无火灾隐患；整体性好：卷材的接缝无论是搭接还是平接都非常可靠（优先考虑搭接），防水层有较高的强度和一定的延伸性能、材料稳定性好、耐腐蚀性好、使用寿命长。

PCM-CL® 反应粘结型湿铺防水卷材是在 PCM 强力交叉膜的上表面或上下表面涂一层具有蠕变功能的橡胶沥青自粘材料，再覆以硅油防粘隔离膜制成。该产品为 PCM 快速反应粘结技术与性能优越的 PCM 强力交叉膜的完美结合。具有优异的物理性能：PCM 强力交叉膜采用交叉叠压技术，较普通薄膜具有高的抗拉强度、大的延伸率、好的耐撕裂性、高的抗冲击性、稳定的尺寸、优异的耐刺穿性能和耐候性、耐腐蚀性；超强的粘结性能：卷材通过聚合物水泥与混凝土结构层发生化学反应和物理吸附，使卷材与结构层形成远大于物理吸附粘结强度的永久性物理化学粘结层。形成的界面封闭层杜绝窜水，加上 PCM 强力膜自身优异的防水性能，形成单层卷材、双道防线的防水效果；优越的防水效果：超强的"锁水"自愈功能、不扩散、维修方便，阻根自愈能力强，避免硬物或植物根系刺穿卷材；遇微小破损，可自愈合，遇基层裂缝，可通过封闭层和柔性层二元蠕变抗裂结构有效抵抗；简便的施工工艺：可直接在潮湿或有潮气的混凝土基层上施工，基层要求低、缩短工期、节约施工成本，采用聚合物水泥浆即可将卷材牢固粘结，无需明火作业，环保，铺第二道防水层或卷材搭接均可干铺或者湿铺（直接用聚合物水泥粘结），PCM 卷材还具有良好的抗裂性，易于施工裁剪。

适用范围

产品适用于工业与民用建筑的屋面及地下防水工程，尤其适用于较低气温环境下的建筑防水工程；各类工业与民用建筑屋面、地下室、隧道、桥梁、水库；人防工程、地铁、种植屋面等工程防水；各类地下工程的防水抗渗，如地下室、地铁、隧道等防水工程；工业与民用建筑的屋面与外墙防水，较大结构变形部位防水；大型水池、水库、纺织厂、石油库和海水腐蚀等建筑物或构筑物防水工程。

技术指标

PCM-CL® 弹性体改性沥青防水卷材：

广西青龙化学建材有限公司

地址：广西南宁市隆安县那桐镇华侨管理区福南路 1 号
电话：0771-3861509
官方网站：https://www.qinglong.com.cn/

可溶物含量（3.0mm）≥ 2200g/m²；耐热性上表面滑动 0.5mm，下表面滑动 0.5mm，无流淌、滴落；纵、横向拉力 ≥ 1000N/50mm；延伸率 ≥ 40%。

PCM-CL® 反应粘结型 / 自粘聚合物改性沥青防水卷材：

可溶物含量（4.0mm）≥ 3000g/m²；纵横向拉力 > 900N/50mm；最大拉力时纵横向延伸率 ≥ 40%；渗油性 1 张；上、下表面持粘性 > 60min。

PCM-CL® 反应粘结型湿铺防水卷材（H 类）：

延伸性能：纵、横向拉力 ≥ 500N/50mm，最大拉力时伸长率纵、横向 ≥ 70%；撕裂力 > 20N，渗油性 1 张，上、下表面持粘性 > 60mm；与水泥砂浆浸水后玻璃强度 > 1.5N/mm。

工程案例

柳州市民服务中心、福州琅岐对台码头、广州市轨道交通 7 号线一期工程西延顺德段土建工程、肇庆市碧海湾学校。

生产企业

广西青龙化学建材有限公司成立于 2005 年 2 月 1 日，注册资金 10000 万元，公司位于南宁市隆安县那桐镇华侨管理区福南路 1 号，是集研发、设计、生产、销售于一体的高新技术企业，是国内研究和生产建筑防水、建筑外墙保温体系具有综合实力的企业之一，拥有防水、保温、加固、GRC 四大系统主打产品。公司是广西"瞪羚企业""高新技术企业""广西壮族自治区认定企业技术中心""南宁市认定企业技术中心""科技型中小企业""省知识产权优势企业""2018 年广西高新技术企业百强""广西专精特新中小企业"，现已通过 ISO 9001 质量管理体系认证、OHSAS 18001 职业健康体系认证、ISO 14001 环境体系认证，并于 2020 年获批南宁市就业见习管理基地。

公司技术力量雄厚，拥有专业的技术研发团队，并特聘广州大学、广西民族大学、原中科院广州化学所资深专家作为咨询顾问进行技术指导。现有科技人员 31 人，占公司总人数的 15%，其中博士 2 名、硕士 4 名，研发团队均从事过多年的建筑防水材料研究，拥有丰富的专业技术水平和产品研发经验。近三年获得广西科技成果鉴定 7 个，完成科技成果转化 16 项，其中"环保无机艺术矿物装饰涂料的推广应用"获广西技术发明三等奖。公司申请专利 34 项，其中已获得授权 22 项，包括发明 6 项、实用新型 12 项、外观 4 项。当前拥有的核心专利技术包括高黏性的自粘弹性体改性沥青及防水卷材以及可上人屋面保温隔热排水板、排水系统及其施工方法、无机艺术矿物涂料及其施工方法、高强彩色 GRC 板及其制造方法，均为我公司主导产品的核心技术。针对公司现有的配料和成型系统，公司申请了"自动配料系统"和"自动成型系统"的软件著作权，参编行业标准 1 项，团体标准 4 项。

广西青龙化学建材有限公司

地址：广西南宁市隆安县那桐镇华侨管理区福南路 1 号
电话：0771-3861509
官方网站：https://www.qinglong.com.cn/

证书编号：LB2021FS017

宇虹聚合物水泥防水涂料、喷涂速凝橡胶沥青防水涂料、非固化橡胶沥青防水涂料

产品简介

聚合物水泥防水涂料是以丙烯酸、乙烯-乙烯酯等聚合物乳液和水泥为主要原料，加入填充及其他助剂配制而成，经水分挥发和水泥水化反应固化成膜的双组分水性防水涂料水涂膜。

喷涂速凝橡胶沥青防水涂料是采用特殊工艺将超细悬浮微乳型阴离子改性乳化沥青和合成高分子聚合物（A组分）与特种成膜剂（B组分）混合后生成的高弹性防水、防腐、防渗、防护涂膜的防水涂料。经现场专用设备喷涂瞬间形成致密、连续、完整的并具有极高伸长率、超强弹性、优异耐久性的，真正实现"皮肤式"防水的防水涂膜，是一种施工简便快捷、能够系统解决防水问题的节能减排产品。

非固化橡胶沥青防水涂料是以橡胶、沥青为主要成分，加特殊添加剂（韩国进口）及一般助剂混合制成的在使用年限内保持黏性膏状体的防水涂料。

适用范围

聚合物水泥防水涂料最适合于厕浴间、厨房、楼地面、阳台等工程的防水、防渗和防潮，也可用于Ⅰ级、Ⅱ级屋面防水多道防水设防中的一道。Ⅰ型产品适用于非长期浸水环境下的建筑防水工程，Ⅱ型产品适用于迎水面和背水面防水施工。

喷涂速凝橡胶沥青防水涂料适用于各种基层的工程，可广泛应用于一般建筑工程、地铁、隧道、水利设施等。

非固化橡胶沥青防水涂料适用于工业与民用建筑屋面及侧墙防水工程；种植屋面防水工程；地下结构、地铁车站、隧道等防水工程；道路桥梁、铁路等防水工程；堤坝、水利设施等防水工程；变形缝、沉降缝等各种缝隙注浆灌缝。

技术指标

聚合物水泥防水涂料技术指标如下：

序号	项目		标准规定	产品指标
1	拉伸强度	无处理，MPa	≥1.2	1.6
		加热处理后保持率，%	≥80	119
1	拉伸强度	碱处理后保持率，%	≥60	115
		浸水处理后保持率，%	≥60	125
		紫外线处理后保持率，%	≥80	150
2	断裂伸长率	无处理，%	≥200	220
		加热处理，%	≥150	174
		碱处理，%	≥150	173
		浸水处理，%	≥150	175
		紫外线处理，%	≥150	155
3	粘结强度	无处理，MPa	≥0.5	1.0
		潮湿基层，MPa	≥0.5	0.8
		碱处理，MPa	≥0.5	0.7
		浸水处理，MPa	≥0.5	0.7

喷涂速凝橡胶沥青防水涂料技术指标如下：

序号	项目	标准规定	产品指标
1	挥发性有机化合物，g/L	≤80	<2
2	游离甲醛，mg/kg	≤100	9
3	氨，mg/kg	≤500	17
4	断裂伸长率（热处理），%	≥800	867
5	断裂伸长率（紫外线处理），%	≥800	870
6	粘结强度，MPa	≥0.40	0.41
7	断裂伸长率（盐处理），%	≥800	947
8	断裂伸长率（酸处理），%	≥800	910
9	断裂伸长率（标准条件处理），%	≥1000	1178

非固化橡胶沥青防水涂料技术指标如下：

序号	项目	标准要求	产品指标
1	延伸性，mm	≥15	40

潍坊市宇虹防水材料（集团）有限公司

地址：山东省寿光市台头工业区
电话：0536-5525638
官方网站：

		外观	无变化	无变化
2	耐酸性（2%H2SO4溶液）	延伸性，mm	≥15	34
		质量变化，%	±2.0	-0.2
3	耐碱性[0.1%NaOH+饱和Ca（OH）2溶液]	外观	无变化	无变化
		延伸性，mm	≥15	37
		质量变化，%	±2.0	-0.4
4	耐盐性（3%NaCl溶液）	外观	无变化	无变化
		延伸性，mm	≥15	37
		质量变化，%	±2.0	-0.5
5	渗油性，张		≤2	2
6	应力松弛，%	无处理		13
		热老化（70℃，168h）	≤35	14
7	挥发性有机化合物，g/L		≤750	未检出（<2）
8	苯，mg/kg		≤2.0	未检出（<0.02）
9	甲苯＋乙苯＋二甲苯，g/kg		≤400	未检出（甲苯<0.02，乙苯<0.02，对（间）二甲苯<0.02，邻二甲苯<0.02）

工程案例

马尔代夫 IRUFEN 度假酒店项目卫生间防水工程；济南市纪委执纪审查场所工程楼地面、阳台防水工程；中国杭州富阳区富阳大城小院项目卫生间、厨房、露台、阳台防水工程；郑州综合交通枢纽东部核心区地下空间综合利用工程地下槽、墙壁防水工程；泰禾红郡府项目三期北区主体防水工程地下室侧墙、底板防水工程；马来西亚钦州产业园区中马医疗聚集区项目卫生间、阳台、地下室防水工程；洛阳蓝光钰泷府项目地下室底板、屋面防水工程；中国杭州富阳区富阳大城小院项目地下室顶板防水工程；郑州综合交通枢纽东部核心区地下空间综合利用工程地下室底板防水工程等。

生产企业

1996年，一个专注于防水材料制造领域的骨干企业——潍坊市宇虹防水材料（集团）有限公司，在"中国防水产业基地"山东省寿光市台头工业区成立。宇虹集团始终坚持"精心打造防水品牌"的发展愿景，在防水材料发展史上谱写了一个又一个辉煌篇章。

今天的宇虹集团已发展成为集防水材料的研发、生产、销售，防水工程设计、施工，防水技术咨询、服务于一体的国家高新技术企业，注册资金10018万元，下设潍坊市宇虹防水工程有限公司、潍坊市宇虹非织造布有限公司，企业经济效益和综合实力兄弟雄厚，备受行业瞩目。

集团先后荣获"国家专业防水施工贰级资质""中国建筑防水协会常务理事单位""建筑防水行业质量金奖""中国建筑防水行业科技创新企业""中国建筑防水行业 AAA 信用等级企业""保障性住房建设防水材料优质供应商""山东省建筑防水综合实力十强企业""省级守合同重信用企业""山东省清洁生产企业"等称号；"宇虹品牌"被认定为"环保建材证明商标""全国用户满意产品"等众多荣誉称号；集团公司多次受到国家防水协会领导及国内外专家的支持和关爱。

潍坊市宇虹防水材料（集团）有限公司

地址：山东省寿光市台头工业区
电话：0536-5525638
官方网站：

证书编号：LB2021FS018

金盾弹性体改性沥青防水卷材、自粘聚合物改性沥青防水卷材、耐根穿刺 SBS 改性沥青防水卷材

产品简介

弹性体改性沥青防水卷材：本产品采用 SBS 改性沥青为浸渍和涂盖材料，它具有一般纸胎沥青油毡不可比拟的优点：弹性大、抗拉强度和延伸率高、低温柔性好、高温不流淌、不脆裂、耐疲劳、抗老化、韧性强、施工操作简单、环境适应性广、造价低、维修方便、防水性能优异。

自粘聚合物改性沥青防水卷材：本产品是以沥青与 SBS、APP、浸水剂等助剂反应共混合成高聚物改性沥青基料，配以活性助剂制成的特殊防水胶料，面层覆以聚乙烯膜（PE）、聚酯膜（PET）、细砂面（S），地面采用硅油防粘隔离膜的防水卷材。双面自粘卷材（D）是以防水胶料为防水粘接层，两面为硅油隔离膜的双面可粘接的防水卷材。

耐根穿刺 SBS 改性沥青防水卷材：复合铜胎基耐根穿刺防水卷材是一种顶层植物根阻挡防水材料。其胎基经铜蒸汽处理后可达到阻根的效果，但不会破坏周围的环境，一旦植物根与铜胎基接触，它将转向寻找其他的方式继续生长。化学阻根耐根穿刺防水材料是一种由化学阻根物质与改性沥青混合，使植物根系在距离防水卷材 20mm 厚处，自动转向继续生长，无法穿透防水层，保证植物的生长与防水效果的防水材料。

适用范围

弹性体改性沥青防水卷材：房屋建筑屋面、卫生间等的防水；地铁、隧道、地下室的防潮与防水；水库堤坝、水渠、运河、蓄水池防漏封水；高架桥梁、机场跑道的防水，以及伸缩量大、易变形及重要部位的防水；物资贮存仓库、

临时工棚的防潮防水；管道防腐、酸碱环境下的防水、防潮；建筑物的其他防水性能要求等。

自粘聚合物改性沥青防水卷材：地下室底板、立墙、屋面、地铁、人防工程、隧道、水池、木结构、彩钢瓦、人工湖等。

耐根穿刺 SBS 改性沥青防水卷材：适用于种植屋面及需要绿化的地下建筑物顶板的耐植物根系穿刺层，确保植物根系不对该层次以下部位的构造形成破坏，并具有防水功能。

技术指标

弹性体改性沥青防水卷材：

序号	胎基		PY 聚酯胎	
	型号		I	II
1	可溶物含量 g/m² ≥	3mm	2100	
		4mm	2900	
		5mm	3500	
2	不透水性	压力，MPa	0.3	
		保持时间，min ≥	30	
3	耐热度，℃		90	105
			无滑动、流淌、滴落	
4	拉力，N/50mm ≥	纵向	500	800
		横向		
5	最大拉力时延伸率，≥	纵向	30	40
		横向		
6	低温柔度，℃ 无裂纹		-20	-25
7	渗油性，张数		≤ 2	
	下表面沥青涂盖层厚度 mmm		≥ 1.0	

自粘聚合物改性沥青防水卷材：

金盾建材（唐山）有限公司

地址：（营销中心）北京市丰台区大瓦窑中路 16 号院 10 号楼金盾建材营销中心
电话：010-63623699 转 812 18301081055
官方网站：http://www.jindun1986.com/

N 类卷材物理性能

序号	项目	指标				
		PE		PET		D
		Ⅰ	Ⅱ	Ⅰ	Ⅱ	
1	拉力 N/50mm ≥	150	200	150	200	—
2	最大拉力时延伸率 % ≥	200		30		—
3	耐热性	70℃滑动不超过 2mm				
4	低温柔性 /℃	-20	-30	-20	-30	-20
5	不透水性	0.2MPa，120min 不透水				—
6	渗油性 / 张数 ≤	2				
7	热老化后低温柔度℃	-18	-28	-18	-28	-18

耐根穿刺 SBS 改性沥青防水卷材

序号	项目		技术指标
1	耐根穿刺性能		通过
2	耐霉菌腐蚀性	防霉等级	0 级或 1 级
		拉力保持率	80
3	尺寸变化率 % ≤		1.0
4	最大峰拉力，N/mm	纵向	≥ 800
		横向	≥ 800
5	低温弯折性		-25℃无裂缝
6	不透水性		0.3MPa，30min 不透水
7	可溶物含量 g/m²		≥ 2900

工程案例

北京中医药大学良乡校区西院公共教学楼和公共教学部（B2.B3）防水工程、A 区影视加工制作中心等 2 项（国际文化产品展览展示及仓储物流中心）防水工程、北京城市副中心行政办公区 A1 工程、济宁经济开发区棚改安置房（英才苑）项目。

生产企业

金盾建材（唐山）有限公司是一家集科研、生产、销售为一体的现代化专业企业。同时，企业为强化管理水平、保证产品质量、提高市场竞争力，通过了 ISO 9001：2015 质量管理体系认证、ISO 14001：2015 环境管理体系认证及 OHSAS 18001 职业健康安全管理体系认证。

公司拥有 4 条国内先进的多功能防水卷材生产线，年生产能力 5000 万平方米；防水涂料生产设备 4 套，年生产能力 15000 吨；混凝土添加剂生产线 2 套，年设计生产能力 5000 吨。在产品配方、生产工艺及产品性能等方面已达到较高水平，产品各项性能指标均超过国家标准要求。

金盾建材（唐山）有限公司

地址：（营销中心）北京市丰台区大瓦窑中路 16 号院 10 号楼金盾建材营销中心
电话：010-63623699 转 812　18301081055
官方网站：http：// www.jindun1986.com/

证书编号：LB2021FS019

金盾单组分聚氨酯防水涂料

产品简介

单组分聚氨酯防水涂料也称湿固化型聚氨酯防水涂料，是由聚醚和异氰酸酯经反应后再添加以其他辅料制成的一种防水涂料。将单组分聚氨酯防水涂料直接刷涂在防水基层上，与空气中的潮气反应固化成为一层弹性防水膜。

适用范围

单组分聚氨酯涂料适用于地下室、新旧屋面、卫生间、桥梁、涵洞、人防等工程的防水防潮，也可作防腐材料使用。

技术指标

项目	指标要求	技术指标
固体含量 %	≥ 85.0	93.6
表干时间 h	≤ 12	8
实干时间 h	≤ 12	80
拉伸强度 MPa	≥ 2.0	2.54
断裂伸长率 %	≥ 500	537
撕裂强度 N/mm	≥ 15	20
低温弯折性	-35℃无裂纹	-35℃无裂纹
不透水性	0.3MPa，120min 不透水	0.3MPa，120min 不透水
加热伸缩率 %	-4.0 ～ +1.0	-1.7
粘结强度 MPa	≥ 1.0	1.1
吸水率 %	≤ 5.0	0.7

金盾建材（唐山）有限公司

地址：（营销中心）北京市丰台区大瓦窑中路 16 号院 10 号楼金盾建材营销中心
电话：010-63623699 转 812　18301081055
官方网站：http://www.jindun1986.com/

工程案例

大兴区瀛海西区 C07-2 地块经济适用房一标段（6 号楼、7 号楼及地下车库 2）防水工程、中铁二十二局集团第一工程有限公司蒙华项目经理部。

生产企业

金盾建材（唐山）有限公司是一家集科研、生产、销售为一体的现代化专业企业。同时，企业为强化管理水平、保证产品质量、提高市场竞争力，通过了 ISO 9001：2015 质量管理体系认证、ISO 14001：2015 环境管理体系认证及 OHSAS 18001 职业健康安全管理体系认证。

公司拥有 4 条国内先进的多功能防水卷材生产线，年生产能力 5000 万平方米；防水涂料生产设备 4 套，年生产能力 15000 吨；混凝土添加剂生产线 2 套，年设计生产能力 5000 吨。在产品配方、生产工艺及产品性能等方面已达到较高水平，产品各项性能指标均超过国家标准要求。

金盾建材（唐山）有限公司

金盾建材（唐山）有限公司

地址：（营销中心）北京市丰台区大瓦窑中路 16 号院 10 号楼金盾建材营销中心
电话：010-63623699 转 812 18301081055
官方网站：http://www.jindun1986.com/

证书编号：LB2021FS020

科园牌聚乙烯丙纶复合防水卷材、承载防水卷材、SBC 聚合物水泥专用配料

左侧竖排：型材　密封胶　外加剂　预拌砂浆　人造板、木质地板及木质家具　木质门　水泥　金属复合材料　陶瓷砖　地坪材料　建筑涂料　胶粘剂　道路材料　**防水卷材与防水涂料**　其他材料

产品简介

聚乙烯丙纶复合防水卷材为外增强式薄膜型复合防水材料，不透水芯层用线性低密度聚乙烯树脂或混合不超过总量 50% 的低密度聚乙烯加入抗老化剂、稳定剂、助粘剂、分散剂等制造，表层用纺粘法长丝丙纶不织布或涤纶不织布加筋增强。卷材表面粗糙程度较好，易于粘接敷设，摩擦系数较大、厚度小、重量轻、柔软性较好，综合技术性能良好。

承载防水卷材是采用合成高分子材料复合制造的同时具有承载和防水功能的防水卷材，具有良好的综合技术性能：低温柔性好、线膨胀系数小、易施工、摩擦系数大、工程稳定性好、变形适应能力强、适应温度范围宽、使用寿命长、无毒、耐霉变、耐穿刺。卷材表面层与混凝土结构具有良好的结合性能，能够承受较大的法向正拉力、切向剪切力和垂直剥离力。

SBC 聚合物水泥专用配料是根据全背衬全约束防水机理，专门为聚乙烯丙纶复合防水卷材、承载防水卷材研制配套的专用添加剂。SBC 聚合物水泥专用配料具备全背衬全约束防水机理所需要的水溶黏性等特性，具有改善水泥各项性能的作用，能够全面改善水泥的黏合性。

SBC 聚合物水泥专用配料配制的聚合物水泥是保证聚乙烯丙纶复合防水卷材、承载防水卷材防水工程质量必需的材料。SBC 聚合物水泥专用配料配制聚合物水泥操作简易，效果可靠。

适用范围

聚乙烯丙纶复合防水卷材产品适用于建筑、冶金、化工、水利、环保、采矿等防水、防渗工程。

承载防水卷材广泛应用于建筑、冶金、化工、水利、环保、采矿等防水、防渗工程，也可用于背水面设防，更适用于有结构补强作用的防水层设计。

SBC 聚合物水泥专用配料配套聚乙烯丙纶复合防水卷材和承载防水卷材，适用于建筑、冶金、化工、水利、环保、采矿等防水、防渗工程中卷材的粘接。

技术指标

聚乙烯丙纶复合防水卷材性能指标如下：

序号	项目			技术指标
1	断裂拉伸强度，N/cm	常温	≥	50
		60℃	≥	30
2	扯断伸长率 %	常温	≥	100
		-20℃	≥	80
3	撕裂强度，N		≥	50
4	不透水性，30min，0.3MPa			无渗漏
5	低温弯折，℃			-20，对折无裂纹
6	加热伸缩量 mm	延伸	≤	2
		收缩	≤	4
7	热空气老化（80℃×168h）	断裂拉伸强度保持率，%	≥	80
		扯断伸长率保持率，%	≥	70
8	耐碱性〔10%Ca（OH）₂ 常温×168h〕	断裂拉伸强度保持率，%	≥	80
		扯断伸长率保持率，% ≥		80
		浸水保持率（常温×168h），% ≥		70

承载防水卷材性能指标如下：

绥棱科园防水材料有限公司

地址：黑龙江省绥化市绥棱县工业开发区（铁西加油站南侧）
电话：0455-4507222

序号	项目		技术指标
1	断裂拉伸强度，N/cm ≥		60
2	拉断伸长率，%		20
3	不透水性，30min 无渗漏，MPa		0.6
4	撕裂强度，N ≥		75
5	承载性能	正拉强度，MPa ≥	0.7
		剪切强度，MPa ≥	1.3
6	复合强度，N/mm ≥		1.0
7	低温弯折，℃		−20，对折无裂纹
8	加热伸缩量 mm	延伸 ≤	2
		收缩 ≤	4
9	热空气老化（纵/横）（80℃×168h）	断裂拉伸强度保持率，% ≥	65
		拉断伸长率保持率，% ≥	65
10	耐碱性（纵/横）[10%Ca(OH)₂，23℃×168h]	断裂拉伸强度保持率，% ≥	65
		拉断伸长率保持率，% ≥	65

SBC 聚合物水泥专用配料性能指标如下：

序号	项目		技术指标
1	凝结时间	初凝	≥ 45min
		终凝	≤ 24h

2	潮湿基面粘结强度	标准状态	≥ 0.4MPa
		水泥标养状态	≥ 0.6MPa
		浸水处理	≥ 0.3MPa
3	剪切状态下的粘结性	卷材-卷材	≥ 3.0MPa 或卷材破坏
	卷材-基底	标准状态	≥ 3.0MPa 或卷材破坏
		冻融循环后	≥ 3.0MPa 或卷材破坏
4	粘结层抗渗压力		≥ 0.3MPa

工程案例

哈尔滨枫蓝国际小区、郑州五州小区、伊春半山国际小区、绥化碧桂园、绥化电力名苑、绥棱金都欣城小区、海伦钟表社、海伦森林逸城。

生产企业

绥棱科园防水材料有限公司专门从事复合高分子防水材料的开发、研制，是集科研、生产经营、施工服务于一体的专业化企业。

公司先后引进先进的全自动高分子挤出压延一次复合生产线、功能性高分子生产设备，配备先进的实验设施和检测设备，拥有技术力量雄厚的生产、研发队伍，完善的销售体系。

公司实行严谨科学的管理体系，秉承科技驱动、创新发展的经营理念，以优异性能的产品、先进的技术方案、完善的营销服务与广大客户真诚合作，发展共赢。

绥棱科园防水材料有限公司

地址：黑龙江省绥化市绥棱县工业开发区（铁西加油站南侧）
电话：0455-4507222

证书编号：LB2021FS021

宇阳泽丽 SBS 弹性体改性沥青防水卷材、APP 塑性体改性沥青防水卷材、自粘聚合物改性沥青防水卷材

产品简介

SBS 弹性体改性沥青防水卷材是以聚酯毡或玻纤毡为胎基，热塑性弹性体 SBS（苯乙烯 - 丁二烯 - 苯乙烯）橡胶改性沥青为基料，表面覆以聚乙烯膜、铝箔膜、砂粒、彩砂、页岩片所制成的建筑防水卷材。SBS 等高聚物被彻底分散成强化网格结构，采用先进工艺精制而成，赋予了改性沥青防水卷材优异的防水性能，耐低温，特别适用于寒冷地区。

APP 塑性体改性沥青防水卷材是以聚酯无纺布或玻纤毡为胎体，以 APP 高分子改性沥青为基料，表面以聚乙烯膜、铝箔膜、砂粒或页岩片为覆面材料所制成的防水卷材。其具有优良的耐热性和很好的低温性能，特别适用于高温、高湿地区，更适合于一般的工程防水。

自粘聚合物改性沥青防水卷材是以沥青为基料，SBS 为改性剂，并掺入增塑剂、增粘剂及填充材料，聚乙烯膜、铝箔为上表面材料或无表面覆盖材料（双面冷自粘），底表面或上下表面覆盖涂硅隔离防粘材料制成。

适用范围

主要适用于工业与民用建筑的屋面和地下防水工程。

技术指标

弹性体改性沥青防水卷材

序号	项目		指标				
			I		II		
			PY	G	PY	G	PYG
1	可溶物含量 g/㎡	3mm	2300				—
		4mm	3100				
		5mm			3700		
		试验现象	—	胎基不燃	—	胎基不燃	
2	耐热性	℃	95		110		
		试验现象	无滑动、流淌、滴落				
3	低温柔性		-22℃无裂缝		-27℃无裂缝		
4	不透水性 30min		0.3MPa	0.2MPa	0.3MPa		
5	拉力	最大峰拉力 /（N/50mm）	600	400	950	550	950
		次高峰拉力 /（N/50mm）	—				850
		试验现象	拉伸过程中，试件中部无沥青涂盖层开裂或胎基分离现象				
6	延伸率	最大峰时延伸率 /%	35	—	46		
		第二峰时延伸率 /%					15
7	浸水后质量增加	PE、S	0.7				
		M	1.2				

塑性体 APP 改性沥青防水卷材

序号	项目		指标				
			I		II		
			PY	G	PY	G	PYG
1	可溶物含量 g/㎡	3mm	2300				
		4mm	3100				
		5mm			3700		
		试验现象	—	胎基不燃	—	胎基不燃	

北京宇阳泽丽防水材料有限责任公司

地址：北京市大兴区生物医药基地民和路 9 号
电话：13911081037

2	耐热性	℃		115			135	
		试验现象			无滑动、流淌、滴落			
3	低温柔性			-10℃无裂缝		-17℃无裂缝		
4	不透水性 30min		0.3MPa	0.2MPa		0.3MPa		
5	拉力	最大峰拉力/（N/50mm）	600	400	950	550	950	
		次高峰拉力/（N/50mm）	—	—	—	—	850	
		试验现象		拉伸过程中，试件中部无沥青涂盖层开裂或胎基分离现象				
6	延伸率	最大峰时延伸率/%	35		46		—	
		第二峰时延伸率/%	—		—		15	

自粘聚合物改性沥青防水卷材

N 类卷材物理力学性能

序号	项目		指标				
			PE		PET		D
			I	II	I	II	
1	拉伸性能	拉力/（N/50mm）	200	250	300	400	—
		最大拉力时延伸率 %	300		57		—
		沥青断裂延伸率 /%	270		170		480
		拉伸时现象	拉伸过程中，在膜断裂前无沥青涂盖层与膜分离现象				
2	钉杆撕裂强度 /N		65	120	35	48	
3	耐热性		72℃无滑动				
4	低温柔性 /℃		-22	-32	-22	-32	-22
			无裂纹				
5	不透水性		0.2MPa，120min 不透水				

工程案例

北京城市副中心 A 五工程、北京地铁六号线、大兴国际机场、故宫午门、中国动漫城、北京首都机场空管中心、雄安 K1 快速路、京安铁路等项目。

生产企业

北京宇阳泽丽防水材料有限责任公司（以下简称"宇阳泽丽"）成立于 2006 年，是一家集研发、生产、销售、技术服务、防水专业承包于一体的创新性建筑防护系统服务商，作为国家高新技术企业、北京市重点扶持的中型企业、北京市专利试点企业、建筑防水行业 AAA 信用企业、科技小巨人、北京市"专精特新"中小企业、防水防腐保温工程专业承包壹级资质企业，企业先后多次荣获北京市先进民营企业、环渤海地区建材行业知名品牌、京津冀建筑防水行业质量诚信奖等行业内重要奖项。

防水产品涵盖 11 大系列、56 个单品，产品通过了中国环境标志产品认证（十环认证）、CRCC 铁路产品认证、CTC 中国建材产品质量认证及绿色建筑选用产品认证，可以满足各种构筑物不同部位的防水要求。我公司防水产品现已成功应用于北京城市副中心、大兴机场、首都机场、故宫博物馆、北京地铁、成都地铁、丰台火车站及国家会议中心等众多国家重点项目。

宇阳泽丽自主研发的顽皮豹渗透反应粘系列防水产品，于 2014 年获得住房城乡建设部科技成果评估，并连续四年被列为全国建设行业科技成果推广项目。

宇阳泽丽将继续秉承"科技创新产品、服务编织未来、诚信铸就品牌"的经营理念，在融入中发展，在合作中壮大，为打造先进的建筑防护系统而不懈努力！

北京宇阳泽丽防水材料有限责任公司　　地址：北京市大兴区生物医药基地民和路 9 号
电话：13911081037

证书编号：LB2021FS022

宇阳泽丽非固化橡胶沥青防水涂料、聚合物水泥防水涂料、聚氨酯防水涂料

产品简介

非固化橡胶沥青防水涂料是本公司引进美国特种添加剂，自主研发的新型防水材料。该材料主要由橡胶、改性沥青和特种添加剂等组成。通过精密加工工艺，将传统橡胶生成具有高蠕变性特种膏状材料，在加热后形成流动性极佳的液体防水涂料。

聚合物水泥防水涂料是由高分子液料和无机粉料复合形成的双组分防水涂料。它综合了有机材料的高弹性和无机材料耐久性好的特点，涂覆后可形成高弹性的防水涂膜层，并具有施工简便及根据需要配制彩色涂层等特点。

单组分聚氨酯防水涂料也称湿固化聚氨酯防水涂料，是一种反应型湿固化成膜的防水涂料。使用时涂覆于防水基层，通过和空气中的湿气反应而固化交联成坚韧、柔软和无接缝的橡胶防水膜。

适用范围

非固化橡胶沥青防水涂料适用于民用建筑各部位防水施工；高速铁路、地铁、隧道、桥梁等防水施工；游泳池、景观水池、消防水池等防水施工；污水处理、垃圾填埋、水利设施等市政工程防水施工；工业及军工防腐防水施工。

聚合物水泥防水涂料可用于潮湿或干燥的砖石、砂浆、混凝土、金属、木材、玻璃、石膏板、卷材等各种基面上；对于各种新旧建筑物、地下室、隧道、桥梁、水库、水池等均可使用；可用在房屋的屋顶、外墙、屋面及厕浴间的防水。

聚氨酯防水涂料适用于地下室和厕浴间、厨房间；水池、冷库、地坪等工程的防水、防潮；尤其适用于基层难以干燥的地下工程；也可用于非暴露型屋面工程防水。

技术指标

非固化橡胶沥青防水涂料

序号	项目		技术指标
1	闪点 /℃		190
2	固含量 /%		99
3	粘结性能	干燥基面	100% 内聚破坏
		潮湿基面	
4	延伸性 /mm		45
5	低温柔性		-20℃，无断裂
6	耐热性 /℃		65
			无滑动、流淌、滴落

聚合物水泥防水涂料

序号	试验项目		技术指标		
			I	II	III
1	固体含量 /%		72	75	85
2	拉伸强度	无处理 /MPa	1.6	2.3	2.0
		加热处理后保持率 /%	80	80	80
		碱处理后保持率 /%	60	70	70
		浸水处理后保持率 /%	60	70	70
		紫外线处理后保持率 /%	80	—	—

北京宇阳泽丽防水材料有限责任公司

北京市大兴区生物医药基地民和路 9 号
电话：13911081037

序号	项目		230	120	45
3	断裂伸长率	无处理 /%	230	120	45
		加热处理 /%	150	65	20
		碱处理 /%	150	65	20
		浸水处理 /%	150	65	20
		紫外线处理 /%	150	—	—

聚氨酯防水涂料

序号	项目		技术指标		
			I	II	III
1	固体含量 /%	单组分		90	
		双组分		98	
2	拉伸强度 /MPa		2.34	6.00	12.0
3	断裂伸长率 /%		700	450	250
4	撕裂强度 /（N/mm）		16	30	40
5	低温弯折性		-35℃，无裂纹		
6	不透水性		0.3MPa，120min，不透水		
7	加热伸缩率 /%		-4.0～+1.0		
8	粘结强度 /MPa		1.1		
9	吸水率 /%		2.6		

工程案例

北京城市副中心 A 五工程、北京地铁六号线、大兴国际机场、故宫午门、中国动漫城、北京首都机场空管中心、雄安 K1 快速路、京安铁路等项目。

生产企业

北京宇阳泽丽防水材料有限责任公司（以下简称"宇阳泽丽"）成立于 2006 年，是一家集研发、生产、销售、技术服务、防水专业承包于一体的创新性建筑防护系统服务商，作为国家高新技术企业、北京市重点扶持的中型企业、北京市专利试点企业、建筑防水行业 AAA 信用企业、科技小巨人、北京市"专精特新"中小企业、防水防腐保温工程专业承包壹级资质企业，企业先后多次荣获北京市先进民营企业、环渤海地区建材行业知名品牌、京津冀建筑防水行业质量诚信奖等行业内重要奖项。

防水产品涵盖 11 大系列、56 个单品，产品通过了中国环境标志产品认证（十环认证）、CRCC 铁路产品认证、CTC 中国建材产品质量认证及绿色建筑选用产品认证，可以满足各种构筑物不同部位的防水要求。我公司防水产品现已成功应用于北京城市副中心、大兴机场、首都机场、故宫博物馆、北京地铁、成都地铁、丰台火车站及国家会议中心等众多国家重点项目。

宇阳泽丽自主研发的顽皮豹渗透反应粘系列防水产品，于 2014 年获得住房城乡建设部科技成果评估，并连续四年被列为全国建设行业科技成果推广项目。

宇阳泽丽将继续秉承"科技创新产品、服务编织未来、诚信铸就品牌"的经营理念，在融入中发展，在合作中壮大，为打造先进的建筑防护系统而不懈努力！

北京宇阳泽丽防水材料有限责任公司

北京市大兴区生物医药基地民和路 9 号
电话：13911081037

证书编号：LB2021FS023

绿盾柔软型防水浆料、蓝盾通用型防水浆料

产品简介

紫荆花-漆美丽"优+"系列绿盾柔韧型防水浆料是一款刚性且与水泥基材料有良好兼容性的双组分防水材料，采用无机硅酸盐胶凝材料和天然无机矿物骨料，搭配有机高分子乳液和高级防水因子，蓝盾通用型防水浆料具有抗渗性强，耐久性佳，防水效果好，附着力优异，刷涂辊省力等特点，相比传统的防水材料拥有更好的施工性能。

适用范围

适用于混凝土、腻子等防水处理。

 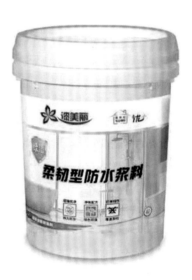

技术指标

绿盾柔软型防水浆料

序号	检测项目	技术要求	检测结果
1	不透水性	不透水	不透水
2	固体含量 %	≥ 70	82.0
3	抗渗性（砂浆背水面）/MPa	≥ 0.8	0.9
4	浸水处理 /MPa	≥ 0.7	0.85
5	碱处理 /MPa	≥ 0.7	0.95

紫荆花涂料（上海）有限公司

地址：上海市金山区华通路 1288 号
电话：021-37900777
官方网站：www.bauhiniahk.com.hk

蓝盾通用型防水浆料

序号	检测项目	技术要求	检测结果
1	不透水性	不透水	不透水
2	固体含量 %	≥ 70	82.0
3	抗渗性（砂浆背水面）/MPa	≥ 0.8	0.9
4	浸水处理 /MPa	≥ 0.7	0.85
5	碱处理 /MPa	≥ 0.7	0.95

生产企业

紫荆花漆成立于 1982 年，是香港上市公司叶氏化工集团有限公司（股票代号：408）三大核心业务之一，目前旗下的生产及行政基地包括上海、成都、深圳、惠阳、汕头、东莞及桐乡七个地点。紫荆花漆具有多个产品系列，包括家装民用漆（内外墙乳胶漆、水性木器漆及油性木器漆）、工业漆（包括家具漆、塑料漆、重工业漆等）及工程漆。紫荆花漆多年来以"专心在漆、用心在人"的企业精神，不断为中国市场研发及生产环保及性能优良的涂料产品。公司已通过 ISO 9001、ISO 14000、CNAS、UL 等认证，产品皆获得 CCC、FDA 认证，为客户直接提供国际认可的权威性认证报告。同时，紫荆花漆凭借先进的生产技术和科学的管理模式迅速发展。

1991 年，紫荆花漆与瑞典 Klintens AB 技术合作，引进北欧聚酯家具漆的生产技术，令中国家具业踏上国际舞台。随着时尚家装的流行，紫荆花漆又将聚酯家具漆更新换代，转化成家装型 PU 套装，并逐步融入欧式涂装、美式涂装的工艺，将水性木器漆、特种漆、功能漆等产品引入家装行业。多年来紫荆花漆一直被香港房屋署列为认可的建筑物料，广泛应用于社会各类大型场所。秉承多年累积的经验，2004 年紫荆花漆以"漆艺坊"为名成立产品终端形象展示中心，推广全新的服务营销模式。漆艺坊引入了前沿、流行、时尚的装修元素，大大加强了家庭装修个性化、艺术化、差异化的潮流，在中国涂料行业大放异彩。

展望未来，紫荆花漆将继续发扬"专心在漆、用心在人"的企业精神，贯彻重誉、守诺的经营宗旨，并紧贴涂料市场动态，不断开发环保、色彩丰富的新产品，致力于为中国家庭带来一个美好与舒适。

紫荆花涂料（上海）有限公司

地址：上海市金山区华通路 1288 号
电话：021-37900777
官方网站：www.bauhiniahk.com.hk

证书编号：LB2021FS024

京防弹性体改性沥青防水卷材、改性沥青化学耐根穿刺防水卷材、自粘聚合物改性沥青防水卷材

产品简介

弹性体改性沥青防水卷材是以苯乙烯-丁二烯-苯乙烯（SBS）热塑性弹性体改性沥青做浸渍和涂盖材料，以聚酯毡、玻纤毡、玻纤增强聚酯毡为胎基，上表面覆以聚乙烯膜、细砂、矿物片（粒）料等作隔离材料所制成的可以卷曲的片状防水材料。

改性沥青化学耐根穿刺防水卷材是以长纤聚酯纤维毡为卷材胎基，以添加进口化学阻根剂的SBS改性沥青为涂盖材料，两面覆以聚乙烯膜为隔离材料制成的改性沥青卷材。该卷材确保植物根系不对该层次以下部位的构造形成破坏，并具有良好的防水功能。

自粘聚合物改性沥青防水卷材是以胶质蠕变自粘胶涂盖基材表面并复合隔离材料制造而成的高性能无胎自粘类防水卷材。

适用范围

弹性体改性沥青防水卷材适用于各种工业与民用建筑屋面工程的防水；工业与民用建筑地下工程的防水、防潮以及室内游泳池、消防水池等构筑物防水；地铁、隧道、混凝土铺筑路面、桥面、污水处理厂、垃圾填埋场等市政工程防水；水渠、水池等水利设施防水。

改性沥青化学耐根穿刺防水卷材适用于种植屋面及需要绿化的地下建筑物顶板的耐植物根系穿刺层。

自粘聚合物改性沥青防水卷材适用于地下室、厕浴间、厨房间、屋面和储水池等防水工程。

技术指标

弹性体改性沥青防水卷材技术指标如下：

序号	项目		指标 I
			PY
1	可溶物含量/（g/㎡）≥	4mm	2900
2	耐热性 ≤ mm	℃	90
			2
		试验现象	无流淌、滴落
3	不透水性 30min		0.3MPa
4	拉力	最大峰拉力/（N/50mm）≥	500
		试验现象	拉伸过程中，试件中部无沥青涂盖层开裂或与胎基分离现象
5	延伸率	最大峰时延伸率/%≥	30
6	渗油性	张数 ≤	2
7	卷材下表面沥青涂盖层厚度/mm		1

耐根穿刺防水卷材技术指标如下：

序号	项目		指标 II
			PY
1	可溶物含量/（g/㎡）≥	4mm	2900
2	耐热性 ≤ mm	℃	105
			2
		试验现象	无流淌、滴落
3	低温柔性/℃		-25
			无裂缝
4	不透水性 30min		0.3MPa
5	拉力	最大峰拉力/（N/50mm）≥	800
		试验现象	拉伸过程中，试件中部无沥青涂盖层开裂或与胎基分离现象
6	延伸率	最大峰时延伸率/%≥	40

北京禹都建筑防水材料有限公司　地址：北京市丰台区南四环中路 265 号北楼 401-409　电话：87501811

7	渗油性	张数 ≤	2
8	卷材下表面沥青涂盖层厚度 / mm		1

自粘聚合物改性沥青防水卷材技术指标如下：

项目	PE I型	PE II型	PET I型	PET II型	D
拉力（N/50mm）≥	150	200	150	200	—
最大拉力时延伸率 /% ≥	200		30		—
沥青断裂延伸率 /% ≥	250		150		450
钉杆撕裂强度 /N	60	110	30	40	—
耐热性	70℃滑动不超过 2mm				
低温柔性 /℃	-20	-30	-20	-30	-20
不透水性，120min	0.3Mpa				
剥离强度 N/mm ≥ 卷材与卷材			1.0		
剥离强度 N/mm ≥ 卷材与铝板	1.5				1.5
渗油性 / 张数 ≤	2				
持粘性 / min ≥	20				

工程案例

国网北京电力建设研究院、中央国家机关后勤干部培训基地、西局安置房、辛庄安置房、奥林匹克体育中心、包头体育馆等。

生产企业

北京禹都建筑防水材料有限公司成立于 2001 年，历经数十年的发展，公司现已成为一家集新建筑材料、防水材料的研发、制造、销售及施工服务于一体的多元化综合性集团公司。公司拥有改性沥青防水卷材生产线 3 条，条年设计生产能力 5000 万平方米；高分子防水卷材生产线 2 条，年设计生产能力 2000 万平方米；聚氨酯防水涂料系列、水泥基防水涂料系列、沥青类防水涂料系列年设计生产能力 10 万吨。

公司通过了 ISO 9001 质量管理体系认证、ISO 14001 环境管理体系认证、OHSAS 18001 职业健康安全管理体系认证。公司生产的系列产品通过 CTC 产品质量认证且入选保障性住房建设材料采购信息平台。公司系中国建筑防水协会常务理事、北京建材行业联合会化学建材专业委员会常务理事、北京绿标建材产业技术联盟协会常务理事，也是天津建材协会、山东建材协会、河北建材协会、内蒙古建材协会、沈阳建材协会等的会员单位。

公司生产的系列产品已实现适应不同层次、不同领域防水工程项目的战略目标，产品多达几十种，既有民用常规材料，又有高速铁路、桥面、城市轻轨，机场，种植屋面耐根穿刺等专业领域防水工程的高端产品。

竭诚欢迎全国各设计单位、建设单位、新老客户选用我公司产品，我们禹都人将一如既往为各界用户提供优质服务，以攻克防水问题为己任，以创造人类居住环境为使命，用我们的智慧和行动实现对用户的承诺。

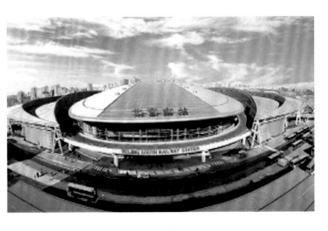

北京禹都建筑防水材料有限公司

地址：北京市丰台区南四环中路 265 号北楼 401-409
电话：87501811

证书编号：LB2021FS025

京防非固化橡胶沥青防水涂料、水性聚氨酯防水涂料、聚合物水泥防水涂料

产品简介

非固化橡胶沥青防水涂料是以沥青和特殊改性剂为主要原料，在应用状态下长期保持黏性膏状体的具有蠕变能力强、碰触即粘、粘结牢固等特点，能有效解决防水层"零延伸"的一种新型防水材料。

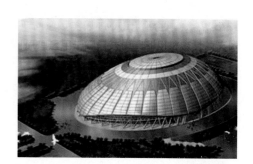

水性聚氨酯防水涂料是以聚合物乳液为基料，添加多种功能性助剂经科学合理加工制成的厚质弹性单组分水性高分子防水涂料。固化后形成一层致密的弹性防水膜，弹性防水膜能与基层构成一种刚柔结合的完整防水体系，以适应结构的变形，达到长期防水抗渗的目的。

聚合物水泥防水涂料是一种高性能丙烯酸类高分子聚合物水泥基防水涂料。它是由耐酸碱、抗老化、高弹性的丙烯酸高分子聚合物乳液添加多种助剂，通过添加一定比例水泥而配制成的柔性防水浆料。

适用范围

弹性体改性沥青防水涂料适用于各种工业与民用建筑屋面工程的防水；工业与民用建筑地下工程的防水、防潮以及室内游泳池、消防水池等构筑物防水；地铁、隧道、混凝土铺筑路面、桥面、污水处理厂、垃圾填埋场等市政工程防水；水渠、水池等等水利设施防水。

水性聚氨酯防水涂料产品广泛用于现浇混凝土屋面、立面、石棉水泥屋面，地下室、卫生间、仓库等地面、墙面等非外露部位防水、防潮，旧建筑面的翻新补漏。

聚合物水泥防水涂料适用于民用建筑中厨房、卫生间、浴室、楼地面、墙面、阳台、水池及屋面（非暴露）的防水处理，也可用于工业建筑地下工程、地铁及涵洞、水池、水利等工程混凝土结构的防水与防护。

技术指标

非固化橡胶沥青防水涂料技术指标如下：

项 目			技术指标
闪点 /℃	≥		180
固含量 /%	≥		98
粘结性能		干燥基面	100% 内聚破坏
		潮湿基面	
延伸性 /mm	≥		15
热老化 70℃，168h	延伸性 /mm	≥	15
	低温柔性		-20℃，无断裂
耐酸性（2%H$_2$SO$_4$ 溶液）	外观		无变化
	延伸性 /mm	≥	15
	质量变化 /%		±2.0
耐碱性 [0.1%NaOH+ 饱和 Ca（OH）$_2$ 溶液]	外观		无变化
	延伸性 /mm	≥	15
	质量变化 /%		±2.0
耐盐性（3%NaCl 溶液）	外观		无变化
	延伸性 /mm	≥	15
	质量变化 /%		±2.0

北京禹都建筑防水材料有限公司　地址：北京市丰台区南四环中路 265 号北楼 401-409
电话：87501811

	渗油性 / 张 ≤	2
应力松弛 /% ≤	无处理	35
	热老化（70℃，168h）	
	抗窜水性 /0.6MPa	无窜水

水性聚氨酯防水涂料技术指标如下：

序号	检验项目	标准要求
1	固体含量，%	≥ 65
2	拉伸强度（无处理），MPa	≥ 1.0
3	断裂延伸率（无处理），%	≥ 300
4	低温柔性	-10℃无裂纹
5	不透水性（0.3MPa，30min）	不透水

聚合物水泥防水涂料技术指标如下：

序号	检验项目	标准要求
1	拉伸强度（无处理），MPa	≥ 1.2
2	粘结强度（无处理），MPa	≥ 0.5
3	断裂伸长率（无处理），%	≥ 200
4	低温柔性	-10℃无裂纹
5	不透水性（0.3MPa，30min）	不透水

工程案例

国网北京电力建设研究院、中央国家机关后勤干部培训基地、西局安置房、辛庄安置房、奥林匹克体育中心、包头体育馆等。

生产企业

北京禹都建筑防水材料有限公司成立于 2001 年，历经数十年的发展，公司现已成为一家集新建筑材料、防水材料的研发、制造、销售及施工服务于一体的多元化综合性集团公司。公司拥有改性沥青防水卷材生产线 3 条，条年设计生产能力 5000 万平方米；高分子防水卷材生产线 2 条，年设计生产能力 2000 万平方米；聚氨酯防水涂料系列、水泥基防水涂料系列、沥青类防水涂料系列年设计生产能力 10 万吨。

公司通过了 ISO 9001 质量管理体系认证、ISO 14001 环境管理体系认证、OHSAS 18001 职业健康安全管理体系认证。公司生产的系列产品通过 CTC 产品质量认证且入选保障性住房建设材料采购信息平台。公司系中国建筑防水协会常务理事、北京建材行业联合会化学建材专业委员会常务理事、北京绿标建材产业技术联盟协会常务理事，也是天津建材协会、山东建材协会、河北建材协会、内蒙古建材协会、沈阳建材协会等的会员单位。

公司生产的系列产品已实现适应不同层次、不同领域防水工程项目的战略目标，产品多达几十种，既有民用常规材料，又有高速铁路、桥面、城市轻轨、机场、种植屋面耐根穿刺等专业领域防水工程的高端产品。

竭诚欢迎全国各设计单位、建设单位、新老客户选用我公司产品，我们禹都人将一如既往为各界用户提供优质服务，以攻克防水问题为己任，以创造人类居住环境为使命，用我们的智慧和行动实现对用户的承诺。

303

北京禹都建筑防水材料有限公司

地址：北京市丰台区南四环中路 265 号北楼 401-409
电话：87501811

证书编号：LB2021QT001

GO GWA 橡胶地板

产品简介

高科橡胶地板的主要特点如下：

一、健康环保：在原材料的选择上一向把持十分严格的要求，是由高品质天然橡胶、工业合成橡胶、矿物质填充、无毒无害的天然环保颜料科学组合而成。

二、防火阻燃性：其各项检测指标均符合标准 HG/T 3747.1《橡塑铺地材料 第 1 部分：橡胶地板》的具体要求，其氧指数超过 35%，燃烧为白色烟雾且烟浓度很小，阻燃效果在行业中位居前列。对香烟烧灼的抵御能力强，用点燃的香烟压烫高科橡胶地板的表面，不会留下灼伤痕迹。

三、降噪吸声性：具有优良回弹性，行走时令人脚下倍感舒适，有效降低噪声。

四、尺寸稳定性：地板不含增塑剂成分（通常会有收缩作用），所以尺寸非常稳定。

五、耐磨防滑性：耐磨性能决定地板的使用寿命，高科使用优质的原材料、选择科学的成分配比，使用独特的生产联动线和先进的生产工艺，保证了其产品比其他厂商的同类产品具有更高的耐磨耗性能。橡胶的特殊分子结构决定了橡胶地板具有超强的防滑性能，经第三方权威机构检测，其摩擦系数为 0.73，大大降低了滑倒摔伤的危险。

六、设计功能性：高科橡胶地板精心配制的众多系列，集美观、柔和吸声之优点，并和周围其他布置浑然一体的设计，色泽鲜明优美，花纹高雅。

适用范围

高科地板集功能性与装饰性于一体的综合优势，使其成为各大领域弹性地板的常用选品，目前产品已广泛应用于医疗、教育、交通、体育、展馆、机关、商业、学校及工业等公共场所。

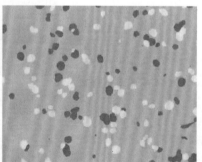
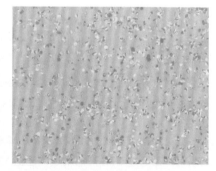

大连高科阻燃橡胶有限公司

地址：辽宁省庄河市新华街道工业园区（新华工业园区）
电话：0411-89703008
官方网站：http://www.gaokedl.com

技术指标

硬度（邵尔 A）/度 ≥ 75

撕裂强度 /（kN/m）≥ 20

耐磨性能 / 相对体积磨耗量（mm³）≤ 250

抗弯曲性能（φ20mm）：无裂纹

残余凹陷度 /mm：试样厚度（＜ 3.0mm）≤ 0.20；试样厚度（≥ 3.0mm）≤ 0.25

尺寸稳定性 /% ± 0.4

耐烟头灼烧 ≥ 3 级

阻燃性能 ≥ Cfl

耐人造光色牢度 ≥ 3 级

有害物质限量：可溶性铅含量 /（mg/ ㎡）≤ 20；可溶性镉含量 /（mg/ ㎡）≤ 20；挥发物含量 /（g/ ㎡）≤ 50

工程案例

2018 年 2 月，北京协和医院西院改造，产品用于地板铺装，应用数量为 2.1 万平方米，于 2018 年 4 月完工。

2020 年 3 月，成都天府中学地板铺装，所用产品数量为 3.5 万平方米，于 2020 年 5 月完工。

2020 年 8 月，河北邢台博物馆地板铺装，所用产品数量为 1.2 万平方米，于 2020 年 10 月完工。

生产企业

大连高科阻燃橡胶有限公司成立于 2007 年，注册资金 1012.7 万元，占地 3 万多平方米，专业从事橡胶地板和聚氯乙烯地板的研发、生产、销售和服务，公司现有职工 90 多人，工程技术人员 20 人，经过几年的努力，大连高科于 2012 年 7 月获得了无毒阻燃橡胶地板专利证书；于 2015 年 9 月获得高新技术企业证书。公司拥有自主的实验室、生产工厂以及完善的质量检测系统，先后通过 GB/T 19001—2016 质量体系认证、GB/T 24001—2016 环境体系认证、GB/T 45001—2020 职业健康安全管理体系认证以及 CQC 产品认证，公司本着"以科技创新为动力，以健康环保为使命"的宗旨，坚持"创造精优产品，实现满意服务"的经营理念，不断开拓创新，快速发展。

公司生产的橡胶地板有以下特点：

负离子橡胶地板及 PVC 地板：清除氧自由基、调节人体液平衡、负离子促进细胞活性化、净化血液、消除疲劳、植物神经系统稳定，增强抗病能力等。

阻燃橡胶地板及 PVC 地板：阻燃、无污染、无毒无害、无刺激、无放射性、耐磨、耐化学品、耐油性、防老化、防龟裂、隔声等。

公司生产的产品广泛用于学校、医院、机场、地铁、火车、船舶、候车大厅、体育场馆、地下通道、公共走道、百货商场、购物中心、写字楼、图书馆、银行大厅、饭店、咖啡厅等公共场所的地面铺装材料。

公司正依据 GB/T 19001—2016、GB/T 24001—2016、GB/T 45001—2020、CQC16-491264-2018 标准进行内部管理工作。公司遵循科技兴业、不断创新、追求卓越、诚信服务的宗旨，不断追求顾客的认可和信赖，携手共创美好的明天。

大连高科阻燃橡胶有限公司　地址：辽宁省庄河市新华街道工业园区（新华工业园区）
电话：0411-89703008
官方网站：http://www.gaokedl.com

证书编号：LB2021QT002

兴邦钢套钢蒸汽保温管、聚氨酯预制直埋保温管、预制架空和综合管廊热水保温管

产品简介

兴邦牌钢套钢蒸汽保温管，外防护管为3PE钢管，抗压强度、防腐强度大，内部为复合保温材料，耐温效果好，适用温度150～350℃，同时具有减阻层，有效降低管网热胀冷缩产生的位移影响，能够满足蒸汽管网输送要求。

兴邦牌聚氨酯预制直埋保温管，是在钢管外表面浇注聚氨酯发泡保温，外面穿套聚乙烯外护管防腐保护，与传统管道相比，这种管道既增强了保温效果，减少了热量损失，又增强了防腐性能，延长使用寿命。

兴邦牌预制架空和综合管廊热水保温管，外防护管为镀锌铁皮，与传统聚乙烯外护管相比，抗冲击、抗摩擦效果强，同时耐紫外线照射，抗火等级高，适合应用于室外及综合管廊环境。

适用范围

蒸汽管网、集中供热、供冷管网。

技术指标

钢套钢蒸汽保温管

检测	项目	1	2	3	平均荷载（kN）	平均推力比
空载荷	往（kN）	4.55	4.62	4.57	4.58	1.01>0.80
	返（kN）	4.58	4.53	4.65		
	施加0.08MPa的荷载后	保温管结构无破坏，工作管相对外护管能轴向移动，无卡涩现象				单项评定
加载荷	往（kN）	4.53	4.53	4.55	4.53	合格
	返（kN）	4.51	4.50	4.52		

聚氨酯预制直埋保温管

序号	测试项目	单位	技术指标
1	聚氨酯保温层数据 密度	kg/m³	>60（任意位置）
2	导热系数	W/（m·K）	W0.033（50℃）
3	径向压缩强度	MPa	0.3
4	吸水率	%	W10
5	闭孔率	%	88
6	空洞	mm	W1/3保温层厚度
7	平均泡孔尺寸	mm	W0.5
8	外护管性能数据 外观	/	不应有沟槽、气泡、裂纹

唐山兴邦管道工程设备有限公司

地址：河北省唐山市玉田县后湖工业聚集区腾飞西路1608号
电话：0315-6575351
官方网站：www.tsxbgd.com

预制架空和综合管廊热水保温管

检测项目	技术要求	检测结果	单项评定
管端垂直度	W2.5	2.4°	合格
挤压变形	挤压径向变形量 W15%	符合	合格
焊接预留段	工作管两端预留 150～250mm 无保温层预留段长度差 W40mm	符合	合格
钢管件与外护管中心线角度偏差	W2	1.5°	合格
保温层厚度	N50% 设计保温层厚度	符合	合格

工程案例

钢套钢蒸汽保温管：山东枣建建设集团有限公司、安徽清智建筑安装有限公司、唐山海港开发区集中供热项目、河北省沿海开发区能源中心项目、长治城中村改造项目。

聚氨酯预制直埋保温管：国电承德热电有限公司、包头华源热力有限公司、济南热电有限公司、江苏瞬天国际集团机械进出口股份有限公司、晋城市热力公司。

预制架空和综合管廊热水保温管：首钢集团厂区建设工程、唐山钢厂厂区建设项目、临汾乡镇集中供热改造项目。

生产企业

唐山兴邦管道工程设备有限公司主营业务为防腐、保温管道生产、销售，从事防腐、保温管道行业 25 年，是中国工业创新型先进企业、工业产品绿色设计示范企业、河北省防腐保温管道行业优质企业，公司将技术创新作为企业生存和发展的基本动力，坚持走绿色发展之路，打造保温管道行业一站式绿色产业链。

自主研发了"一步法"自动喷涂缠绕工艺，在大口径保温管生产领域中补短板，其产品填补了国际 DN1600mm 大口径产品空白，满足管网能源的长输需求，散热损失降低 10%，可搭载泄漏监测系统，推动智慧管网的建设，在国网集团、中石油等知名公司被广泛应用；是 19 部国家、行业标准的参编单位；2018 销售 6.6 亿元，市场占有率 3.5%，2019 销售 7.5 亿元，市场占有率 4%，2020 销售 9 亿元，市场占有率 5.3%，客户为能源、化工、市政企业，覆盖全国二十余省市及国外部分国家；通过技术创新，使导热系数达到欧洲标准，比国标降低 10%。

公司有发明专利 6 项、实用新型专利 78 项、计算机软著 7 项；拥有河北省省级企业技术中心、保温管道技术创新中心、工业设计中心、国合基地，每年研发经费投入不低于销售收入 4%，达到 3000 万元以上；拥有创新团队 95 人，其中高级职称 3 人，中级职称 15 人。

唐山兴邦管道工程设备有限公司

地址：河北省唐山市玉田县后湖工业聚集区腾飞西路 1608 号
电话：0315-6575351
官方网站：www.tsxbgd.com

证书编号：LB2021QT003

法狮龙竹木纤维板、双铝复合板、冰火板

产品简介

模块 0.48mm +0.02mm 厚度、厚薄均匀、弹性柔韧，符合国家及行业标准。

适用范围

家装领域：厨房、卫生间、客厅、卧室。
工程领域：厂房、酒店、公寓、机场、候车室等。

技术指标

模块折边高度为 19.5mm，比市面上的折边高 1.0～1.5mm。增加与龙骨的咬合面积，为顶部的安全增加保障。

模块采用背涂工艺，抗酸碱、耐腐蚀。

采用潜影工艺将 LOGO 印刷至涂层板纹内部。

模块背涂工艺、潜影工艺为行业创新技术。

工程案例

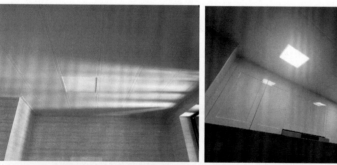

法狮龙家居建材股份有限公司

地址：浙江省嘉兴市海盐县武原街道武原大道 5888 号
电话：0573-86151866
官方网站：www.fsilon.com

生产企业

法狮龙，新型客厅吊顶，专注客厅吊顶美学研究，一直以"做中国好吊顶制造商"的目标而不懈努力。从事新型客厅吊顶及集成墙面装饰产品的研发、制造和销售。公司拥有大规模生产线和4.0智能化吊顶生产基地（单体建筑面积58000平方米）。现法狮龙20万平方米家居产业园已拉开序幕，并向全屋定制、智能家居及集成墙面配套设施领域开拓。

法狮龙，为中国居住环境贡献一份力量，以"美家美户·中国家庭"为企业使命，凭借12年新型客厅吊顶生产与研发经验，基于消费者对客厅吊顶的装饰性与功能性的价值需求出发，2017年与国家建筑装饰研究协会以及国内外家装设计师携手，成立了"客厅吊顶美学研究院"，从客厅顶与家居空间整体的风格配套、结构设计、耐用性、环保性及家装风水与家居空间美学进行研究，为消费者提供客厅吊顶装饰系统的整体解决方案，让客厅回归会客的属性。

本着"让法狮龙成为中国家居建材行业受人尊敬的企业"的愿景，公司整合各国品质五金和原生铝等材料资源，购进行业专门设备，引进行业人才，旨在推动和与中国吊顶行业一起发展，让品牌更好地服务万千家庭。

经过12年的不断创新和发展，法狮龙已成为集成吊顶行业标准起草单位、中国家居产业百强企业，并且是《对话中国品牌》央视栏目受访品牌，受到了社会各界的赞誉。

法狮龙家居建材股份有限公司

地址：浙江省嘉兴市海盐县武原街道武原大道5888号
电话：0573-86151866
官方网站：www.fsilon.com

证书编号：LB2021QT004

天原 PVC 地板

产品简介

　　PVC 地板：有别于传统地板，利用高分子材料和先进的生产工艺，针对性解决传统产品功能薄弱的缺陷，并利用尖端的科研技术，赋予地板更多的创新特性，使其在环保性、美观性和实用性上提升。

　　产品特点如下：

1. 环保性：生产、使用环节高度环保；

2. 耐用性：耐磨、耐腐蚀、防水防潮、抗冲击；

3. 美观度：纹理、花色丰富；

4. 舒适度：柔软舒适，适合行走、防滑；

5. 维护保养：清洁和维护简单方便；

6. 安装：质轻，运输方便。

适用范围

　　船舶地板：主要适用于轨道交通领域。

　　抗菌地板：主要适用于家装、医院、幼儿园等对抑菌要求较高的场所。

　　耐磨地板：主要适用于机场、酒店、学校、商场等商业场所。

　　智暖地板：主要用于家装和康养项目场所。

技术指标

　　整体厚度：±0.13mm，尺寸（长宽）：±0.25mm；光泽度：6.5±1.5；尺寸稳定性：≤0.125%；平整度：≤1.0mm；残余凹陷度：≤1.0mm；耐磨性：T 级；防火性：B_1。

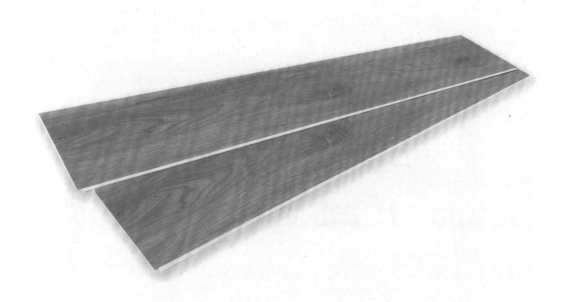

宜宾天亿新材料科技有限公司

地址：四川省宜宾市临港经济技术开发区港园路西段 61 号
电话：地板 400-666-2151
官方网站：http://www.tynmm.com/

工程案例

　　椰林阳光、金江地产、宜宾职业技术学院、宜宾五粮液机场、宜宾市第二人民医院、天原集团、重庆江北国药集团望江医院、临港会展中心中国国际名酒节、云南水富金江大酒店、翠屏区机关幼儿园、宜宾学院、仙峰山度假酒店、宜宾市翠屏山酒店。

生产企业

　　宜宾天亿新材料科技有限公司成立于2002年，是宜宾天原集团股份有限公司控股子公司，公司先后通过ISO 9001质量管理体系认证、ISO 14001环境管理体系认证、OHSAS 18001职业健康安全管理体系认证、知识产权管理体系、两化融合管理体系、美国Floorscorer认证、欧洲CE认证、全球SGS和ASTM认证。公司已获得授权发明专利8项，授权实用新型专利22项，审查中的专利25项。公司先后获得国家绿色工厂、绿色设计产品、工业产品绿色设计示范企业等荣誉称号，获得省级"守合同重信用企业""中国环境标志产品认证证书""新华节水认证""绿色建筑产品商标"等证书，被列入"四川名优产品推荐目录""全国节水产品推荐目录""全国水利系统优秀产品招标重点推荐目录"，被评为"安全生产标准化三级企业（工贸行业）"和"安全生产目标控制先进单位"。

宜宾天亿新材料科技有限公司

地址：四川省宜宾市临港经济技术开发区港园路西段61号
电话：地板 400-666-2151
官方网站：http://www.tynmm.com/

证书编号：LB2021QT005

中通高密度聚乙烯外护管硬质聚氨酯泡沫塑料预制直埋保温管及管件、镀锌钢板外护聚氨酯预制架空保温管

型材 密封胶 外加剂 预拌砂浆 人造板、木质地板及木质家具、木质门 水泥 金属复合材料 陶瓷砖 地坪材料 建筑涂料 胶粘剂 道路材料 防水卷材与防水涂料 其他材料

产品简介

镀锌铁皮保温管应用主要是针对露天架空管道，是更适合露天架空环境使用的改良产品。

保温管结构主要由三部分组成：工作管、保温层、外层保护层。产品采用镀锌铁皮螺旋成形工艺生产，该结构整体抗弯性能强，结合缝处咬口设计强度高，镀锌铁皮采用镀锌防腐层，可长期在露天环境使用，不老化，不腐蚀，有很强的环境适应性能。

镀锌铁皮保温管特点：

1. 保温管由保温企业工厂预制，现场安装施工，简捷高效，工期短。

2. 保温管性能优良，镀锌铁皮外护管可在室外长期使用，有很强的抗紫外线、抗老化功能，耐腐蚀性和适用环境均优于高密度聚乙烯保温管。

3. 架空敷设外观光滑美观，免维护，防雨雪性能优良。

聚氨酯预制直埋保温管主要由四部分组成：

1. 工作钢管：根据输送介质的技术要求分别采用有缝钢管、无缝钢管、双面螺旋缝埋弧焊钢管；

2. 保温层：采用硬质聚氨酯泡沫塑料；

3. 保护壳：采用高密度聚乙烯；

4. 渗漏报警线：制造聚氨酯预制直埋保温管时，在靠近钢管的保温层中，埋设有报警线，一旦管道某处发生渗漏，通过报警线的传导，便可在专用检测仪表上报警并显示出漏水的准确位置和渗漏程度大小，以便通知检修人员迅速处理漏水的管段，保证热网安全运行。

适用范围

架空及综合管网热水管网，主要应用于供热、石油、化工、天然气以及制冷等需要保温防腐的管道工程。

天津市中通管道保温有限公司

地址：天津市静海县西翟庄镇安庄子开发区
电话：022-68313811
官方网站：www.tjztgd.com

技术指标

天津市中通管道保温有限公司生产的预制架空和综合管廊热水保温管产品执行 T/CDAH 1—2019《架空和综合管廊预制热水保温管及管件》。

天津市中通管道保温有限公司生产的预制直埋保温管产品执行 GB/T 29047—2012《高密度聚乙烯外护管硬质聚氨酯泡沫塑料预制直埋保温管及管件》。

工程案例

镀锌钢板外护聚氨酯预制架空保温管

序号	工程名称	产品名称	管径	数量
1	阳城电厂至晋城市区集中供热热网工程（保温管、保温管件）供应商框架协议采购项目	预制直埋保温管	DN1220	5600m

聚氨酯预制直埋保温管

序号	工程名称	产品名称	管径	数量
1	盂县热电联供供热管网铺设及旧供热系统改造项目	预制直埋保温管及管件	DN1220～1620	23772m
2	阳泉市广阳路集中供热管网工程保温管及管件采购	预制保温管	DN1220	24240m
3	阳泉市郊区北部集中供热管网工程材料采购项目	预制直埋保温管及管件	DN273～920	12492m
4	中煤大同能源 2×135MW 机组集中供热配套管网及热力站工程（热力一次管网一期）材料采购	预制直埋保温管	DN29～DN1220	9492m

生产企业

天津市中通管道保温有限公司注册于天津市静海县西翟庄镇安庄子开发区，是一家股份制企业，注册资金 1.01 亿元，有着多年专业保温管、保温管件生产与销售经验。公司拥有各类专业技术人员及高级企业管理人才，并配备具有国内先进水平的直埋保温管和直埋蒸汽保温管生产线。公司占地面积 60000 平方米，其中厂房使用面积达 20000 平方米，公司保温管和各类防腐管年生产能力 5000 公里，年销售额达 3 亿元以上，市场占有率在业内位居前列。

公司拥有国内先进的保温外护管真空定径生产线 8 条，每年能生产 φ75mm～φ1860mm 高密度聚乙烯保温外护管 15000 余吨，该产品各项指标均已达到或超过 GB/T 29047—2012、CJ/T 114—2000 标准，拥有德国进口先进的外护管挤出机 8 台，拥有预制直埋保温管重型穿管机 6 台、轻型穿管机 6 台、大型液压发泡平台 6 台、轻型发泡平台 2 台，能穿管 φ20mm～φ1620mm 不同规格钢管的保温外护管；拥有 φ20mm～φ1620mm 不同规格钢管的聚氨酯高压发泡机 300 型 4 台和聚氨酯高低压发泡机 600 型 2 台。

多年来，我公司凭借先进的设备及管理模式，尖端的技术和完善的质量保证体系，成功地参加了国内许多重点工程的建设和改造。如为晋城市热力、盂县热电联供项目、山西平顺康馨供热中心项目、山西漳山发电供热改造工程、长治惠城热力供热工程、盂县城北热源厂扩建工程、阳泉市热力公司集中供热工程、襄垣热电联产二线集中供热工程、太原第二热力城市集中供热工程、浑源县热力集中供热工程、平定县集中供热工程、高平市集中供热工程等项目提供了预制直埋保温管及管件等相关产品，并得到当地政府和用户的欢迎和好评。

公司主要产品广泛用于城市集中供热、石油、化工、天然气及制冷等需要保温防腐的管道工程。使用本产品既可缩短施工周期、减少占地，又可有效地降低工程成本，节约能源损耗。公司生产严格执行国内外有关标准，并依据国外先进工艺组织产品生产，从原料进厂到出厂的全过程实施了标准化的控制。

公司将始终坚持"以人为本、诚信经营"的经营理念，坚持"以质量求生存、以品质求发展、以管理求效益"的经营方针，做好客户项目工程的售前、售中、售后服务，继续与国内外新老客户建立良好的业务关系，以服务大众客户、壮大公司规模为先导，以完美的售后服务为依托，不断开拓新市场，竭诚为国内外广大客户服务。

天津市中通管道保温有限公司

地址：天津市静海县西翟庄镇安庄子开发区
电话：022-68313811
官方网站：www.tjztgd.com

証书编号：LB2021QT006

华泉 LVT 石塑地板、SPC 石塑地板

产品简介

LVT 地板（PVC 石塑地板）采用环保无毒的聚氯乙烯、碳酸钙为主要原料，由耐磨层、印刷面料层、中底料层热压贴合而成，绿色环保，性能安全可靠，花色众多；超强耐磨，根据耐磨厚度的不同在正常情况下可使用 5～10 年；具有高弹性和超强抗冲击性能，减少人员摔倒及受伤的比率；防火阻燃：防火指标可达 B_1 级，B_1 级也就是说防火性能非常出色，仅次于石材，离火即灭；防水防潮：不会因为湿度大而发生霉变；不含重金属、邻苯二甲酸酯、甲醛等有害物质，符合 CE、Floor score、GREENGUARD 认证及 GB 4085—2015 标准；安装方便；表面 UV 处理保养更方便，地面脏了用拖布擦拭即可。如果想保持地板持久光亮的效果，只需定期打蜡维护即可，其维护次数远远低于强化地板。

石塑地板 SPC（Stone plactic composite），是基于高科技开发出的新型环保型地板，具有零甲醛、防霉、防潮、防火、防虫、安装简单等特点。SPC 地板是由挤出机结合模具挤出 PVC 基材，用五辊压延机分别把 PVC 耐磨层、PVC 彩膜和 PVC 基材，一次性加热贴合、压纹的产品，工艺简单，贴合靠热量完成，不需要胶水。SPC 地板材料使用环保配方，不含重金属、邻苯二甲酸酯、甲醛等有害物质，符合 CE、Floor score、GREENGUARD 认证及 GB 34440—2017 标准。凭借其出色的稳定性和耐用性，SPC 石塑地板既解决了实木地板受潮变形霉烂的问题，又解决了其他装修材料的甲醛问题。

适用范围

LVT 石塑地板、SPC 石塑地板目前已广泛应用于家装、工业工作区域、办公室写字楼、商场、学校、体育馆等场所。

技术指标

LVT 石塑地板性能指标如下：

项目	技术参数
面质量偏差 /%	明示值 $^{+13}_{-10}$
加热尺寸变化率 /%（80℃，6 小时）	≤ 0.25
加热翘曲 /mm（80℃，6 小时）	≤ 2
抗冲击性	无开裂
弯曲性	无开裂
残余凹陷 IR /mm	0.15<IR ≤ 0.40
椅子脚轮试验	无破坏
色牢度 / 级	≥ 6
燃烧等级 / 级	B_1
有害物质限量	符合标准 GB 18580—2017、GB 18586—2001 和 GB/T 22048—2015

泰州市华丽新材料有限公司

地址：江苏省泰州市姜堰区张甸镇工业园区（邮政编码：225527）
电话：86-523-88550888
传真：86-523-88550666
官方网站：www.hualifloors.com

SPC 石塑地板性能指标如下：

项目	技术参数
面质量偏差 /%	明示值 $^{+13}_{-10}$
剥离强度 /（N/50mm）	≥ 75
锁扣拉力强度 kN/m	≥ 1.5
防霉性 / 级	≤ 1
耐污染	无污染、无腐蚀
加热尺寸变化率 /%（80℃，6 小时）	≤ 0.1
加热翘曲 /mm（80℃，6 小时）	≤ 2.0
冷热翘曲 /mm	≤ 2.0
抗冲击性	无开裂
弯曲性	无开裂
残余凹陷 IR /mm	0.15<IR ≤ 0.40
脚轮耐磨 /r	≥ 25000
色牢度 / 级	≥ 6
燃烧等级 / 级	B1
有害物质限量	符合标准 GB 18580—2017、GB 18586—2001 和 GB/T 22048—2015

工程案例

上海喆美斯贸易有限公司、济南鑫霖阳新型建材有限公司、杭州杰恩装饰材料有限公司、合肥星元行商贸有限公司、伯庸（上海）商贸有限公司、山东益雅建筑装饰材料有限公司、苏州工业园区龙翔地毯有限公司、重庆启泰建材有限公司、成都奥格森商贸有限公司、深圳市睿峰实业有限公司、重庆缙城地毯有限公司、深圳市力高建材有限公司、广东康得建材有限公司、深圳市赛德装饰材料有限公司、武汉加强装饰材料有限公司、长沙华靖经贸有限公司、美泽建筑装饰（武汉）有限公司、湖北纷特新材料科技有限公司。

生产企业

泰州市华丽新材料有限公司成立于 2002 年 4 月 15 号。截至 2018 年，公司两大生产基地共占地面积 25 万多平方米，其中建筑面积 20 万多平方米，项目总投资 6.9 亿元人民币；公司员工 2000 多人，其中研发人员 20 名，质量管理人员 60 名。产品畅销世界各地，其中 90% 的产品销往北美和欧洲。公司目前月产能超过 1500 个集装箱，2018 年销售金额达到 3.6 亿美元。公司在质量管理、环境体系、产品质量等方面获得 ISO9001、ISO14001、U-mark、DIBt、CE、Floorscore、Greenguard 等专业认证证书。

我们的产品类别包含背胶塑胶地板、自吸地板、开槽塑胶地板、木塑地板和硬质地板；开槽产品采用欧洲锁扣权威 Valinge 公司的 2G、2G-FD & 5G-C、5G-I 专利扣型。

公司系统化的环境管理理念一直贯穿于产品开发、采购、生产、销售和客户服务等日常流程中。公司投资 200 万美元建造了一个配备世界上先进的大型测试中心用以严格控制和监测产品中 VOC、重金属及相关化学物质的含量，使得所有原材料和成品均满足欧洲 REACH 和 RoHS 标准。

泰州市华丽新材料有限公司

地址：江苏省泰州市姜堰区张甸镇工业园区（邮政编码：225527）
电话：86-523-88550888
传真：86-523-88550666
官方网站：www.hualifloors.com

证书编号：LB2021QT007

福勒 LVT 石塑地板、SPC 石塑地板

产品简介

　　LVT 地板（PVC 石塑地板）采用环保无毒的聚氯乙烯、碳酸钙为主要原料，由耐磨层、印刷面料层、中底料层热压贴合而成，绿色环保，性能安全可靠，超强耐磨，根据耐磨厚度的不同在正常情况下可使用 5 ～ 10 年；具有高弹性和超强抗冲击性能，减少人员摔倒及受伤的比率；防火阻燃：防火指标可达 B₁ 级，仅次于石材，离火即灭；防水防潮：不会因为湿度大而发生霉变；不含重金属、邻苯二甲酸酯、甲醛等有害物质，符合 CE、Floor score、GREENGUARD 认证及 GB 4085—2015 标准；安装方便，表面 UV 处理保养更方便，地面脏了用拖布擦拭即可。

　　SPC 石塑地板是基于高科技开发出的新型环保型地板，具有零甲醛、防霉、防潮、防火、防虫、安装简单等特点。SPC 地板是由挤出机结合模具挤出 PVC 基材，用五辊压延机分别把 PVC 耐磨层、PVC 彩膜和 PVC 基材，一次性加热贴合、压纹的产品，工艺简单，贴合靠热量完成，不需要胶水。SPC 地板材料使用环保配方，不含重金属、邻苯二甲酸酯、甲醛等有害物质，符合 CE、Floor score、GREENGUARD 认证及 GB 34440—2017 标准。凭借其出色的稳定性和耐用性，SPC 石塑地板既解决了实木地板受潮变形霉烂的问题，又解决了其他装修材料的甲醛问题。

适用范围

　　LVT 石塑地板、SPC 石塑地板目前已广泛应用于家装、工业工作区域、办公室写字楼、商场、学校、体育馆等场所。

技术指标

　　LVT 石塑地板性能指标如下：

项目	技术参数
面质量偏差 /%	明示值 $^{+13}_{-10}$
加热尺寸变化率 /%（80℃，6 小时）	≤ 0.25
加热翘曲 /mm（80℃，6 小时）	≤ 2
抗冲击性	无开裂
弯曲性	无开裂
残余凹陷 IR /mm	0.15 < IR ≤ 0.40
椅子脚轮试验	无破坏
色牢度 / 级	≥ 6
燃烧等级 / 级	B₁
有害物质限量	符合标准 GB 18580—2017、GB 18586—2001 和 GB/T 22048—2015

江苏富华新型材料科技有限公司

地址：江苏省泰州市医药高新区通扬路 189 号
电话：86-0523-81558918
传真：86-523-88550666

SPC 石塑地板性能指标如下：

项目	技术参数
面质量偏差 /%	明示值 +13 -10
剥离强度 /（N/50mm）	≥ 75
锁扣拉力强度 KN/m	≥ 1.5
防霉性 / 级	≤ 1
耐污染	无污染、无腐蚀
加热尺寸变化率 /%（80℃，6 小时）	≤ 0.1
加热翘曲 /mm（80℃，6 小时）	≤ 2.0
冷热翘曲 /mm	≤ 2.0
抗冲击性	无开裂
弯曲性	无开裂
残余凹陷 IR /mm	0.15<IR ≤ 0.40
脚轮耐磨 /r	≥ 25000
色牢度 / 级	≥ 6
燃烧等级 / 级	B1
有害物质限量	符合标准 GB 18580—2017、GB 18586—2001 和 GB/T 22048—2015

工程案例

上海友耀装饰材料有限公司、无锡市柏高商贸有限公司、江苏汉丁若建设工程有限公司、上海樊亚装饰设计工程有限公司、上海品佰贸易有限公司、大连润嘉新型建材有限公司、伯庸（上海）商贸有限公司、无锡市帕索地毯有限公司、苏州保固久地坪材料有限公司、成都博成雅艺建筑装饰材料有限公司、成都品逸博阳商贸有限公司、贵州新森达装饰建材有限公司、深圳市睿峰实业有限公司、武汉加强装饰材料有限公司、湖南塔利亚建材有限公司、河南优曼建材有限公司。

生产企业

江苏富华新型材料科技有限公司成立于 2016 年，截至 2021 年，公司生产基地共占地面积 15 万多平方米，其中建筑面积 12 万多平方米，项目总投资 10 亿人民币；公司员工 400 多人，其中研发人员 20 名，质量管理人员 60 名。公司年生产能力 1200 万平方米，年产值 2 亿～ 3 亿美元，主要产品大部分出口到欧美等国家。公司在质量管理、环境体系、产品质量等方面获得 ISO 9001、ISO 14001、CE、Floorscore、Greenguard 等专业认证证书。

SPC 地板是当今世界上非常流行的一种新型轻体地面装饰材料，也称为"轻体地材"。从 20 世纪 80 年代初开始进入中国市场，公司产品至今在国内的大中城市已经得到普遍的认可，使用非常广泛，用于家庭、医院、学校、办公楼、工厂、公共场所、超市、写字楼等各种场所。

为实现可持续发展和环保理念，公司特别建造了实验室，设备总投资 2000 万余元，占地面积 200 多平方米，由国内权威实验室建造公司专业打造。该实验室获得了国家 CNAS 认证，成为国内 SPC 地板行业试验测试的佼佼者。

江苏富华新型材料科技有限公司

地址：江苏省泰州市医药高新区通扬路 189 号
电话：86-0523-81558918
传真：86-523-88550666

型材、密封胶、外加剂、预拌砂浆、人造板、木质地板及木质家具、木质门、水泥、金属复合材料、陶瓷砖、地坪材料、建筑涂料、胶黏剂、道路材料、防水卷材与防水涂料、其他材料

证书编号：LB2021QT008

金强建筑用轻质隔墙条板、无石棉纤维水泥平板、无石棉纤维增强硅酸钙板

产品简介

建筑用轻质隔墙条板又称复合夹芯条板，是由两种及两种以上不同功能材料复合或由面板（浇注面层）与夹芯层材料复合制成的预制条板。它是集承重、防火、防潮、隔声、保温、隔热于一体的新型墙体材料。建筑用轻质隔墙条板具有实心、轻质、薄体、高强度、抗冲击、吊挂力强、隔热、隔声、防火、防水、易切割、自重小等综合优势，产品可以任意开槽、干作业、无须批荡、施工便捷。

无石棉纤维水泥平板是以硅质材料（石英粉、硅藻土等）、钙质材料（水泥等）、增强纤维（纸浆纤维、纤维素纤维等）经过制浆、成坯、蒸养或自然养护、表面砂光等工序制成的轻质板材。由于硅质、钙质材料在高温高压的条件下反应生成托贝莫来石晶体，其性能非常稳定。产品具有防水、防潮、耐久、变形率低、隔热等特点，尤其适合用作建筑内外部的墙板和吊顶板。

纤维增强硅酸钙板以硅质－钙质材料为主体的胶结材料，掺入少量水泥为辅助胶凝材料，以无机矿物纤维或纤维素纤维等纤维为增强材料，经成型、加压（或非加压）、蒸压养护，形成硅酸钙胶凝体而制成的板材。无石棉纤维增强硅酸钙板是用非石棉类纤维为增强材料制成的纤维增强硅酸钙板，制品中不得检出有石棉成分。

适用范围

建筑用轻质隔墙条板用于装配式建筑内、外隔墙的新型墙材。

无石棉纤维水泥平板适用于作为建筑物内墙板、外墙板、地下建筑或湿热环境墙板、围护板等兼有环保、隔热、防潮要求的建筑材料。

无石棉纤维增强硅酸钙板大量应用在各建筑物内墙板、外墙板、吊顶板、车厢、海上建筑、船舶内隔板及复合保温板面板等兼有防火、隔热、防潮要求的场合。

技术指标

建筑用轻质隔墙条板物理力学性能如下：

项目	指标		
	板厚60mm	板厚90mm	板厚120mm
抗冲击性能/次	≥6	≥6	≥6
抗弯破坏荷载/板自重倍数	≥2	≥2	≥2
抗压强度/MPa	≥4	≥4	≥4
软化系数	≥0.82	≥0.82	≥0.82
面密度/（kg/m³）	≤68	≤88	≤105
干燥收缩率/%	≤0.55	≤0.55	≤0.55
吊挂力/N	≥1100	≥1100	≥1100
空气隔声量/dB	≥32	≥37	≥42
耐火极限/h	≥1.1	≥1.3	≥1.5
建筑材料放射性核素限量	I_{Ra}（内照射指数） ≤0.9	≤0.9	≤0.9
	I_r（外照射指数） ≤0.9	≤0.9	≤0.9

无石棉纤维水泥平板物理性能如下：

类别	A类	B类	C类
表观密度/（g/cm³）	不小于制造商文件中标明的规定值		
导热系数/［W/（m·K）］	≤0.32	≤0.28	≤0.22
吸水率/%	≤28	≤40	—
湿胀率/%	DS板≤0.08 PS板≤0.15		
干缩率/%	DS板≤0.08 PS板≤0.15		
热收缩率/%	≤1.00		
不燃性	GB 8624 不燃性A级		
不透水性	24h检验后板的底面允许出现潮湿的痕迹，但不应出现水滴		—

金强（福建）建材科技股份有限公司

地址：福建省福州市长乐区潭头镇金福路二刘村
电话：0591-62609999
传真：0591-28720999
官方网站：http://www.jinqiangjc.com/

		A 类经 100 次、B 类经 50 次冻融循环，不得出现破裂、分层	
抗冻性试验	抗冻性		—
	抗折强度比率	≥ 75%	

热雨性能	A 类经 50 次、B 类经 30 次循环试验，不得有开裂、分层等影响产品正常使用的缺陷	—
热水性能	A 类经 50 次、B 类经 30 次循环试验，抗折强度比率 ≥ 65%	—
浸泡 - 干燥性能	A 类经 50 次、B 类 25 次、C 类经 25 次循环试验，抗折强度比率 ≥ 70%	—

注：抗冻性试验、热水试验、浸泡 - 干燥试验抗折强度试验时，试验组试件及对比组试件均为饱水状态

无石棉纤维增强硅酸钙板物理性能如下：

类别	A 类	B 类	C 类
表观密度 / (g/cm³)	不小于制造商文件中标明的规定值		
导热系数 / [W/(m·K)]	≤ 0.32	≤ 0.28	≤ 0.22
吸水率 /%	≤ 28	≤ 40	—
湿胀率 /%	DS 板 ≤ 0.08 PS 板 ≤ 0.15		
干缩率 /%	DS 板 ≤ 0.08 PS 板 ≤ 0.15		
热收缩率 /%	≤ 1.00		
不燃性	GB 8624 不燃性 A 级		
不透水性	24h 检验后板的底面允许出现潮湿的痕迹，但不应出现水滴		—
抗冻性试验	抗冻性	A 类经 100 次、B 类经 50 次冻融循环，不得出现破裂、分层	
	抗折强度比率	≥ 75%	

热雨性能	A 类经 50 次、B 类经 30 次循环试验，不得有开裂、分层等影响产品正常使用的缺陷	—
热水性能	A 类经 50 次、B 类经 30 次循环试验，抗折强度比率 ≥ 65%	—
浸泡 - 干燥性能	A 类经 50 次、B 类 25 次、C 类经 25 次循环试验，抗折强度比率 ≥ 70%	

注：抗冻性试验、热水试验、浸泡 - 干燥试验抗折强度试验时，试验组试件及对比组试件均为饱水状态

工程案例

新能源湖西产业园数码项目、厦门瑞达国际金融中心项目、福建京东方第 8.5 代液晶半导体生产基地、新能源湖西产业园数码项目、厦门瑞达国际金融中心项目、上海浦东机场、海峡汽车城、苏州附二医院、包头汽车城服务中心、苏州吴中人民医院、无锡大剧院等项目。

生产企业

金强（福建）建材科技股份有限公司，总部位于福州总投资 6 亿元的金强工业园，并在泰国成立了新产品开发实验室，在国内已经建立了完善的销售网络，并在美国、日本、澳大利亚、加拿大、东南亚等国家和地区建立了合作伙伴关系，多年来为国际和国内众多大型国防工程、公共建筑及市政工程提供了优质产品，现已发展成为生产和销售各种优质、生态、环保建筑材料和系统的大型企业集团之一。公司所有生产的产品通都过了 ISO 9001：2000 质量管理体系认证，集团旗下主打"金强"牌系列产品，荣获中国环境标志产品认证委员会颁发的环境标志产品证书。

金强（福建）建材科技股份有限公司

地址：福建省福州市长乐区潭头镇金福路二刘村
电话：0591-62609999
传真：0591-28720999
官方网站：http://www.jinqiangjc.com/

证书编号：LB2021QT010

世卿防滑剂

产品简介

防滑剂为水性溶液，无毒、无异味，具有超强的渗透力，能有效地渗入地砖及石材的毛细孔内，通过与地面砖或地面石材的化学作用，使该通道增宽，遇水或油渍时与脚底接触能形成物理的吸盘作用，人行其上可保证安全！即使将来地面部分磨损，其内部已有的结合改变部分稳定且有一定深度，因而可保持长久的防滑效果。

适用范围

产品应用于公共场所地面及家庭地面的防滑。

技术指标

世卿防滑剂性能如下：

防滑处理技术参数			
检验项目名称	国家技术指标	检验结果（干燥状态）	检验结果（潮湿状态）
玻化砖	GB、COF ≥ 0.5	0.35	0.25
釉面砖	GB、COF ≥ 0.5	0.25	0.15
同质砖	GB、COF ≥ 0.5	0.25	0.15
花岗岩	GB、COF ≥ 0.5	0.40	0.30
大理石	GB、COF ≥ 0.5	0.40	0.35
广场砖	GB、COF ≥ 0.5	0.45	0.35

防滑处理后的技术参数			
检验项目名称	国家技术指标	检验结果（干燥状态）	检验结果（潮湿状态）	对部分材质处理后的变化
玻化砖	GB、COF ≥ 0.5	0.6	0.65	黑色材质稍有变浅
釉面砖	GB、COF ≥ 0.5	0.82	0.75	黑色材质稍有变浅
花岗岩	GB、COF ≥ 0.5	0.90	0.85	人为颜色材质稍有变浅
大理石	GB、COF ≥ 0.5	0.90	0.95	人为颜色材质稍有变浅
对材质的反应	施工完毕后，材质内部及表面不残留其本产品，不改变材质的原有结构			
防滑产品	世卿防滑液			

上海世卿防滑防护科技有限公司

地址：上海市青浦区崧泽大道 6066 号 8 号楼 202 室
电话：4008389188
官方网站：http://www.shiqingfh.com/ 电话：0571-88172888

工程案例

北京铁路局旗下的 31 个高铁站，万科集团、绿地集团、旭辉集团、龙湖集团、碧桂园集团的部分楼盘防滑处理，海底捞火锅指定地面防滑供应商，华东政法大学、浙江宁波市慈湖中学、南京师范大学附属中学、中山大学附属东华医院、温州医科大学附属第一医院、杭州首创奥特莱斯、上海市青浦区环境卫生管理所城区所有公厕、江苏南通市 SOHO 大厦等项目。

生产企业

上海世卿防滑防护科技有限公司是一家集团型的创新型企业，核心能力集中在防滑与防护的相关领域。创造由技术定义，集研发、产品、工具、服务、工程、解决方案为一体，致力于变革与推动传统防滑产业的整体发展。公司为社会提供防滑防护安全技术与产品支持，减少更多的公共领域和家庭范围的安全隐患。在模式创新领域，公司为更多机构与个人提供参与安全防护产业的创业与就业机会，推动整体产业链的发展。

上海世卿防滑防护科技有限公司

地址：上海市青浦区崧泽大道 6066 号 8 号楼 202 室
电话：4008389188
官方网站：http://www.shiqingfh.com/ 电话：0571-88172888

证书编号：LB2021GP001
　　　　　HB2021GP001
　　　　　JK2021GP001

亚通给水用聚乙烯（PE）管材及管件、非开挖用改性聚丙烯（MPP）电缆导管、埋地排水用（PVC-U）双壁波纹管材

产品简介

　　PE（聚乙烯）材料由于其强度高、耐腐蚀、无毒等特点，被广泛应用于给水管制造领域。亚通给水用聚乙烯（PE）管材及管件具有以下突出特点：1.绿色环保，PE管加工时不添加任何含重金属的添加剂，无毒、卫生、绿色环保。2.输送性能优良，PE管内壁光滑不结垢，摩擦系数极低，流通能力大。3.独特的电熔连接和热熔对接，实现接头与管材的一体化，密封强度高。4.采用优质进口原料，综合性能优良，可安全使用50年以上。5.聚乙烯管道密度小，质量轻，且具有优良的挠性，安装简易方便。

　　非开挖用改性聚丙烯（MPP）塑料电缆导管采用改性聚丙烯（MPP）为主要原材料，施工过程无须大量挖泥、挖土及破坏路面。改性聚丙烯（MPP）塑料电缆导管具有以下优良性能：

　　1.具有优良的电气绝缘性。2.具有较高的热变形温度和低温冲击性能。3.抗拉、抗压性能比HDPE管材高。4.质轻、光滑、摩擦阻力小、可热熔焊对接。

　　亚通牌埋地排水用硬聚氯乙烯（PVC-U）双壁波纹管以优质聚氯乙烯为主要原料，配合高性能助剂，经过原料混合、挤出、定径定型、切割等工艺，生产的一种具有中空环状波纹且内壁平滑的结构壁管材。聚氯乙烯树脂具有优异的耐酸、碱、盐等介质的腐蚀性能，耐腐蚀性明显优于金属管和混凝土管，因此管材使用寿命长。管材采用弹性密封圈柔性连接，具有施工方便、连接牢靠、不易泄漏等特点，并且管材质轻，综合造价比铸铁管、混凝土管低，寿命长达50年。

适用范围

　　给水用聚乙烯（PE）管材及管件适用于一般用途的压力输水和饮用水输配的聚乙烯管道系统及其组件。改性聚丙烯（MPP）电缆导管可广泛应用于市政、电信、电力、煤气、自来水、热力等管线工程。埋地排水用（PVC-U）双壁波纹管材适用于无压市政埋地排水、建筑物外排水、农田排水用管材，也可用于通信电缆穿线用套管。

技术指标

给水用聚乙烯（PE）管材技术性能如下：

序号	项目	要求	试验参数		检测结果
1	静液压强度（20°C，100h）	无破坏，无渗漏	试验温度试验时间环应力 PE 80 PE 100	20℃ 100h 10.0MPa 12.0MPa	无破坏，无渗漏
2	静液压强度（80°C，1000h）	无破坏，无渗漏	试验温度试验时间环应力 PE 80 PE 100	80℃ 1000h 4.0MPa 5.0MPa	无破坏，无渗漏
3	断裂伸长率			≥ 350%	≥ 500%
4	氧化诱导时间			≥ 20min	54min
5	纵向回缩率			≤ 3%	2%
6	炭黑含量			2.0%～2.5%	2.2%
7	灰分			≤ 0.1%	0.1%
8	耐慢速裂纹增长（en>5mm）（切口试验）（温度80℃，时间500h，试验压力1.15MPa）			无破坏，无渗漏	无破坏，无渗漏

福建亚通新材料科技股份有限公司

地址：福清市镜洋工业区
电话：0591-85315915
官方网站：www.atontech.com.cn

非开挖用改性聚丙烯（MPP）电缆导管技术指标如下：

序号	项目	单位	国标的技术性能指标	检测结果
1	密度	g/cm^3	0.90～0.94	0.91
2	环刚度（3%）（常温）	kPa	SN40 等级 ≥ 24	25.3
3	压扁试验	—	加荷至试样垂直方向变形量为原内径 50% 时，试样不应出现裂缝或破裂	无裂缝，无破裂
4	落锤冲击	—	试样不应出现裂缝或破裂	无裂缝，无破裂
5	维卡软化温度	°C	≥ 150	153
6	拉伸强度	MPa	管材≥ 25；熔接接头≥ 22.5	26.0
7	断裂伸长率	%	≥ 400	468
8	弯曲强度	MPa	≥ 36	37

埋地排水用（PVC-U）双壁波纹管材技术指标如下：

序号	项目	要求	检测结果
1	环刚度（kN/m^2）SN8	≥ 8	9.5
2	环柔性	试样圆滑，无破裂，两壁无脱开	符合
3	烘箱试验	无分层，无开裂	无分层，无开裂
4	冲击性能（%）	TIR ≤ 10	合格（25 次冲击均无破裂）
5	蠕变比率（%）	≤ 2.5	1.5

工程案例

将乐县安福重点中型灌区节水配套项目的改造；庐江县泥河镇供水管道工程的改造；泉州围头抗风浪深水网箱系统的搭建；建阳区崇乡集镇饮用水系统的改造；浦城县莲塘路的道路改造；尤溪县罗坑院接线道路工程；长乐区爱心路改造工程。

生产企业

福建亚通新材料科技股份有限公司始创于 1994 年，是一家专业从事高分子材料及其制品研究开发和制造的国家级重点高新技术企业。公司主要致力于设计、生产、销售和安装应用于市政建设（道路、通信、电力、燃气、供水、排水、排污等基础设施建设）、水务投资运营（城市供水、排污、输水管网建设改造）、建筑工程、农业节水排灌系统、现代园艺等各种塑料管道，产品种类及配套齐全。现系中国塑料加工工业协会塑料管道专委会理事长单位，住房城乡建设部塑料管道新技术产业化基地，国家知识产权示范企业，国家火炬计划重点高新技术企业，全国化学建材骨干企业，全国化学建材工作先进集体，科技部、住房城乡建设部联合定点的国家科技成果推广示范基地，全国百强侨资企业，福建省塑胶管材行业技术开发基地，福建省创新型企业，福建省实施技术标准战略试点企业。

福建亚通新材料科技股份有限公司

地址：福清市镜洋工业区
电话：0591-85315915
官方网站：www.atontech.com.cn

证书编号：LB2021GP002

京华钢塑复合管、低压流体输送用焊接钢管（热镀锌）、普通流体输送管道用埋弧焊钢管

产品简介

　　钢塑复合管以无缝钢管、焊接钢管为基管，内壁衬塑高附着力、防腐、食品级卫生型的聚乙烯粉末颗粒。内壁复衬聚乙烯塑料管，既提高了钢管在输送过程中的耐腐蚀性能，又保留了镀锌钢管采用螺纹联接密封性好、机械强度高、价格低廉的优点，具有重量轻、耐腐蚀、不结垢、使用寿命长等特点，可应用于生活饮用水的管道系统。产品卫生性能符合《生活饮用水输配水设备及防护材料卫生安全评价规范》（2001）的要求。

　　热镀锌管是使熔融金属与铁基体反应而产生合金层，从而使基体和镀层二者相结合。热镀锌是先将钢管进行酸洗，为了去除钢管表面的氧化铁，酸洗后，通过氯化铵或氯化锌水溶液或氯化铵和氯化锌混合水溶液在槽中进行清洗，然后送入热浸镀槽中。热镀锌具有镀层均匀、附着力强、使用寿命长等优点。钢管基体与熔融的镀液发生复杂的物理、化学反应，形成耐腐蚀的结构紧密的锌－铁合金层。合金层与纯锌层、钢管基体融为一体，故其耐腐蚀能力强。

适用范围

　　广泛应用于生活饮用水、消防用水、空调用水、压缩空气等介质的传输。

　　由于热镀锌制品具有外表美观、耐腐蚀性能好等特点，其应用范围越来越广泛。热镀锌制品在工业（如化工设备、石油加工、海洋勘探、金属结构、电力输送、造船等）、农业（如：喷灌、暖房）、建筑（如：水及煤气输送、电线套管、脚手架、房屋等）、桥梁、运输等方面，近几年已大量地被采用。

技术指标

钢塑复合管

公称外径 DN	内衬塑料层	
	厚度	允许偏差
25		
32		
40	1.5	+0.2 -0.2
50		
65		
80		
100	2.0	+0.2 -0.2
125		
150	2.5	+0.2 -0.2
200		
250	3.0	+ 不限 -0.5
300		

唐山京华制管有限公司

地址：唐山市开平区开越路东侧
电话：0315-3371628
官方网站：www.tsjhhg.com

低压流体输送用焊接钢管（热镀锌）

1. 锌液温度应控制在 440 ～ 460℃之间。2. 浸锌时间应控制在 30 ～ 60 秒之间。3. 加铝量（锌液含铝量为 0.01% ～ 0.05%）。每半月对锌液含铝量检测一次。4. 锌锭应使用国标 ZnO——1# 锌锭。5. 表面光洁度、无漏镀、无锌瘤、无划伤。

工程案例

杭州盈都五角广场、合肥吾悦广场、苏州自来水、蒙城万达广场、唐山世博园、长沙雅居乐。

生产企业

唐山京华制管有限公司始建于 2001 年，位于河北唐山开平高新技术产业开发区，是国家高新技术企业、河北省科技型企业，全国知名大型焊接钢管制造企业。

公司注册资本 2 亿元，占地 631 亩，员工 1800 余人。拥有直缝焊管、热浸镀锌钢管、螺旋缝埋弧焊钢管、衬塑复合管、方矩管、涂塑生产线 49 条，设计产能 300 余万吨。主产直缝电焊钢管、热浸镀锌钢管、螺旋缝埋弧焊钢管、方矩管、热浸镀锌方矩管、衬塑复合管、涂塑钢管七大类产品，广泛应用于石油管线、给排水、消防、燃气等低压流体输送及穿线、结构、冷弯、高速材料等多种用途。

公司荣列国家钢管标准修制订单位，多年来参与起草和制修订国家、行业标准 7 项；拥有一个省级企业技术中心，取得发明专利 4 项，实用新型专利 16 项；先后通过质量、环境、职业健康安全体系认证、安全标准化审核认证、中国环境标志产品认证。"华岐"牌钢管已有二十余年的制造历史，以其优异的产品质量获得"CTC 中国建材认证产品""河北省优质产品""河北省企业技术中心""全国质量检验稳定合格产品"等荣誉。

唐山京华制管有限公司

地址：唐山市开平区开越路东侧
电话：0315-3371628
官方网站：www.tsjhhg.com

证书编号：LB2021GP003

民乐流体输送用不锈钢焊接钢管、双卡压不锈钢管材和管件

产品简介

民乐牌不锈钢管材及管件以浦项、太钢等大厂不锈钢2B板材为原材料，采用先进的自动化机械设备，内外充氩气保护，单面焊双面成型的氩弧焊焊接工艺，确保焊缝饱满、颜色银白，具有更强的耐腐蚀能力和承受更大的流体压力，管道内壁光滑、不结垢、卫生、无污染、耐腐蚀。密封圈采用卫生级、抗老化的三元乙丙橡胶。

民乐牌不锈钢管管材和管件有以下优点：1. 强度高，抗震性好，抗冲击力强，是铜管的3倍，塑料水管的8～10倍；2. 流速大，可承受每秒30米的高速水流冲击；3. 热膨胀系数低，是塑料管的1/8，耐高温性强，热胀冷缩慢，不易渗漏；4. 耐腐蚀性强，酸洗钝化后不锈钢管内外壁产生氧化膜可耐受的氯化物含量达 200×10^{-6}；5. 光照不老化，不锈钢管材中的分子排列紧密，分子量很小，在光照、受热时不会发生老化、脆化现象；6. 卫生健康，不锈钢材料是可以植入人体的健康材料，管道内壁光滑，长期使用不会积垢、不易被细菌粘污，无须担心水质受影响，更能杜绝水的二次污染。7. 经久耐用，经济实用，不锈钢水管的使用寿命可达100年，寿命周期内几乎不需要维护，避免了管道更换的费用和麻烦，一次使用终身受益。8. 耐高温、高压，使用范围广，不锈钢可以在 -270～400℃ 的温度下长期安全工作，不锈钢水管抗拉强度大于 530 N/mm，大大降低了受外力影响漏水的可能性，使水资源得到有效的保护和利用。

适用范围

适用于工作压力不大于2.5MPa的市政供水、直饮水、燃气、食品、医疗、大型建筑给排水。

技术指标

适用规格	标准要求	优于标准内容
公称尺寸 DN	外径 D	外径 D
20	22.0 ± 0.11	22.0 ± 0.08
25	28.0 ± 0.14	28.0 ± 0.10
32	35.0 ± 0.17	35.0 ± 0.12
40	42.0 ± 0.21	42.0 ± 0.15
50	54.0 ± 0.26	54.0 ± 0.20
65	76.1 ± 0.38	76.1 ± 0.25
80	88.9 ± 0.44	88.9 ± 0.30
100	108 ± 0.54	108 ± 0.35
150	159.0 ± 1.19	159.0 ± 0.79
200	219.0 ± 1.64	219.0 ± 1.09
250	273.0 ± 2.05	273.0 ± 1.36
300	325.0 ± 2.44	325.0 ± 1.62
DN20～DN300 管材	允许偏差为 + 20mm	允许偏差为 + 10mm
钢管 ≤ 50	钢管端部的切斜 ≤ 1.5mm	钢管端部的切斜度范围缩小至 ≤ 1.2mm
钢管 >50～100	钢管端部的切斜 ≤ 2.5mm	钢管端部的切斜度范围缩小至 ≤ 2.0mm
钢管 >100～200	钢管端部的切斜 ≤ 3.5mm	钢管端部的切斜度范围缩小至 ≤ 2.5mm

深圳市民乐管业有限公司

地址：深圳市光明新区马田街道马山头社区钟表基地格雅科技大厦1栋1005
电话：0755-81721666
官方网站：http://www.szminle.com/

DN20 ～ DN300 管材	力学性能，热处理状态下，断后伸长率 $A/\% \geqslant 35$	力学性能，热处理状态下，断后伸长率 $A/\% \geqslant 40$
DN20 ～ DN300 管材	力学性能，非热处理状态下，断后伸长率 $A/\% \geqslant 25$	力学性能，非热处理状态下，断后伸长率 $A/\% \geqslant 30$

工程案例

工程名称或使用单位	主要规格、数量	竣工地点	项目金额	竣工时间
北京市自来水集团禹通市政工程有限公司	DN15 ～ 150	北京市	500 万元	未竣工
邯郸市自来水公司供水工程处	DN15 ～ 250	河北省、邯郸市	1000 万元	2019.03
南通开发区自来水供应中心、南通市自来水公司	DN15 ～ 200	江苏省、南通市	884 万元	未竣工
南充水务投资（集团）有限责任公司	DN15 ～ 300	四川省、南充市	829 万元	2019.05
娄底市水业有限责任公司	DN15 ～ 200	湖南省、娄底市	512 万元	未竣工
永州市零陵区自来水公司	DN15 ～ 200	湖南省、永州市	500 万元	未竣工
深圳市金润建设工程有限公司（宝安水务双龙花园、名城花园项目）	DN20 ～ 150	深圳市、宝安区	400 万元	2018.06
广州市番禺区东乡供水有限公司	DN15 ～ 300	广州市、番禺区	500 万元	未竣工
中山公用水务有限公司	DN15 ～ 300	广东省、中山市	500 万元	未竣工
株洲水务投资集团有限公司	DN15 ～ 200	湖南省、株洲市	500 万元	未竣工
深圳市悦盛建筑工程有限公司（宝安社区水管改造工程五期Ⅲ标）	DN15 ～ 150	深圳市、宝安区	500 万元	2019.03
揭阳市揭西建筑集团公司（宝安社区水管改造工程五期Ⅳ标）	DN15 ～ 200	深圳市、宝安区	500 万元	2019.03
郑州三强市政工程有限公司	DN15 ～ 300	河南省、郑州市	500 万元	未竣工
晋江市华天市政工程有限公司	DN15 ～ 200	福建省、晋江市	500 万元	未竣工
慈溪市水务工程有限公司	DN15 ～ 300	浙江省、慈溪市	500 万元	未竣工
长沙水业集团有限公司	DN15 ～ 200	湖南省、长沙市	500 万元	未竣工

生产企业

　　深圳市民乐管业有限公司秉承"民为本　乐天下"的经营理念，坚持"诚为全民营造乐业安居环境"的使命，现主要生产/销售 DN15 ～ DN600 的各类薄壁不锈钢管材（件）。总公司坐落于深圳市光明区，生产基地位于佛山顺德，占地近30000 平方米，现有员工 300 多人，自动化生产设备 3000 余台/套，均达到国内先进水平，产品广泛应用于星级酒店、医疗卫生、住宅、水务、燃气、工业、教育等领域，销售网络遍布国内各大城市，并和全球多家企业建立了合作伙伴关系。

　　2008 年获评高新技术企业，一直以来以品质、效率、技术、服务四大核心享誉业界，获得"质量、信誉、服务 AAA级会员单位"称号、六十多项国家实用新型专利和发明专利等殊荣，通过了 ISO 9001 国际质量体系认证及 ISO 14001 国际环境体系认证，并通过康居认证，连续获得"给水排水设备分会突出贡献企业""全国房地产总工优选品牌产品"等荣誉，主编和参编了多项国家标准和行业标准，受到社会广泛赞誉。

深圳市民乐管业有限公司

地址：深圳市光明新区马田街道马山头社区钟表
　　　基地格雅科技大厦 1 栋 1005
电话：0755-81721666
官方网站：http://www.szminle.com/

证书编号：LB2021GP004

国登 PE 给水管材、聚乙烯缠绕结构壁管材（B 型）、聚乙烯（HDPE）双壁波纹管

产品简介

国登牌 PE 给水管材采用优质全新料、先进的工艺和设备严格按照 GB/T 13663.2—2018《给水用聚乙烯（PE）管道系统 第 2 部分：管材》进行生产。结构独特，抗压能力强，内壁光滑，连接方便且接口密封性好，具有耐腐蚀、零渗漏、不结垢的特点，重量轻，有良好的挠曲性能，施工方便，可降低施工费用，缩短施工周期。使用寿命长，地埋使用年限可达几十年。

聚乙烯缠绕结构壁管材（B 型）采用高密度聚乙烯为原料，在热熔状态下通过缠绕成型工艺制成，并在热态未脱模前，通过滚动风冷方式冷却，是一种内壁光滑，外壁为螺形状加强肋，由螺旋卷绕工艺制成的结构壁管材。

聚乙烯（HDPE）双壁波纹管结构独特，强度高，抗压耐冲击性极好；内壁平滑，摩擦阻力小，流通量大；耐腐蚀，连接方便，接头密封好，不易渗漏；重量轻，施工快捷，工期短，费用低；埋地使用寿命长达几十年。

适用范围

PE 给水管材产品常用于城市给水、市政等工程压力管道，聚乙烯缠绕结构壁管材（B 型）和聚乙烯（HDPE）双壁波纹管产品常用于城市市政排水、工业排水等无压管道。

技术指标

PE 给水管性能指标如下：

序号	检测项目	性能指标
1	颜色	黑色
2	外观	管材的内外表面应清洁、光滑，不允许有气泡、明显的划伤、凹陷、杂质、颜色不均等缺陷
3	断裂伸长率（%）	≥ 350
4	纵向回缩率（%）	≤ 3
5	氧化诱导时间（200℃，min）	≥ 20
6	静液压强度（20℃，100h）	无破坏，无渗漏

聚乙烯缠绕结构壁管材（B 型）性能指标如下：

序号	检测项目	性能指标
1	颜色	黑色
2	外观	内外壁应无气泡和可见杂质，熔缝无脱开，内表面应光滑平整
3	冲击性能 TIR(%)	≤ 10
4	烘箱试验	熔接处应无分层、无开裂
5	环柔性	试样圆滑，无反向弯曲，无破裂

安徽国登管业科技有限公司

地址：安徽省合肥市商贸物流开发区唐安路以北、大彭路以西
电话：0551-62529060
邮政编码：231602
网址：http://www.ahgoodee.com

聚乙烯（HDPE）双壁波纹管性能指标如下：

序号	检测项目	性能指标
1	颜色	内外层各自的颜色均匀一致，外层一般为黑色
2	外观	管材内外层不准许有气泡、凹陷、明显的杂质和不规则波纹等其他明显缺陷
3	冲击性能 TIR(%)	≤ 10
4	烘箱试验	无分层、无开裂
5	环柔性	管材无破裂，两壁无脱开，内壁无反向弯曲

工程案例

中储粮工业蒸汽项目、港能投纵横钢铁集中供暖项目、沧州运东供热项目、南京江北区冷热联供工程项目、曹妃甸市政供水项目等。

生产企业

安徽国登管业科技有限公司坐落于安徽省合肥市商贸物流开发区，是一家专业生产市政给排水和塑料化工及电力通信用管道的国家高新技术企业。公司现有四大生产基地，分别位于安徽省合肥市肥东县、长丰县、滁州市全椒县及阜阳界首市，是安徽省管材业商会会长单位、安徽省专精特新企业，拥有安徽省企业技术中心等，注册资金 1.58 亿元，厂区面积 60000 多平方米，生产线 40 余条，年生产能力 5 万吨以上，其中给水管口径可生产至 1200mm，是安徽省内为数不多的大口径给水管生产企业，同时也是目前国内综合实力较强的新型塑料管材生产企业之一。

我公司主营 PE 燃气管、给水管（本产品由太平洋保险公司承保）、非开挖牵引管、MPP 电力电缆护套管、双壁波纹管、钢带增强螺旋波纹管、塑钢缠绕管、埋地用聚乙烯（PE）结构壁管、增强聚乙烯（PE）螺旋波纹管、PE 梅花管、PE 盘管、C-PVC 电力护套管、预应力波纹管、硅芯管、塑料检查井及其他多种新型塑料管材。

安徽国登管业科技有限公司

地址：安徽省合肥市商贸物流开发区唐安路以北、大彭路以西
电话：0551-62529060
邮政编码：231602
网址：http://www.ahgoodee.com

证书编号：LB2021GP005

卓越钢丝网骨架塑料（聚乙烯）复合管材、给水用聚乙烯（PE）管材及管件、非开挖改性聚丙烯塑料电缆导管

产品简介

钢丝网骨架塑料复合管是一款改良过的新型的钢骨架塑料复合管。管材以高强度过塑钢丝网骨架和热塑性塑料聚乙烯为原材料，钢丝缠绕网作为聚乙烯塑料管的骨架增强体，以高密度聚乙烯(HDPE)为基体，采用高性能的HDPE改性粘结树脂将钢丝骨架与内、外层高密度聚乙烯紧密地连接在一起，使之具有优良的复合效果。这种复合管克服了钢管和塑料管各自的缺点，而又保持了钢管和塑料管各自的优点。

PE（聚乙烯）材料由于其强度高、耐腐蚀、无毒等特点，被广泛应用于给水管制造领域。卓越给水用聚乙烯（PE）管材及管件具有以下突出特点：①绿色环保，PE管加工时不添加任何含重金属的添加剂，无毒、卫生、绿色环保。②输送性能优良，PE管内壁光滑不结垢，摩擦系数极低，流通能力大。③独特的电熔连接和热熔对接，实现接头与管材的一体化，密封强度高。④采用优质进口原料，综合性能优良，可安全使用50年以上。⑤聚乙烯管道密度小，质量轻且具有优良的挠性，安装简易方便。

非开挖改性聚丙烯(MPP)塑料电缆导管采用改性聚丙烯（MPP）为主要原材料，安装时无须大量挖泥、挖土及破坏路面。非开挖改性聚丙烯(MPP)塑料电缆导管具有以下优良性能：①具有优良的电气绝缘性。②具有较高的热变形温度和低温冲击性能。③抗拉、抗压性能比HDPE管材高。④质轻、光滑、摩擦擦阻力小、可热熔焊对接。

适用范围

钢丝网骨架塑料复合管采用了优质的材质和先进的生产工艺，使之具有更高的耐压性能。同时，该复合管具有优良的柔性，适用于长距离埋地用供水、输气管道系统。

给水用聚乙烯（PE）管材及管件适用于水温不大于40℃，最大工作压力（MOP）不大于2.0MPa，一般用途的压力输水和饮用水输配的聚乙烯管道系统及其组件。

非开挖改性聚丙烯塑料电缆导管可广泛应用于市政、电信、电力、煤气、自来水、热力等管线工程。城乡非开挖水平定向钻进电力排管工程，及明开挖电力排管工程。城乡非开挖水平定向钻进下水排污排管工程。

技术指标

钢丝网骨架塑料复合管性能指标如下：

静液压强度

序号	项目	要求	试验参数		检测结果
1	静液压强度（20℃，100h）	无破坏，无渗漏	试验温度 试验时间 环应力 PE 80 PE 100	20℃ 100h 10.0MPa 12.0MPa	无破坏，无渗漏
2	静液压强度（80℃，1000h）	无破坏，无渗漏	试验温度 试验时间 环应力 PE 80 PE 100	80℃ 1000h 4.0MPa 5.0MPa	无破坏，无渗漏

物理力学性能

序号	项目	要求	测试结果
1	断裂伸长率	≥ 350%	≥ 500%
2	氧化诱导时间	≥ 20min	54min

山东卓越管业有限公司

地址：山东省临沂市兰山区枣沟头工业园
电话：0539-8636986
官方网站：www.zhuoyueguanye.com

3	纵向回缩率	≤ 3%		2%
4	炭黑含量	2.0% ~ 2.5%		2.2%
5	灰分	≤ 0.1%		0.1%
6	耐慢速裂纹增长（en > 5mm）（切口试验）（温度 80℃，时间 500h，试验压力 1.15MPa）	无破坏，无渗漏		无破坏，无渗漏

聚乙烯管件的产品技术参数

静液压强度

序号	项目	要求	试验参数		检测结果
1	静液压强度（20℃，100h）	无破坏，无渗漏	试验温度 试验时间 环应力 PE 80 PE 100	20℃ 100h 10.0MPa 12.0MPa	无破坏，无渗漏
2	静液压强度（80℃，1000h）	无破坏，无渗漏	试验温度 试验时间 环应力 PE 80 PE 100	80℃ 1000h 4.0MPa 5.0MPa	无破坏，无渗漏

物理性能

序号	项目	要求	检测结果
1	氧化诱导时间	≥ 20min	43min
2	熔体质量流动速率（g/10min）(190℃，5kg)	加工前后 MFR 变化不大于 20	符合（变化率 = + 6%）

非开挖改性聚丙烯塑料电缆导管技术性能如下：

序号	项目	单位	国标的技术性能指标	检测结果
1	密度	g/cm³	0.90 ~ 0.94	0.91
2	环刚度（3%）（常温）	kPa	SN40 等级 ≥ 24	25.3
3	压扁试验	—	加荷至试样垂直方向变形量为原内径 50% 时，试样不应出现裂缝或破裂	无裂缝无破裂
4	落锤冲击	—	试样不应出现裂缝或破裂	无裂缝无破裂
5	维卡软化温度	℃	≥ 150	153
6	拉伸强度	MPa	管材 ≥ 25；熔接接头 ≥ 22.5	26.0
7	断裂伸长率	%	≥ 400	468
8	弯曲强度	MPa	≥ 36	37

工程案例

钢丝网骨架塑料复合管：济南消防整改项目。

给水用聚乙烯（PE）管材及管件：菏泽饮用水改造项目的改造；安徽省农村饮用水改造项目；黑龙江省饮用水项目的。

非开挖改性聚丙烯塑料电缆导管：双岭高架的道路改造；南通市道路工程；电信铺设电联线路改造工程。

生产企业

山东卓越管业有限公司是国规模较大的 PE 管道生产的产销研一体化高新技术企业。公司总部坐落于物流之都山东省临沂市，拥有湖北、四川、甘肃、福建、河北五大生产基地。公司产品涉及给水、排水、排污、灌溉、采暖、净水、饮用水、消防、燃气、电力、油田、船舶、海洋养殖等众多领域，主要经营供应国家基础建设配套的流体输送管道、气体输送管道、电力电缆保护管道、海绵城市管道、纳米抗菌自洁饮用水管道、钢丝网骨架管道、波纹管道及周边配套产品。

山东卓越管业有限公司

地址：山东省临沂市兰山区枣沟头工业园
电话：0539-8636986
官方网站：www.zhuoyueguanye.com

证书编号：LB2021GP006
HB2021GP003

康桥聚乙烯（PE）双壁波纹管、非开挖铺设用高密度聚乙烯排水管、埋地排水用钢带增强聚乙烯（PE）螺旋波纹管

产品简介

HDPE 双壁波纹管是以高密度聚乙烯为主要原材料的复合型管材，广泛应用于市政、小区、工业雨污水排放、电力通信护套、农田灌溉等。

1.内双层壁结构，其中外壁为规则波纹，提高管材抗外压能力，内壁为平直管壁，保证水流输送，且承口环向加强筋设计，抗外压强度更高。2.其材料特点为耐氧化、抗疲劳，环保安全，使用寿命长达 50 年。3.其安装特点为采用天然橡胶圈柔性联接，方便快捷，密封性好，综合成本低。

给水用 PE 管材是以 HDPE 为主要原材料的环保型管材、管件。应用于温度不超过 40℃的一般用途的压力输水以及饮用水输送。

1.具备无毒无味、质轻、价廉、耐腐蚀、耐化学性、抗疲劳等优点，是新一代替换钢制管材的选择。2.在满足管材物理力学性能之外，还具备表观光滑、输送量大等特点。3.符合 GB/T 17219《生活饮用水输配水设备及防护材料的安全性评价标准》卫生性能。

排水用 PE 管材是以 HDPE 为主要原材料的管材。应用于输送介质温度不超过 40℃，非开挖铺设用、城镇无压排水用。

1.物理性能优良，PE 排水管主要采用聚乙烯为材料，能够保证管材的刚性和强度，同时还具有柔性和耐蠕变性。2.耐腐蚀性比较好，聚乙烯耐化学介质的腐蚀，不需要任何防腐处理，也不会促进藻类的生长，这样使用寿命也会比较长。3.PE 管材具有较高的韧性，而断裂伸长率也比较大。4.流动能力强，由于管壁光滑，阻力比较小，这样可以使水速快，流量比较大。5.施工方便，采用定向钻进技术施工，无须开沟。

适用范围

产品适用于市政排水；排污管道系统工程、公寓、住宅小区地下埋设排水排污；高速公路预埋管道；高尔夫球场地下渗水管网；农田水利灌溉输水、排涝等水利工程；化工、矿山用于流体的输送及通风等；地下管线的保护套管和通信电缆护套管等。

技术指标

双壁波纹管

环刚度，kN/m²	SN4 ≥ 4.SN8 ≥ 8.SN10 ≥ 10.
冲击性能（TIR）	≤ 10%
环柔性	无破裂，两壁无脱开
烘箱试验	无气泡、无分层、无开裂
连接密封性能	不泄漏

给水用 PE 管材

静液压试验	不破裂、不渗漏
炭黑含量	2.0% ～ 2.5%
断裂伸长率	≥ 350%
纵向回缩率	≤ 3%
氧化诱导时间	≥ 20min
卫生性能	GB/T 17219

安徽康桥环保科技有限公司

地址：安徽省阜阳市颍州区马寨乡向阳路 1 号
电话：15856384795
官方网站：http://m.ahkqhb.com/

非开挖工程用聚乙烯（PE）管

环刚度	≥对应等级
环柔性，50%	内壁圆滑，无反向弯曲，无破裂
拉伸强度	≥ 20MPa
断裂伸长率	≥ 350%
纵向回缩率（110℃）	≤ 3%

工程案例

安徽康桥环保科技有限公司参与了阜阳市颍东农村污水处理改造工程、百巷改造工程、临泉高标准农田项目。

生产企业

安徽康桥环保科技有限公司位于安徽省阜阳市颍州区向阳路 1 号，专业生产 PE 给水管、HDPE 双壁波纹管、PE 排水管、MPP 电力管、钢带管，公司拥有国内先进的管道生产线和一支专业研发生产团队，并配备国内外先进的检验检测设备。公司已通过质量、环境、安全三体系认证。

333

安徽康桥环保科技有限公司

地址：安徽省阜阳市颍州区马寨乡向阳路 1 号
电话：15856384795
官方网站：http://m.ahkqhb.com/

证书编号：LB2021GP007

顾地冷热水用 PP-R 管材、给水用硬聚氯乙烯（PVC-U）管材、建筑排水用硬聚氯乙烯（PVC-U）管材

产品简介

　　该管道采用丙烯 - 乙烯（乙烯含量 1% ～ 4%）共聚物为原料经挤出成型而生产。PP-R 管材除具有普通塑料管的无锈性、不结垢、流阻小、加工能耗低等特殊性能外，还具有寿命长、低温抗冲击性能好、耐高温不变形（90℃）和良好的热熔焊接性。在输送温度 70℃、工作压力 1.0MPa 的热水时，连续使用寿命可达 50 年，是镀锌管更新换代的优质产品。

　　PVC-U 环保给水管道是一种发展成熟的供水管材，具有耐酸、耐碱、耐腐蚀性强、耐压性能好、强度高、质轻、价格低、流体阻力小、无二次污染、符合卫生要求、施工操作方便等优越性能。大力推广 PVC-U 给水管，符合住房城乡建设部、国家经贸委发展化学建材的指导方针，符合人们生活水平提高的发展需要。PVC-U 环保给水管系统在欧美等发达国家已经使用了几十年，成为应用普遍、广泛的供水系统。

适用范围

　　1. 民用建筑的冷、热给水管道系统。2. 热水循环系统如：空调设备用管、住宅取暖管、游泳池管网。3. 食品、化工、电子等工业管网。4. 纯净水及矿泉水等饮用水生产系统管网。5. 工业用压缩空气用管道。6. 其他工业、农业用管道。

  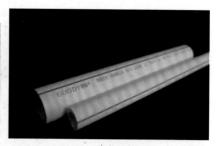

技术指标

PP-R 管材

项目	指标
纵向回缩率	≤ 2%
简支梁冲击试验	破损率＜试样的 10%
静液压试验	无破损，无渗漏
熔体质量流动速率	变化率≤原料的 30%
静液压状态下热稳定性试验	无破损，无渗漏

PVC-U 环保给水管道

项目	指标
密度 kg/m³	1350 ～ 1460
纵向回缩率 %	≤ 5
液压试验	无破损，无渗漏
连接密封试验	无破损，无渗漏
维卡软化点温度℃	≥ 80

顾地科技股份有限公司

地址：湖北省鄂州经济开发区吴楚大道 18 号
电话：0711-3352688/0711-3352766
官方网站：www.goody.com.cn

工程案例

生产企业

"顾地"品牌创建于1979年,成长于广东,发展于全国,是中国难燃PVC电工管和线槽的发明者和制造者。作为推动中国塑胶管道"以塑代钢"的先行者,顾地自创业以来,秉承"追求卓越品质,尽显顾地精华"的经营理念和"勇于创新、追求更高"的信念,推动了塑胶界一系列改革浪潮,为国家的建设和社会的繁荣作出了巨大贡献。

顾地科技股份有限公司(深交所A股上市企业,股票代码:002694)于2010年整体改制,经多年创新与发展,综合研发生产、市场开发、资源整合等多种能力于一身的优势,现已在湖北、重庆、佛山、北京、河南、马鞍山、邯郸、甘肃拥有八大生产基地。

公司拥有横跨PVC、PE和PP三大系列40多个品种5000多个规格塑料管道产品线,广泛应用于建筑内给排水、市政给水、燃气输配、电力、节水灌溉、建筑采暖、市政排水排污等领域,能满足市场的各品种塑料管道需求。产品畅销全国31个省(市),同时远销中亚、东南亚、非洲等国家,是目前国内较具规模和影响力的塑胶建材制造商之一。

公司拥有一支由一百多名高分子材料、机械设计、给排水及暖通等专业的科研技术人才组成的强大科研团队,拥有专利134项,其中专利发明16项,外观设计专利4项,实用新型专利114项。同时,公司是省级企业技术中心、全国给水排水技术研发中心、湖北省博士后创新实践基地,与湖北大学共建"塑料管道系统湖北省工程实验室"、院士专家工作站、湖北省工程技术研究中心等,打造集研发、成型加工技术及生产一体化为一体的管道系统研究和开发应用平台,技术实力雄厚。

公司是中国塑料加工工业协会副理事长单位、中国塑协塑料管道专委会副秘书长单位,也是全国塑料制品标准化技术委员会塑料管材、管件及阀门分技术委员会的核心成员单位。近年,公司多次被评为"全国守合同重信用"单位,陆续获得"国家级高新技术企业""创新型企业"等称号,在行业内具有较高的知名度和美誉度。

为适应时代的发展,顾地科技紧跟国家"十四五"规划步伐,加快创新脚步,全面开展综合管廊、城市地下管网、供水及污水处理工程等多种基础设施建设,加强推进PPP模式的政企合作,大力推进"海绵城市"建设。公司在不断加强规范管理的同时,积极开拓市场,大力寻求环保建材领域的发展机会,向着"百年企业、百亿企业"的目标奋进,把公司建设成为中国集规模、实力及魅力于一体的现代化企业,为国家基础设施建设及可持续发展贡献力量。

335

顾地科技股份有限公司

地址:湖北省鄂州经济开发区吴楚大道18号
电话:0711-3352688/0711-3352766
官方网站:www.goody.com.cn

证书编号：LB2021GP008

君业钢套钢蒸汽保温管材及管件；给水用聚乙烯 (PE) 管及管件；预制架空和综合管廊热水保温管及管件

产品简介

钢套钢预制直埋蒸汽保温管用于化工、城镇热网、石油、市政建设等工程，适用长期运行不超过 350℃的蒸汽输送保温，主要用于管道、容器内热介质物料的保温隔热，具有热损失低，便于施工和维护的特点。

PE 给水管广泛应用于城镇和农村集中供水、灌溉、工业供水等领域，以其使用寿命长、强度高、韧性好、耐磨性好和耐腐蚀性好等特点受到广大客户青睐。具有以下优势：

（1）强度高，耐环境应力开裂性能优良，抗蠕变性能好；

（2）韧性、挠性好，对基础不均和错位的适应能力强；

（3）具有良好的耐候性和长期热稳定性；

（4）耐腐蚀和耐磨性能好，无需做防腐处理，使用寿命长；

（5）内壁光滑，水流阻力小，流通能力大；

（7）抗低温冲击性能好，可在外部环境 -20~40℃温度范围内安全使用，冬期施工不受影响；

（8）电熔（或热熔）连接安全、方便，更好地保证 PE 管接口位置的质量且施工成本低，维护方便。

（9）采用国标大品牌原包 HDPE 颗粒生产的给水 PE 管，无任何杂质，对人体无害。

预制架空和综合管廊蒸汽保温管及管件，中间为复合保温材料，耐温效果好，外层为镀锌铁皮外护管，抗紫外线效果强，采用工厂预制方式，多层保温材料结构紧凑，支架可直接焊接在外护管上，不与工作钢管接触，避免热桥散热损失。君业牌预制架空和综合管廊热水保温管及管件采用聚氨酯保温加镀锌螺旋管外护结构，工厂化预制，增强密封性能，降低热损失，同时降低施工成本。

适用范围

钢套钢预制直埋蒸汽保温管适用长期运行不超过 350℃的蒸汽输送保温，主要用于管道、容器内热介质物料的保温隔热，具有热损失低，便于施工和维护的特点。

给水用聚乙烯 (PE) 管可广泛应用于水务工程、生活饮用水、直饮水管道、居民住宅供水、供水管网等给排水领域。

技术指标

钢套钢蒸汽保温管及管件产品执行 CJ/T 246—2018《城镇供热预制直埋蒸汽保温管及管路附件》。

预制架空和综合管廊蒸汽保温管及管件产品执行 T/CDAH 2—2019《架空和综合管廊预制蒸汽保温管及管件》。

预制架空和综合管廊热水保温管及管件产品执行 T/CDAH1-2019《架空和综合管廊预制热水保温管及管件》。

给水用聚乙烯 (PE) 管技术指标如下表：

序号	检验项目		标准要求	检验结果	单项判定
1	外观		管材的内外表面应清洁、光滑，不允许有气泡、明显的划伤、凹陷、杂质、颜色不均等缺陷。管端头应切割平整，并与管轴线垂直。	管材的内外表面清洁、光滑，无气泡、明显的划伤、凹陷、杂质、颜色不均等缺陷。管端头切割平整，并与管轴线垂直。	符合
2	规格尺寸,mm	平均外径	630.0~633.8	630.2~632.7	符合
		壁厚	37.4~41.3	37.6~40.7	符合
3	静液压强度(20℃,环向应力 12.0MPa,100h)		不破裂、不渗漏	不破裂、不渗漏	符合

河北君业科技股份有限公司

地址：河北省唐山市丰南沿海开发区永昌大街 12 号
电话：0315-5315153
传真：0315-5315153
官方网站：http://www.cnjunye.cn/

4	静液压强度（80℃，环 向应力 5.4MPa.165h）	不破裂、不渗漏	不破裂、不渗漏	符合
5	熔体质量流动速率 （g/10min）	加工前后 MFR 变化不大于 20%	15%	符合
6	断裂伸长率 .%	≥ 350	373	符合
7	纵向回缩率，%	≤ 3	2	符合
8	氧化诱导时间 , min	≥ 20	>20	符合

工程案例

中储粮工业蒸汽项目、港能投纵横钢铁集中供暖项目、沧州运东供热项目、南京江北区冷热联供工程项目、曹妃甸市政供水项目等。

生产企业

河北君业科技股份有限公司成立于 2012 年 7 月，公司位于唐山市丰南工业区，公司是集保温管研发、生产、销售、技术咨询为一体的综合性科技企业。公司目前主要经营预制直埋保温管、钢套钢蒸汽保温管、高密度聚乙烯管、报警线防渗漏保温管等保温管材 / 件六十余种。公司产品广泛应用于集中供热 / 冷、石油天然气和工业领域，行销等全国三十余省、市、自治区，是"重合同守信用企业"和"质量信得过单位"。

2016—2019 年，公司先后被认定为国家级和省级科技型中小企业、国家高新技术企业、河北省"专精特新"示范企业、河北省"科技小巨人"、河北省"千家领军型企业"、河北省绿色工厂企业、唐山市"科技创新示范企业"。

公司生产的"君业"牌预制直埋保温管 / 件被评为"中国管道十佳品牌""河北省中小企业名牌产品""河北省 AAA级名优品牌""唐山市中小企业名牌产品"。

公司是中国城镇供热协会、中国节能协会热电产业联盟会员单位，中国中小企业协会供热专业委员会会长单位，公司连续三年被评为"AAA"级企业，连续三年被市国税局评为"重点建设先进单位"。

公司建有省级和市级研发平台各一个，拥有授权专利 35 项，其中发明专利 9 项，申请受理专利 15 项；参编国家标准5 项，并自有企业标准 9 项。

地址：河北省唐山市丰南沿海开发区永昌大街 12 号
电话：0315-5315153
传真：0315-5315153
官方网站：http://www.cnjunye.cn/

河北君业科技股份有限公司

证书编号：LB2021GP009

华烨流体输送用不锈钢焊接钢管、薄壁不锈钢卡压式和沟槽式管件

产品简介

华烨牌不锈钢水管、管件选用 304/316 材质不锈钢原料，严格按照 ISO 9001 体系标准生产，产品具有卫生健康、经久耐用、耐高压高温、节能环保、经济适用等独特优势，产品规格齐全，连接方式先进，安装维护方便，应用广泛。

适用范围

可广泛应用于水务工程、生活饮用水、直饮水管道、居民住宅供水、供水管网等给排水领域。

技术指标

产品规格	φ15×0.8 管材（给水用）
检验项目	标准要求
外形及表面质量	钢管内外表面应光滑、不得有分层、划伤、脱皮、凹陷和毛刺。管材两端端面与管轴线成垂直
化学成分检验	符合 GB/T 19228.2—2011 表 5 化学成分要求
扩口试验	按 GB/T 242—2007 的规定进行，采用 60° 的圆锥扩口率 30%
涡流探伤	钢管的涡流探伤按 GB/T 7735—2016 的规定进行
气密试验	试验压力 0.6MPa，5s 不渗漏
卫生要求	卫生评价按 GB/T 17219—1998 的规定进行
定尺长度	6000+20
水压测试	管件试验压力不低于 2.5MPa，应无渗漏和永久变形
耐压试验	管件与两端管材卡压连接，充入自来水加压至 2.5MPa，稳压 1min，无渗漏、脱落和变形
尺寸检验	符合 GB/T 19228.1—2011 基本尺寸要求

工程案例

工程名称	竣工时间	应用部位	应用量
日照万达酒店	建设中	酒店冷热水供应	200
诸城舜德帝景	建设中	小区净水入户	150
日照双创园	建设中	热水供应	100

生产企业

山东华烨不锈钢制品集团有限公司始创立于 2001 年，注册资本 1.5 亿元，公司占地 300 亩，员工 500 多人，拥有从冷轧到装饰管以及水管、管件生产完整的产业链条。

华烨集团是山东省制造业单项冠军企业、国家级高新技术企业、不锈钢装饰管行业标准起草单位、山东省不锈钢行业协会常务副会长单位、山东省不锈钢行业协会制管分会会长单位、中国金属流通协会不锈钢分会理事单位、中国建筑给排水协会会员单位。

公司主要产品为新型不锈钢给水管、燃气管及配套管件以及不锈钢装饰管、工业用管等。产品广泛应用于饮用给水管

山东华烨不锈钢制品集团有限公司

地址：山东省蒙阴县垛庄镇华烨路 1 号
电话：0539-7142777
传真：0539-7951515
官方网站：http://www.shandonghuaye.com

道、智慧供水、燃气管道、建筑供排水、建筑装饰、医疗器械、环保机械、石油化工、航空航天等领域。

公司现有不锈钢制管生产线160条，不锈钢管件生产设备60多台套，年产各种规格不锈钢管材10万吨、管件5000万件。自2013年以来，不锈钢管材产量连续8年位居国内同行业前三名。

公司2018年进军新型不锈钢水管管件领域，借助高端科技，将生产线向高智能、全自动、数字化方向调整，严格执行国家标准，产品广泛应用于水务集团、家庭供水、小区管网改造、智慧供水和健康净化活水系统等。该项目致力于给水管道高端领域，高标准、高起点、高品质打造自动化、数字化、网络化、智能化不锈钢流体管道及管件生产线，努力打造"中国不锈钢管道生产制造中心"，建设中国不锈钢水管行业的"富士康"。

山东华烨不锈钢制品集团有限公司

地址：山东省蒙阴县垛庄镇华烨路1号
电话：0539-7142777
传真：0539-7951515
官方网站：http://www.shandonghuaye.com

给排水管网材料

天原给水用抗冲抗压双轴取向聚氯乙烯（PVC-O）管材；给水用丙烯酸共聚聚氯乙烯（AGR）管材；给水用聚乙烯（PE）管材

产品简介

给水用抗冲抗压双轴取向聚氯乙烯（PVC-O）管材以聚氯乙烯为主要原料，是 PVC 管的进化形式，通过特殊的取向加工工艺制造的管材，将采用挤出方法生产的 PVC-U 管材进行轴向拉伸和径向拉伸，使管材中的 PVC 长链分子在双轴向规整排列，获得高强度、高韧性、高抗冲、抗疲劳的新型 PVC 管材。

给水用丙烯酸共聚聚氯乙烯（AGR）管材以丙烯酸共聚聚氯乙烯为主要原料，丙烯酸共聚聚氯乙烯树脂是采用化学接枝共聚改性的 PVC 树脂，拥有比 PVC-U 管材更好的强度、抗冲击性能，尤其低温抗冲击性能比普通 PVC-U 管材提高数十倍，是一种新型高强度、高韧性、高抗冲、抗疲劳的新型 PVC 管材。

给水用聚乙烯（PE）管材采用优质 PE80 和 PE100 原材料，按照 GB/T l3663.2《给水用聚乙烯（PE）管道系统 第 2 部分：管材》制造。产品具有良好的抗环境应力开裂和快速开裂性，性能达到国际标准和国家标准的要求 。

适用范围

给水用抗冲抗压双轴取向聚氯乙烯（PVC-O）管材适用于地下或地上（不直接暴露在阳光下）给水、排水、压力排污及灌溉系统（水温不超过 45℃，最大工作压力不超过 2.5MPa），一般用途的压力输水和饮用水输配的管材和连接件，尤其适用于有冲击载荷和压力波动等特殊要求的工作领域。

给水用丙烯酸共聚聚氯乙烯（AGR）管材可用于长期输送不大于 45℃的生活饮用水。

给水用聚乙烯（PE）管材适用于水温不大于 40 ℃，最大工作压力（MOP）不大于 2.0MPa，一般用途的压力输水和饮用水输配的聚乙烯管道系统及其组件。

技术指标

给水用抗冲抗压双轴取向聚氯乙烯（PVC-O）管材性能指标如下：

序号	项目	条件和要求
1	密度（kg/m³）	1350～1460
2	落锤冲击试验（-10℃）TIR%	≤ 10
3	轴向拉伸强度 /MPa	≥ 48
4	环刚度	不低于理论最小环刚度值
5	液压试验	无破裂，无渗漏

给水用丙烯酸共聚聚氯乙烯（AGR）管材性能指标如下：

序号	项目	条件和要求
1	密度（kg/m³）	1350～1460
2	维卡软化温度 /℃	≥ 74
3	纵向回缩率	≤ 5%
4	压扁试验	无断裂或裂痕
5	拉伸试验	23℃时拉伸强度＞40MPa，拉伸率＞120%
6	落锤冲击试验（-10℃）TIR%	≤ 5
7	液压试验	无破裂，无渗漏

给水用聚乙烯（PE）管材性能指标如下：

宜宾天亿新材料科技有限公司

地址：四川省宜宾市临港经济技术开发区港园路西段 61 号
电话：管道 400-002-0026，地板 400-666-2151
传真：0831-3605077
官方网站：http://www.tynmm.com/

序号	项目	要求
1	熔体质量流动速率（g/10min）	加工前后 MFR 变化不大于 20%
2	氧化诱导时间	≥ 20min
3	纵向回缩率	≤ 3%
4	炭黑含量	2.0% ～ 2.5%
5	炭黑分散	≤ 3 级
6	灰分	≤ 0.1%
7	断裂伸长率	≥ 350%
8	静液压强度	无破坏，无渗漏

工程案例

1. 云南省彝良项目：DN630PVC-O，1.6MPa 供水管线路 3km
2. 云南省宣威项目：DN110-DN200PVC-O，1.6MPa 供水管线路 40km
3. 宜宾市兴文毓秀乡污水处理项目：DN160PVC-O，1.6MPa 供水管线路 1.02km
4. 宜宾市兴文工业园项目：DN315PVC-O，1.6MPa 供水管线路 1km
5. 西昌市木里项目：DN315PVC-O，1.6MPa 供水管线路 6.2km
6. 西昌市泸定项目：DN400PVC-O，1.6MPa 供水管线路 1.8km
7. 宜宾市珙县灾后泉源学校重建项目：DN110-160PVC-O，1.6MPa 供水管线路 9km
8. 宜宾市珙县一体化重建项目：DN110-315PVC-O，1.6MPa 供水管线路 35km
9. 西昌市 2020 美姑安全引用水增补项目
10. 乐山市 2019 年马边县农村安全饮水项目
11. 乐山市马边县八零二洪灾应急项目
12. 湖南衡阳常宁项目：DN400PE，1.6MPa 供水管线路 15km
13. 云南省泸沽湖项目：DN315PE，1.6MPa 供水管线路 30km
14. 宜宾珙县三供一项目：DN315PE，1.6MPa 供水管线路 30km

生产企业

宜宾天亿新材料科技有限公司成立于 2002 年，是宜宾天原集团股份有限公司控股子公司，公司先后通过 ISO 9001 质量管理体系认证、ISO 14001 环境管理体系认证、OHSAS 18001 职业健康安全管理体系认证、知识产权管理体系认证、两化融合管理体系认证、美国 Floorscorer 认证、欧洲 CE 认证、全球 SGS 认证、ASTM 认证。公司已获得授权发明专利 8 项，授权实用新型专利 22 项，审查中的专利 25 项。公司先后获得国家级绿色工厂、国家级绿色设计产品、国家级工业产品绿色设计示范企业、省级绿色工厂等荣誉称号，获得省级"守合同重信用企业"公示证明，获得"中国环境标志产品认证证书""新华节水认证""绿色建筑产品商标"证书，被列为"四川名优产品推荐目录""全国节水产品推荐目录"，被评为"安全生产标准化三级企业（工贸行业）""安全生产目标控制先进单位"。

宜宾天亿新材料科技有限公司

地址：四川省宜宾市临港经济技术开发区港园路西段 61 号
电话：管道 400-002-0026，地板 400-666-2151
传真：0831-3605077
官方网站：http://www.tynmm.com/

证书编号：LB2021GP011

LEDE 沟槽式管件、闸阀、蝶阀

产品简介

公司产品主要包括球墨铸铁沟槽式管件和自密封软密封阀门，安装操作简单，管道原有的特性不受影响，有利于施工安全；系统稳定性好，维修方便，省工省时，可有效提高安装效率。目前产品通过美国 FM/UL、欧盟 CE、WRAS、LPCB、VDS、NSF 等国际权威机构相关产品的标准认证。自密封阀门将自密封原理运用于阀门结构，利用被密封的流体压力实现密封效果，阀门结构简单、制造和使用方便、低耗材，同时又兼具密封性好、寿命长、耐中高压的特点，实现自密封，密封效果好，节能降耗；启闭转矩小，磨损小，使用寿命长，可用于启闭频繁的管道系统；除应用于消防及水行业外，还可满足石化、舰艇等一些关键装置所需。目前，莱德产品已经广泛应用于建筑消防、自来水、石油化工、空调管路系统，同时在海水淡化、农田灌溉、净水污水处理等工程项目中也得到应用。

适用范围

莱德生产的管件、阀门、管道广泛应用于国内外的消防管路、给排水系统、空调管路、石化管路、军工船舶、空港、地铁、机场、智能污水处理系统、智能农田灌溉系统等领域。莱德在全球布局稳步发展，产品远销美国、欧盟、中东、南美等 60 多个国家和地区。

技术指标

一、蝶阀：

产品设计符合 GB/T 12238、GB 5335.6—2018、EN593、ISO5752、AWWAC 515 等国家标准、欧洲标准和美国标准。

二、闸阀：

阀门设计符合 GB/T 24924、GB 5335.6—2018、EN 1171、EN 1074、EN 558-1、ISO 5752、AWWAC 515 等国家标准、欧洲标准和美国标准。

三、沟槽式管接件

"LEDE"沟槽式管件按照国内外标准制造，产品符合 CJ/T 156、GB 5135.11、FM 1920、UL 213 等国家标准、美国标准。

工程案例

北京首都国际机场、上海真如副中心、哈尔滨地铁、杭州奥体中心、厦门世贸海峡大厦、北京财富金融中心、北京盘

山东莱德管阀有限公司

地址：山东省潍坊市滨海经济开发区海韵路以西、珠江东二街以北
电话：0536-8167918
官方网站：www.wflede.com

古大观、上海东方金融广场、青岛国际金融中心、四川电视塔等知名工程和地标建筑。

生产企业

　　山东莱德机械有限公司建于 2003 年 3 月，2016 年山东莱德管阀有限公司正式投产，逐渐形成集科研、开发与生产于一体的民营股份制企业，开发新兴管道连接系统装置，主要生产球墨铸铁沟槽管件和自密封智能管阀。

　　公司秉持"需求痛点就是创新原点"的创新理念，走自主创新之路，是国内较早研发、生产沟槽管件的企业之一，"自密封系列管阀"产品已形成专利群，授权专利达 70 余项，代表性产品"自密封中线蝶阀"入选中国机械工业联合会"改革开放 40 周年——机械工业杰出产品"。公司先后获得"山东省铸造行业综合实力 50 强企业""全国建筑给水排水突出贡献企业"第三届中国铸造行业铸管及管件分行业排头兵企业。

　　产品通过美国 FM/UL、欧盟 CE、WRAS、LPCB、VDS、NSF 等国际权威机构认证，在海外亚洲、非洲、欧盟、南美等国家和地区形成了较好的品牌影响力。

　　目前，莱德管阀生产的管件、阀门、管道在国内外的消防管路、给排水系统、空调管路、石化管路、军工船舶、空港、地铁、机场、智能污水处理系统、智能农田灌溉系统等领域得到广泛应用。

343

山东莱德管阀有限公司

地址：山东省潍坊市滨海经济开发区海韵路以西、珠江东二街以北
电话：0536-8167918
官方网站：www.wflede.com

证书编号：LB2021GP012

海威给水用聚乙烯（PE）管材、钢丝网骨架聚乙烯复合管材、MPP改性聚丙烯电力电缆保护管

产品简介

给水用聚乙烯（PE）管材、管件是以高密度聚乙烯树脂或聚乙烯为主要原料，加入适量助剂改性，以独特的成型工艺挤出成型。产品性能符合现行国家标准 GB/T 13663.2—2018《给水用聚乙烯（PE）管道系统 第2部分：管材》、GB/T 13663.3—2018《给水用聚乙烯（PE）管道系统 第3部分：管件》的要求。

钢丝网骨架聚乙烯复合管材、管件是以高强度钢丝左右螺旋缠绕成型的网状骨架为增强体，以高密度聚乙烯树脂为基体，并用高性能的粘接树脂层将钢丝网骨架与内外层高密度聚乙烯紧密连接在一起。该粘接树脂是一种高性能粘接材料，属于HDPE改性材料，与HDPE在加热条件下能完全熔融为一体，同时，其极性键与钢有极强的粘接性能。粘接树脂的使用成功地解决了钢与HDPE间无连接因子的问题，具有更优良的复合效果。

MPP改性聚丙烯电力电缆保护管以聚丙烯为主要原材料，以独特的成型工艺挤出成型。具有抗高温、耐外压的特点。

适用范围

给水用聚乙烯（PE）管材、管件主要应用于市政埋地供水、建筑给（排）水、农田灌溉、水景工程、工业原料输送等方面。

钢丝网骨架塑料复合管材主要用于市政工程管道、化工行业运输、电力工程输送、农业喷灌等。

MPP改性聚丙烯电力电缆保护管可以广泛应用于市政、电信、电力、煤气等工程。

技术指标

给水用聚乙烯（PE）管材的物理性能如下表：

序号	项目		试验结果
1	断裂伸长率，%		≥ 350
2	纵向回缩率（110℃），%		≤ 3
3	氧化诱导时间（210℃），min		≥ 20
4	耐候性（管材累计接受 >3.5GJ/m² 老化能量后）	80℃静液压强度（165h）	不破裂，不渗漏
		断裂伸长率，%	≥ 350
		氧化诱导时间（210℃），min	≥ 20

钢丝网骨架聚乙烯复合管材的物理性能如下表：

序号	项目	要求	试验条件
1	熔体质量流动速率（MFR）	加工前后聚乙烯 MFR 的变化不超过 ±25%	5kg、190℃
2	氧化诱导时间（OIT）	≥ 20min	200℃
3	受压开裂稳定性	无裂纹、脱层和开裂现象	100mm/min
4	剥离强度	平均剥离强度≥ 15N/mm，单个试样剥离强度≥ 12N/mm，且剥离界面为韧性破坏，表面呈絮状	100mm/min
5	环切静液压强度	切割环形槽不破裂、不渗透	20℃、1.5PN、165h

MPP改性聚丙烯电力电缆保护管的物理性能如下表：

江苏海威塑业科技有限公司

地址：江阴市徐霞客镇马镇环镇北路3号
电话：0510-86916118
传真：0510-86916108
官方网站：www.jshwsy.cn

序号	项 目		指 标
1	密度，g/cm³		0.90～0.94
2	拉伸强度，MPa		管材≥15；熔接接头≥15
3	弯曲强度，MPa		≥20
4	环刚度，kN/m²	SN4	≥4
		SN8	≥8
		SN16	≥16
		SN32	≥32
5	扁平试验		内壁应圆滑，无反向弯曲，无破裂
6	维卡软化温度，℃		≥120

工程案例

濉溪县 2020 年饮水型氟超标改水工程 - 临涣水厂管网延伸工程（岳集片）管材和管件采购项目；无锡江阴 110kV 璜塘变 10kV 配套出线工程项目等。

生产企业

江苏海威塑业科技有限公司位于中国长江三角洲黄金地段，享有"世界旅游学家、历史学家"之称的"徐霞客"的故乡——江苏省江阴市徐霞客镇。

公司占地面积约 5 万平方米，固定资产约 1.8 亿元，是集科、工、贸为一体的综合性企业。所涉产业有：塑料管道的研究、生产、开发、制造和高分子材料学科等领域，专业为客户提供给水用聚乙烯 (PE) 管材、管件，大口径排污用聚乙烯 (PE) 管材、管件，钢丝网骨架聚乙烯 (PE) 管材及电熔管件，HDPE 双壁波纹管，缠绕管，MPP 电力电缆保护管等系列国标或企标产品。现年生产力已达 3 万吨以上，拥有各类设备 100 余台（套）。

公司于 2017 年成立了江苏海威管道工程公司，专业为客户提供从生产、销售、售后到施工的一站式服务。

公司和阿里巴巴签约成为战略合作伙伴，成立外贸部，产品远销到中东、东南亚、澳大利亚及非洲等地，过硬的产品质量赢得了用户的认可。

海威人以"海扬管与自然共建和谐"为口号，以"引领管道行业前进方向"为使命，秉承专业化经营的原则，坚持走品牌发展道路，至今公司已获得 ISO 9001 质量管理体系、ISO 14001 环境管理体系、ISO 10012 测量管理体系、OHSAS 18001 职业健康安全管理体系、中国环境标志、北京新华节水及五星售后服务等认证证书，使企业产品走向品牌化的目标更上了一个台阶！

江苏海威塑业科技有限公司　　地址：江阴市徐霞客镇马镇环镇北路 3 号
电话：0510-86916118
传真：0510-86916108
官方网站：www.jshwsy.cn

证书编号：LB2021GP013

金洲给水用不锈钢管材、给水用不锈钢管件、钢塑复合管件

产品简介

给水用不锈钢管材是指不锈钢带经过机组和模具卷曲成型后焊接制成的钢管。该管材精度高、壁厚均匀、管内外表面光亮度高、可任意定尺，因此，它在高精度、中低压流体应用方面体现了经济性及美观性。

给水用不锈钢管件是指各种不锈钢材质管路连接工件的统称，可按照形状、用途、连接方式等分为不同类别，具有便于安装、性能高、耐用等特点，在各种管路建设与安装中有广泛的应用。

适用范围

本公司生产的不锈钢管材、不锈钢管件、钢塑复合管件为生活饮用给水用管材、管件。

技术指标

（1）给水用不锈钢管材产品技术参数：

不锈钢管材料：304、304L、316、316L、S11972

焊接方式：氩弧焊＋等离子焊双枪直缝焊接

产品规格：DN15mm ～ DN300mm

产品长度：2500 ～ 6000mm

环境温度：-10℃ ～ 40℃

工作压力：0 ～ 1.6MPa

连接方式：卡压式、螺纹式、法兰式连接等

（2）给水用不锈钢管件产品技术参数：

不锈钢管件材料：304、304L、316、316L、S11972

焊接方式：氩弧焊＋等离子焊双枪直缝焊接

产品规格：DN15mm ～ DN300mm

环境温度：-10 ～ 40℃

工作压力：0 ～ 1.6MPa

连接方式：卡压式、螺纹式、法兰式连接等

（3）钢塑复合管件产品技术参数：

耐压：≤ 1.5MPa

工作温度：常温

规格：公称口径（mm）15 ～ 150

工程案例

工程（装备）名称	建设单位	竣工日期	使用部位名称	使用量（万吨）
长沙市二次供水工程	长沙二次供水建设管理有限公司	2014.7	各小区给水管网	0.4
合肥市二次供水管网建设	合肥供水集团有限公司	2015.12	各小区给水管网	0.35

浙江金洲管道科技股份有限公司

地址：浙江省湖州市东门外十五里牌
电话：0572—2099999
官方网站：www.chinakingland.com

钱江新城	杭州水司	2016.1	地下车库，立管	0.1
G20峰会杭州国际博览中心	杭州水司	2015.12	地下车库，立管	0.05
长沙市二次供水工程	长沙二次供水建设管理有限公司	2014.7	各小区给水管网	0.4
合肥市二次供水管网建设	合肥供水集团有限公司	2015.12	各小区给水管网	0.35
钱江新城	杭州水司	2016.1	地下车库，立管	0.1
G20峰会杭州国际博览中心	杭州水司	2015.12	地下车库，立管	0.05
深圳水务集团改造工程	深圳市水务集团有限公司	2017.3	62个小区改造工程	0.05
湛江市自来水公司供水工程	湛江市自来水公司	2017.3	地下室用管及立管	0.08
珠海市水务集团供水工程	珠海市水务集团	2016.12	管网改造工程	0.04
丽水市城市管网工程	丽水华通给排水有限公司	2013.12	城市管网工程	0.05
南昌城市管网工程	南昌水业集团	2014.10	城市管网工程	0.36
南京城市管网工程	南京水务集团	2014.12	城市管网工程	0.35
福州市城市管网建设	福州市水务工程有限公司	2017.04	城市管网建设	0.16
重庆市自来水管网工程	重庆市自来水公司	2014.12	城市管网建设	0.41

生产企业

浙江金洲管道科技股份有限公司创始于1993年，是从事焊接钢管产品研发、制造及销售的国家火炬计划重点高新技术企业，是镀锌钢管、螺旋焊管和钢塑复合管供应商。公司地处浙江北部、太湖南岸的湖州市区，东临上海、南接杭州，104.318国道、宣杭铁路、申苏浙皖、杭宁高速公路和长湖申黄金水道在此交汇，地理位置得天独厚，水陆交通十分便捷。

公司主导产品有热浸镀锌钢管、高频焊管、钢塑复合管、双面埋弧焊螺旋钢管、ERW直缝电阻焊钢管、FBE/2PE/3PE防腐钢管、PP-R、PE管材管件。钢管年生产能力100余万吨，聚烯烃管材管件2万吨。其中高等级石油天然气输送钢管、钢塑复合管为国家火炬计划项目，且为钢塑复合管产品行业标准起草单位，拥有浙江省管道行业省级技术中心，并设有博士后科研工作站。

公司建有管道检测试验中心，通过了ISO 9001、GB/T 28001、ISO 14001、特种设备（压力管道）制造许可和美国API Spec 5L认证，产品被广泛应用于给水、排水、消防、燃气、石油天然气输送、建筑、通信等领域。销售网络覆盖全国二十多个省市，出口世界三十多个国家及地区。金洲管道在行业内拥有很高的知名度和美誉度。

本着做精做强做大管道产业之目标，经过15年的艰苦创业与专业经营，金洲管道已成为"国家火炬计划重点高新技术企业""中国制造业企业500强""中国民营企业自主创新50强""全国用户满意企业"和"浙江省百强企业"，分别被国家及省、市政府确定为"企业管理先进单位"、"五个一批"企业和"重中之重"企业。

浙江金洲管道科技股份有限公司

地址：浙江省湖州市东门外十五里牌
电话：0572—2099999
官方网站：www.chinakingland.com

证书编号：LB2021GP014

国铭水及燃气用球墨铸铁管

产品简介

（1）国铭顶管——非开挖式施工方式，先进的生产工艺，灵活的防腐涂层选择，严格的质量检验工序，得到广大用户的认可，广泛应用于城建、穿越河流、湖泊、繁华街道等特殊工程。

（2）国铭自锚管——利用自锚组件与插口焊环之间的推力传递，实现了可靠的防滑脱能力，具有较好的偏转性能，且内衬高效防腐涂层，有效防止介质对管道的腐蚀，多种设计规格，给用户更广阔的选择空间。

（3）国铭污水管——采用优异耐磨的高铝水泥做内防腐层，锌加红色防腐做外防腐层，使国铭污水管可以应对特殊的土壤及输送介质。

（4）特色防腐涂层管——水泥砂浆为常规内防腐层，锌加沥青漆为常规外防腐层，国铭球墨管还采用新型防腐涂层，如环氧树脂层、聚氨酯涂层、PE 层等特殊涂层，可根据用户需要量身定制。

（5）PE 内衬管——国铭球墨铸管的一种新型管材，结合了球墨铸铁管与聚乙烯管二者的优势，具有良好的机械性能，施工方便，使用寿命长，耐海水、城市污水等特殊介质的腐蚀。

适用范围

（1）城镇供配水管网：在饮用水的传送和分配中，国铭铸管已在冶金、水力学和铸造领域取得很大成就并赢得了声誉，为了更好地服务中国饮用水资源保护事业，国铭铸管的产品覆盖 DN80 ～ DN2600 的球墨铸铁管道及管件，严格执行相应的国家和行业标准。

（2）市政及工业污水管：国铭污水管所有的球墨铸铁污水管道及其管件均由球墨铸铁管制成，最大程度上避免了由于外部压力造成的对管道系统的破坏，外防腐措施喷锌加外涂红色防腐材料和承插口采用环氧涂层；内防腐采用高铝水泥，提供了优秀的耐磨性能。

（3）饮水管：水循环的第一步就是泵站或抽水站从地下含水层、湖泊和河流取水，从取水到储存，地下水要在配水前进行一系列的处理和测试，国铭管道系统针对取水到配水的全过程，提供完美的水传送解决方案。

（4）市政中水：随着水资源的短缺，许多城市饮用水面临着严峻的形势，一些中心城市现在开始采用中水，中水是介于自来水与排入管道内污水之间的水，可以用来洗车、浇草坪、道路保洁、城市喷泉、做热电厂冷却水等。国铭铸管在该领域有丰富的经验、产品及技术。

（5）小型水电站：当前小型或者是微型水电站发电是一个刚刚发展但增长很快的领域，这些水电站通常由当地企事业或民营资本运营。在该领域中球墨铸铁管拥有抗内部高压的能力，还有很好的抵抗土壤地形外压的能力，从而允许管道可以埋设在深坑中和山谷中。

（6）农业灌溉管网：为了保证长期抗渗性，农业灌溉管网必须能抵抗土壤运动、农业机械的通行、水锤和任何其他可能的事故。球墨铸铁管适应性强，容易扩容，或修订原来的管线。球墨铸管系统有很高的安全系数，足以满足上述情况。

（7）工业（造纸、热电、纺织）：工业用水管道必须考虑土壤回填和运输造成的外部负载，因此选用机械性能优良的管材就显得格外重要，以避免影响生产的漏损和停水事件。性能优异的国铭铸管允许埋设坑和回填土的条件可以达到最低要求，而且不需要焊接操作，从而达到安全和节省投资的要求。

技术指标

球化：石墨球化 1 ～ 3 级；石墨球大小 6 ～ 8 级；

性能：DN80 ～ DN1000 抗拉强度 ≥ 420MPa、延伸率 ≥ 10%、硬度 ≤ 230HB

DN1100 ～ DN2600 抗拉强度 ≥ 420Mpa、延伸率 ≥ 7%、硬度 ≤ 230HB

管重：不小于最小壁厚管重或客户技术要求；

壁厚：局部任意点不小于标准最小壁厚；

尺寸：(1)有效长度 ≥ 5700mm；6M 定尺管长度 5970 ～ 6070mm；(2)承插口尺寸符合 GB/T 13295—2019。

山东国铭球墨铸管科技有限公司

地址：山东省临沂市兰陵县尚岩镇 206 国道南
电话：0539-5268888
官方网站：www.jg-sdgmip.com

工程案例

生产企业

　　山东国铭球墨铸管科技有限公司地处山东省临沂市兰陵县，公司占地 1300 余亩，其前身为山东球墨铸铁管有限公司。2016 年下半年，因城市发展所需，公司启动整体搬迁转型发展工作，公司整体搬迁至临沂市兰陵县，并更名为：山东国铭球墨铸管科技有限公司。

　　国铭铸管把企业搬迁视作浴火重生的机遇，用一种全新的理念，力求打造一个现代化铸管生产基地。公司采用了诸多先进工艺和技术，包含数据实时采集、资产运营在内的七大系统管控，实现生产管理全流程智能管控。在环保方面，投资 3.5 亿元，秉持"节能减排，综合利用，低碳清洁，绿色铸管"的环保理念，大力发展循环经济，实施绿色环保战略。

　　公司前身为山东球墨铸铁管有限公司，从 1989 年开始投产，距今已经历 30 多年的岁月洗礼，积累了丰富的生产经验。公司坚持"技术提升质量，品质铸就品牌，创新推动发展"的企业宗旨，炼铁系统可年产生铁 100 万吨，铸管系统具有年产 DN80 ～ DN2600 26 种规格多品种的离心球墨铸铁管 80 万吨的产能，其生产规模和产品质量处于国内前列。

　　以专业铸品种，以诚信铸市场，以服务铸品牌，以创新铸未来。山东国铭球墨铸管科技有限公司期待与广大用户携手，共创共赢未来。

山东国铭球墨铸管科技有限公司

地址：山东省临沂市兰陵县尚岩镇 206 国道南
电话：0539-5268888
官方网站：www.jg-sdgmip.com

证书编号：LB2021GP015

双兴薄壁不锈钢卡压式管材、管件

产品简介

双兴薄壁不锈钢卡压式管材、管件适用于输送供水、饮用净水、生活饮用水、冷水、热水、燃气、医用气体等介质。

产品拥有以下经济技术性能特点：

1. 卫生性，安全性。不锈钢水管的材料是一种可以植入人体的食品级健康材料，可以防止水质的二次污染，保持水质安全，有效抑制细菌生长。不锈钢水管耐高温，材料在高温的情况下也无毒无害，保证水的健康安全。

2. 节能性。不锈钢水管壁薄管轻，内壁光洁，摩阻小，不易积垢，不影响水流量，流量大于同口径其他材质的管材。

3. 创新性。卡压式、环压式管件是将石化工业不锈钢厚壁管件改造成民用的薄壁管件，节省了镍金属原料。选用304不锈钢等经济型奥氏体不锈钢，对焊接管提高抵御晶间腐蚀的能力有着显著的效用。不锈钢水管安装简单便捷，15秒成型，现场不需要接电操作，对工人来说更简便、更安全。

4. 抗腐蚀性。06Cr19Ni10/022Cr19Ni10 耐 200mg/L 氯离子（冷水），06Cr19Ni10Mo2/022Cr19Ni10Mo2 耐 1000mg/L 氯离子（冷水）。

5. 耐冲击性。不锈钢水管材料强度高，可承受瞬间压力 89MPa，高层供水特别适合。

6. 经济性。使用寿命 50 年，采用卡压式或环压式连接技术，一般无漏水隐患，几乎零维护，性价比高。

适用范围

双兴牌薄壁不锈钢管及管件、流体输送用不锈钢焊接钢管、锅炉和热交换器用奥氏体不锈钢焊接钢管、机械结构用不锈钢焊接钢管适用于输送供水、饮用净水、生活饮用水、冷水、热水、燃气、医用气体等介质。

技术指标

我司按以下标准进行生产：GB/T 19228.1—2011、GB/T 33926—2017、GB/T 12771—2019

公称通径	钢管外径 D	外径允许偏差	壁厚范围 S	壁厚允许偏差
DN15	15.9	± 0.10	0.6 ～ 1.0	
	16			
DN20	20	± 0.11		± 10%S
	22.2		0.6 ～ 1.5	
DN25	25.4	± 0.14		
	28.6			

广东双兴新材料集团有限公司

地址：佛山市高明区杨和镇三和路以南、人景路以东
电话：0757-86651666
官方网站：www.sumwin.com

DN				
DN32	32	± 0.17		
	34			
DN40	40	± 0.21	0.6 ～ 1.5	
	42.7			
DN50	48.6	± 0.26		
	50.8			
DN65	63.5	± 0.32		
DN80	76.1	± 0.38	1.0 ～ 2.0	± 10%S
	88.9	± 0.44		
DN100	101.6	± 0.54		
	108			
DN125	133	± 0.8		
DN150	159			
DN200	219		1.5 ～ 3.0	
		± 0.75%D		
DN250	273			
DN300	325			

工程案例

序号	工程名称	地址	用途	用量（m）
1	中铁十七局南京地铁 7 号线	南京	供水	6995
2	泵房用不锈钢承插焊接管材、管件及分水器项目	南昌	供水	一批
3	广州市自来水番禺祈福新村供水改造	广州	供水	一批

生产企业

广东双兴新材料集团有限公司（双兴集团）总部生产基地位于佛山市高明区杨和镇，占地 409 亩，规划不锈钢焊管年产能达 24 万吨。经 10 余年的发展，双兴集团已成为广东省不锈钢精密焊管工程研究中心的依托单位并已晋升为国家高新技术企业，是不锈钢焊管行业集生产、研发和销售服务于一体的品牌企业。

双兴集团秉持"精益求精"的经营理念，建设了全流程的生产体系、科学的品质管理体系和企业工程研究中心，配备光谱分析、金相检验、涡流探伤、万能试验机、在线焊缝整平、在线光亮固溶等先进的检测和生产设备，以强大的生产和科研实力为产品品质保驾护航。双兴不锈钢管符合中国 GB、美国 ASTM、日本 JIS、欧洲 EN 等标准，通过了 TUV、ISO 9000 等国际质量体系认证，拥有 PED&AD2000 证书、压力管道特种设备许可证、涉水卫生生产品安全批文和美国 3A 等系列行业准入证书。

集团旗下 SUMWIN、双兴、尊三大品牌产品远销全球 80 多个国家和地区，广泛应用于食品卫生、机械制造、压力容器、石油化工、市政建设、污水处理等行业。

双兴集团专注于不锈钢焊管的研发和生产，注重品质管理和技术创新，拥有多项自主专利，主持不锈钢焊管行业多项标准的起草，持续荣获"质量管理先进企业""广东省守合同重信用企业""广东省不锈钢精密焊管工程研究中心""国家高新技术企业""细分行业龙头企业"等众多荣誉和资质。

广东双兴新材料集团有限公司

地址：佛山市高明区杨和镇三和路以南、人景路以东
电话：0757-86651666
官方网站：www.sumwin.com

证书编号：LB2021GP016

君诚低压流体输送用热镀锌焊接钢管、衬塑复合钢管、涂塑复合钢管

产品简介

君诚牌低压流体输送用热镀锌焊接钢管是在焊接钢管的基础上进行内外热镀锌，使钢管内外壁同时镀有锌层。产品具有以下性能特点：

（1）因其双面镀有锌层，大大提高了钢管的防腐性能，达到普通钢管的20倍左右。

（2）热镀锌后的钢管表面光亮美观。

（3）锌-铁因结合牢固而发生互溶作用，因而耐磨性良好。

君诚牌衬塑复合钢管以热镀锌钢管为基体，以聚乙烯管为内衬专用料管，采用热成型和粘结成型相结合的二次成型生产工艺制作而成，具有以下性能特点：

（1）是镀锌管的升级换代产品，内壁使用寿命为镀锌管的3倍以上。

（2）具有钢管的强度与塑料管的耐腐蚀性双重特点。与塑料管相比，具有机械强度高、耐压、耐热性好等优点。由于基体是钢管，所以不存在脆化、老化问题。

（3）内衬聚乙烯材料具有优异的化学稳定性，内衬材料避免了钢管使用中腐蚀、结垢困扰，可防止微生物滋生，与普通钢管相比具有良好的耐腐蚀性。

君诚牌涂塑复合钢管是以钢管为基体，通过特殊工艺在内壁、外壁或内外壁熔融喷涂或吸附EP原料，经高温固化而成的新型复合管材，具有以下性能特点：

（1）具有优良的耐腐蚀性能，同时涂层本身还具有良好的电气绝缘性，不会产生电蚀。

（2）吸水率低，摩擦系数小，能够达到长期使用的目的，还能有效地防止植物根系及土壤环境应力的破坏等。

（3）机械强度高，连接便捷、维修简便。化学性能稳定、表面均匀、平滑、致密，无色无味、安全卫生、不污染水质等优点。

适用范围

君诚牌涂塑复合钢管可用于建筑给排水、自来水供给企业、住宅小区中冷热水输送、消防喷淋、暖通、燃气、石油、化工防腐、埋地内外防腐、脱硫防腐、抗静电阻燃防腐等各种流体输送。

君诚牌钢塑复合钢管适用于冷热水和纯净水、污水及其他各种水质的输送，可广泛应用于建筑给水、饮用水输送和其他行业的给水管道、防腐管道、泵房管道、消防管道等。

君诚牌涂塑复合钢管可用于建筑给排水、自来水供给企业、住宅小区中冷热水输送、消防喷淋、暖通、燃气、石油、化工防腐、埋地内外防腐、脱硫防腐、抗静电阻燃防腐等各种流体输送。

技术指标

君诚牌涂塑复合钢管产品技术参数，见下表：

项目	要求（环氧树脂）		试验参数
内衬塑料层厚度	内涂层/mm	外涂层/mm	环氧树脂
	0.3	0.3	DN15～DN65
	0.35	0.35	DN80～DN300
附着力	1～3级		环氧树脂
压扁性能	对于环氧树脂，两压板间距离为试样外径的4/5；焊缝与压缩方向垂直，试验后，钢与内外塑层之间不发生分层现象，钢管和塑料层无裂纹		公称尺寸≥50mm
冲击性能	涂层不应发生裂纹或剥离		—
针孔试验	无电火花产生		—

君诚牌衬塑复合钢管产品技术参数，见下表：

天津君诚管道实业集团有限公司

地址：天津市静海区蔡公庄镇朱家房子村西1000米
电话：18722190203
传真：022-68117388
官方网站：www.jccopipe.com

项目	要求		试验参数
内衬塑料层厚度	1.3～1.7mm		DN15～DN65
	1.8～2.5mm		DN80～DN125
	2.3～2.7mm		DN150
	≥2.0mm		DN200
内衬塑料结合强度	≥1.0		冷水用
	≥1.5		热水用
压扁性能	两压板间距离为试样外径的3/4；钢与内外塑层之间不发生分层现象，钢管和塑料层无裂纹		公称通径≥50mm
耐冷热循环性能	外观	衬塑层无变形裂纹等缺陷	热水用
	结合强度	≥1.5	

君诚牌涂塑复合钢管产品技术参数，见下表：

项目	要求（环氧树脂）		试验参数
内衬塑料层厚度	内涂层/mm	外涂层/mm	环氧树脂
	0.3	0.3	DN15～DN65
	0.35	0.35	DN80～DN300
附着力	1～3级		环氧树脂
压扁性能	对于环氧树脂，两压板间距离为试样外径的4/5；焊缝与压缩方向垂直，试验后，钢与内外塑层之间不发生分层现象，钢管和塑料层无裂纹		公称尺寸≥50mm
冲击性能	涂层不应发生裂纹或剥离		—
针孔试验	无电火花产生		—

工程案例

工程名称	地址	用途	使用量（t）
厦门地铁	厦门	供水系统	110
成都地铁	成都	供水系统	80
冬奥会奥运村	北京	供水系统	160
深圳地铁	深圳	供水系统	210
武当山机场	十堰	供水系统	140
深圳地铁	深圳	供水系统	380
青岛地铁	青岛	供水系统	510
新疆大剧院	昌吉	供水系统	150
迪士尼游乐园	上海	供水系统	220

生产企业

天津市君诚管道实业集团有限公司始建于2008年，是由北京君诚实业投资集团有限公司控股投资的大型企业，位于天津市静海区蔡公庄工业园区内，占地近200亩，注册资本2.05亿元人民币。

公司现有员工近800人，高中级技术人员180余人，是集直缝钢管、热镀锌钢管、钢塑复合管（包括衬塑复合管和涂塑复合管）等产品生产经营于一体的综合性企业，公司拥有8条热镀锌钢管生产线，11条直缝焊接钢管生产线，12条方矩管生产线，5条钢塑复合管及管接件等其他各类生产线若干条，年各种产品制造能力180万吨，是全面质量控制精准的热镀锌钢管与钢塑复合管专业制造企业。

君诚管道是中国工程建设标准化协会、中国质量检验协会、中国燃气协会、中国消防协会和中国给水排水设备分会推荐产品企业。集团公司先后获得"中国3A诚信企业""全国鲁班奖重点工程供货商""全国质量诚信承诺示范企业"等荣誉。

天津君诚管道实业集团有限公司

地址：天津市静海区蔡公庄镇朱家房子村西1000米
电话：18722190203
传真：022-68117388
官方网站：www.jccopipe.com

证书编号：LB2021GP017

LESSO 联塑给水衬塑（PE）复合钢管（冷水用）、给水涂塑（PE）复合管件（冷水用）、给水衬塑（PP-R）复合管件（冷热水用）

产品简介

给水衬塑（PE)复合钢管（冷水用）是以镀锌钢管为基材，内壁经过打砂工艺处理后采用预热、衬塑等工艺在钢管内衬塑 PE 塑料管而形成一层无毒、无味、光滑、洁净的防腐层后制成的新型钢塑复合管。

给水涂塑（PE）复合管件（冷水用）是以镀锌管件或喷砂管件为基件，采用涂塑工艺将聚乙烯粉末（PE）涂覆于经化学或物理处理的管件内壁或内外壁，形

成一层无毒、无味、光滑洁净的防腐层。产品采用自有品牌商标的管件为基件、国际或国内先进生产设备工艺及知名大品牌的粉末涂料进行生产。

给水衬塑（PP-R)复合管件（冷热水用）采用镀锌管件经过内壁打砂处理、涂塑热熔胶后在内壁注塑成型一层无毒、环保、达到国家饮用水卫生标准的 PP-R 塑料而形成的新型管件，可冷热水通用。产品采用自有品牌商标的管件为基件、国际或国内先进生产设备工艺及知名大品牌的粉末涂料进行生产。

适用范围

产品适用于工业供水、通信电路、光纤电缆、燃气输送、食品加工、医疗、机械等领域。

技术指标

给水衬塑（PE）复合钢管（冷水用）技术指标如下：

GB/T 3091—2015《低压流体输送用焊接钢管》中规定钢管内外表面镀锌层单位面积总质量为 $300g/m^2$ 即为合格，折算成锌层厚度为 42μm，而我司镀锌管锌层厚度远远超过此范围，最高可达到 70μm。

GB/T 3091—2015 中规定不同口径的液压试验压力是通过公式 $P=2St/D$ 计算出来的，但最大不能超过 5.0MPa，试验压力保持时间不小于 5s。我司的钢管不管口径大小，全部采用最高压力等级 5.0MPa 进行液压试验（可见第三方检测报告），保压时间更是长达 30s。

公司镀锌管产品的下屈服强度、抗拉强度、断后伸长率远高于 GB/T 3091—2015 中要求。

衬塑复合钢管中的内衬塑料管的实际厚度远超 GB/T 28897—2021《流体输送用钢塑复合管及管件》中的 1.5 ± 0.2、2.0 ± 0.2、2.5 ± 0.2（mm）技术要求。

衬塑复合钢管不管是冷水用还是热水用，全部统一使用同一种热熔胶粘接剂，其结合强度在第三方检测报告（可提供）中最高达到了 2.98MPa，远高于 GB/T 28897—2021 中"冷水用衬塑复合管的基管与内衬塑料之间结合强度不应小于 1.0MPa，热水用衬塑复合管的基管与内衬塑料之间结合强度不应小于 1.5MPa"的技术要求。而在公司实际的内部测试中，结合强度不低于 10MPa。

GB/T 28897—2021 中衬塑复合钢管的压扁要求是"对衬塑复合钢管将试样压至外径 3/4"，联塑在公司内部的实际测试中经常采用极限性、破坏性试验，将钢管完全压至贴合为止（0°），钢管和内衬塑料层不能出现离层开裂。

中山联塑华通钢塑管有限公司

地址：中山市黄圃镇新丰南路 1-3 号
电话：0760-23505612
传真：23227778
官方网站：www.walton.cn

给水涂塑（PE）复合管件（冷水用）技术指标如下：

1. 外观：管件的镀锌层应完整，不应有妨碍使用的缺陷，如明显的毛刺、砂眼以及未镀上锌的黑斑和气泡存在。涂塑层的表面应光滑、均匀，没有起泡、分离和开裂等现象。

2. 涂层附着力 ≥ 30N/10mm。

3. 耐压强度：无泄漏。

4. 针孔试验：无电火花产生。

给水衬塑（PP-R）复合管件（冷热水用）技术指标如下：

1. 衬塑管件本体的外表面应光滑，不得有铸造毛刺、砂眼等妨碍使用的缺陷；镀锌层应完整、无缺损，不应有未镀上锌的黑斑和气泡存在。衬塑层的表面应光滑、颜色均匀，没有起泡和开裂等缺陷。接口芯子不得有翘曲、断裂、变形等缺陷。

2. 结合强度：衬塑层与本体的铸铁面结合应牢固，撬剥无松动。

3. 耐压强度：在常温条件下，2.5MPa 水压持续 1min 无渗漏。

4. 结合性能：衬塑管件与衬（涂）塑管段连接后，接口芯子不应有裂缝、变形及其他异常现象，铁质不应与水接触，密封材料挤出后不应影响管道水流通道。

5. 接口耐腐蚀：在试件内充 5% 浓度食盐水，浸泡 28 天，其铁的析出量不应超过 0.3mg/L。

6. 耐冷热循环试验：衬塑管件经 10000 个周期冷热循环试验，接口芯子和衬塑层无变形、裂纹及其他异常现象。

工程案例

佛山不锈钢商会总部大厦、广州长隆总部大楼、长隆熊猫酒店、时代名著、长隆湘江酒店等项目。

生产企业

中山联塑华通钢塑管有限公司是中国联塑集团控股有限公司（香港上市公司）下属企业，始建于 1994 年，是华南地区钢管生产主要厂家，厂房占地面积约 55000 平方米。公司地处珠江三角洲腹地，交通便利，拥有雄厚的技术力量及网络销售系统，设备优良，产品质量稳定。

公司主要产品有：热浸镀锌钢管、衬塑复合钢管及其管件、涂塑复合钢管及其管件、热浸镀锌电气金属导线管、电力通信导管（电缆用）、钢塑表前分水器等。产品被广泛应用于给水、排水、电力通信、燃气、消防及农业等领域。其中给水衬塑复合钢管和给水涂塑复合钢管为现代环保概念卫生供水及城市分质供水的理想产品。

公司全面通过了"国际质量 ISO 9001、环境 ISO 14001、职业健康安全 OHSAS 18001 管理体系"及"新华节水产品"认证，获得了压力管道元件国家特种设备制造许可证。

产品销售覆盖广东、广西、福建、海南、湖南、江西、内蒙古、湖北、宁夏、贵阳、拉萨、天津、香港，并出口英国、坦桑尼亚、利比亚、安哥拉、喀麦隆、埃塞俄比亚、吉布提、阿联酋、沙特阿拉伯等国家等地，并出口美国、澳大利亚、新加坡、英国等地。由于产品品质优良，性能稳定，售后服务完善，赢得广大用户的好评。

公司始终坚持"以质量为生命，以科技为龙头，以顾客满意为宗旨"的经营方针，一如既往地推动中国钢管及钢塑管产业的发展，为改善中国乃至世界人民的生活环境和提高他们的生活品质做出自己的贡献。

中山联塑华通钢塑管有限公司

地址：中山市黄圃镇新丰南路 1-3 号
电话：0760-23505612
传真：23227778
官方网站：www.walton.cn

证书编号：LB2021GP018

众信增强不锈钢管（内衬不锈钢复合钢管）

产品简介

"众信康源"牌增强不锈钢管（内衬不锈钢复合管）是通过正旋压嵌合式复合技术（专利申请号：200720033382.3）将内外管复合在一起而成。增强不锈钢管（内衬不锈钢复合管）具有薄壁不锈钢管耐腐蚀、卫生的优点，又克服了薄壁不锈钢管刚性差、不耐冲击、易共振的缺点。同时外表美观、光滑、耐腐蚀、绝缘、抗静电。增强不锈钢管（内衬不锈钢复合管）是在壁厚更薄的不锈钢管外表包覆了带有纳米涂层的钢管，增强了刚性，解决了连接方式的问题。

内衬不锈钢复合管（增强不锈钢管）主要特点：

1. 具有良好的机械性能；	2. 刚性强度高；
3. 内外耐腐蚀性能好、光滑、不结垢；	4. 通径大、流水阻力小；
5. 耐压、耐冲击、抗共振；	6. 卫生、环保、安全性好；
7. 绝缘、抗静电；	8. 外表美观；
9. 使用寿命更长，性价比高；	10. 连接方式成熟，安装便捷、简单可靠。

适用范围

增强不锈钢管（内衬不锈钢复合钢管）结合了不锈钢的卫生、安全、可靠，以及碳钢管的刚性好、抗震、耐冲击等优势，可广泛应用于给水、暖通、消防、医疗、食品、石油、化工、太阳能等行业。

技术指标

增强不锈钢管（内衬不锈钢复合钢管）满足 CJ/T 192—2017《内衬不锈钢复合钢管》中的相关技术要求，尤其是结合强度远超 CJ/T 192—2004 及 SY/T 6623—2018《内覆或衬里耐腐蚀合金复合钢管》中的指标要求。

工程案例

应用分类	使用单位	输送介质	连接方式	敷设方式
政府工程类	全国人大办公楼	生活水和热水	丝扣＋沟槽	室内管网
	中央警卫局	生活水和热水	丝扣＋沟槽	埋地和室内管网
	南京南站	自来水和直饮水	丝扣＋沟槽	埋地和室内管网
	杭州博览中心	自来水和直饮水	丝扣＋沟槽	室内管网
市政建设类	江南水务	自来水	丝扣＋法兰	埋地敷设
	南通市自来水	自来水	丝扣＋沟槽＋法兰	埋地和室内管网
	无锡市自来水	自来水	丝扣＋沟槽	室内管网
医院类	江苏省中医院	生活用水和空调循环水	丝扣＋焊接	室内管网
	北京妇产医院	生活水和热水	丝扣＋沟槽	室内管网
	南京市同仁医院	自来水和热水	丝扣＋沟槽	室内管网
酒店办公类	南京中商万豪大厦	生活用水	丝扣＋沟槽	室内管网
	江苏议事园大厦	生活水和热水	丝扣＋沟槽	室内管网
	南京电子大厦	生活水和热水	丝扣＋沟槽	室内管网
	南京珍宝假日酒店	生活水和热水	丝扣＋沟槽	室内管网

江苏众信绿色管业科技有限公司

地址：江苏省南京市江宁区湖熟镇金迎路 6 号
电话：025-86553658
传真：025-84913168
官方网站：www.zxky.cn

住宅小区类	河南万基花园	自来水与热水	丝扣 + 沟槽	室内管网
	北京北亚广场	生活水和空调循环水	丝扣 + 焊接	室内管网
	江阴嘉富豪庭	生活水	丝扣 + 法兰	埋地和室内管网
	河南安阳水天苑	生活水和热水	丝扣 + 沟槽	室内管网
工程类	农夫山泉	纯净水	焊接	埋地敷设
	双汇集团	输水管道	焊接	埋地敷设
	上海漕泾热电	除盐水	焊接	埋地敷设
石油化工类	吉林油田	含 Cl^-、CO_2 等介质	焊接	埋地敷设
	延长油田	含高 Cl^- 等介质	焊接	埋地敷设
	塔里木油田	含 Cl^-、H_2S、CO_2 等介质	焊接	埋地敷设
	德源高科	工艺管线	焊接	架空
	索普化工	醋酸化工	焊接	架空

生产企业

江苏众信绿色管业科技有限公司是一家集科、工、贸为一体，资信等级为 AAA 级的高新技术企业。坐落于六朝古都历史文化名城江苏省省会南京，江宁湖熟工业集中区，占地面积 48000 ㎡。主厂房 26000 ㎡；仓库 16000 ㎡；检验室 1000 ㎡；办公、生活用房 4000 ㎡；营销中心 600 ㎡。注册资金 10098 万元，地理位置优越，北临南京绕城高速长江三桥，东连沪宁高速、长江二桥、四桥，西临宁杭高速，交通十分便利。

企业成立于 2004 年，是 CECS-2015 技术规程主编单位，也是 GB/T 31940-2015、BG/T 32958-2016 国家标准起草单位，参与了中石油 SY/T6623 标准修编工作。

企业自主研发的正旋压法自动化生产线（专利号：ZL 2010 1 0517432.1、ZL 2009 2 0233533.9），可生产 DN15 ～ DN1400 内衬不锈钢复合钢管和 φ20 ～ φ1420 的新一代石油化工等与工业用双金属复合钢管。年产能可达到 12 万吨，能满足市场的各种需求。

企业已通过 ISO 9000 质量管理体系认证、API SPEC Q1：（最新版）及 API 规范 5LD 认证（最新版）、俄罗斯 GOST-R 认证，取得压力管道元件型式试验证书。企业在自主研发基础上与南京工业大学、南京航空航天大学等大专院校协作，联合开展管道领域的产品研发，并成为南京工业大学的产、学、研基地。

为进一步使企业的管理工作走上科学化管理轨道，本公司严格按照 ISO 9000 质量体系要求、API 规范、HSE 等相关标准、规范及压力管道元件的要求管理，从而使我公司产品能更好地持续满足顾客的要求，使企业在市场竞争中健康、稳步地发展。

江苏众信绿色管业科技有限公司

地址：江苏省南京市江宁区湖熟镇金迎路 6 号
电话：025-86553658
传真：025-84913168
官方网站：www.zxky.cn

证书编号：LB2021GP019

江丰高密度聚乙烯外护管硬质聚氨酯泡沫塑料预制直埋保温管及管件

产品简介

高密度聚乙烯外护管硬质聚氨酯泡沫塑料预制直埋保温管及管件由输送介质的钢管、聚氨酯保温层及外保护层结合而成。内层为工作钢管层，根据设计和客户的要求一般选用无缝管、螺旋焊管和直缝焊管。中间层为聚氨酯保温层，用高压发泡机在钢管与外护层之间形成的空腔中注入硬质聚氨酯泡沫塑料原液而成，即俗称的"管中管发泡工艺"。外层为高密度聚乙烯保护层，预制成一定壁厚的黑色塑料管材，其作用一是保护聚氨酯保温层免遭机械硬物破坏，二是防腐防水。聚氨酯直埋保温管具有导热系数低、使用寿命长的特点，可直埋于地下，施工方便，降低工程造价。

适用范围

产品适用于城市集中供热系统热水管网。

技术指标

产品性能参数如下：

测试项目	单位	技术指标
聚氨酯保温层		
密度	kg/m³	≥60（任意位置）
导热系数	W/（m·K）	≤0.033（50℃）
径向压缩强度	MPa	≥0.3
吸水率	%	≤10
闭孔率	%	≥88
外护管性能数据		
拉伸屈服强度	MPa	≥19
断裂伸长率	%	≥350
纵向回缩率	%	≤3；不应出现裂纹
长期机械性能	/	＞2000h（80℃，4.0MPa）
碳黑含量	%	2.5±0.5
碳黑弥散度	μm	≤100
熔体流动速率	g/10min	差值≤0.5
耐环境应力开裂	h	＞300
导热系数	W/（m·K）	≤0.43
线膨胀系数	1/℃	≤1.8×10⁻⁴
热稳定性	min	≥20
表面处理效果（电晕）	dyn/cm	≥50
最小壁厚	mm	6.3～14.0
保温管数据		
保温层厚度	mm	δ，±10%
轴向偏心距	mm	≤3.0/4.5/6.0/8.0
抗冲击性	/	不应有可见裂纹
预期寿命与剪切强度试验	kPa	170℃，1450h，≥120（23℃） 170℃，1450h，≥80（140℃）

江丰管道集团有限公司

地址：河北省孟村县希望新区
电话：0317-6899896
传真：0317-6811188
官方网站：http://www.hbjf.com

工程案例

序号	工程名称	用途	使用量（m）
1	平顶山热力 2021 年度老城区集中供热"汽改水"工程预制直埋保温管道、管件采购项目	供暖用热水输送	60000
2	内蒙古上都第二发电有限责任公司自营供热改造项目	供暖用热水输送	6096
3	呼和浩特市城发公司辛家营、金桥、毫沁营区域集中供热工程	供暖用热水输送	26639
4	洛阳城市建设勘察设计院有限公司郑州工程分公司供热管材采购项目	供暖用热水输送	9888
5	辽宁大唐国际沈抚连接带热网工程	供暖用热水输送	20756
6	华电灵武电厂向银川市智能化集中供热项目	供暖用热水输送	38856

生产企业

　　江丰管道集团有限公司始建于 1994 年，是集研发、设计、制造、销售、工程技术服务于一体的专业化集团公司，坐落于中国管道之都——孟村县希望新区。公司占地面积 18 万平方米，注册资金 3 亿元，现有员工 92 人。公司主要经营硬质聚氨酯喷涂聚乙烯缠绕预制直埋保温管、塑套钢预制直埋保温管及管件、蒸汽钢套钢直埋管及管件。

　　公司拥有生产检测设备 171 台套，直埋保温管生产线 12 条，设备能力覆盖 DN25 ～ DN2000 型全系列保温管道产品规格，拥有 2 条先进的可生产 DN200 ～ DN1600 型硬质聚氨酯喷涂聚乙烯缠绕保温管生产线，公司具有年产保温管 100 万米的生产能力。

　　公司具有健全的管理体系（质量管理体系、环境与职业健康安全管理体系、安全生产标准化），取得了中华人民共和国压力管道元件特种设备制造许可证，系中国城镇供热协会会员单位；先后取得了河北省管道保温加工专业许可资质甲级证书、船级社认证；是中国石油天然气集团公司物资供应商，国家电力公司电站配件供应成员，大唐电力供应商成员，并加入中核、华能、华润、国电投、大唐、国电、神华、华电的供应商网络。公司连续多年被国家工商总局认定为"守合同重信用"企业。

　　公司技术力量雄厚，生产设备齐全，检测设备科学、完善，高度重视科技创新和技术进步，现拥有 15 项国家专利，是国家标准《硬质聚氨酯喷涂聚乙烯缠绕预制直埋保温管》（GB/T 34611—2017）的主要起草单位。

　　公司生产的预制直埋保温管及管件产品，广泛应用于城镇集中供热、工业用热力输送管线等领域，主要客户包括国内大型电力集团及国有大型市政供热公司，公司成立至今已为全国 130 多个城市，700 多个项目提供了高品质的预制管道产品和服务。

江丰管道集团有限公司

地址：河北省孟村县希望新区
电话：0317-6899896
传真：0317-6811188
官方网站：http://www.hbjf.com

证书编号：LB2021GP020

纯雨薄壁不锈钢管材、管件

产品简介

纯雨牌双卡压薄壁不锈钢管件连接的不锈钢供水管道是一种新颖的、健康的、环保的、安全的管道。它最早起源于欧洲，并迅速以其综合优势而被广泛采用；历经四十余年的应用，已被广泛应用于欧洲、美洲、亚洲等发达国家和地区的供水、供气管道；在国内，也正被越来越多推崇健康饮水、健康生活的直饮水工程、自来水管网改造工程所选用。

适用范围

产品一般用于输送生活水（冷水、热水）、饮用净水等薄壁不锈钢管路系统，通常应用于酒店、医院、小区、泵房等领域。

工程案例

龙华区优质饮用水入户工程（2019—2020年）（第二批）第四标、创世纪滨海花园等16个小区二次供水设施提标改造工程、深圳市龙华区优质饮用水入户工程（2019—2020年，第二批，第七标段）、南山区第二阶段优质饮用水入户工程（二期）施工总承包（III标段）、罗湖区优质饮用水入户工程第二阶段、郴州市纪委教育中心供水管道安装工程的双卡压薄壁不锈钢管及配件项目、福田区居民小区二次供水设施体表改造工程：福东北片区（一标）等项目。

生产企业

浙江纯雨实业有限公司位于西施故里浙江省诸暨市，企业技术及资金实力雄厚（注册资金10080万元），占地面积约20000余平方米，现有员工200余名，中高级工程技术人才达30余名；公司设备先进，技术实力雄厚，拥有两百余台套进口、国产及自己研发的管件成型机组，配置了日本"三社"数控氩弧焊机的先进的自动制管生产线、管件生产设备、不锈钢管件光亮固溶热处理设备、管材在线固溶设备、硬膜屏蔽处理设备、大型弯管机，拥有管材激光切割设备，分水器冲、

浙江纯雨实业有限公司

公司电话：0575-87063598　传真：0575-87068769
地址：浙江省诸暨市店口镇侠父村长澜自然村　邮编：311814
网址：http://www.purerain.com.cn/

拔、铣孔自动化生产设备，五轴自动化焊接机，模具生产加工中心、管件水涨成型机、大型弯管设备等；公司拥有产品型式实验室，能自主完成产品的各项检测及型式试验，拥有在线涡流探伤设备及各种压力试验设备、检测设备，设备投入总费用约 3000 余万元。公司吸收德国技术，能自行研发、设计、生产卡压工具、产品模具，自行生产的卡压工具质量好、卡压效率高，模具生产周期短，生产突击能力强，是能完成双卡压国标两大系列 3 种规格 1200 余种产品、承插焊接式 3 种规格 900 余种产品、沟槽式 200 余种产品，目前行业内设备及技术较为全面的管材、管件、分水器生产厂家之一；企业通过并全面实施 ISO9001：2015 国际质量管理体系认证、环境管理体系认证、职业健康管理体系认证，以先进的生产设备、合理严谨的工艺流程、严格的质量管控体系高效地生产每一只纯雨精品管件，不锈钢管道年生产规模达 21000 余吨，生产规模位居行业前列。

　　公司是中国水务集团、深圳水务集团、粤海水务集团、南昌水务集团、苏州水务集团、上海浦东水务等近百家水务集团的不锈钢管材、管件中标合格供货商。公司还是万达、绿城、华润、碧桂园等房产商及中建五局、三局、八局、六局等建筑企业的集采供应商。企业连续三年被评为"重合同守信用企业"。

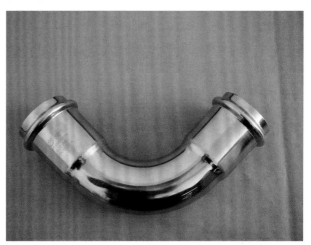

浙江纯雨实业有限公司

公司电话：0575-87063598　　传真：0575-87068769
地址：浙江省诸暨市店口镇侠父村长澜自然村　邮编：311814
网址：http://www.purerain.com.cn/

证书编号：LB2021GP021

地球给水用聚乙烯（PE）管材；承插式聚乙烯实壁排水管；HDPE 双壁波纹管

产品简介

给水用聚乙烯（PE）管材具有以下特点：

卫生性：PE 给水管生产原材料采用经卫生认证的纯聚乙烯材料，不添加任何有害助剂，产品耐腐蚀性强，属环保型产品。

2.重量轻：管材自重轻，是钢管的八分之一，维护工作简单。

3.耐低温：管材广泛的运行使用温度为 -20℃至 50℃，因其柔韧性能十分优异，不受低温环境影响，即使在 -30℃气温下，也能确保管材正常使用。

4.高韧性：管材断裂伸长率高、柔韧性好，对管基不均匀沉降和地表沉降的适应能力非常好，抗震性强，可用于非开挖施工。

5.耐冲击：管材耐慢速裂纹扩展性能强，耐刮擦、耐冲击，即使受到钝物撞击也不会破裂。

6.水阻小：管材内外表面光滑，使用过程不会发生腐蚀、滋生藻类引起堵塞，输水压力损失小，使用维护成本低。

7.使用寿命长：管材的热稳定性强，耐老化性能好，在额定温度、压力状态下，使用寿命达 50 年以上。

承插式聚乙烯实壁排水管具有以下特点：

1.施工便捷：施工时使用简易工具即承插连接，无需水电气，无需干燥环境，各种天气下均可施工。

2.重量轻：管材自重轻，搬运简便，可大大降低工程费用。

3.水流量大：内壁为一个光滑的整体，使材料的水力摩阻系数真正达到 0.009。

4.长期密封性好：采用三元乙丙橡胶材质的密封圈，可保证地底长期密封性能。

5.管网适应性：不同环刚度的管材可以自由连接，方便后续更新与维护。

6.耐冲击：管材刚柔并济，有足够的环刚度和很好的韧性，即使撞上硬物也不会破损。

聚乙烯双壁波纹管产品具有以下特点：

水阻小：管材内壁为一次挤出真空成型，管路系统的水力损失更少，特别适合于重力排污场合；耐腐蚀：产品内

壁光滑，不易结垢，不滋生细菌，耐酸、碱、盐，在地底埋设的管材不会腐烂和氧化；高刚度：双壁波纹管的外壁采用了全梯形波纹结构，最大程度地提高了惯性矩，在同样材质、同样重量的情况下，具有最好的刚度；耐冲击：双壁波纹管的外壁采用特殊结构，大大减少了普通波纹管方形波峰应力高，易破损的特点，产品的环柔性更好，落锤冲击强度能提高 30% 以上，保证了施工、使用的可靠性；连接简便：管材采用承插方式连接，配合高弹性低蠕变的橡胶密封圈，施工现场一般不需要大型起重设备。

适用范围

给水用聚乙烯（PE）管材适用于城镇自来水管网系统；污水排水管网系统；工业原料输送管道系统；沉海工程管网系统。

聚乙烯双壁波纹管适用于市政工程的排水、排污；通信电缆、光缆的护套管；土壤的渗、排水管；矿场的通风、送风和排水管等领域。

承插式聚乙烯实壁排水管适用于城乡大型雨、污水管网；大型工业雨、污水管网。

技术指标

给水用聚乙烯（PE）管材性能指标如下：

项目	指标	试验参数
静液压强度试验	破坏时间 ≥ 100h	10.0MPa(PE80 20℃) 12.0MPa(PE100 20℃)
	破坏时间 ≥ 165h	4.5MPa(PE80 80℃) 5.4MPa(PE100 80℃)
	破坏时间 ≥ 1000h	4.0MPa(PE80 80℃) 5.0MPa(PE100 80℃)
断裂伸长率	≥ 350%	—
耐慢速裂纹增长	破坏时间 ≥ 165h	80℃ 0.80MPa(PE80) 80℃ 0.92MPa(PE100)
氧化诱导时间	≥ 20min	210℃
纵向回缩率	≤ 3%	110℃

承插式聚乙烯实壁排水管性能指标如下：

浙江地球管业有限公司

地址：浙江省杭州市富阳区鹿山街道同辉路 9 号
电话：057163431789/63431928
传真：057163431799
官方网站：www.diqiugy.com

项目	要求	参数
环刚度	SN8	≥ 8kN/m²
	SN10	≥ 10kN/m²
	SN12.5	≥ 12.5kN/m²
环柔性（压缩50%）	内壁应圆滑，无反向弯曲，无破裂	（23±2）℃
拉伸屈服应力	≥ 21MPa	（23±2）℃
断裂伸长率	≥ 350%	200℃
冲击性能 (TIR)	≤ 10%	0℃
氧化诱导时间	≥ 30.0min	200℃
灰分	≤ 3.0%	（850±50）℃
纵向回缩率	≤ 3.0%	110℃

聚乙烯双壁波纹管性能指标如下：

项 目	要求	参数
环刚度	单位：kN/m²	
SN4	≥ 4	
SN6.3	≥ 6.3	
SN8	≥ 8	（23±2）℃
SN10	≥ 10	
SN12	≥ 12	
环柔性	试样圆滑，两壁无脱开，内壁无反向弯曲	（23±2）℃
冲击性能	TIR ≤ 10%	0℃
烘箱试验	无气泡，无分层，无开裂	110℃
蠕变比例	≤ 4	23℃
氧化诱导时间	≥ 20min	200℃

工程案例

浙江长兴市政建设有限公司湖州中小微企业智能制造产业园二期工程总部配套项目。杭州富阳比煜建材有限责任公司杭州富春湾春北片区开发项目王家宕路（滨富路）工程。仪征市博润建材商贸有限公司高集、月塘西农村饮用水安全管道整改项目。

生产企业

浙江地球管业有限公司成立于2001年，是一家集研发、制造、销售、施工服务于一体的塑料管道生产企业。

公司引进德国巴顿菲尔生产线，配备中央集中供料系统、意大利百旺除湿烘干系统、德国iNOEX自动称重系统和超声波在线测厚系统；采用ERP管理系统、数据采集与监控系统、产品追溯系统，实现了企业资源信息化管理。

公司建有完善的管理体系，通过ISO 9001、ISO 14001、ISO 45001、ISO 10012管理体系、燃气管"TS"质量保证体系。公司产品均获得中国环境标志产品认证，给水用聚乙烯管材获得新华节水产品认证，给水用聚乙烯管材、承插式聚乙烯实壁排水管、聚乙烯缠绕结构壁管材均通过浙江制造"品"字标认证。

公司技术力量雄厚，参与和主编多项国家标准、行业标准及团体标准，拥有多项发明专利和实用新型专利；公司实验室获得"国家认可委（CNAS）认可"，具备原料及产品全项性能的专业检测能力。经过二十余年的发展，公司被授予国家高新技术企业、浙江省AAA级守合同重信用企业、资信AAA级信用企业、精细化管理示范单位、安全生产标准化二级企业、浙江省绿色企业、杭州市专利示范企业。

浙江地球管业有限公司

地址：浙江省杭州市富阳区鹿山街道同辉路9号
电话：057163431789/63431928
传真：057163431799
官方网站：www.diqiugy.com

证书编号：LB2021GP022

公元给水用聚乙烯（PE）管材；埋地排水用聚乙烯（PE）双壁波纹管材；给水用聚丁烯（PB）冷热水管材

产品简介

"公元"牌给水用聚乙烯（PE）管材以进口 PE80.PE100 级专用料为原料，按照 GB/T 13663 进行设计和生产，该产品具有卫生性能好、使用寿命长、耐化学腐蚀强、连接可靠、韧性好、安装施工方便等优点，深受广大用户青睐。

埋地排水用聚乙烯（PE）双壁波纹管是一种以聚乙烯为原材料，经过挤出和特殊的成型工艺加工而成，内壁光滑，外壁为封闭波纹形的一种新型轻质管材。本公司 PE 双壁波纹管具有重量轻、耐高压、韧性好、施工快、寿命长等特点，除了具有普通塑料管所具有的耐腐蚀性好、绝缘性高、内壁光滑、流动阻力小等特点以外，还因采用了特殊的中空环形结构，具有优异的环刚度和良好的强度与韧性，及重量轻、耐冲击性强、不易破损等特点。

给水用聚丁烯（PB）冷热水管材属于有机化工材料类高科技产品，具有很高的耐温性、持久性与化学稳定性，无毒无害，温度适用范围为 -30℃至 +100℃，具有耐寒及耐热、耐压、不生锈、不腐蚀、不结垢、寿命长（可达 50～100 年），且有能长期耐老化特点。

适用范围

给水用聚乙烯（PE）管材主要用于城镇给水及饮用水的输送，也可用于灌溉引水、农业喷灌以及工业废水、污水、压力排水、矿渣、泥浆、盐水等介质的输送。

埋地排水用聚乙烯（PE）双壁波纹管主要用于市政工程，住宅小区地下埋地排水、排污，也可用于农业喷灌、污水、化工、电缆等介质的输送。

给水用聚丁烯（PB）冷热水管材主要用于建筑内的散热器采暖连接管路系统、地面辐射供暖系统以及生活冷热水管路系统。

技术指标

给水用聚乙烯（PE）管材性能指标如下：

序号	项目	环向应力 MPa		指标
		PE80	PE100	
1	20℃静液压强度（100h）	9.0	12.4	不破裂，不渗漏
2	80℃静液压强度（165h）	4.6	5.5	不破裂，不渗漏
3	80℃静液压强度（1000h）	4.0	5.0	不破裂，不渗漏
4	断裂伸长率 %	/		≥ 350
5	纵向回缩率 %	/		≤ 3
6	氧化诱导时间（200℃）	/		≥ 20

埋地排水用聚乙烯（PE）双壁波纹管性能指标如下：

序号	项目		指标
1	环刚度 /（kN/m²）	SN2	≥ 2
		SN4	≥ 4
		SN6.3	≥ 6.3
		SN8	≥ 8
		SN12.5	≥ 12.5
		SN16	≥ 16

永高股份有限公司

地址：浙江省台州市黄岩经济开发区黄椒路 555 号
电话：0576-81122180
传真：0576-84277383
官方网站：www.yonggao.com

2	冲击性能	≤ 10%
3	环柔性	圆滑，无反向弯曲，无破裂，两壁无脱开
4	烘箱	无气泡，无分裂，无开裂

给水用聚丁烯（PB）冷热水管材

序号	项目		指标
1	熔体流动速率（190℃，5kg）		变化率≤原料的30%
2	纵向回缩率		≤ 2%
3	液压 试验	20℃，环应力 15.5MPa，1h	无渗漏，无破裂
		95℃，环应力 6.2MPa，165h	无渗漏，无破裂
		95℃，环应力 6.0MPa，1000h	无渗漏，无破裂

工程案例

义乌市自来水安装工程有限公司 PE 管材管件采购项目，瑞安市汇通市政工程有限公司 2020 年度给水 PE 管、PPR 管及配件采购项目，太和县 2019 年农村饮水安全巩固提升工程管材管件、闸阀、水表采购标，文成县 2019—2020 年农村饮水安全巩固提升工程暂估价管材及配件采购，崇礼区冬奥核心区地表水厂及输配水管管网工程（核心区管网部分）PE 给水管采购，凤阳县 2020 年农村饮水安全巩固提升工程施工管材管件采购，潜山市 2020 年农村饮水安全工程管材采购。

生产企业

永高股份有限公司创建于 1993 年，系中国塑料加工工业协会副理事长单位、中国塑料加工工业协会塑料管道专委会理事长单位、全国塑料制品标准化技术委员会（SAC/TC48/SC3）主任委员单位。公司在全球建有九大生产基地，下辖十四家全资子公司和两家控股公司。产销量连续多年位列国内塑料管道 A 股上市企业前列，出口量连续多年居全国行业前列。

公司集研发、生产、销售和服务于一体，构建了品种规格齐全的市政管网、工业管网、建筑工程、消防保护、电力通信、全屋家装、农业养殖、燃气管网八大领域和 PVC、PPR、PE、CPVC、PE-RT、PB、金属材料、复合材料八大系列，共计 7000 余种不同规格、品类的管材、管件及阀门产品，拥有年产 100 万吨的生产能力。

"ERA 公元"商标在百余个国家（地区）注册，获得 26 个系列、100 多个国家的国际认证。公元销售网络已覆盖中国、辐射全球，拥有 80000 多家网点，远销欧美、中东、非洲等 140 余个国家和地区。凭借优异的产品性能和品牌认知度，公元管道产品已广泛应用于港珠澳大桥、北京大兴国际机场、雄安新区等众多国家重点工程项目和国际援建项目。

公司为国家高新技术企业、国家火炬计划重点高新技术企业，建有博士后科研工作站、企业技术中心、省级重点企业研究院、CNAS 认可实验室等创新平台，研发实力雄厚。截至 2020 年底，全集团累计共获得国家授权专利 600 余项，国外授权发明专利 1 项，主持或参与 100 余项国家（行业）标准的制修订。

公司先后获得中国轻工业百强企业、中国轻工业塑料行业十强企业、全国质量标杆企业、国家知识产权示范企业、浙江省科学技术进步奖一等奖、浙江省机器换人示范企业等荣誉。作为"全国文明单位""中国民营企业制造业 500 强"，公司以"成为幸福生活创享者"为愿景，以"让流动更无忧、让世界更美好"为品牌使命，致力于与员工、与合作伙伴、与社会共创、共享幸福。

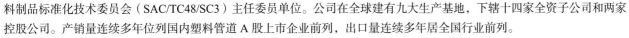

永高股份有限公司

地址：浙江省台州市黄岩经济开发区黄椒路 555 号
电话：0576-81122180
传真：0576-84277383
官方网站：www.yonggao.com

证书编号：LB2021GP023

爱康给水用聚丙烯 (PP-R) 管材、给水用聚乙烯 (PE) 管材、耐热聚乙烯（PE-RT）管材

产品简介

给水用聚丙烯 (PP-R) 冷热水管道系统的特点：

卫生、无毒：本产品属绿色建材产品，可直接用于纯净水和饮用水管道系统等；耐热性：长期使用 70℃，寿命长达 50 年以上；耐腐蚀性：不腐蚀、不结垢、不滋生细菌；质轻、强度高：密度 0.89~0.91g/cm³，仅为金属管道的八分之一，耐压力试验强度可达 5MPa 以上，韧性好、耐冲击性好；保温性能：20℃时导热系数为 0.23~0.24W/（m·K），仅为金属管道的二百分之一，用于热水管道时保温效果极佳；流水阻力小：管道内壁光滑，水阻力远低于金属管道。

给水用聚乙烯（PE）管道系统的特点：

纯原料生产，无毒无二次污染，卫生性好；内壁光滑，水阻小，水力效益高；耐低温，耐冲击，使用温度 -70~60℃，冬期施工便利；热熔或电熔连接，接头强度高于本体，连接可靠；可挠性好，能弯曲铺设，抵御地基不均匀沉降，抗地震性优异；按照设计使用条件，寿命达 50 年。

耐热聚乙烯（PE-RT）管道系统的特点：

优异的热稳定性和长期耐压性能；应用在采暖、热水系统中（可达 95℃），保证使用 50 年；柔韧性强，易于施工；施工时可盘卷和弯曲，弯曲半径小（R 最小 =5D），且不反弹。弯曲部分的应力可以很快得到松弛，避免在使用过程中由于应力集中而引起管道在弯曲处出现破坏。在低温环境下施工，无须对管材预热，施工方便，降低成本；抗冲击性能好，安全性高。低温脆裂温度可达 -70℃，可在低温环境下运输、施工；抵御外力撞击的能力大，防止因粗暴施工造成的系统破坏；可热熔连接，便于安装和装修。可热熔连接，在地板辐射采暖工程中，若因外力造成管道系统破坏，可采取热熔方式对管道进行维修，方便、快捷、安全，无须更换整条采暖管。工程安装成本、维修成本低，性价比高。

适用范围

给水用聚丙烯 (PP-R) 冷热水管道适用于建筑物内的冷热水管道系统，包括集中供热系统，直接饮用的纯净水供水系统，中央（集中）空调系统和输送或排放化学介质等工业用途。

给水用聚乙烯 (PE) 管适用于新建、扩建和改建的建筑或埋地聚乙烯给水管道工程的设计、施工及验收。聚乙烯给水管材适用于温度不超过 40℃，一般用途的压力输水，以及饮用水的输送。

耐热聚乙烯（PE-RT）管道适用于建筑冷热水系统，民用与工业建筑冷热水、饮用水和采暖系统。

技术指标

给水用聚丙烯 (PP-R) 冷热水管材和管件的物理力学性能指标如下：

项目	指标		试验方法
	管材	管件	
密度 (20℃)，g/cm³	0.89 ～ 0.91		GB/T 1033
导热系数 (20℃)，W/（m·K）	0.23 ～ 0.24		GB/T 3399
线膨胀系数，mm/（m·K）	0.14 ～ 0.16		GB/T 1033
弹性模量 (20℃)，N/mm²	≥ 800		GB/T 1040
纵向回缩率 (135℃，2h)，%	≤ 2	/	GB/T 6671
简支梁冲击试验 (0±2)℃	破损率 ≤ 10%	/	GB/T 18743
管材静液压试验	20℃，1h，环应力 16MPa	无渗漏	/	GB/T 6111
	95℃，1000h，环应力 3.5MPa	无渗漏		
连接密封试验	20℃，1h，试验压力为 2.4 倍公称压力	无渗漏或无破坏	无渗漏或无破坏	GB/T 6111

给水用聚乙烯（PE）管材性能指标如下：

序号	项目	要求	实验参数		实验方法
1	静液压强度（20℃，100h）	无破坏，无渗漏	试验温度 试验时间 环应力：PE80 PE100	20℃ 100h 10.0MPa 12.0MPa	GB/T 6111

爱康企业集团（上海）有限公司

地址：上海市浦东新区新场镇申江南路 4828 号
电话：021-68153111
传真：021-68152777
官方网站：http://www.akan.com.cn/

	项目	要求	试验条件 参数	试验条件 数值	试验方法
2	静液压强度（80℃，1000h）	无破坏，无渗漏	试验温度；试验时间；环应力：PE80 PE100	80℃ 1000h 4.0MPa 5.0MPa	GB/T 6111
3	溶体质量流动速率（g/10min）	加工前后 MFR 变化不大于 20%	负荷质量；试验温度	5kg 190℃	GB/T 3682.1
4	氧化诱导时间	≥ 20min	试验温度	210℃	GB/T 19466.6
5	纵向回缩率	≤ 3%	试验温度；试样长度	110℃ 200mm	GB/T 6671
6	炭黑含量	2.0%～2.5%	-	-	GB/T 13021
7	炭黑分散/颜色分散	≤ 3 级	-	-	GB/T 18251
8	灰分	≤ 0.1%	试验温度	（850±50）℃	GB/T 9345.1
9	耐慢速裂纹增长 en ≤ 5mm（锥体实验）	< 10mm/24h			GB/T 19279
10	卫生性能	-	-	-	GB/T 17219

耐慢速裂纹增长 e 切口试验（NPT）	无破裂，无渗漏	试验压力；试验温度；试验时间	0.92MPa 80℃ 500h

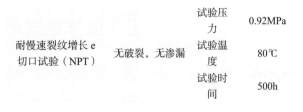

耐热聚乙烯（PE-RT）管材性能指标如下：

项目	要求	试验条件 参数	试验条件 数值
灰分	本色 ≤0.1%　着色 ≤0.8%	煅烧温度	（600±25）℃
氧化诱导时间	≥ 30min	试验温度	210℃
95℃/1000h 静液压后的氧化诱导时间	≥ 24min	试验温度	210℃
颜料分散 a	尺寸等级 ≤3　表观等级 A1、A2、A3 或 B		-
纵向回缩率	≤ 2%	温度	（110±2）℃
熔体质量流动速率	与对应原料测定值之差不应超过 ±0.3g/10min 且变化率不超过 ±20%	砝码质量；试验温度	5kg 190℃

生产企业

爱康是国际知名新型塑料管道供应商，集团总部坐落于上海市浦东新区，六大生产基地分别位于上海浦东、天津宝坻、河南新乡、湖南浏阳、浙江湖州、重庆江津。爱康专业致力于新型塑料管道的研发、生产和销售。以提供优质产品和服务著称的爱康企业集团经过十余年的发展，得到国内外客户的一致认可。时至今日，爱康集团业已成为亚洲颇具规模的高品质管道生产、出口企业。创造健康的水环境，提供优质的管道产品和技术服务，满足用户对高品质生活的追求是我们贯穿始终的目标。

爱康产品种类规格近 5000 种，涵盖给水、排水、暖通、地源热泵、同层排水、虹吸雨水、市政工程、暖通系统集成等领域。销售网络遍布全国，集团现有 100 余条国际先进的管材自动生产线，近百台注塑机，自 2005 年成功收购美国"POLYGON 保利"管道品牌后，爱康集团通过整合各方面优势资源实现了高速增长。

"保利"品牌跻身于中国塑料管道十大品牌之列，成为中国塑料管道行业的高端品牌。"意利法暖通科技"更是行业的佼佼者，其研发生产的空调输配系统正在引领着一场新的行业变革。

爱康企业集团（上海）有限公司

地址：上海市浦东新区新场镇申江南路 4828 号
电话：021-68153111
传真：021-68152777
官方网站：http://www.akan.com.cn/

证书编号：LB2021GP024

正同流体输送用不锈钢钢管及管件

产品简介

正同流体输送用不锈钢钢管及管件适用于输送供水、饮用净水、生活饮用水、冷水、热水、燃气、医用气体等介质。拥有以下经济技术性能特点：

1. 卫生性，安全性。

不锈钢水管的材料是一种可以植入人体的食品级健康材料，可以防止水质的二次污染，保持水质安全，有效抑制细菌生长，废弃物能100%回收。不锈钢水管耐高温，材料在高温的情况下也无毒无害，保证水的健康安全。

2. 节能性。

不锈钢水管壁薄管轻，内壁光洁，摩阻小，内壁光滑，不易积垢，不影响水流量。

3. 创新性。

卡压式、环压式管件是将石化工业不锈钢厚壁管件，改革成民用的薄壁管件，节省了镍金属原料。选用304不锈钢等经济型奥氏体不锈钢，对焊接管提高抵御晶间腐蚀的能力有着显著的效用。不锈钢水管安装简单便捷，15秒成型，现场不需要接电操作。

4. 抗腐蚀性。

06Cr19Ni10/022Cr19Ni10 耐 200mg/L 氯离子（冷水），06Cr19Ni10Mo2/022Cr19Ni10Mo2 耐 1000mg/L 氯离子（冷水）。

5. 耐冲击性。

不锈钢水管材料强度高，可承受瞬间压力89MPa，不老化、不生锈，不腐蚀。不锈钢水管承压能力高，抗2.5MPa压力，高层供水特别适合。

6. 经济性。

使用寿命50年，几乎零维护，性价比高不锈钢水管耐用性能很高，使用寿命长达100年，与建筑相同，不锈钢水管很少需维修，一般无漏水隐患，通常都是卡压式或者环压式连接技术能保证管道永不泄漏。

适用范围

正同薄壁不锈钢管及管件、流体输送用不锈钢焊接钢管、锅炉和热交换器用奥氏体不锈钢焊接钢管、机械结构用不锈钢焊接钢管适用于输送供水、饮用净水、生活饮用水、冷水、热水、燃气、医用气体等介质。

技术指标

流体输送用不锈钢焊接钢管性能指标如下：

序号	新牌号	旧牌号	规定非比例延伸强度 $R_{P0.2}$/MPa	拉伸强度 R_m/MPa	断后伸长度率 A/%	
					热处理状态	非热处理状态
			≥			
1	06Cr19Ni10	0Cr18Ni9	210	520	35	25
2	022Cr19Ni10	00Cr19Ni10	180	480		
3	06Cr17Ni12Mo2	0Cr17Ni12Mo2	210	520		
4	022Cr17Ni12Mo2	00Cr17Ni14Mo2	180	480		
5	019Cr19Mo2NbTi	00Cr18Mo2	240	410	20	-

浙江正同管业有限公司

地址：浙江省海宁市经济开发区丹梅路6号
电话：0573-80788908
传真：0573-80788909
官方网站：www.ztpipes.com

工程案例

深圳地铁 6 号线 6102 标、深圳地铁 6 号线 6111 标、杭州地铁 5 号线、杭州地铁 2 号线、宁波地铁 4 号线、深圳地铁 10 号线、郑州地铁 4 号线、石家庄地铁 3 号线、麒麟科技园 A2.华北 46 所二期、西北旺军队安置房项目、华西医院、呼和浩特党校新校区、成都保利广场二期、深圳城市轨道 20 号线。

生产企业

浙江正同管业有限公司是一家专业研发、生产、销售金属管路系统的管道制造商，多年从事不锈钢管道的销售和生产。2012 年公司总投资 2.1 亿元在海宁国家级经济开发区建立了规模化、现代化生产基地。

公司实力雄厚，已通过 ISO 9001：2008 质量管理体系认证、ISO 14001：2004 环境管理体系认证、GB/T 28001—2011 职业健康安全管理体系认证，管理模式科学规范。公司下设市场部、销售部、生产部、研发质检中心等职能部门，注重核心技术的研发，拥有多项专利技术。随着公司规模的发展壮大，已经拥有一整套先进完善的国内外专业生产设备、检验设备。

公司生产的金属管道系列产品广泛应用于市政供水管网、直饮水工程、城市消防系统、供暖系统、燃气管网、医疗系统、太阳能系统、化工、船舶等领域的管道系统中。依靠完善的质量管理体系，公司的产品质量获得了广大消费者的认可。健全完善的销售服务网络、优质高效的销售服务体系，使公司产品畅销国内外。

正同坚持"精心铸造百年品牌，信心成就百年正同"的发展观念，团结创新，精益求精。正同人秉承"专业创造价值，服务赢得客户"的理念，以"制造健康水管"为己任，追求在金属管道行业"创诚信品牌，树行业先锋"的目标。

浙江正同管业有限公司

地址：浙江省海宁市经济开发区丹梅路 6 号
电话：0573-80788908
传真：0573-80788909
官方网站：www.ztpipes.com

证书编号：LB2021GP025
HB2021GP005
JK2021GP003

华信给水用硬聚氯乙烯（PVC-U）管材；给水用抗冲改性聚氯乙烯（PVC-M）管材；给水用聚乙烯（PE）给水管材

产品简介

给水用硬聚氯乙烯（PVC-U）管材、给水用抗冲改性聚氯乙烯（PVC-M）管材是以卫生级聚氯乙烯（PVC）树脂为主要原料，加入适量的稳定剂、润滑剂、填充剂、增色剂等经塑料挤出机挤出成型和注塑机注塑成型，通过冷却、固化、定型、检验、包装等工序以完成管材、管件的生产。与传统的管道相比，具有重量轻、耐腐蚀、水流阻力小、节约能源、安装迅捷、造价低等优点。

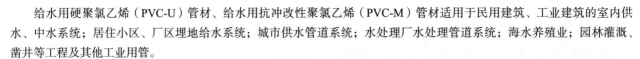

给水用聚乙烯（PE）管材具有以下特点：

（1）耐腐蚀，使用寿命长；

（2）韧性、挠性好；

（3）流通能力大，经济上合算；

（4）连接方便，施工简单，连接可靠；

（5）密封性好；

（6）耐磨性好，具有良好的抵抗刻痕能力；

（7）良好的卫生性能。

适用范围

给水用硬聚氯乙烯（PVC-U）管材、给水用抗冲改性聚氯乙烯（PVC-M）管材适用于民用建筑、工业建筑的室内供水、中水系统；居住小区、厂区埋地给水系统；城市供水管道系统；水处理厂水处理管道系统；海水养殖业；园林灌溉、凿井等工程及其他工业用管。

给水用聚乙烯（PE）管材适用于城镇乡村供水，食品、化工领域，矿砂、泥浆输送置换水泥管、铸铁管和钢管，园林绿化网等。

技术指标

给水用硬聚氯乙烯（PVC-U）管材执行 GB/T 10002.1—2006 标准，产品性能符合标准中的相关要求。

给水用抗冲改性聚氯乙烯（PVC-M）管材执行 CJ/T 272—2008 标准，产品性能符合标准中的相关要求。

给水用聚乙烯（PE）管材性能指标如下：

序号	项目	要求
1	断裂伸长率，%	≥ 350
2	纵向回缩率（110℃），%	≤ 3
3	氧化诱导时间（210℃），min	≥ 20
4	20℃静液压强度（100h）	不破裂，不渗漏
5	80℃静液压强度（165h）	不破裂，不渗漏

工程案例

1. 馆陶县 2016 年度地下水超采综合治理地下水高效节水灌溉项目；

山东华信塑胶股份有限公司

地址：山东省阳谷县闫楼镇工业园区
电话：0635-6720517
传真：06356-6720009
官方网站：http://www.sdhxsj.com

2. 内蒙古自治区中西部地区土左旗 2016 年节水增效项目；

3. 西和县 2016 年精准扶贫饮水安全工程项目；

4. 山东省寿光市 2016 年农田水利项目县管材采购；

5. 新泰市 2016 年度小农水重点县项目 PE 管材管件采购；

6. 介休市 2015 年度义安镇小型农田水利工程管材采购；

7. 彭泽县 2015 年杨梓镇管网延伸工程管材、管件政府采购；

8. 微山县 2015 年农村饮水安全工程 PE 管材采购项目；

9. 邹城市 2015 年省级农田水利项目县管材采购；

10. 临沂市兰山区 2015 年农村饮水安全工程管材采购。

生产企业

山东华信塑胶股份有限公司位于山东省塑料制品生产基地——阳谷闫楼工业区，是中国"新型节能建材协会会员单位""中国塑料加工协会常务理事单位""全国建材系统质量、服务、信誉 AAA 级企业"，被评为"山东化学十强企业""山东省高新技术企业"，获得"国家权威检测·合格产品""用户首选无毒害绿色环保百佳畅销品牌"称号，通过 ISO 9001：2000 质量管理体系认证、ISO 14001：2004 环境管理体系认证、GB/T 2800—2001 职业健康安全管理体系认证、新华节水认证、中国环境标志认证等。

公司技术力量雄厚，引进国际高科技生产线。公司目前拥有高速挤出生产线 320 条，高速注塑机 102 台，其中燃气设备 29 条，包括 15 条进口巴顿菲尔德设备，其余为国产设备。设备关键部件全部采用进口，自动化程度高，生产工艺全部采用电脑全自动控制。公司可年产 PVC-M 高抗冲管材 4 万吨，PVC-U 塑料管材 16 万吨，PP-R、PE-RT 管材及管件 4 万吨，HDPE 管材 10 万吨，PVC-U 塑料异型材 10 万吨，双壁波纹管 4 万吨，可以满足不同层次客户对各种产品的需求。

公司秉承"凝注尖端科技、致力专业创新"为企业理念，以先进的技术、现代化的管理、优质的产品、满意的服务，期待与广大用户真诚合作。

山东华信塑胶股份有限公司

地址：山东省阳谷县闫楼镇工业园区
电话：0635-6720517
传真：06356-6720009
官方网站：http://www.sdhxsj.com

证书编号：HB2021QB001

格堡莱无缝墙布

产品简介

　　无缝墙布是墙布的一种，也称无缝壁布，是近几年来国内开发的一款新的墙布产品，可以按室内墙面的周长整体黏贴的墙布。墙布无缝粘贴、立体感强、手感好、装饰效果呈现、防水、防油、防污、防尘、防静电抗墙裂，易打理等各项功能。雅菲壁布作为中国高端墙布品牌，23 道品质工艺流程，严格把控每一道工序流程，从原料和辅料方面保证较高环保标准，无异味，直接使用气味体验无臭无毒，呈现我们所一直倡导的"诚品生活"理念。

适用范围

　　家装室内墙面装饰、工程内墙墙面装饰

技术指标

序号	技术参数项目	标准要求（mg/kg）	实测值
1	钡	≤ 500	未检出 （检出限 0.5）
2	镉	≤ 25	未检出 （检出限 0.5）
3	铬	≤ 60	未检出 （检出限 0.5）
4	铅	≤ 90	未检出 （检出限 0.5）
5	砷	≤ 8	未检出 （检出限 0.5）
6	汞	≤ 20	未检出 （检出限 0.5）
7	硒	≤ 165	未检出 （检出限 0.5）
8	锑	≤ 20	0.2
9	氯乙烯单体	≤ 0.2	未检出 （检出限 0.5）
10	甲醛	≤ 60	未检出 （检出限 0.5）

杭州格堡莱装饰材料有限公司

地址：杭州经济技术开发区上沙路 228 号中沙金座 10 幢 1006 室
电话：0575-85672308
官方网站：www.yafe.com.cn

工程案例

杭州理想银泰城，杭州金都夏宫，盐城市天工锦绣小区

生产企业

AFART 雅菲为杭州格堡莱装饰材料有限公司旗下品牌，致力于为中国家庭提供兼具装饰、实用、时尚的美学空间装饰体验。为此，我们专注于专业、美学、科技、服务和效率，帮助每一个中国家庭在多元生活场景中，找到最合适的壁布产品。在适配过程中，享受 AFART 雅菲最贴心舒适的服务，让用户爱上 AFART 雅菲专业墙面艺术解决方案。

雅菲壁布作为中国高端墙布领导品牌，在品牌化的道路上不断深耕细作，高效服务、匠心品质、持续原创设计。今天的雅菲壁布已经成为了一家具有一定规模的以无缝墙布为核心产品，集研发、生产、销售于一体，创新型知名企业。

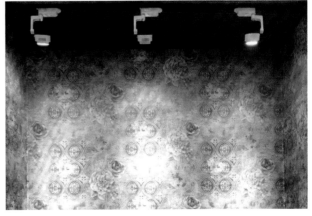

杭州格堡莱装饰材料有限公司

地址：杭州经济技术开发区上沙路 228 号中沙金座 10 幢 1006 室
电话：0575-85672308
官方网站：www.yafe.com.cn

索弗仑无缝墙布

证书编号：HB2021QB003

产品简介

壁布均由 SOFRO 索弗仑旗下布艺生产基地的意大利斯多比尔大箭杆提花机生产，每平方厘米内 120 根色经 110 根色纬交织成型，15 年不褪色，产品防刮花，耐摩擦。高达 2 吨的投梭力量，缔造骨架挺括，结构紧密的提花布料；新型纳米涂层技术，高强度防污，防霉，防水性能；可达 B_1 级别阻燃标准，安全守护；面膜级无纺基底，良好的透气性能。48 小时以上的冷堆技术，让壁布由内而外洁净如新；七道清水洗涤 +360℃高温杀菌，达到 A+ 级别的亲肤性。

适用范围

本产品可广泛应用于宾馆、饭店、写字楼、各类娱乐场所，还可应用于住宅、别墅、公寓等。

技术指标

序号	技术参数项目 mg/kg	标准要求
1	钡	≤ 1000
2	镉	≤ 25
3	铬	≤ 60
4	铅	≤ 90
5	砷	≤ 8
6	汞	≤ 20
7	硒	≤ 165
8	锑	≤ 20
9	氯乙烯单体	≤ 1.0
10	甲醛	≤ 120

工程案例

北京福熙大道、长春居然世界里、赣州中建五局等项目。

生产企业

SOFRO 索弗仑是北京丰德美信建材贸易有限公司旗下，涵盖壁布、布艺、壁纸、墙板、装饰画、床上用品等全方位产品于一体的软装品牌。

公司成立于 2006 年，是全球高品质壁布、布艺、壁

北京丰德美信建材贸易有限公司

地址：福清市镜洋工业区
电话：0591-85315915
官方网站：www.atontech.com.cn

纸等产品的集成商，集原创设计、制造、软装服务于一体，与全球 60 余位优秀软装设计师签约合作。门店专卖直营与经销加盟相结合，在全国 34 个省份，近 500 个重点城市和地区，建立了 15 家直营店、近 800 家品牌专卖店，拥有 1500 多位合作经销商。

截至 2020 年，SOFRO 索弗仑软装已拥有 5000 平方米布艺生产基地，10000 平方米现代化仓储物流基地，2000 平方米概念化软装展示基地，以及 2000 平方米布艺精加工车间。

2021 年，SOFRO 索弗仑进一步将服务 + 设计理念推广落地，呈现国际软装一体化品牌。。

地址：福清市镜洋工业区

无缝墙布 | 给排水管网材料

北京丰德美信建材贸易有限公司

地址：福清市镜洋工业区
电话：0591-85315915
官方网站：www.atontech.com.cn

艾是无缝墙布

证书编号：HB2021QB004

产品简介

无缝墙布是指壁布的宽幅在 2.7～3m，长度可定制或零裁的超高宽壁布，正面采用机织布面，原料有化纤、亚麻、棉麻混纺等，背面做涂层。在施工时，2.7m 以上的宽幅可以满足 95% 以上的墙高要求，横向铺贴，横向长度可以零裁，所以可以做到一面墙或一个整的房间没有接缝，一块布全部铺贴完成。

适用范围

本产品应用领域是家装及软包，适用范围广泛，可应用于宾馆、饭店、招待所、酒吧、KTV、写字楼等公共场所以及别墅、公寓、普通住宅楼的装修、翻修。

技术指标

序号	技术参数项目 mg/kg	标准要求
1	钡	≤ 1000
2	镉	≤ 25
3	铬	≤ 60
4	铅	≤ 90
5	砷	≤ 8
6	汞	≤ 20
7	硒	≤ 165
8	锑	≤ 20
9	氯乙烯单体	≤ 1.0
10	甲醛	≤ 120

工程案例

君山别墅
项目类型：　独栋别墅
建筑定位：　高档别墅
项目地址：　密云县密溪路 33 号
合计面积约：30000m²

南京金陵饭店
项目类型：　酒店装修
建筑定位：　超五星酒店装修
项目地址：　南京市鼓楼区汉中路 2 号
合计面积约：10000m²

畲族博物馆
项目类型：国家级民族文化基地
项目地址：景宁畲族自治县鹤溪街道人民南路 350 号
合计面积约：1000m²

绍兴艾是家居用品有限公司

电话：0575-88166315
传真：88646366
官方网站：www.artskydeco.com

生产企业

　　绍兴艾是家居用品有限公司的艾是墙布（Artsky）以时尚、现代风格为基调，以"简约、舒适、品位"为设计理念。作为主打品牌，我们非常注重花型、工艺、款式的整体研发设计，长期与欧洲高端的设计工作室进行交流合作，并多次获得设计创意奖项。通过不断的开拓与创新，演绎精美绝伦的装饰艺术，关注产品品质，严格把关各道工序。

绍兴艾是家居用品有限公司

电话：0575-88166315
传真：88646366
官方网站：www.artskydeco.com

美家美户墙布·无缝墙布

证书编号：HB2021QB005

产品简介

公司的美家美户产品系列均自主设计，到目前为止公司已拥有 3000 余种自主设计著作权产品及 6 项实用新型专利，自主研发率达 100%。产品具有环保无味、旧墙翻新、无缝拼接、护墙耐磨、隔声降噪、防水防污、色泽稳定、定做阻燃等特点。

适用范围

美家美户，满足不同国家、地区、文化、职业、年龄的消费群体；适用于各种不同风格的家庭装修、各种不同需求的工程装修。

技术指标

序号	技术参数项目 mg/kg	标准要求
1	钡	≤ 1000
2	镉	≤ 25
3	铬	≤ 60
4	铅	≤ 90
5	砷	≤ 8
6	汞	≤ 20
7	硒	≤ 165
8	锑	≤ 20
9	氯乙烯单体	≤ 1.0
10	甲醛	≤ 120

工程案例

钓鱼台七号院、解放军总参谋部、北京市海淀区检察院、解放军艺术学院、长白山大酒店、北京信安宾馆、台北市中华两岸经贸投资协会、天别墅群、北京紫玉山庄、高盛上海总部、云南昆明东泰永利会所、陕本榆林玉溪台、大运河孔雀城、京都高尔夫别墅、兴万兴庄园别墅群、宁夏中卫大酒店、302 医院家属区、解放军总政治部、庐山风景区 169 号等三栋别墅、河北邯郸溢泉岭度假村、北京正德宾馆、北京太阳星城、北京云湖度假村、北京雍景四季小区、顺义汉石桥湿地木屋度假村、河北省卢龙县教育局、中国轻纺城大酒店、北京首都机场海关大楼、北京市进出口检疫检验局、平潭恒风大酒店、东营书香门第别墅区、东营海信天鹅湖别墅区、东营鱼港酒店、临沂市人才交流大厦、上海高盛集团、临沂妇幼保健院、绍兴巨星集团、武汉 OK100 娱乐会所、武汉东湖国际会议中心、俄罗斯驻华大使馆、北京君山高尔夫别墅、青岛广信隆会所、东营胜宏靓都别墅区、东营喜文化酒店、临沂东昊化工大厦、滕州市汉庭大酒店、广州市华南碧桂园。

生产企业

江南好，风景旧曾谙。

千百年来，丝绸如一朵纤尘不染的白莲静静绽放在江南的水气氤氲中。上自远古，螺祖便带领百姓采桑养蚕、制丝织绸。而后丝绸之路又把灿烂瑰丽的丝绸文化带到了西方，在全世界掀起了追逐丝绸的狂潮，树立了它在人们心中无与伦比的地位。时光荏苒，白驹过隙，唯一不变的只有人们对丝绸、对生活的热爱。

诗画江南渐染了柔情万种又韧如蒲草的丝绸文化，山水西湖孕育出致力于打造无缝墙布知名品牌的"美家美户"。

杭州钱诚纺织有限公司

地址：浙江省杭州市萧山区衙前镇衙前路 167 号
电话：0571-82361555
传真：0571-83871278

　　墙布之由来肇始于原始壁画，传入宫廷之后，匠师们的精心打造又赋予了壁画第二次绚丽多姿的生命。及至西方中世纪，墙布开始盛行于瑞典贵族和富商阶层。美家美户将丝绸的灵动与柔美应用于墙布设计和制造之中，完美地结合了丝绸文化的精致典雅与墙布艺术的普适多样。

杭州钱诚纺织有限公司

地址：浙江省杭州市萧山区衙前镇衙前路 167 号
电话：0571-82361555
传真：0571-83871278

莺牌艺术墙布

证书编号：HB2021QB006

产品简介

莺牌艺术墙布款式丰富、色彩缤纷、肌理鲜明、质感柔和、吸声透气、不易爆裂、裱贴简单，并有阻燃、保温节能、隔声、抗菌、防霉、防水、防油、防污、防尘、抗静电等功能。

适用范围

产品可广泛应用于宾馆、饭店、写字楼、各类娱乐场所，还可应用于住宅、别墅、公寓等。

技术指标

产品有害物质限量指标符合 GB 18585 2001《室内装饰装修材料 壁纸中有害物质限量》标准中的相关规定，具体数值如下（mg/lkg）：

金属元素：钡 ≤ 1000、镉 ≤ 25、铬 ≤ 60、铅 ≤ 90、砷 ≤ 8、汞 ≤ 20、硒 ≤ 165、锑 ≤ 20、甲醛 ≤ 120、氯乙烯单体 ≤ 1.0、燃烧性能；B_1 级。

杭州黄雯英宾馆酒店用品有限公司

地址：浙江省杭州市萧山区衙前镇衙前路 128 号
电话：0575--84966666
传真：0575-84967777
官方网站：WWW.86ypai.com

工程案例

中央警卫局
铁道部
民航总局
浙江汇宇华鑫大酒店
上海中建朗阁府
绍兴云锦中心
杭州春和云境
北京万豪酒店

生产企业

莺牌艺术墙布是杭州黄雯英宾馆酒店用品有限公司的主力产品之一。公司一直秉承"金奖、银奖不如夸奖，金杯、银杯不如口碑"的企业宗旨，倾尽全力打造"口碑"企业。自生产莺牌艺术墙布以来，公司更是努力将"口碑"这一宗旨发扬光大。杭州黄雯英宾馆酒店用品有限公司从一个专门生产床上用品的单一型企业逐步发展壮大成为一个拥有多品种、多条成熟生产线的复合型企业，被评为"浙江省诚信企业"。

黄莺声声啼新天。多年来，莺牌艺术墙布从无到有，从有到优，集团队精神之大成，走精品发展之路，所开发的产品如陈年佳酿飘香在祖国的东西南北，深得用户的青睐。公司定期对设计团队的创新性、市场认可度进行严格考核，确保设计团队的生命力。莺牌艺术墙布在安全环保、产品质量、花型设计等方面都受到了客户的广泛认可。

地址：浙江省杭州市萧山区衙前镇衙前路 128 号
电话：0575--84966666
传真：0575-84967777
官方网站：WWW.86ypai.com

杭州黄雯英宾馆酒店用品有限公司

无缝墙布

给排水管网材料

天洋无缝墙布·壁画

证书编号：HB2021QB007

产品简介

无缝墙布是近几年来开发的一款新的墙布产品，"无缝"即整体施工，可根据居室周长定剪，一个房间用一块布粘贴，无须拼接，大大减少了施工难度及时间。没有接缝，也就避免了起缝、开裂等问题的困扰，使用寿命也较墙纸有大幅度提升。

JCC 天洋热胶无缝墙布采用独创的四层结构，四层结构中使用的材料均为环保材料，无任何溶剂、不含甲醛等有害成分，绝无异味，四层结构中有两层竹炭纤维热熔网膜，具有抗菌、防霉、透气的功效。热胶施工也完全避免了渗胶所引起的浅色墙布颜色变暗、失去弹性等问题。

JCC 天洋热胶无缝墙布用热熔网膜替换了热熔胶膜，使得四层结构中每层材料均变为多孔、透气材料，解决了目前市面上的其他热胶墙布不透气的问题。由于采用了独创的四层结构，不但使上墙手感比普通墙布更柔软、更舒适、更有弹性，且让墙布变得厚实，具备一定的吸声隔声功效。

适用范围

产品适用于墙面装饰装修。

技术指标

序号	检测项目		标准要求	检验结果	单项结论
1	重金属（或其他）元素（mg/kg）	钡	≤ 1000	1.863	符合
		镉	≤ 25	未检测出	符合
		铬	≤ 60	未检测出	符合
		铅	≤ 90	未检测出	符合
		砷	≤ 8	未检测出	符合
		汞	≤ 20	未检测出	符合
		硒	≤ 165	未检测出	符合
		锑	≤ 20	未检测出	符合
2	氯乙烯单体（mg/kg）		≤ 1.0	未检测出	符合
3	甲醛（mg/kg）		≤ 120	未检测出	符合

上海天洋热熔粘接材料股份有限公司

地址：上海市嘉定区南翔镇惠平路 505 号
电话：021-69122667 0512-81639689
传真：021-69122663
官方网站：www.jccqiangbu.com

无缝墙布

给排水管网材料

工程案例

陆家云立方、千灯裕化园、陆家启发广场等项目。

生产企业

天洋创艺空间（墙布·壁画）事业部隶属于上海天洋热熔粘接材料股份有限公司。公司始创于 1993 年，历经二十多年的高速发展，已经成为世界级专业生产热熔粘接材料的国家高新技术企业。公司总部位于上海市嘉定区，在江苏昆山拥有两座现代化工厂，厂区面积逾 10 万平方米。

公司已通过 ISO 9001 国际质量体系认证、SGS 认证、UL 认证、TUV 认证，并被各级政府组织评为"国家火炬计划重点高新技术企业""上海市创新型企业"，荣获了"上海市科学技术奖"，起草并制定了"耐酵素洗纺织品用热熔胶粘剂"及"熔喷纤网非织造粘合衬"两项国家行业标准。

JCC 天洋发挥其热熔胶专业优势（3 米超宽热熔网膜制造企业），利用独有的热熔复合技术研发了四层结构、弹性十足、真正会呼吸的竹炭纤维热熔无缝墙布。由于天洋无缝墙布采用的复合材料是用于生产汽车（日本丰田、德国大众的指定供应材料）和内衣（曼妮芬、安莉芬、爱慕的指定供应材料）的热熔粘接材料，有更高标准的 SGS 国际环保认证，在环保标准上更胜一筹。四层结构中使用的材料均无任何溶剂，不含甲醛、苯等有害成分，绝无任何异味。四层结构中有两层竹炭纤维热熔网膜，具有抗菌防霉、透气的功效。

JCC 天洋无缝墙布施工与传统冷胶施工方式不同，施工中无任何异味，施工方式简单，不污染室内环境，业主无须等待，当天装修，当天入住。JCC 天洋无缝墙布由于采用了独创的四层结构，上墙手感比普通热胶墙布、冷胶墙布更柔软、更舒适、更有弹性。

上海天洋热熔粘接材料股份有限公司

地址：上海市嘉定区南翔镇惠平路 505 号
电话：021-69122667 0512-81639689
传真：021-69122663
官方网站：www.jccqiangbu.com

证书编号：HB2021GP002
　　　　　JK2021GP002

伟星冷热水用聚丙烯（PPR）管材、给水用聚乙烯（PE）管材、埋地用聚乙烯（PE）双壁波纹管材

产品简介

冷热水用聚丙烯（PPR）管材、管件

质量轻，水力性好，耐温、耐压性能好，连接便利、可靠，卫生性能好，保温性好。

给水用聚乙烯（PE）管材、管件

连接可靠，低温抗冲性好，耐化学腐蚀性好，耐老化、使用寿命长，耐磨性好，可挠性好。

埋地用聚乙烯（PE）双壁波纹管材

抗外压能力强，工程造价低，施工方便，良好的耐低温、抗冲击性能，化学稳定性佳，使用寿命长，优异的耐磨性能，轻质。

适用范围

伟星牌 PE 管材、管件，产品主要应用于城镇供水、天然气和煤气输送、食品及化工流体输送、矿砂和泥浆输送、园林绿化管网和旧管网改造等领域。

埋地用聚乙烯（PE）双壁波纹管材应用领域：市政工程雨水、污水排放；工业废水排放，小区排水工程；盐业输卤，渔业输水，农林排灌；矿井通风、排水工程；凿进工程的进壁管（开孔的双壁波纹管）；水利工程；农林排灌；低压电缆与通信电缆护套管；高速公路预埋管道。

冷热水用聚丙烯（PPR）管材应用领域：建筑冷热水领域、采暖领域、空调领域、工业领域等。

技术指标

冷热水用聚丙烯（PPR）管材

项目	试验条件	试样数量	指标要求
灰分	600℃ 1h	3	≤ 1.5%
熔融温度	10℃/min、200℃	3	≤ 148℃
氧化诱导时间		3	≥ 30min
95℃/1000h 静液压试验后的氧化诱导时间	20℃/min、210℃	3	≥ 20min
纵向回缩率	（135±2）℃	3	≤ 2%
简支梁冲击试验	（0±2）℃	10	破损率≤试样的 10%
熔体质量流动速率	230℃、2.16kg	3	≤ 0.5g/10min 且与对应聚丙烯混配料的变化率不超过 20%
静液压强度	20℃ 1h 17.0MPa	3	无破裂、无渗漏
	95℃ 22h 4.5MPa	3	
	95℃ 165h 4.3 MPa	3	
	95℃ 1000h 3.5MPa	3	

透光率仅适用于明装管材

给水用聚乙烯（PE）管材

浙江伟星新型建材股份有限公司

地址：浙江省临海市柏叶中路 229 号
电话：0576-85179027
官方网站：https://www.china-pipes.com/

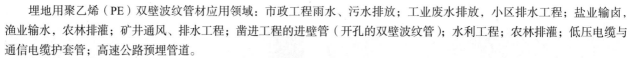

项 目		要 求
熔体质量流动速率（MFR）（5kg，190℃）		加工前后 MFR 变化不大于 20%
氧化诱导时间 (210℃)		≥ 20min
纵向回缩率 (110℃)		≤ 3%
灰分		≤ 0.1%
断裂伸长率		≥ 350%
20℃静液压强度 (100h)	环应力：PE80 10.0MPa PE100 12.0MPa	不破裂、不渗漏
80℃静液压强度 (165h)	环应力：PE80 4.5MPa PE100 5.4MPa	不破裂、不渗漏
80℃静液压强度 (1000h)	环应力：PE80 4.0MPa PE100 5.0MPa	不破裂、不渗漏

埋地用聚乙烯（PE）双壁波纹管材

项 目		要 求
环刚度，kn/m2	SN4	≥ 4
	SN8	≥ 8
	SN12.5	≥ 12.5
冲击性能 (TIR)/%		≤ 10
环柔性		试样圆滑，无反向弯曲，无破裂，两壁无脱开
烘箱试验		无气泡，无分层，无开裂
蠕变比率		≤ 4

工程案例

冷热水用聚丙烯（PPR）管材、管件

北京奥运的鸟巢、水立方、上海世博会的中国馆、吉利西安新能源汽车产业园、"曼谷新地标"大型商场暹罗天地等。

给水用聚乙烯（PE）管材、管件

宁波象山石浦至鹤浦跨海供水工程，港珠澳大桥超大型跨海交通工程，香港国际机场第三跑道基础建设工程，上海北石路 dn1200 自来水管工程

埋地用聚乙烯（PE）双壁波纹管材

杭州德胜快速路改造工程，天台污水处理工程，玉环县清水工程，上海航星污水管道工程，江苏靖江污水处理工程，永康市城市排污工程，台州发电厂排水工程

生产企业

浙江伟星新型建材股份有限公司（以下简称"公司"）创建于1999年，专业研发、制造、销售各类高品质、高附加值的新型塑料管道，是国内PPR管道的技术先驱与龙头企业，也是国内塑料管道行业高端管道典范，于2010年3月在深交所中小板挂牌上市（证券简称：伟星新材，证券代码：002372）。公司是中国塑料加工工业协会副理事长单位、中塑协塑料管道专业委员会副理事长单位，获得"高新技术企业""国家企业技术中心""中国塑料管道工程技术研究开发中心""国家知识产权示范企业""中国轻工业百强企业""中国轻工业塑料行业（塑料管材）十强企业""中国中小板上市公司投资价值五十强前十强""浙江省创新型示范企业""浙江省专利奖"等荣誉。

公司在浙江、上海、天津、重庆、西安建有五大现代化生产基地，主要管道产品分为三大系列：一是PPR系列管材管件，用于建筑内冷热给水；二是PE系列管材管件，主要应用于市政供水、采暖、燃气、市政排水排污、工业等领域；三是PVC系列管材管件，主要应用于建筑内排水、市政和农村排水排污。未来公司在做好管道业务的同时，积极布局防水、净水两大领域。一方面以"家装领域专业的隐蔽工程系统供应商"为目标，高标准开启国内家装防水新时代；另一方面以用水健康为己任，开启洁净用水新时代。

浙江伟星新型建材股份有限公司

地址：浙江省临海市柏叶中路 229 号
电话：0576-85179027
官方网站：https://www.china-pipes.com/

证书编号：HB2021GP004

恒杰给水用聚乙烯（PE）管材、管件；燃气用聚乙烯（PE）管材、管件；高韧聚乙烯 PE100（RC）给水管材、管件

产品简介

给水用聚乙烯（PE）管材、管件，以纯正聚乙烯树脂为主要原料，添加适当比例的增刚增韧剂及相容剂，通过混合挤出等生产工艺有效地诱导聚乙烯材料生成结晶体，为颗粒填料与 PE 聚合物基质之间形成良好的物理缠结打下基础，克服通常 PE 材料韧性差、耐热等级不高等"瓶颈"问题，再通过冷却成型使制备得到的管材同时具有抗拉及弯曲强度高、刚性好、韧性佳、耐热点高、耐腐蚀性强；抗低温冲击好、重量轻、施工方便、连接方便等特点。

燃气用聚乙烯（PE）管材、管件是我司自主开发的，以专用聚乙烯（PE80、PE100）为原料，经混合、挤出、真空定径、牵引冷却、定长切割等工艺加工而成的一种新型管材。

PE 应用于市政给水压力管道，材料从 PE63 级发展到 PE80 级，再发展到大家所熟悉的高密度 PE100 级。现在福建恒杰塑业新材料有限公司已开发了第四代高韧聚乙烯 PE100（RC）给水管材、管件。高韧聚乙烯 PE100（RC）给水管材、管件是在高密度 PE100 级基础上研发的，不但具有高密度 PE100 所有性能特点，而且还具有以下四个优点：

1. 耐压等级更高：材料等级达到 PE112 级，即 SDR11 系列高韧聚乙烯 PE100（RC）给水管材公称压力为 1.8MPa，而相应高密度 PE100 给水管材的公称压力为 1.6MPa。

2. 高抗应力开裂：高韧聚乙烯 PE100（RC）给水管材、管件具有超韧性，正常使用寿命达到 100 年以上。

3. 耐刮擦性：因为高韧聚乙烯 PE100（RC）给水管材、管件表面硬度要比高密度 PE100 级高，所以在同样的刮伤动作下，比高密度 PE100 级给水管材被划伤的深度要减少 1/3 ～ 1/2。

4. 高抗点载荷：高密度 PE100 级给水管在输水过程中，外壁受到石头等坚硬物过度挤压时，会引起管道内壁局部脆性开裂，属于塑料管道的点载荷破坏现象。PE100（RC）高韧给水管材、管件可以有效防止点载荷破坏，使管道运行更安全、可靠，真正做到满足管道 50 年的使用。开挖施工使用 PE100（RC）高韧给水管材可以无砂填埋原土直接回填，可节约铺设费用达 60%。

适用范围

产品主要应用于城市自来水管网系统、城乡饮用水管道、农用灌溉管道、工业料液输送管道、矿山砂浆输送管道等工程。

高韧聚乙烯 PE100（RC）给水管材、管件可作开挖施工，且可采取无砂填埋原土回填，特别适用于地质条件恶劣的开挖施工。

高韧聚乙烯 PE100（RC）给水管材、管件是一种能够采用非开挖技术进行施工的管道，产品不仅满足市场对于开挖产品的需求，也满足非开挖工程的需求，

技术指标

给水用聚乙烯（PE）管材产品执行 GB/T 13663.2—2018《给水用聚乙烯（PE）管道系统 第 2 部分：管材》。

燃气用聚乙烯（PE）管材执行 GB/T 15558.1—2015《燃气用聚乙烯（PE）管道系统 第 1 部分：管材》。

PE100（RC）管材与高密度 PE100 给水管材产品执行 GB/T 13663.2—2018《给水用聚乙烯（PE）管道系统 第 2 部分：管材》，具体性能如下：

福建恒杰塑业新材料有限公司

地址：福建省福清市渔溪镇渔溪村
电话：0591-85680992/13645015421
官方网站：www.fjhj.cn

PE100（RC）管材与高密度 PE100 给水管材、管件性能对比

项目	高密度 PE100 级管材	PE100（RC）管材	备注
压力等级 /MPa	MRS10	MRS11.2	材料耐压等级
80℃静液压强度 /h	≥ 165	≥ 500	热水打压性能指标
断裂伸长率 /%	400～500	600	材料韧性性能指标
氧化诱导时间 /min	50	80	管道耐老化时间性能指标
全切口蠕变试验 FNCT/h	200～500	≥ 8760	管道运行过程蠕变性能指标
管材切口试验 SCG（e>5mm）/h	300～500	≥ 8760	耐慢速裂纹增长性能指标
点载荷（Arkopal N100，80℃）/h	500～1000	≥ 8760	抗点载荷性能指标
RCP S4 PC at 0℃ MPa	> 1.0	> 1.0	耐快速裂纹扩展性能指标

工程案例

2019 年中央财政补助农村饮水工程维设备采购（重招）项目，该项目地点在广东省兴宁市，应用单位：兴宁市水务局。目前该项目已供货完成，产品质量良好，采购业主对产品满意度较高。

福建省南安市水头供水有限公司 2018—2019 年度机械水表类、远传抄表系统类、阀门及伸缩器类、管材管件货物采购项目，该项目地点在福建省南安市，应用单位：南安市水头供水有限公司。目前该项目已经完成供货，采购方对产品质量、服务比较满意。

三、生产企业

福建恒杰塑业新材料有限公司是一家专业生产聚烯烃类绿色环保系列产品的企业，公司创建于 2000 年 9 月，坐落于 324 国道线旁的福建省福清市渔溪工业区内，厂区占地面积 100 亩，厂房面积约 3 万平方米，注册资金 1.51 亿元，现有员工近 300 人，年生产能力达到 8 万吨以上。公司生产的聚烯烃类塑料管道产量、产值在全省行业中位列前茅。

目前公司的主要产品有 PE 给水管道、PE 燃气管道、无规共聚聚丙烯（PP-R）冷热水管道、电力电缆护套管、煤矿井下用管道、非开挖排污专用管道、静音排水管道、铁路专用塑料合金护套管、自洁抗菌管、地板辐射采暖管道、化工专用管道等高新技术产品。

公司自成立以来，就确定了以"发展高新技术含量的新型塑料制品作为产业"的发展方向，注重产品研发和技术创新，经过多年的积累与发展，公司取得了高新技术企业、省级技术中心、国家级守合同重信用企业、创新型企业、省知识产权优势企业、国家火炬计划项目、福建省质量管理先进企业、福州市政府质量奖等荣誉；共有 9 项发明专利、71 项实用新型专利、5 项外观专利、1 项软件著作权；通过 ISO 9001 质量管理体系认证、ISO 14001 环境管理体系认证、OHSAS 18001 职业健康安全认证、特种设备制造许可认证、矿用产品安全标志认证、节水产品认证、环境标志产品认证、测量管理体系（AAA 级）认证、安全生产标准认证等。

公司确立"品质杰出、追求永恒"的企业管理理念，依靠有效的质量管理体系、可靠的产品质量和优质的技术服务，不断满足客户的需求。

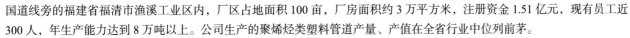

福建恒杰塑业新材料有限公司

地址：福建省福清市渔溪镇渔溪村
电话：0591-85680992/13645015421
官方网站：www.fjhj.cn

5 企业索引
QIYESUOYIN

企 业 索 引

F

G

H

L

N

P

Q

S

Y

Z